教育部 财政部职业院校教师素质提高计划成果系列丛书
职教师资本科化学工程与工艺专业核心课程系列教材

化 工 设 计

范明霞　胡立新　主　编

科 学 出 版 社

北 京

内 容 简 介

根据化工设计程序，本书从项目化理念、知识模块化、设计实践的角度，将化工设计课程的内容设计成 13 个单元。包括厂址选择、总平面布置、工艺流程设计、投资估算、设备设计与选型、仪表及自动控制系统、车间布置、管道布置、公用工程设计、环境保护与劳动安全、物料衡算与能量衡算、计算机辅助设计软件和设计文件的编制等内容。每单元将必备知识模块化，同时，针对各单元教学目的设置了对应的设计实例，体现了"任务驱动"和"做中学、做中教"的课改要求，注重理论联系实际，突出应用性。

本教材可作为本科化学工程与工艺专业教学用书，也可以作为从事化工生产的工程技术人员的参考书。

图书在版编目（CIP）数据

化工设计/范明霞，胡立新主编.—北京：科学出版社，2016.9
职教师资本科化学工程与工艺专业核心课程系列教材
ISBN 978-7-03-049946-2

Ⅰ.①化…　Ⅱ.①范…　②胡…　Ⅲ.①化工设计-中等专业学校-教材
Ⅳ.①TQ02

中国版本图书馆 CIP 数据核字（2016）第 225669 号

责任编辑：张颖兵　杜　权/责任校对：闫　陶
责任印制：彭　超/封面设计：何家辉　苏　波

科 学 出 版 社 出版
北京东黄城根北街 16 号
邮政编码：100717
http://www.sciencep.com

武汉市首壹印务有限公司印刷
科学出版社发行　各地新华书店经销
*
开本：787×1092　1/16
2016 年 9 月第 一 版　印张：20 3/4
2016 年 9 月第一次印刷　字数：525 000
定价：48.00 元
（如有印装质量问题，我社负责调换）

教育部、财政部职业院校教师素质提高计划成果系列丛书

项目牵头单位：湖北工业大学

项 目 负 责 人：胡立新

项目专家指导委员会：

主 任：刘来泉

副主任：王宪成 郭春鸣

成 员：（按姓氏笔画排列）

刁哲军	王继平	王乐夫	邓泽民	石伟平	卢双盈
汤生玲	米 靖	刘正安	刘君义	孟庆国	沈 希
李仲阳	李栋学	李梦卿	吴全全	张元利	张建荣
周泽扬	姜大源	郭杰忠	夏金星	徐 流	徐 朔
曹 晔	崔世钢	韩亚兰			

丛书编委会

主　　编:胡立新

副主编:唐　强　胡传群　李　祝　范明霞　周宝晗　徐保明
　　　　何家辉

编　　委:高林霞　李冬梅　陈　钢　杜　娜　查振华　陈　梦
　　　　毛仁群　俞丹青　赵春玲　张运华　刘　军　罗智浩
　　　　李　飞　姜　凯　张云婷　胡　蓉　李　佳　王　勇
　　　　万端极　张会琴　汪淑廉　皮科武　黄　磊　柯文彪
　　　　魏星星　李　俊　朱　林　程德玺　周浩东　彭　璟
　　　　刘　煜　张　叶　叶方仪　葛　莹　李毅洲　付思宇
　　　　殷利民　万式青　张　铭　金小影　闫会征

出 版 说 明

《国家中长期教育改革和发展规划纲要(2010—2020 年)》颁布实施以来,我国职业教育进入到加快构建现代职业教育体系、全面提高技能型人才培养质量的新阶段。加快发展现代职业教育,实现职业教育改革发展新跨越,对职业学校"双师型 6"教师队伍建设提出了更高的要求。为此,教育部明确提出,要以推动教师专业化为引领,以加强"双师型"教师队伍建设为重点,以创新制度和机制为动力,以完善培养培训体系为保障,以实施素质提高计划为抓手,统筹规划,突出重点,改革创新,狠抓落实,切实提升职业院校教师队伍整体素质和建设水平,加快建成一支师德高尚、素质优良、技艺精湛、结构合理、专兼结合的高素质专业化的"双师型"教师队伍,为建设具有中国特色、世界水平的现代职业教育体系提供强有力的师资保障。

目前,我国共有 60 余所高校正在开展职教师资培养,但由于教师培养标准的缺失和培养课程资源的匮乏,制约了"双师型"教师培养质量的提高。为完善教师培养标准和课程体系,教育部、财政部在"职业院校教师素质提高计划"框架内专门设置了职教师资培养资源开发项目,中央财政划拨 1.5 亿元,系统开发用于本科专业职教师资培养标准、培养方案、核心课程和特色教材等系列资源。其中,包括 88 个专业项目,12 个资格考试制度开发等公共项目。该项目由 42 家开设职业技术师范专业的高等学校牵头,组织近千家科研院所、职业学校、行业企业共同研发,一大批专家学者、优秀校长、一线教师、企业工程技术人员参与其中。

经过三年的努力,培养资源开发项目取得了丰硕成果。一是开发了中等职业学校 88 个专业(类)职教师资本科培养资源项目,内容包括专业教师标准、专业教师培养标准、评价方案,以及一系列专业课程大纲、主干课程教材及数字化资源;二是取得了 6 项公共基础研究成果,内容包括职教师资培养模式、国际职教师资培养、教育理论课程、质量保障体系、教学资源中心建设和学习平台开发等;三是完成了 18 个专业大类职教师资资格标准及认证考试标准开发。上述成果,共计 800 多本正式出版物。总体来说,培养资源开发项目实现了高效益:形成了一大批资源,填补了相关标准和资源的空白;凝聚了一支研发队伍,强化了教师培养的"校—企—校"协同;引领了一批高校的教学改革,带动了"双师型"教师的专业化培养。职教师资培养资源开发项目是支撑专业化培养的一项系统化、基础性工程,是加强职教教师培养培训一体化建设的关键环节,也是对职教师资培养培训基地教师专业化培养实践、教师教育研究能力的系统检阅。

自 2013 年项目立项开题以来,各项目承担单位、项目负责人及全体开发人员做了大量深入细致的工作,结合职教教师培养实践,研发出很多填补空白、体现科学性和前瞻性的成果,有力推进了"双师型"教师专门化培养向更深层次发展。同时,专家指导委员会的各位专家以及项目管理办公室的各位同志,克服了许多困难,按照两部对项目开发工作的总体要求,为实施项目管理、研发、检查等投入了大量时间和心血,也为各个项目提供了专业的咨询和指导,有力地保障了项目实施和成果质量。在此,我们一并表示衷心的感谢。

编写委员会

2016 年 3 月

丛 书 序

"十二五"期间,中华人民共和国财政部安排专项资金,支持全国重点建设职教师资培养培训基地等有关机构申报职教师资本科专业培养标准、培养方案、核心课程和特色教材开发项目,开展职教师资培训项目建设,提升职教师资基地的培养培训能力,完善职教师资培养培训体系。湖北工业大学作为牵头单位,与山西大学、西北农林科技大学、湖北轻工职业技术学院、湖北宜化集团一起,获批承担化学工程与工艺专业职教师资培养资源开发项目。

这套丛书,称为职教师资本科化学工程与工艺专业核心课程系列教材,是该专业培养资源开发项目的核心成果之一。

职业技术师范专业,顾名思义,需要兼顾"职业""师范"和"专业"三者的内涵。简单地说,职教师资化学工程与工艺本科专业是培养中职或高职学校的化工及相关专业教师的,学生毕业时,需要获得教师职业资格和化工专业职业技能证书,成为一名准职业学校专业教师。

丛书现包括五本教材,分别是《典型化学品生产》《化工分离技术》《化工设计》《化工清洁生产》和《职教师资化工专业教学理论与实践》。作者中既有长期从事本专业教学实践及研究的教授、博士、高级讲师,也有近年来崭露头角的青年才俊。除高校教师外,有十余所中职、高职的教师参与了教材的编写工作。

这套教材的编写,力图突出职业教育特点,以技能教育作为主线,以"理实一体化"作为基本思路,以工作过程导向作为原则,将项目教学法、案例分析法等教学方法贯穿教学过程,并大量吸收了中职和高职学校成功的教学案例,改变了现有本科专业教材中重理论教学、轻技能培养的教学体系。这也是与前期研究成果相互印证的。

丛书的编写,得到兄弟高校和大量中职高职学校的无私支持,其中有许多作者克服困难,参与教学视频拍摄和编写会议讨论,并反复修改文稿,使人感动。这里尤其要感谢对口指导我们进行研究的专家组的倾情指导,可以说,如果没有他们的正确指导,我们很难交出这份合格答卷。

期待着本套系列教材的出版有助于国内应用技术型高校的教师和学生的培养,有助于职业教育的思想在更多的专业教育中得到接受和应用。我们希望在一个不太长的时期里,有更多的读者熟悉这套丛书,也期待大家对该套丛书的不足处给予批评和指正。

胡立新

2015 年 12 月于湖北武汉

前　　言

本书是在教育部、财政部职教师资本科专业培养标准、培养方案、核心课程和特色教材开发项目的资助下，按照化工类专业培养目标和专业特点编写的。

全书根据化工设计程序，将化工设计课程的内容设计成 13 个单元。全书以为某一大型综合化工企业设计一座采用清洁生产工艺制取对二甲苯(PX)的分厂为总设计任务，具体从厂址选择、总平面布置、工艺流程设计、投资估算、设备设计与选型、仪表及自动控制系统、车间布置、管道布置、公用工程设计、环境保护与劳动安全、物料衡算与能量衡算、计算机辅助设计软件和设计文件的编制等方面内容实施设计。在设计过程中，学习化工设计的相关知识，促进学生各种能力、知识、素质的培养，使学生能运用所学化工设计知识和方法，掌握化工设计的基本要领及步骤，具备能初步完成某一化工产品的工艺设计的工作能力。

每单元结合教学目的和目标，讲授本单元的必备知识，知识以模块的形式呈现，然后讲解与教学目的对应的实践范例，最后给出习题引导学生巩固本单元所学知识。项目实施过程采用小组工作法，基本遵照行动导向六步法"咨询→决策(计划)→实施→检查→评价→推广"对过程加以实施。每单元由设计任务找出存在的问题，应用设计方法与原则加以解决。由于化工产品繁多，其工艺设计过程各有特点，但设计的基本程序大同小异。选择对二甲苯(PX)的制取作为设计任务，目的是体现学生学习的针对性，充分发挥学生是课堂主体的作用，体现工作过程导向中的"做中学，做中教"，调动学生主动学习的积极性，边做边学边探索，学有所用。在设计实践中，也可以根据化工生产情况，选择合适的化工产品对教材中的设计任务进行更换。

本书编写过程中参考了有关专著与其他文献资料，在此向有关作者表示感谢。

限于编者水平，书中难免存在不妥之处，恳请读者批评指正。

作　者

2015 年 12 月

目　　录

总体任务及目标

■ 设计任务

为某一大型综合化工企业设计一座采用清洁生产工艺制取对二甲苯(PX)的分厂。

■ 总教学目的

使学生能运用所学化工设计知识和方法,完成某一化工产品的工艺设计。

■ 总教学目标

[能力目标]

能够熟练查阅各种纸质图书资料和网络资料,并加以分析、汇总与处理。

能够运用所学的专业知识对化工产品的工艺设计问题进行综合分析。

能利用计算机手段处理化工工艺设计的基本问题。

[知识目标]

学习并掌握化工产品生产工艺设计的程序。

掌握并应用化工产品生产工艺设计的知识。

灵活运用学过的专业基础知识及专业知识解决实际问题。

灵活运用计算机技术处理专业问题。

灵活运用CAD绘图软件进行图纸绘制。

[素质目标]

树立全局观念与局部分工的意识。

建立严格执行标准与优化美观的意识。

培养学生自觉执行国家、法令、法规的意识。

培养学生安全意识、环保意识、经济意识。

培养学生自我学习、自我提高、终生学习的意识。

培养学生的逻辑思维意识。

培养学生阐述问题、分析问题的应变意识。

培养学生在解决实际问题中的团队合作意识。

培养学生严谨细致的工作作风。

培养学生灵活运用专业英语解决实际问题的能力。

总实施要求

项目实施过程采用小组工作法,基本遵照"咨询→决策(计划)→实施→检查→评价→推广"过程加以实施。

咨询阶段:针对项目要求的内容,学生利用图书馆资源及网络资源,收集相关技术资料形成初步材料。

决策(计划)阶段:项目组集体讨论个人收集的资料,形成完整工作计划。

实施阶段:针对项目要求的内容,组织审核实施,结果形成。

检查阶段:两种检查形式,一是项目组长对组内成员准备情况的检查;二是教师对学生的检查,为点评及成绩评定奠定基础。

评价阶段:采用三种评价形式,一是学生评价,针对自己完成情况总结;二是指导教师评价,主要针对项目完成过程中存在的问题加以指导,便于学生完善项目;三是项目组成员相互评价,提出不同看法,促进各种能力的提高;在项目结束后,学生填写自我评价表、组长评价表,教师填写指导教师评价表。

推广阶段:由学生利用在项目完成过程中所学到的知识、技能、技巧,寻找类似的项目加以独立的实施。

单元一　厂址选择

教学目的

通过对设计一座制取对二甲苯(PX)分厂的厂址选择,使学生能够掌握厂址选择的过程、步骤和方法。

教学目标

[能力目标]

能够进行化工厂的厂址选择。

能够熟练地查阅各种资料,并加以汇总、筛选、分析。

[知识目标]

学习并初步掌握分析、评价影响厂址选择的因素。

学习并初步掌握厂址选择的过程、方法和步骤。

[素质目标]

能够利用各种形式进行信息的获取。

设计过程中与团队成员的讨论、合作。

经济意识、环保意识、安全意识。

必备知识

模块1　选址原则依据

1. 选址原则

(1) 厂址位置必须符合国家工业布局,城市或地区的规划要求,尽可能靠近城市或城镇原有企业,以便于生产上的协作、公用工程的供应、生活上的方便。

(2) 厂址宜选在原料、公用工程供应和产品销售便利的地区,并在储运、机修、公用工程和生活设施等方面有良好基础和协作条件的地区。

（3）厂址应靠近水量充足的水质良好的水源地,当有城市供水、地下水和地面水三种供水条件时,应该进行经济技术比较后选用。

（4）厂址应尽可能靠近原有交通线（水运、铁路、公路）,即应有便利的交通运输条件。以避免为了新建企业需修建过长的专用交通线,增加新企业的建厂费用和运营成本。在有条件的地方,要优先采用水运。对于有超重、超大或超长设备的工厂,还应注意沿途是否具备运输条件。

（5）厂址应尽可能靠近热电供应地。一般地讲,厂址应该考虑电源的可靠性（中小型工厂尤其如此）,并应尽可能利用热电站的蒸汽供应,以减少新建工厂的热力和供电方面的投资。

（6）厂址应尽量考虑劳动力来源丰富、人力成本低、人口素质较高的地点。

（7）选厂应注意节约用地,不占或少占良田、好地、菜园、果园等。厂区的大小、形状和其他条件应满足工艺流程合理布置的需要,并应有发展的可能性。

（8）选厂应注意当地自然环境条件,并对工厂投产后对于环境可能造成的影响做出评价。工厂的生产区、排渣场和居民区的建设地点应同时选择。

图 1.1　选址时考虑周边环境

（9）散发有害物质的工业企业厂址,应位于城镇相邻工业企业和居住区全年最小频率风向的上风侧,且不应位于窝风地段,如图 1.1。

（10）有较高洁净度要求的生产企业厂址,应选择在大气含尘量低、含菌浓度低、无有害气体、自然环境条件良好的区域,且应远离铁路、码头、机场、交通要道,以及散发大量粉尘和有害气体的工厂、储仓、堆场等有严重空气污染、水质污染、震动或噪声干扰的区域。如不能远离有严重空气污染区时,则应位于其最大频率风向上风侧,或全年最小频率风向的下风侧。

（11）厂址应避离低于洪水位或在采取措施后仍不能确保不受水淹的地段;厂址的自然地形应有利于厂房和管线的布置、内外交通联系和场地的排水。

（12）厂址附近应有可靠的污水处理设施,如工厂自建污水处理厂,且处理达标后的污水要直接排入厂址附近的自然水体,则其排污点需得到环境评价报告的论证和相关部门的批准。

（13）厂址应不妨碍或破坏农业水利工程,应尽量避免拆除民房或建、构筑物,砍伐果园和拆迁大批墓穴等。

（14）厂址应具有满足建设工程需要的工程地质条件和水文条件。

（15）厂址应避免布置在下列地区:地震断层带地区和基本烈度 9 度以上的地震区;土层厚度较大的Ⅲ级自重湿陷性黄土区;易受洪水、泥石流、滑坡、土崩等危害的山区

（图 1.2）；有喀斯特、流沙、淤泥、古河道、地下墓穴、古井等地质不良地区；有开采价值的矿藏地区；对机场、电台等使用有影响的地区；有严重放射性物质影响的地区及爆破危险区；国家规定的历史文物，如古墓、古寺、古建筑等地区；园林风景和森林自然保护区、风景游览地区；水土保护禁垦区和生活饮用水源第一卫生防护区；自然疫病区和流行病地区。

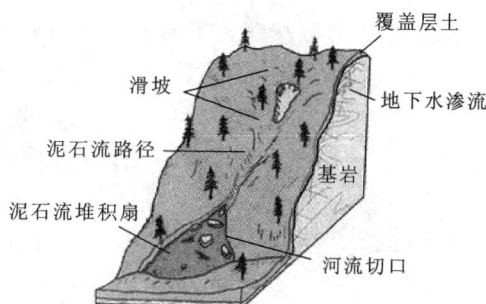

图 1.2　典型泥石流示意图

2. 选址依据

1）遵守国家法律、法规，贯彻执行国家方针、政策规定

诸如国家关于国土、森林、水、公路、文物保护、生态环境以及劳动、安全等法规。不允许在国家风景区，名胜保护区，古建筑、古迹、自然保护区、卫生防护地带，流行病、传染病区，以及重要军事基地、国防军事区域等范围和区域内选址。

2）符合城市规划和工业布局

不得违背国家和各地政府关于城市的近期和远景规划，工业布局上注意城乡结合、工农结合、大中小结合，符合安全环境保护要求，注意生产与生态的关系等。

图 1.3　节约土地人人有责

3）利于生产，便于生活

在满足工业生产条件的同时，要考虑职工的生活安排和设施，以及城镇的交通条件、农副牧产品和生活供应资源，把生活和生产同时考虑和兼顾。

4）节约投资、留有余地

在满足工艺要求前提下，节约用地，节省投资，力求施工便利，工程建设尽可能的快，并且为今后发展留有一定的余地（图 1.3）。

模块 2　选 址 程 序

厂址选择是可行性研究的重要组成部分，大体可分为准备工作、现场勘查与编制报告三个阶段。

1. 准备工作阶段

1）组织准备

由主管建厂的国家部门组织建设、设计（包括工艺、总图、给排水、供电、土建、技经等专业人员）、勘测（包括工程地质、水文地质、测量等专业人员）等单位有关人员组成选厂工作组。

2）技术准备

选址工作人员在深入了解设计项目建议书内容和上级机关对建设的指示精神的基础

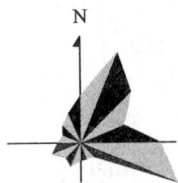

图 1.4　风玫瑰图

上,拟定选址工作计划,编制选址各项指标及收集厂址资料提纲,包括厂区自然条件(指地形、地势、地质、水文、气象、地震等)、技术经济条件(如原材料、燃料、电热、给排水、交通、运输、场地面积、企业协作、"三废"治理、施工条件等)的资料提纲。例如,厂址的地形图(比例是 1:1 000 与 1:2 000);风玫瑰图(图 1.4)和风级表;原料、燃料的来源及数量;源水量及其水质情况;交通条件与年运输量(包括输入与输出量);场地凹凸不平度与挖填土方量;工厂周围情况及协作条件等。

在收集资料基础上,进行初步分析研究,在地形图上绘制总平面方案图,试行初步选点。经过分析研究,从中优选一个方案图,作为下一个勘测目标。

2．现场勘查工作阶段

（1）选址工作组向厂址地区有关领导机关说明选址工作计划,要求给予支持与协助,听取地区领导介绍厂址地区的政治、经济概况及可能作为几个厂点的具体情况。

（2）进行现场踏测与勘探,摸清厂址、厂区的地形、地势、地质、水文、场地外形与面积等自然条件,绘制草测图等,同时摸清厂址环境情况、动力资源、交通运输、给排水、可供利用的公用、生活设施等技术经济条件,以使厂址条件具体落实。

3．编制厂址选择报告阶段

厂址选择报告阶段是厂址选择工作的结束阶段。在此阶段里,选址工作组全体成员按工艺、总图、给排水、供电、供热、土建、结构、技经、地质、水文等 13 个专业类型,对前两阶段收集、勘测所实得的资料和技术数据进行系统整理,编写出厂址选择报告,供上级主管部门组织审批。

厂址选择报告的内容包括以下几项。

（1）新建厂的工艺生产路线及选厂的依据。

（2）建厂地区的基本情况。

（3）厂址方案及厂址技术条件的比较,并对建设费用及经营费用进行评估。

（4）对各个厂址方案的综合分析和结论。

（5）当地政府和主管部门对厂址的意见。

（6）厂区总平面布置示意图(图 1.5)。

（7）各项协议文件。

有关附件资料包括:各试选厂址总平面布置方案草图(1:2 000);各试选厂址技术经济比较表及说明材料;各试选厂址地质水文勘探报

图 1.5　厂区总平面布置示意图

告;水源地水文地质勘探报告;厂址环境资料及建厂对环境的影响报告;地震部门对厂址地区震烈度的鉴定书;各试选厂址地形图(比例尺 1∶10 000)及厂址地理位置图(比例 1∶50 000);各试选厂址气象资料;各试选厂址的各类协议书,包括原料、材料、燃料、产品销售、交通运输、公共设施等。

实践范例

(一)厂址确定

本项目的目标是利用扬子石化 27 万吨/年的甲苯和 53 吨/年氢气项目,为了节约运输成本,方便统一管理,且考虑到城市规划和政策,将本项目厂址选在南京化学工业园区(图 1.6)扬子石化厂区预留地内,利用装置内预留地、现有道路及公用工程设施,不需新征地。扬子公司位于南京化学工业园内,占据着良好的地理位置优势、交通运输优势。同时经过良好的发展,园区内各项环节都比较成熟,配套设施齐全、人力资源丰富,是理想的厂址建设地。

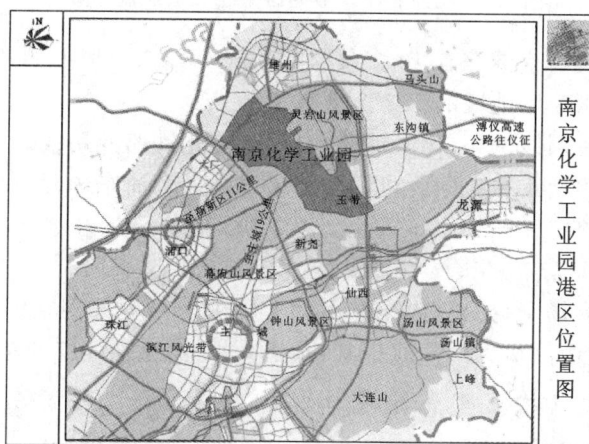

图 1.6 南京化学工业园港区位置图

(二)选址依据

1)原料来源方便

本项目分厂直接建在总厂扬子石化厂区预留地内,原料甲苯运输直接使用管道运输,运输方式安全且便利。

2)地理优势

南京化学工业园区位于南京市北部,长江下游北岸,依托长江深水岸线而建,拥有水量充足且水质良好的水源,位于长江的下游也避免了对城市生活用水的污染。自然地理条件优越,区位交通优势突出,化工产业基础雄厚。

3）交通运输方便

南京濒江近海,腹地广阔,位于中国沿海和长江两大经济带交汇处,是长江三角洲经济核心区重要城市和长江流域四大中心城市之一,在全国开放战略中处于重要地位。

运输分布图(图1.7):

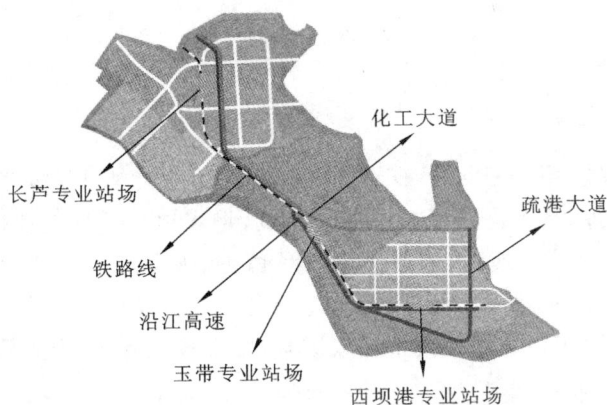

图1.7　南京化学工业园区主要交通运输分布

水路集装箱运输:南京港辟有10多条国际航线(可直达韩国、日本、中国香港等国家和地区),辐射78个国家和地区的188个港口。

铁路:现有铁路专用线两条,扬子铁路专用线、南化铁路专用线。

航空运输:园区距南京禄口国际机场58千米,距上海浦东国际机场350千米。

管道运输:现有鲁宁输油管线年输油能力2 000万吨/年;甬-沪-宁输油管线年输油能力2 500万吨/年;"西气东输"天然气管线经过园区。

物流:园区内现有扬子、扬巴、南化专用化工码头27座,规划在通江集港区和西坝港区建设17座码头,与中国最大的内河集装箱码头——南京港隔江相望。

4）不处于特大自然灾害高发区域

南京位于北纬31°13′~32°36′,东经118°19′~119°24′。滨临长江,东距出海口360千米,属亚热带季风气候区,四季分明,年平均降雨量1 000 mm。常年主导风向为东北风。无特殊冷热气象和自然灾害,非常适合建厂和居住。

5）政策优惠优势

根据在园区内投资兴办的高新技术生产性企业及区域研发中心的具体情况,南京化学工业园区将在金融服务和财政等方面给予一定的扶持。

6）环保治理优势

南京化工园区紧邻长江,因此污染物的处理显得尤为重要,否则会造成长江下游的水污染,从而对两岸居民生活造成影响。

7）产业基础优势

生产中所使用的甲苯、氢气等原料来源于中国石化扬子石油化工有限公司,原料来源比较方便、快捷,运输成本也低。

8) 园区配套设施

南京化学工业园区现有完善的基础设施与公用工程,配套设施齐全,技术力量雄厚,人力资源丰富。已开发的 20 平方千米内具备了"十通一平"的建厂条件。

9) 人力资源优势

南京人口众多,劳动力资源丰富,是中国大陆高等教育资源最集中的五大城市之一,国家重要的高等教育中心,拥有的国家重点学科列各城市第三位。充足的劳动力和先进的高等教育为企业的发展提供了充足的高素质人才资源。

10) 公用工程优势

供水工程:扬子石化公司水厂原设计能力为 432 kt/d,经扩容改造达到 660 kt/d,在起步阶段生产用水可由扬子石化公司水厂提供,远期的生产用水由新建长芦片区水厂提供。

排水工程:南京化学工业园区内实行雨污分流,清浊分流。区域内排水分清净雨水、生产清净下水、生产污水及生活污水四类。生产清净下水检测合格后排至清净雨水系统,不合格排至生产污水系统,雨水就近排入清净雨水系统,生产及生活污水经预处理后送至污水处理厂深度处理,达标后排放长江。

污水处理工程:污水处理厂总用地 36 公顷,生产污水总设计能力为 46~60 kt/d,生活污水总设计能力为 10~11 kt/d,清净废水总设计能力为 12~18 kt/d。

通信工程:目前园区内有电信、移动、联通三大运营商,能够满足工程需要。

供热工程:南京化学工业园一期供汽规模为 2×50 MW 汽轮发电机组,2×220 t/h 锅炉,4.3 MPa、425 ℃中压蒸汽 50 t/h;1.4 MPa、325 ℃低压蒸汽 150 t/h;二期供汽规模为 2×100 MW 汽轮发电机组,3×540 t/h 锅炉,4.3 MPa、425 ℃中压蒸汽 150 t/h;1.4 MPa、325 ℃低压蒸汽 300 t/h。

(三)总结

因此,将本项目建于南京化学工业园扬子公司区域之内,是综合考虑了经济性、环保性等多方面因素,结论为此选址方案是理想且可行的。

【习　题】

1. 简述选择化工厂厂址时的选址原则?
2. 简述选择化工厂厂址时的选址依据?
3. 简述选择化工厂厂址时的选址程序?
4. 国家级石油化工基地——南京化学工业园区的选址依据?

单元二　总平面布置

教学目的

通过对设计一座制取对二甲苯(PX)分厂的总平面布置,使学生能够利用化工厂总平面布置知识解决相关问题。

教学目标

[能力目标]

基本能进行化工厂的总平面布置设计。

基本能看懂化工厂总平面布置图。

基本能利用计算机和手工绘制化工厂总平面布置图。

[知识目标]

学习并初步掌握化工厂总平面布置设计的原则与方法。

领会国家相关标准。

学习计算机绘图软件的使用方法与技巧。

[素质目标]

能够利用各种形式进行信息的获取。

设计过程中与团队成员的讨论、合作。

经济意识、环保意识、安全意识。

必备知识

模块1　总平面布置依据及原则

1. 总平面布置依据

《总图制图标准》(GB/T 50103—2010)。

《建筑设计防火规范》(GB 50016—2014)。

《化工企业总图管理规定》(原化工部文件)。

《化工企业总图运输设计规范》(GB 50489—2009)。

《工业企业总平面设计规范》(GB 50187—2012)。

《化工装置设备布置设计规定》(HG/T 20546—2009)。

《石油化工企业设计防火规范》(GB 50160—2008)。

《石油化工企业厂区总平面布置设计规范》(SH/T 3053—2002)。

《石油化工储运系统灌区设计规范》(SH/T 3007—2014)。

《石油化工企业供电系统设计规范》(SH/T 3060—2013)。

《工业企业标准轨距铁路设计规范》(GBJ 12—87)。

《厂矿道路设计规范》(GBJ 22—87)。

《化工工厂总图运输施工图设计文件编制深度规定》(HG/T 20561—1994)。

《石油化工电气设备抗震鉴定标准》(SH/T 3071—2013)。

《以噪声污染为主的工业企业卫生防护距离标准》(GB 18083—2000)。

2. 总平面布置一般原则

工厂总平面布置应遵循以下原则。

(1) 工厂总平面布置应满足生产和运输要求,实际上要求总平面布置实现生产过程中的各种物料和人员输送距离为最小,最终实现生产的能耗最小。

(2) 工厂总平面布置应满足安全和卫生要求。化工企业生产具有易燃、易爆和有毒有害等特点,厂区布置应充分考虑安全布局,严格遵守防火、卫生等安全规范、标准和有关规定,其重点是防止火灾爆炸的发生,以利保护国家财产,保障工厂职工的人身安全和改善劳动条件。

(3) 工厂总平面布置应考虑工厂发展的可能性和妥善处理工厂分期建设问题。由于工艺流程的更新,加工程度的深化,产品品种的变化和综合利用的增加等原因,化工厂的布局应有较大的弹性,即要求在工厂发展变化、厂区扩大后,现有的生产、运输布局和安全布局方面仍能保持合理的布置。

(4) 工厂总平面布置必须贯彻节约用地原则。生产要求、安全卫生要求、换热发展要求与节约用地是相辅相成的,保证径直和短捷的生产作业线必然要求工厂集中和紧凑的布置,而集中和紧凑的布置不仅节约了能耗,也同样节约了土地。在安全卫生要求方面,如能妥善安排不同对象的不同安全间距要求,既可保证必要的安全距离,又可使土地得到充分利用。

(5) 工厂总平面布置应考虑各种自然条件和周围环境的影响。这些影响包括:风向和风向频率,山谷风和山前山后气流的影响,工程地质的影响,地震区、湿陷性黄土区的影响,城市规划的影响等。

(6) 工厂总平面布置应为施工安装创造有利条件,工厂布置应满足施工和安装机具的作业要求,厂内道路的布置同时应考虑施工安装的使用要求。兼顾施工要求的道路,其技术条件,如路面结构等应满足施工安装的要求。

(7) 工厂总平面图应有合理的建筑艺术观点。建筑物、构筑物与周围地形应协调,外观轮廓及道路网平直整齐,同时还应考虑美化和绿化环境的设施,使工厂成为一个建筑艺术的整体。工厂道路、沟渠、管线安排,尽量外形美化,车间道路和场地应有绿化地带,合理规划绿地和绿地面积。

典型化工厂平面图如图 2.1 所示。

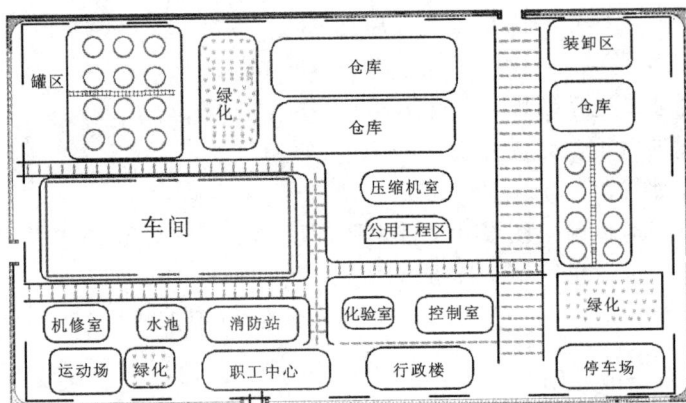

图 2.1　化工厂平面图

模块 2　厂区竖向布局

竖向布置的任务是合理利用和改造厂区的自然地形,协调厂内外的高程关系,在满足生产工艺、运输、卫生安全等方面要求的前提下使工厂场地土方工程量为最小,使工厂区的雨水能顺利排出,并不受洪水淹没的威胁。

1. 技术要求

(1)应满足生产工艺布置和运输、装卸对高程的要求,并为其创造良好条件。

(2)因地制宜,充分考虑地形及地质因素,合理利用和改造地形,使场地设计标高尽量与自然地形相适应,力求使场地的土石方工程总量为最小,并使整个工厂区和各分区填挖方基本平衡,在土石方调配中应使其运距为最短。

(3)要充分考虑工程地质和水文地质条件,满足工程地质、水文地质的要求,提出合理的应对措施(如防洪、防水等)。

(4)要适应建、构筑物的基础和管线埋设深度的要求。

(5)场地标高和坡度的确定,应保证场地不受洪水威胁,使雨水能迅速顺利排出,并不受雨水的冲刷。

(6)应保证厂内外的出入口、交通线路有合理的衔接,并使厂区场地高程与周围也有合理的衔接关系。

(7)应考虑方便施工问题,在分期建设的工厂还应符合分期分区建设的要求,尽量使近期施工工程的土石方量为最小,远期土石方施工不影响近期生产安全。

（8）要充分考虑并遵循有关规范的要求,如土方和爆破工程施工验收规范,湿陷性黄土地区建筑设计规范等。

2. 竖向布局方式

根据工厂场地设计的整平面之间连接或过渡方法的不同,竖向布置的方式可分为平坡式、阶梯式和混合式三种。

1）平坡式

整个厂区没有明显的标高差或台阶,即设计整平面之间的连接处的标高没有急剧变化或者标高变化不大的竖向处理方式称为平坡式竖向布置。这种布置对生产运输和管网敷设的条件较阶梯式好,适应于一般建筑密度较大,铁路、道路和管线较多,自然地形坡度小于 4% 的平坦地区或缓坡地带。采用平坡式布置时,平整后的坡度不宜小于 0.5%,以利于场地的排水。

2）阶 梯 式

整个工程场地划分为若干个台阶,台阶间连接处标高变化大或急剧变化,以陡坡或挡土墙相连接的布置方式称阶梯式布置。这种布置方式排水条件较好,运输和管网铺设条件较差,需设护坡或挡土墙,适用于山区、丘陵地带的布置。

3）混 合 式

在厂区竖向设计中,平坡式和阶梯式均兼有的设计方法称为混合式。这种方式多用于厂区面积比较大或厂区局部地形变化较大的工程场地设计中,在实际工作中往往多采用这种方法。

模块3　总图设计主要经济指标

1. 技术经济指标项目

厂区占地面积(m²);建筑物、构筑物、有固定装卸设备的堆场及露天堆场占地面积(m²);建筑系数(%);标准轨铁路总长(km)、窄轨铁路总延长(km);道路总延长(km);利用系数(%);土方工程量(m³);绿地率(%)。

2. 计算方法

（1）厂区占地面积指厂区围墙以内的用地面积(无围墙时,指厂区规定界限)。

（2）建筑物、构筑物占地面积指厂区内全部建筑物、构筑物占地面积,一般按建筑物和构筑物的轴线框内占地面积计算。当局部地区的建筑物和构筑物小而密集时,可将其当成一座建筑物计算。

（3）有固定装卸设备的堆场及露天堆场的面积指无盖的仓库和堆场,如露天栈桥、龙门吊堆场、矿石中和堆场。露天堆场指各种原料、燃料、半成品等的堆存面积,它们的占地面积按堆场场地边缘计算。

（4）建筑系数指建（构）筑物系数、有固定装卸设备的露天堆场系数、露天堆场系数之和，即厂区内的建（构）筑物、堆场占地面积之和与厂区占地面积之比。

（5）铁路总延长均以线路总延长计算，不扣除道岔部分长度（贮矿槽栈桥、车间内部铁路不予计算），厂内线和厂外线分开计算。

（6）道路总延长按厂区内可通行汽车的车行道，包括回车场、车间行道，计算时扣除与道路中重合部分。

（7）利用系数指厂区内所有建筑物、构筑物、露天堆场、铁路、道路、回车场，地上地下工程管线，建筑物、构筑物、散水坡占地面积之和与总占地面积之比。铁路占地面积以铁路总延长乘以平均路基宽度计算；填方或挖方地段的铁路，以路堤底部或路堑顶部的实际宽度计算。野外型道路包括车行道路及排水沟的占地面积。

（8）土方工程量指厂区内粗平土方工程量的挖方和填方数量（厂内土方工程量应包括建筑物、构筑物基槽的余土）。

模块 4　厂区绿化

厂区绿化设计，应根据工厂的总图布置、生产特点、消防安全、环境特征，以及当地的土壤情况、气候条件、植物习性等因素综合考虑，合理布置和选择绿化植物。

1. 厂区绿化布置要求

（1）与总平面布置、竖向布置、管线综合相适应，并与周围环境和建（构）筑物相协调。
（2）不得妨碍工艺装置、储运设施等散发的有害气体的扩散。
（3）不得妨碍道路和铁路的行车安全。
（4）不得妨碍生产操作、设备检修、消防作业和物料运输。
（5）充分利用通道、零星空地及预留地。

2. 厂区绿化植物的选择

（1）根据生产特点、厂区环境污染状况，选择耐性、抗性和滞尘能力强的植物。
（2）根据工厂生产的防火、防爆和卫生要求，选择有利于安全生产和职业卫生的植物。
（3）根据环境监测要求选择相应的敏感植物。

（4）选择易于成活、病虫害少及养护管理方便的植物。
（5）根据当地土壤、气候条件和植物习性，选择乡土植物和苗木来源可靠、产地近、价格适宜的植物。
（6）选择常绿植物或常绿树与落叶树相结合，保持四季常青。
（7）注意树种配置，宜按多树种、高低、大小搭配，不宜单一树种配置，以达到绿化的多重效果（图2.2）。

图 2.2　厂区绿化效果图

3. 厂区绿化设计指标

厂区绿化设计指标,应以厂区绿化用地系数表示,并应符合下列要求:

(1)位于一般地区的企业,不应小于12%。

(2)位于沙漠、盐碱地等特殊地区的企业,可根据具体情况确定,厂区绿化应配置必要的绿化技术人员。

实践范例

(一)厂区结构

厂区总图如图2.3所示。

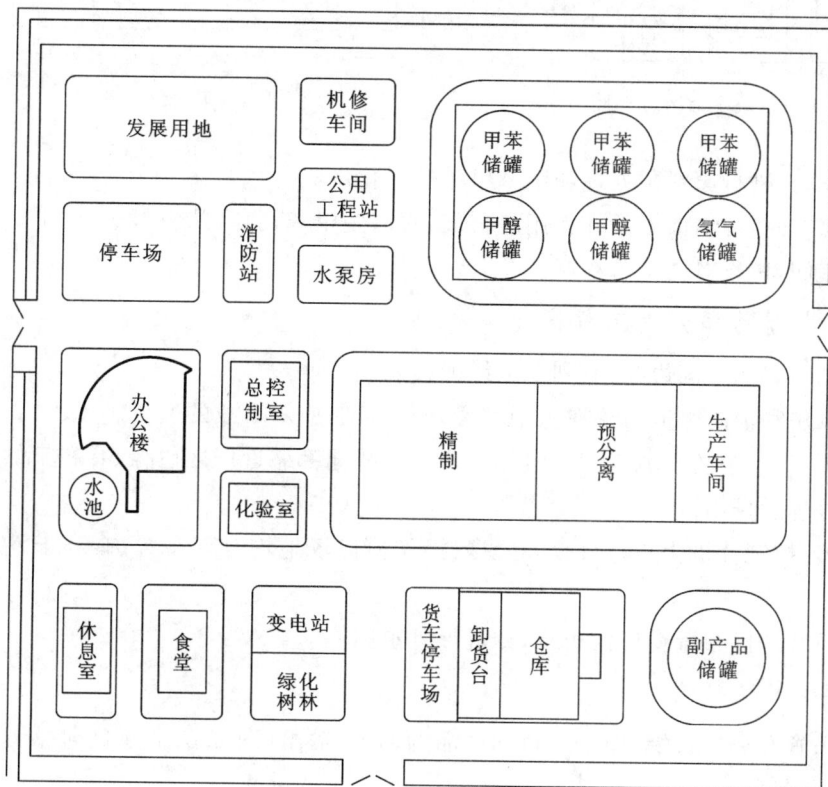

图2.3　厂区总图

1)行政生活区

行政生活区(图2.4)布置在厂区的前部,紧靠着厂外道路,全年主导风向的上风侧,环境条件好,交通及对外联络便利。办公的设计,其西南面有休息室和职工食堂,休息室北面为广场喷泉和休闲场地；行政生活区四周被树木、草地包围，让人在疲劳的生产中享受一份闲适的环境。行政生活区布置均衡、有条理，各个建筑物既不拥挤，又略显紧凑，不仅合理利用了厂区空间，而且达到了厂区设计的要求。

2）生产区

生产区包括：生产车间、预分离车间、精制车间（图 2.5）。

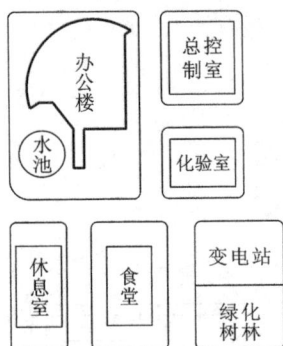

图 2.4　行政生活区分布图

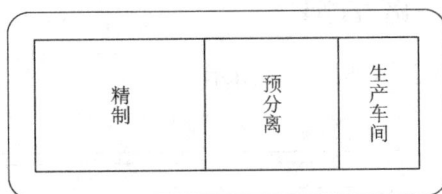

图 2.5　车间分布图

生产车间：进行原料预处理和甲苯甲醇烷基化反应。

预分离车间：分离出可循环使用的氢气、水以及甲苯，脱除苯。

精制车间：进行对二甲苯精制。

3）生产辅助和公用工程区

变电站布置在厂区边缘，有利于电缆的接入。

消防泵房和消防水池布置在主干道旁，便于及时应对事故的发生。

公用工程站、消防水池、污水处理站、紧急事故池都靠近厂区边缘，有利于供水管线进厂和污水处理后排出。

综合楼（控制分析化验）、行政办公楼、操作检修场地均合理布置，有利于发挥各自的作用。

仓库及装卸区布置在厂区边缘，靠近厂外道路。

4）罐区

罐区布置在厂区边缘，便于原料和产品的输入、输出（图 2.6）。罐区包括：甲苯储罐、甲醇储罐、氢气储罐。

5）仓库

仓库靠近装卸区，供产品存储和装卸使用。装卸站旁设有称重台，货车经过时在上面称重，准确计量运输量（图 2.7）。

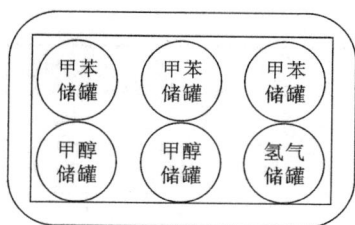

图 2.6　储罐分布区

图 2.7　仓库和副产物储罐分布区

（二）厂区运输

1）交通与公用设施条件

南京化学工业园区地处华东地区主要公路交会处,区内主干道与京沪、沪宁、宁杭高速公路相连接;专用铁路全长 21.7 千米,并纳入全国铁路网;码头可常年停泊 3 000～30 000 吨级船舶;年输油能力 2 000 万吨的鲁宁输油管线和年输油能力 2 000 万吨的宁波-上海-南京输油管线穿过园区;"西气东输"工程在园区铺设管网并已向区内企业供应天然气。园区距南京禄口国际机场 58 千米,驱车 40 分钟可以到达。优越的市场区位和便捷的交通运输给化工园区建设集化工产品流通、仓储、运输及服务于一体的化工物流输送体系创造了良好的条件。

2）厂区道路运输设计

① 厂区道路

厂内道路呈网格布置,可同时满足运输、检修、消防等要求,3 处大门均设置了门卫室。厂区主干道宽度为 10 m,次干道宽度为 6 m。道路等级为汽－20 级,结构层从上至下为:C30 混凝土 25 cm、级配碎石 30 cm。

② 运输设备

为了实现运输社会化,加之当地运输力量较强,故本次设计只考虑设置少量运输设备,如生活运输车辆、产品与化学品的运输车辆,另外还设置用于办公、通勤、救护、库房整理等车辆。

（三）总图设计主要经济指标

厂区平面布置总图的主要面积指标见表 2.1。

表 2.1　面积指标表

区域	名称	占地面积/m²
生产区	反应车间	693.6
	预分离车间	1 170
	精制车间	1 462
	罐区	4 927
	发展用地	1 300
	小计	9 552.6

续表

区域	名称	占地面积/m²
行政生活区	办公室	576
	休息室	236.5
	食堂	326
	门卫	24
	小计	1 162.5
生产辅助及公用工程区	控制室	198
	化验室	130
	仓库	620
	装卸站	300
	消防站	150
	水泵房	108
	水池	177
	变电站	380
	停车站	228
	公共工程站	200
	机修车间	200
	货车停车场	429
	小计	3 120
总计		13 835.1
厂区总面积		36 000
建筑物总面积		12 535.1
预留地		1 300
道路		6 426
空地		2 413.4
绿化占地面积		12 898.5
其他占地面积		427
建筑系数		0.348 2
绿化率		0.358 3
道路用地系数		0.178 5

（四）厂区绿化

本厂绿化布置遵循能绿化的地方尽量绿化的理念,对于各个建筑物旁边的空地进行绿化,总绿化面积为 12 898.5 m²,绿化系数为 0.358 3。

【习　题】

1. 化工厂的总平面布置设计的一般原则是什么?
2. 厂区竖向布局的任务是什么?
3. 厂区竖向布置的技术要求是什么?
4. 竖向布局方式有哪几种?
5. 总图设计主要经济指标有哪些?
6. 厂区绿化布置要求是什么?
7. 厂区绿化设计指标是什么?

单元三　工艺流程设计

教学目的

通过对设计一座制取对二甲苯(PX)分厂的工艺流程设计,使学生掌握工艺流程设计的过程、步骤和方法。

教学目标

[能力目标]

能够较为准确地进行工艺流程设计。

能够熟练地查阅各种资料,并加以汇总、筛选、分析。

[知识目标]

学习并初步掌握工艺流程设计的过程、方法与步骤。

学习计算机绘图软件的使用方法与技巧。

[素质目标]

能够利用各种形式进行信息的获取。

设计过程中与团队成员的讨论、合作。

经济意识、环保意识、安全意识。

必备知识

模块1　工艺方案确定

1. 工艺方案确定原则

工艺方案就是把原料加工成为产品的方法,包括工艺流程、生产方法、工艺设备和技术方案等。工艺方案的选择就是要在各种可能的工艺路线中,经过比较确定一个效果最好的工艺方案。工艺方案影响到项目投资、产品成本、产品质量、劳动条件、环境保护等各个方面,因而决定了项目投资后的经济效益和社会效益。能否选到好的工艺路线,是项目

能否成功的关键,因此,工艺方案的选择是项目可行性研究工作的核心。确定工艺方案应考虑的因素:

（1）技术上可行,是指建设投资后,能生产出符合质量指标、安全性及国家标准的产品。

（2）经济上合理,是指生产的产品具有经济效益,这样企业才可能正常运转,追求利润最大化是企业的根本动力。

（3）原料的纯度及来源,设计企业的生产成本及效益。

（4）公用工程中的水源及电力供应,是建厂的必备条件,建立新装置时需要考虑供水和供电的条件。

（5）环境保护,是建设化工工厂重点审查的一项内容。对于产生的"三废",在设计时就要符合环境保护法规定的要求,废弃物排放必须达到国家规定的排放标准。

（6）安全生产,是化工企业生产管理的重要内容。由于化学药品有的易燃易爆,有的还有毒,因此从设备设计和管理上要对安全予以保证,制定严格的规章制度,对操作和管理人员进行安全培训是安全生产的重要措施。

（7）符合国家相关政策法规。

2. 工艺方案的初步确定

确定工艺方案一般要经过三个阶段:收集资料、调查研究;落实设备;全面分析对比。收集资料、调查研究是工艺路线确定的准备阶段。在这个阶段中,要根据建设项目的产品方案及生产规模,有计划、有目的地收集国内外同类型生产厂家的有关资料,包括工艺路线特点、工艺参数、原材料和公用工程单耗、产品质量、"三废"排放及治理以及各种技术路线的发展情况与趋势等技术经济资料。这个过程不仅要依靠设计人员自己收集,还需要其他许多部门(如技术信息部门)的配合。收集资料的具体内容主要包括以下几个方面:

（1）国内外生产情况,各种生产方法及工艺流程。

（2）原料来源及产品应用和市场情况。

（3）试验研究报告。

（4）"三废"治理及综合利用情况。

（5）生产技术是否先进、生产连续化、自动化程度。

（6）安全技术及劳动保护措施。

（7）设备的大型化及制造、运输情况。

（8）基本建设投资、产品成本、占地面积。

（9）水、电、气、燃料的用量及供应、主要基建材料的用量及供应。

（10）厂址、地址、水文、气象等资料。

（11）车间环境与周围的情况等。

在搜索资料过程中,必须对设备予以足够重视,因为设备是完成生产过程的重要条件。对各种生产方法中所用的设备,要分清国内已有的定型产品、需要进口的以及国内需要重新设计制造的三种类型,并对设计制作单位的技术力量、加工条件、原材料供应情况以及设计制造的进度进行了解。在调查研究、收集资料及落实设备的情况后,需要全面分析对比,主要考虑以下几项:几种技术路线在国内外使用的情况及发展趋势;原材料、能量消耗及产品质量的情况;生产能力及产品规格、建设费用与生产成本;安全环保("三废"情况及治理技术);其他特殊情况。

模块 2 工艺路线设计

1. 确定主反应装置

根据反应过程的特点、产品要求、物料特性、基本工艺条件决定采用反应器的型式、操作方式、能量供给和移出方式。若反应在催化剂作用下进行,还需考虑催化反应的方式和催化剂的选择。

2. 确定原料的预处理方式

根据反应对原料纯度、温度、压力以及加料方式等提出的要求,采用预热(冷)、汽化、干燥、粉碎筛分、提纯精制、混合、配制、压缩等单元操作过程来达到。由于原料的性质、处理方法的不同可选取不同的装置及不同的输送方式,从而可设计出不同的流程。

3. 确定产物的后处理方式

由于反应原料的不同特性和反应过程的复杂性,产物常常不是单一的一种成分,常含有杂质,产生的主要原因:一是由于副反应的存在导致生成副产物;二是由于反应时间、化学平衡等条件的限制使未反应的某种原料有剩余,混在产物中;三是原料中含有的杂质被带入产物中或杂质参与反应生成了无用且有害的物质。产物的净化、分离等化工单元操作过程往往是整个工艺过程最复杂、最关键的部分,也是制约整个工艺生产能否进行、保证产品质量的关键。经分离净化后合格的产品若直接作为商品出售,还须经过筛选、包装、灌装、计量、储存、输送等后处理过程,这些过程同样需要一定的工艺设备装置、工艺操作。未反应的物料从产物中被分离出来后,应设计合适循环方式使之循环回反应设备继续参与反应。也可以引出加工成其他副产物。因副反应而生成的副产物被分离出来后也应设计出相应的化工单元操作过程进行处理。

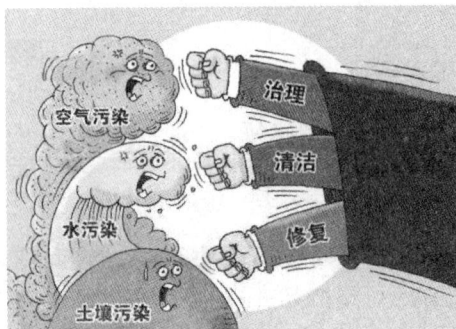

图 3.1 治理"三废"

4. 制定"三废"的处理措施

在生产过程中排放的各种废气、废液和废渣,应研究设计治理方案和流程综合利用,加以回收;无法回收利用的应妥善处理;若含有有害物质,在排放前应达到排放标准,做到"三废"治理与环境保护(图 3.1),"三废"治理工艺与主产品工艺同时设计、同时施工、同时投产运行。污染问题不解决,不得投产。

5. 确定操作条件和控制方案

一个完善的工艺设计除了工艺流程以外,为了使每个过程、每台设备发挥预定作用,应当确定整个流程中各个单元设备的操作条件,如物料流量、组成、温度、压力等,而为了正确实现并保持这些操作条件,就必须确定恰当的控制方案,选用合适的控制仪表,以保证生产出合格产品。

6. 确定公用工程的配套措施

生产工艺中的配套设施包括工艺用水(如冷却水、溶剂用水、洗涤用水等)、蒸汽(如原料用汽、加热用汽、动力用汽等)、压缩空气、氮气以及冷冻、真空等。其他如生产用电、上下水、空调、采暖通风应与其他专业密切配合。

7. 制定安全生产措施

设计工艺方案时还要考虑到化工装置在开车、停车、长期运转以及检修过程中可能存在的不安全因素,遵照国家的各项有关规定,结合生产过程中物料性质和生产特点,制定出切实可靠的安全措施,除设备材质和结构的安全措施外,还应设置事故槽、安全阀、放空管、安全水封、防爆板、阻水栓等以保证安全生产。

8. 保温、防腐设计

保温就是选择合适的保温材料,确定一个经济合理的保温厚度,同时根据所选保温材料确定保温结构。设备或管道处于下列情形均应保温(图 3.2)。

(1) 管道或设备表面区温度超过 50 ℃,需减少热损失。

(2) 要求输送管道或设备内的介质不结晶、不凝结。

(3) 制冷系统的设备和管道中介质输送要求保冷。

(4) 介质的温度低于周围空气露点温度,要求保冷。

(5) 季节变化大,有些常温湿气或液体冬季易冻结,有些介质在夏季易引起蒸发汽化。

图 3.2　管道外常包有保温材料

化工生产中的物料介质大多数具有或轻或重的腐蚀性,因此所选用的设备和管道应使用能够抵抗介质侵蚀的耐腐蚀材料,还可采用衬里和涂层等防腐措施。

模块3　工艺流程中的设备和容器

在工艺流程的设计中,有一些来自于生产实践的细节必须加以考虑。这些细节往往和流程中使用的设备和容器有关。

1. 容器

1) 接口

设备与管线、管线与管线之间的连接,可以采用管接头或法兰连接。管接头一般用于$\phi38$以下的连接,而法兰可用于任何尺寸的连接。低压容器由于器壁较薄,使用小尺寸($\phi50$以下)的法兰连接得不很稳固,接点应使用大小头(变径)法兰。容器的物料进口处不一定设切断阀,并在切断阀前设止回阀。输送熔融物、浆液和高黏度介质的管线要向收料容器倾斜。

2) 放空

密闭容器通常情况下都应有放空管线。含有空气、某些惰性气体及少量水蒸气的放空管线应在容器的顶部。有害但无毒性、非致命气体(如热的气体)的放空管线应延伸到室外,其终点应超过附近结构物的高度。而危险性气体或气相物,应进入火炬或另一个收集系统做进一步的处理。放空管的顶端要采用防雨弯头或防雨帽,如图3.3所示。放空管的直径一般应大于或等于进入该容器的最大液体管道。

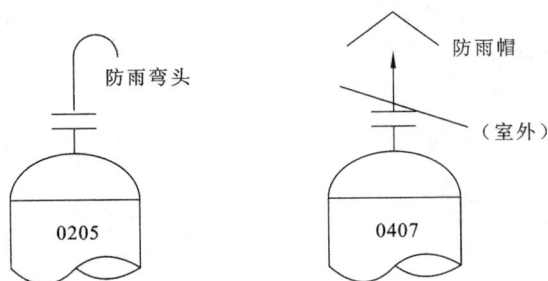

图3.3　放空管的形式

3) 溢流管

处理液体的开口容器或低压容器需配置一个溢流接口。溢流(接口)管的最高位置必须低于容器顶部。对于封闭的、有盖的容器,或处于微负压的容器,其溢流管必须加装液相U形管式密封装置或机械密封装置,如图3.4所示。如采用密封腿方式密封,则必须注明密封高度。

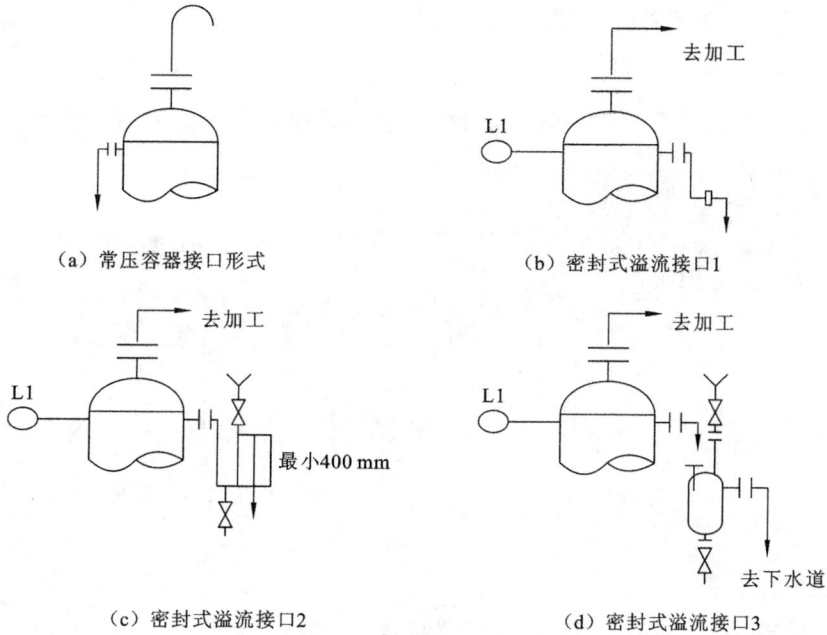

（a）常压容器接口形式　　　（b）密封式溢流接口1

（c）密封式溢流接口2　　　（d）密封式溢流接口3

图 3.4　溢流管接口

4）排放

大多数容器底部应设有放净阀，供容器放净用。排放管道的去处应予注明，如图 3.5 所示。

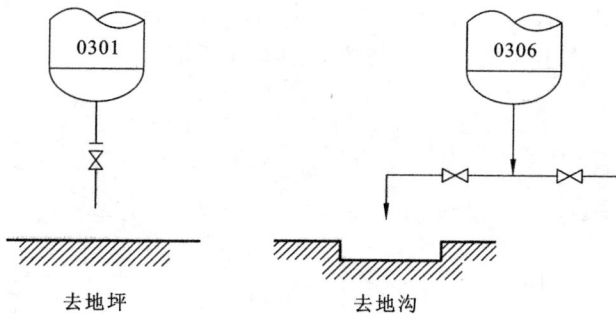

图 3.5　排放

5）取样接口

取样接口可以放在容器上、容器底部的排料管道上或容器进料泵的输出管道上，也可以从容器顶部通过适当的机构采样。对于有分层倾向的料液，需在各个液层里设置取样接口。

6）下降腿

容器设置下降腿主要是为了减少液体进入容器产生气泡，对可燃性液体能减少静电的产生，将反应原料加入搅拌容器里时能充分混合，在真空系统中保持一定的液封高度，防止空气进入。作为液相的下降腿,经常需要有泪孔以防产生虹吸作用,对于气-液两相流的管道,泪孔应位于下降腿的颈部,如图 3.6 所示。

7) 折角进料管

可以采用折角进料管代替下降腿,以减少静电效应。折角进料管不需要泪孔,如图 3.7 所示。

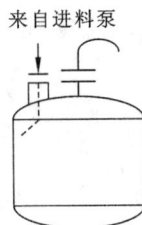

图 3.6　下降腿　　　　　　　　　　图 3.7　折角进料管

8) 回转给料器

回转给料器用于固体流,如粉状、颗粒状物料。回转给料器能连续、可控、可调节地使固体物料流进或排出容器而容器仍与周围环境隔离。回转给料器的形式如图 3.8 所示。可以使用惰性气体吹扫排出容器里的空气和水蒸气。

9) 气封装置

气封装置是一个小型的容器,安装在料仓、反应器的顶部或下部,以便间断地送入或排出固体或液体。气封装置的上、下部都安装适当的阀,有一个或两个经常关闭,使料仓或反应器与周围环境隔离。可以用惰性气体吹扫以便使料仓或反应器排出空气或水蒸气,防止容器中的气氛逸出大气。气封装置如图 3.9 所示。

图 3.8　回转给料器　　　　　　　　图 3.9 带滑动闸板的气封装置

10) 活动底盘和其他固体流设施

盛装固体的容器应设计成锥形底(图 3.10),锥形角应大于固体的休止角。在容器的锥形底部安置有一对小锥体,一上一下,一正一反,以利于固体的流出。也可以使用压缩空气吹动或在锥形底的外壁安装一个或几个振动器来防止和破坏固体的"架桥"。对于流动困难的固体,还经常在锥底和排出阀之间安装一个活动底盘,如图 3.11 所示。

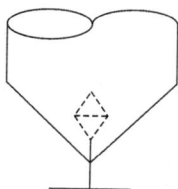

图 3.10　内部倒锥体图

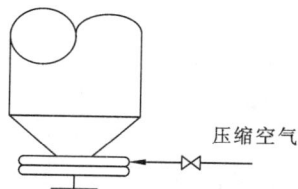

压缩空气

图 3.11　活动底盘

11) 传热装置

容器内的传热换热主要是对容器里的物料进行冷却、加热和保温等。容器用的传热装置有以下几种：

夹套。夹套是比较简单的一种容器换热设施。液相介质从容器底部进入，通过有挡板的环形空间，以曲折的路径从顶部离去；如果是会冷凝的介质，则从顶部进入而从底部离去。夹套中的液相介质可以用水或水蒸气，两者可以交替使用，但公用工程的管道上必须配置放空口与排放口，使两种介质不会彼此接触。

内部盘管。内部盘管一般置于带搅拌容器的内部以便改善热传递，既可以单独使用，又可以作为夹套的补充。内部盘管的直径要适当，以保证盘管和搅拌桨之间有足够的回流空间。

容器的伴热装置。为了维持储罐所需温度或防止冻结，要给储罐伴热。伴热可以采用电热带缠绕在容器上的方式，对于直径较大的容器也可以用蒸汽管缠绕。为了防止产生局部过热，在缠绕电热带或蒸汽管之前先用极薄的金属板包裹容器。

2. 塔

塔是容器的一种，工艺设计中对容器的种种要求也适用于塔，但塔又有一些与一般容器不同的要求。为了便于调节，塔上通常设有几个进料口。每个进料口应设有阀门，直接装在塔的管口上。立式再沸器的出口管管口与塔的返塔管管口直接连接；卧式热虹吸再沸器的管线应尽可能短而直。卧式再沸器常有两个出口，为使其流量相等，管线应对称布置。塔顶馏出线一般不设阀门，直接接往塔顶冷凝器。为了避免塔被超压损坏，塔顶常设安全阀。安全阀常设在塔顶或塔顶馏出管线，如图 3.12(a) 所示。塔顶和中段回流管线在塔的管口处不设切断阀。在重力回流式冷凝系统中设置液封管可以防止冷凝器出口管线中的气相倒流，如图 3.12(b) 所示。

3. 换热器

1) 类型和结构

在流程图上表示换热器应当尽可能地反映出其特殊的类型和结构。流程图中表示的换热器的所有开口位置应当大体接近换热器投入运行时的方位。在工艺流程图上通常给出介质的流向。一般情况下，冷流由下部进入，上部排出。使用蒸汽为热源加热时，蒸汽从上部引入，冷凝水由下部排出。在换热器中，以下情况的流体走管程：容易结垢和有腐

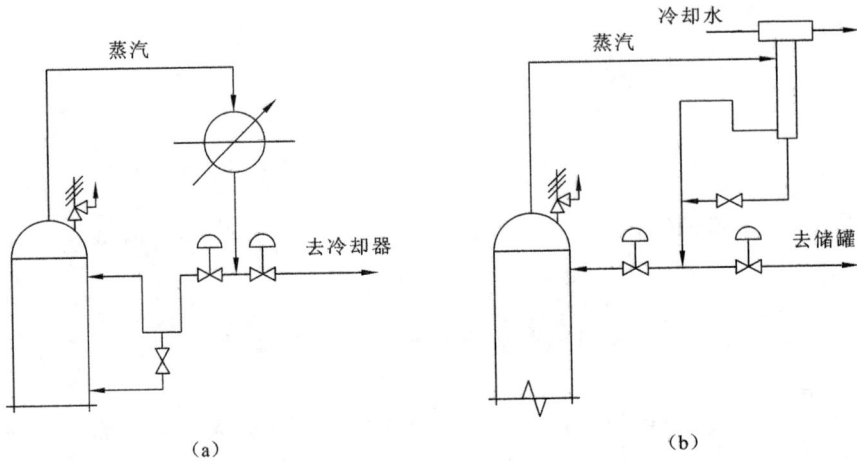

图 3.12 塔底的液封

蚀性的介质,温度高或压力高的介质,制冷剂或低温冷媒。换热器冷却水出口应设温度检测仪器,以便控制物料的加热(冷却)温度。

2) 放空

被加热的液体在换热器中由于温度升高使得溶解在液体中的气体逸出,所以被加热的液体从低点进入而在高点离开。从双壳程换热器中除去气体,可以用外部的限流性放空管,或用泪孔从立式 U 形管换热器的头盖中除去,如图 3.13 所示。如有需要,也可以将放空口安排在换热器的进口和出口管道上。对换热器在阀门关闭后可能出现因热膨胀或液体蒸发而造成压力太高的地方,应设安全阀,其尺寸常为入口 DN20,出口 DN25。如果有悬浮固体存在,则物料应从顶部进入向下流动,以防止固体的积聚。

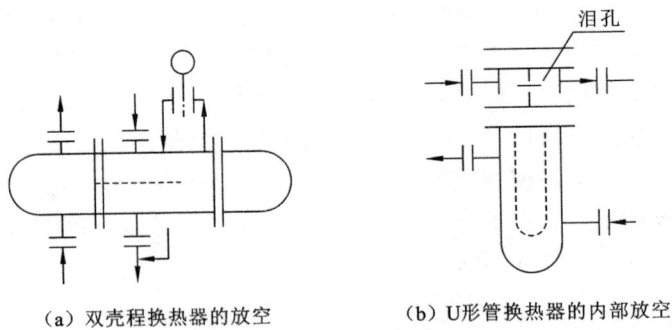

(a)双壳程换热器的放空   (b)U形管换热器的内部放空

图 3.13 积聚气体的放空

3) 冲溅防护

在许多换热器中,为了保护管子的内部构件,防止进入壳体的高速流体的冲蚀磨损,在换热器的进口处设置了冲溅防护装置,如在进口处安装挡板、在进口处安装特别放大尺寸的进口接口等。如图 3.14 所示。

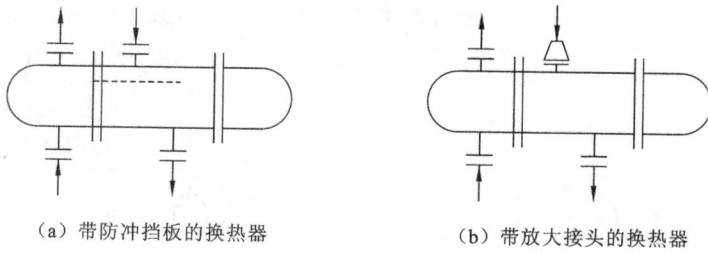

（a）带防冲挡板的换热器 　　　　　　　　（b）带放大接头的换热器

图 3.14　换热器冲溅防护的例子

4. 搅拌器和混合器

大多数的搅拌器由顶部进入，其轴垂直延伸而下或与竖直方向成一定角度。在某些情况下，其轴可以一直穿过底部头盖。搅拌器的型式（推进器式、透平式、桨式、锚式等）应在流程图上标明，如图 3.15 所示。有时搅拌器需要几组叶片也要在图中注明。

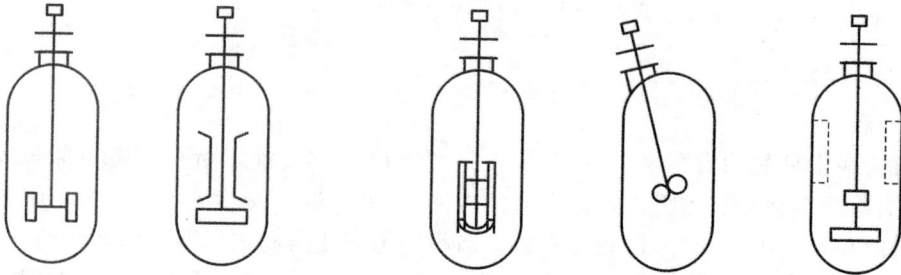

（a）桨式搅拌器　（b）透平式搅拌器带导流管　（c）锚式搅拌器　（d）推进器式搅拌器　（e）透平式搅拌器带挡板

图 3.15　典型的搅拌器型式

5. 泵类

1）泵的型式和驱动方式

化工厂较为常用的几种泵的型式如图 3.16 所示。因为大多数的泵由电动机驱动，因此在流程图中一般都略去电动机的符号，仅标出泵的功率。如使用于危险区域，一般应考虑采用防爆电机或气动马达。当排气可以利用时，采用蒸汽透平可以达到节能的目的。蒸汽透平还可用于电力供应频繁波动的场所。柴油和汽油引擎用于关键部位作为蒸汽动力的替代，也是偏远地区的动力源。

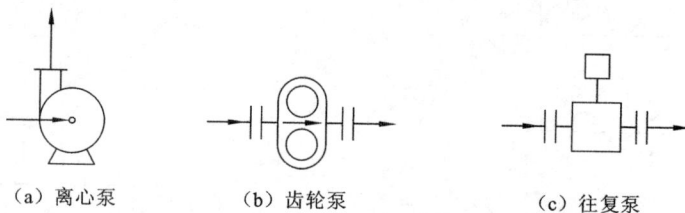

（a）离心泵　　　　　　（b）齿轮泵　　　　　　（c）往复泵

图 3.16　几种常用泵的型式

常用的泵一般分为动力式和容积式两类。动力式泵常用的有离心泵、轴流泵和漩涡泵等，各种活塞泵、柱塞泵、螺杆泵等都属于容积式泵。各种泵的驱动型式如图 3.17 所示。

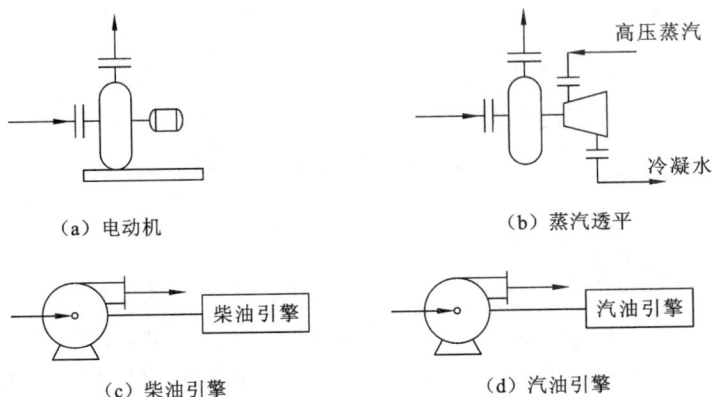

（a）电动机　　　　　　　　　　（b）蒸汽透平

（c）柴油引擎　　　　　　　　　（d）汽油引擎

图 3.17　几种驱动型式

2）泵的循环管路

① 离心泵

离心泵为最常见的动力泵之一，在泵的入口和出口均需设置切断阀。离心泵一般不能自吸，在启动前必须在泵和吸入管路内灌注液体，在吸入端要安装单向阀。为了防止离心泵未启动时物料的倒流，其出口阀应安装止回阀。为防止杂物进入泵体损坏叶轮，应在泵入口处设置过滤器。过滤器的安装位置应在泵吸入口和入口切断阀之间。止回阀上方应加装一个泄液阀，以便于止回阀拆卸前的泄压。为了节省安装空间，可以在止回阀和切断阀之间加装一泄液环，如图 3.18 所示。泵体和泵的切断阀前后的管线都应设置放净阀，并将排出物送往合适的地点。在泵的出口处应安装压力表，以便观察压力。离心泵在安装时必须考虑允许吸上高度，避免发生汽蚀。

有时要在出口管路上安装循环管路，以维持通过泵的最小流量。小流量旁通管线上不装阀门，只装限流孔板，如图 3.19 所示。

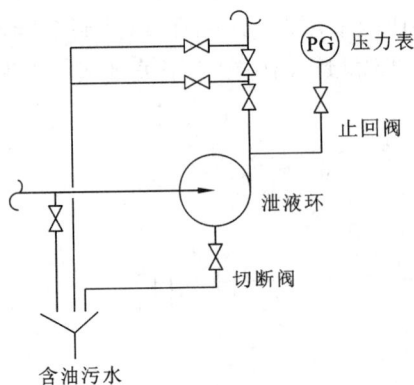

图 3.18　离心泵的典型配管

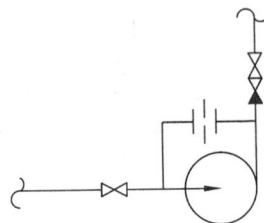

图 3.19　小流量旁通管线

输送常温下饱和蒸气压高于大气压的液体或处于闪蒸状态的液体时,为了防止蒸气进入泵体发生汽蚀,应设平衡管线,平衡管线接住吸入罐的气相段,如图3.20所示。

为了避免因单向受压太大而使阀门不易打开,高扬程的备用泵应设旁通管线,如图3.21所示。

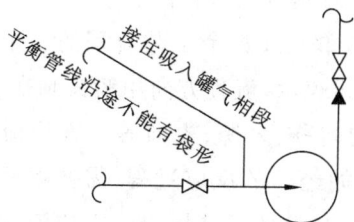

图3.20　平衡管线

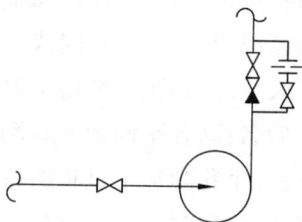

图3.21　高扬程旁通管线

输送凝固点高于气温的介质的备用泵应设防凝管线。正常运行时,打开备用泵出口阀的旁通,使备用泵处于热态,泵体内的介质不会凝固;当泵拆下检修时,打开泵吸入口和排出口之间的旁通,使泵内的介质继续流动而不致凝固,如图3.22所示。防凝管线要伴热,以保证畅通。

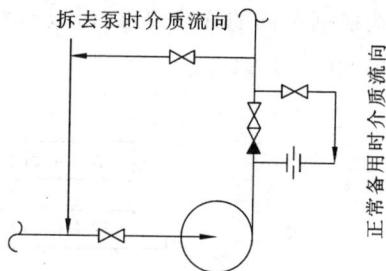

图3.22　防凝管线

② 活塞泵和柱塞泵

这一类泵在出口管路不同的情况下运转时(如出口阀未开启或出口堵塞),泵的压力和轴功率会增大到使泵缸破裂或使电动机烧坏,因此必须在出口处安装安全阀。

6. 压缩机

压缩机进出口管线上均应设置切断阀。抽吸空气的往复式空气压缩机,其入口不设切断阀。压缩机入口处和入口管线上的切断阀之间应设过滤器。为防止凝液进入压缩机气缸,必须在压缩机各段吸入口前设置吸入罐或凝液分离罐,除去凝液。凝液分离罐应尽量靠近吸入口。管线应向凝液分离罐倾斜,以免凝液进入压缩机汽缸。压缩机停机时不允许有凝液回流,当压缩机出口管内的气体达到饱和状态时,出口管上要设置凝液分离罐,同时安装一个止回阀。压缩机出口气体不是饱和状态时,由于排出气体中多带有润滑油,因此出口也应安装分离罐,以分离润滑油。

模块4　工艺流程图绘制

1. 工艺流程图的分类

按照设计阶段的不同,工艺流程图可分为方块流程图、工艺流程草图、物料流程图、带控制点工艺流程图、管道仪表流程图等。

1) 方块流程图

方块(框)流程图也称工艺流程示意图,是在工艺路线选定后,工艺流程进行概念性设计时完成的一种流程图,不编入设计文件,通常是用来向决策机构、高级管理部门提供该工艺过程的快速说明,可行性研究报告中所提供的就是方块流程图。

在方块流程图中,一个车间或工段的一个操作单元或整个工艺流程的一个部分用细实线矩形框表示,流程线只画出主要物流,用粗实线表示,流程方向用箭头画在流程线上。图上注明车间名称,各车间原料、半成品和成品的名称、来源、去向等。方块流程图较简单,但却能将一个化学加工过程的轮廓表达出来,如经历的反应过程,需要哪些单元操作来处理原料和分离成品,是否有副产物,如何处理,有无循环结构等。方块流程图中的方块,除了标注操作名称外,有时还要注上部分号码,这些号码可以与以后的工艺流程图上的相关物流编号相互参照。工艺流程的总体概念用方块流程图按不同的部分表示,每个方块根据不同的详略要求,可以是整个工艺流程的一个部分(图 3.23),也可以是一个操作单元(图 3.24)。

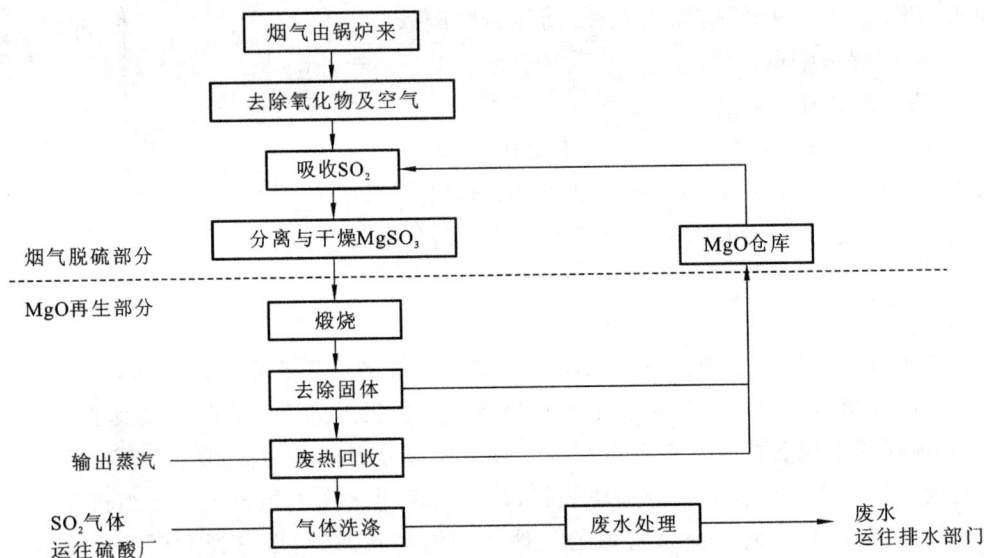

图 3.23　MgO 再生工厂的方块流程图

在图 3.23 中,用某一燃煤发电厂烟气脱硫后的氧化镁再生的工艺过程来说明。来自发电厂的烟气,含有大量的煤灰粉尘以及 SO_2 等。通过除尘器先将其中的煤灰粉尘除去,再通过化学方法将 SO_2 除去。SO_2 和 MgO 溶液进行反应,生成 $MgSO_3$,经浓缩和干燥后,再通过煅烧,释放出 SO_2,SO_2 气体送硫酸车间进一步制成 H_2SO_4。煅烧后的 $MgSO_3$ 成为 MgO,再循环使用。整个脱硫过程实际上包括了几个工艺过程,每一个工艺过程又可以用方块流程图加以说明,直至方块图将每一步操作都表示出来。图 3.24 就是

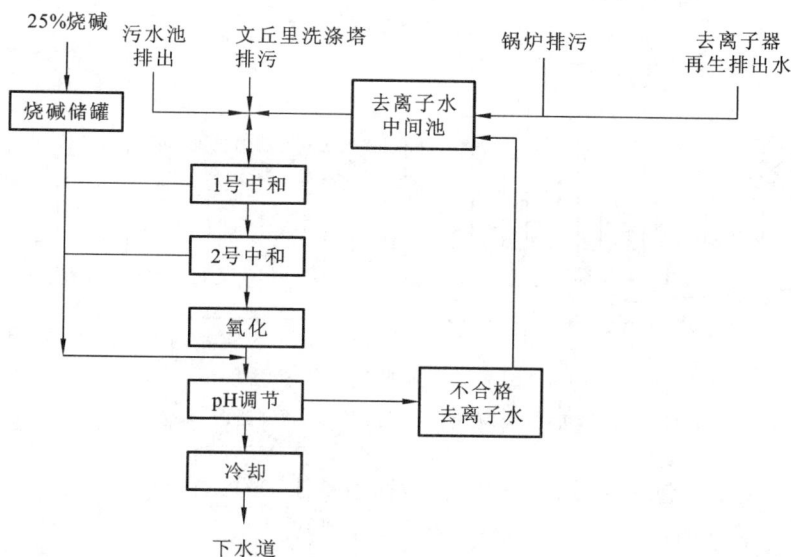

图 3.24　废水处理的方块流程图

图 3.23 中的废水处理部分。

　　编制方块流程图基本上没有什么严格而明确的规定,其格式可以由简单到复杂。但不管形式如何,该图的功能是说明某一确定的工艺过程所包含的每一个主要工艺步骤。最简单也是最常用的格式是一系列的长方块,每一个方块加上标记或文字即代表了工艺过程中的一步或一段。方块流程图从表面上看虽然比较简单,但是它却能扼要地将一个化学加工过程的轮廓表达出来。一个化工过程或一个化工产品的生产大致需要历经几个反应过程,需要哪些单元操作来处理原料和分离成品,是否有副产物,如何处理,有无循环结构等,这些在方块流程图中都要表达出来。

　　2) 工艺流程草图

　　工艺流程草(简)图是用来表达整个工厂或车间生产流程的图样,在设计的初始阶段绘制,是一个半图解式的工艺流程图(图 3.25)。工艺流程草图实际上是方块流程图的一种变体或深入,只带有示意的性质,是设计开始时供工艺方案讨论常用的流程图,也是工艺流程图设计的依据,为将要进行的物料衡算、能量衡算以及部分设备的工艺计算服务的,并不编入设计文件,由于此时尚未进行定量计算,因而只能定性地标出由原料转化成产品的变化、流向以及所采用的各种化工单元及设备。

　　工艺流程草图一般由物料流程、图例和设备一览表三个部分组成。流程草图中应画出全部物料管线和一部分动力管线(如水、蒸汽、压缩空气和真空等)。物料管线用粗实线画出,动力管线用中粗实线画出。在管线上用箭头表示物料的流向,物料名称在管线的上方或右方用文字注明,图中的设备只画出大致轮廓和示意结构,备用设备一般省略不画。设备名称可直接注写在设备图形上,但大多统一编号,然后按编号顺序在流程图的下方或图纸空白处集中列出各设备的编号和名称。图例中只需标出管线图例,阀门、仪表等无需

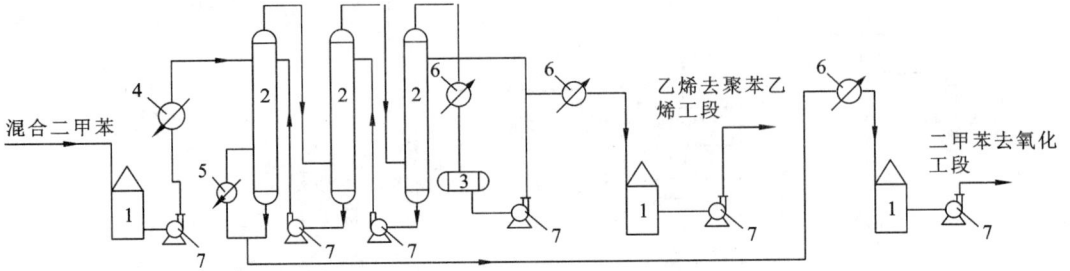

图 3.25　工艺流程草图

1—储槽；2—乙苯塔；3—回流槽；4—预热器；5—再沸器；6—冷却器；7—泵

标出。设备一览表只包括序号、位号、设备名称和备注，亦可省略。

3）物料流程图

物料流程图简称物流图，是在物料衡算和热量衡算完成后绘制的，以图形和表格相结合的形式反映物料衡算和热量衡算的结果，使设计流程定量化。物料流程图是初步设计阶段的主要设计成品，列入初步设计阶段的设计文件中，为设计审查提供资料，并作为进一步设计的重要依据，由于标注了物料衡算和热量衡算的结果数据，可作为日后生产操作和技术改造的参考资料，因而是一项非常有用的设计档案资料。

绘制物料流程图时，尚未进行设备设计，所以物料流程图中设备的外形不必精确，常用图例表示出主要工艺设备及部分关键的辅助设备，设备大小不要求严格按比例绘制，但外形轮廓应尽量按相对比例绘出，用箭头表示物流方向，标注工艺设备的位号和名称；用表格形式表示出各流股的温度、压力、流量、组分含量百分比；在有热量变化的过程或设备旁，标出热量计算值。物料流程图中最重要的部分是物料表。物料表包括物料名称、质量流量、质量分数、摩尔流量和摩尔分率。有时还列出物料的某些参数，如温度、压力、密度等。物料表格式见表 3.1。热量衡算的结果常常也表示在相应设备附近。如换热器旁注明热负荷。图 3.26 是碳八分离工段物料流程图。

表 3.1　物料流程图物料表

序号	名称	质量流量/(kg/h)	质量分数/%(wt)	摩尔流量/(kmol/h)	摩尔分率/%(mol)	备注
1						
2						
3						
合计						

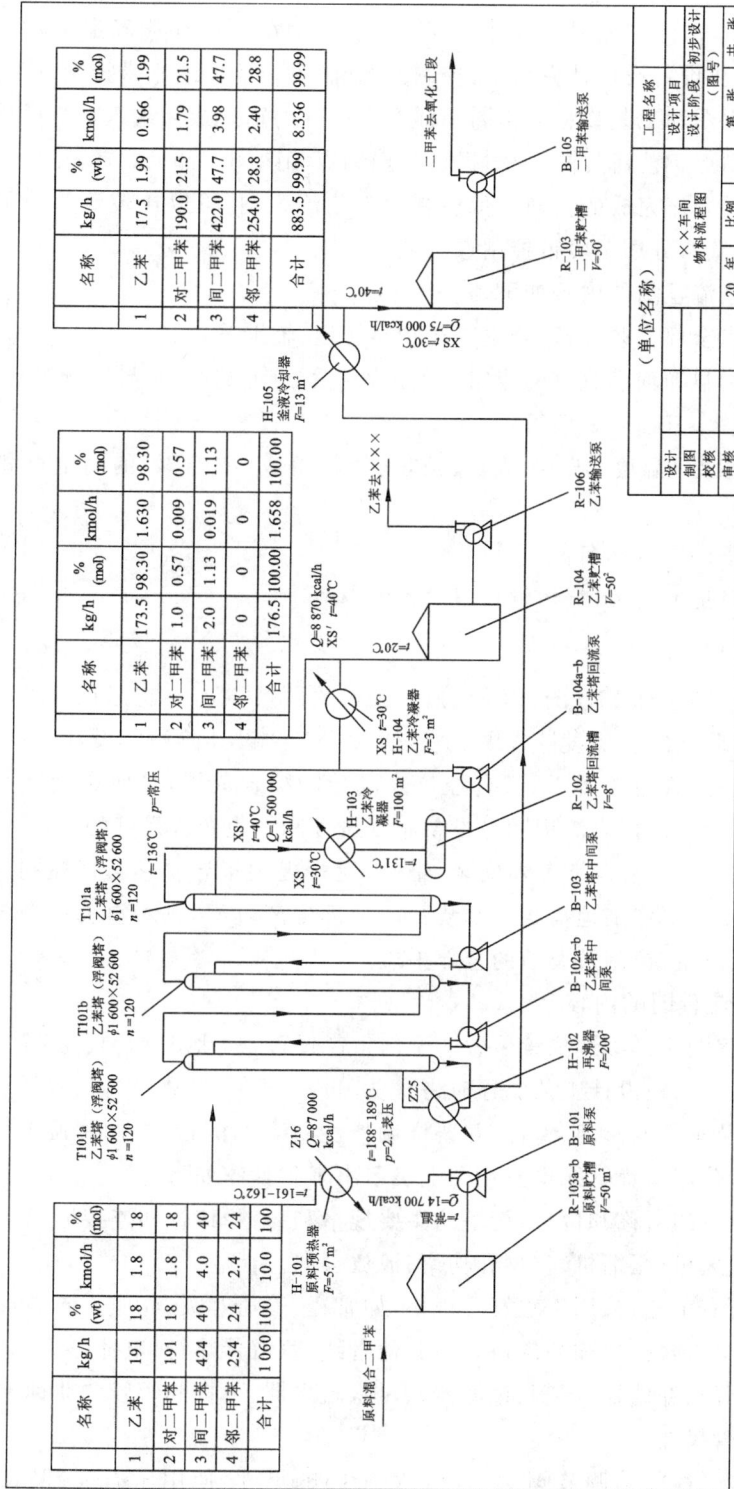

图3.26 碳八分离工段物料流程图

4）带控制点工艺流程图

在初步设计阶段，除了完成工艺计算，确定工艺流程之外，还应确定主要工艺参数的控制方案。因此，在设备设计计算结束，控制方案确定后，还要绘制带控制点工艺流程图。带控制点工艺流程图和工艺物料流程图一样作为设计的正式成果编入初步设计阶段的设计文件中。带控制点工艺流程图由物料流程、控制点和图例三部分组成，是由工艺专业人员和自控专业人员合作完成的。通过带控制点工艺流程图，可以比较清楚地了解设计的全貌。图 3.27 是碳八分离工段带控制点工艺流程图。

带控制点工艺流程图的内容如下。

用图例表示出全部工艺设备，画出工艺物料管道、辅助管道。

表示出工艺物料和辅助管道的流向及工艺物料管道上的阀门、异径管等有关附件，但不必绘出法兰、弯头、三通等一般管件。

表示出工艺参数（温度、压力、流量、液位、物料组成、浓度等）的测量点和自动控制方案。

标注全部设备的位号和名称。

表示出全部管道的管道代号、管径、材料、保温等。

5）管道仪表流程图

管道仪表流程图又称 PID 图、PI 图、施工流程图（图 3.28）。它是在施工图设计阶段进行的，是该设计阶段的主要设计成果之一，列入施工图设计阶段的设计文件中，是工艺流程设计、设备设计、管道布置设计、自控仪表设计的综合成果，是所有设计文件中最重要、最基础的文件。管道仪表流程图是设备布置设计和管道布置设计的依据，也为管路安装及施工，仪表测量点和控制调节器安装、维修、运行提供指导。它与带控制点工艺流程图的主要区别是不仅更详细地描绘了本装置的全部生产过程，且着重表达全部设备的全部管道连接关系、测量、控制及调节的全部手段。

① 管道仪表流程图的内容

管道仪表流程图应详细地描绘装置的全部生产过程，标示出全部设备、全部工艺物料管线和辅助管线，包括在设计工艺流程时考虑为开车、停车、事故、维修、取样、备用、再生所设置的管线以及全部的阀门、管件，并要详细标注所有的测量、控制和调节手段的安装位置和功能代号，公用工程管线也要在图上表示出来。具体如下：

设备：包括设备的名称和位号；设备的主要规格和参数；接管和连接形式；设备安装标高；驱动装置（泵、风机、压缩机）类型和功率；泄放去向。

配管：包括所有工艺、公用工程管线规格（如管径、管道等级、介质流向等）；管口（包括放空口、放净口、蒸汽吹扫口和冲洗口等）；其他管线（蒸汽伴热管、电伴热管、夹套管、保温管等）；管件，如阀门、补偿器、软管、过滤器、盲板、疏水器、可拆卸短管和非标准的管件等；取样点位置及接管尺寸。

仪表与仪表配管：包括调节阀、旁通阀、安全阀的尺寸、使用压力等；仪表的冲洗、吹扫等。

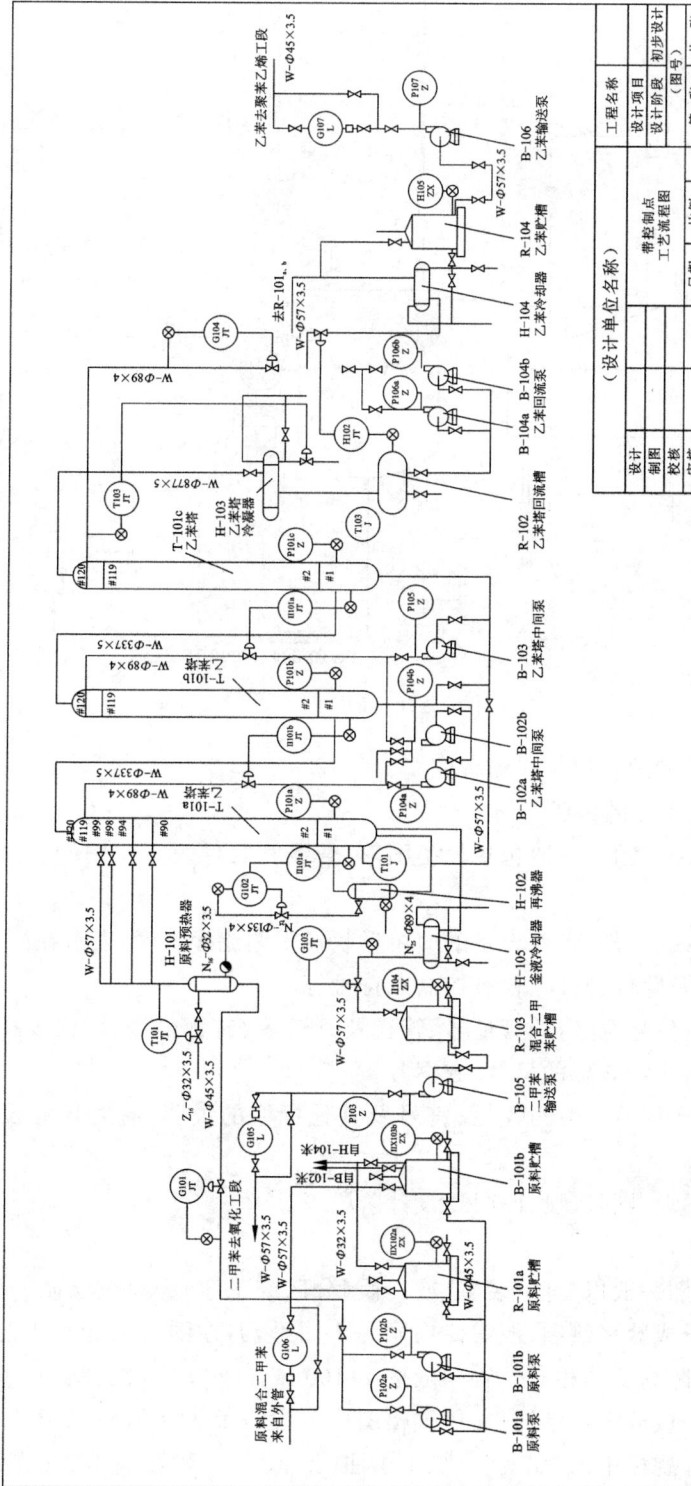

图3.27 碳八分离工段带控制点工艺流程图

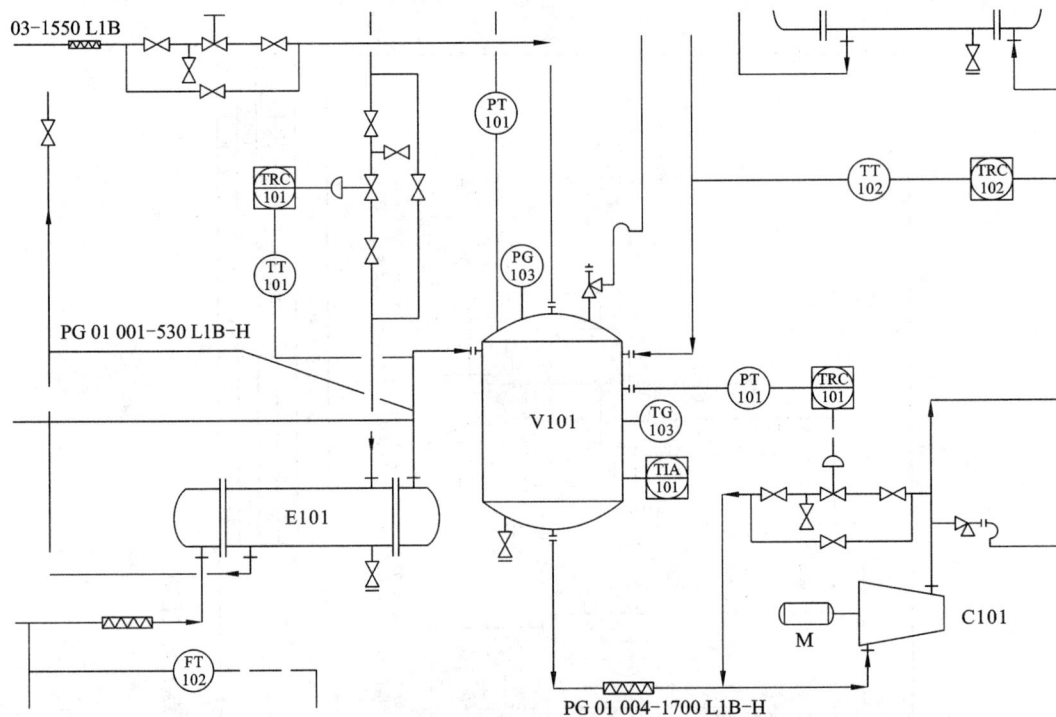

图 3.28　PID 图

图 3.29 是一典型的管道仪表流程图。

② 管道仪表流程图的组成

管道仪表流程图的图面一般包括设备图形、管线和管件、标注、图例、标题栏、附注等内容。

设备图形及管线、管件:将各设备的简单形状按工艺流程次序,表示在同一平面上,配以连接的主辅管线及管件、阀门、仪表控制点符号等。

标注:注写设备位号及名称,管道号、管径及管道等级,管段编号,仪表控制点图形符号、字母代号、仪表位号,必要的尺寸、数据等。

图例:对流程图中所采用的代号、符号及其他标注的说明,有时还有设备位号的索引等。

标题栏:注写图名、图号、设计项目、设计阶段等。

③ 比例与图幅

管道仪表流程图一般以车间(装置)或工段(分区或工序)为单位绘制一张,比较复杂的工艺流程,也可分成数张绘制,但需使用同一个图号,并在图号上标示出前后顺序。图上设备图形按其实际高低的相对位置一般按 1∶100 或 1∶200 比例绘制,对于过大或过小的设备,可适当缩小或放大绘制比例,使整幅图中的设备都表达清楚,故实际上并不全按比例绘制,因此在标题栏中的"比例"一栏不予注明。图幅一般均采用 A1 图纸,特别简单的可采用 A2 图纸。

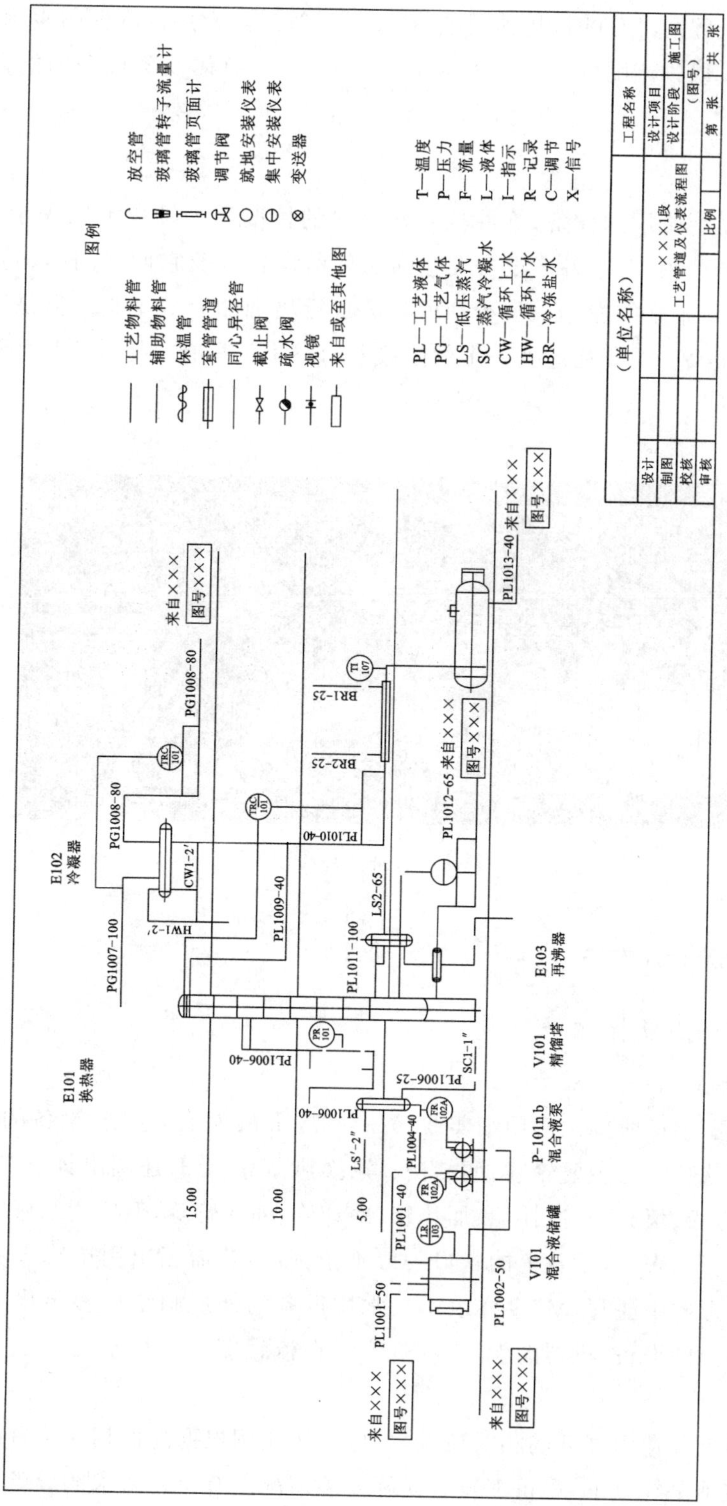

图3.29 管道仪表流程图

一般情况下,化工设计的流程图主要绘制物料流程图(PFD 图)和带控制点的工艺流程图或管道仪表流程图(PID 图)几种图纸,在设计计算时经常用流程框图表示,物料衡算后的物流量及组成以物流图(或框图)表示,全厂(或车间)总体及各设备的能量消耗以能流图表示。

6)三维流程图

三维流程图是将工厂的设备、管件按其建成时的情况用等轴角测图表示(图 3.30)。这种表达方式十分清晰,对于各个设备在空间所处的位置以及它们之间的相互关系都表达得一目了然,是对未来的操作人员和管理人员进行培训的有效工具。但是这种形式的图编制起来费用很高。需要在达到一定的阶段并对整个工程有了比较详尽的设计后才能进行。

图 3.30　三维流程图例

2. 图形符号及标注方法

1)设备的画法及标注

① 设备的画法

化工设备在图上一般按比例用细实线($b/3=0.3$ mm 左右)绘制,设备的简单图形必须显示出设备形状特征的主要轮廓,如储槽、塔、换热器等;有时还画出具有工艺特征的内件示意结构,如塔板、填充物、搅拌器、加热管、冷却管、插入管等,但要用细虚线绘制;也可将设备画成剖视形式表示,设备上的管口一般不予画出,若需画出用单线表示;设备上的电动机等可用矩形框中注写"M"字样表示。常用设备的外形画法可参照化工部标准"管道及仪表流程图上的设备、机器图例"中的规定。在流程图上一律不表示设备的支脚、支架、基础和平台。

设备间的高低和楼面高低的相对位置,一般也按比例根据高低相对位置绘制,低于地面的需相应画在地平线以下,尽可能符合实际安装情况。有位差要求的设备,还要注明其限定尺寸。设备间的横向距离,视管线绘制及图面清晰的要求而定,避免管线过长,或过于密集而导致标注不便,图面不清晰;横向顺序应与主要物料管线一致,勿使管线形成过量往返。

两个或两个以上相同的系统或设备,一般应全部画出,若只画一套,被省略的系统或设备用细双点划线矩形框表示,框内注明设备的位号、名称,并绘出引至该系统或设备的一段支管。

② 设备的标注

图中每台设备都应编写设备位号。设备的位号、名称一般标注在图中相应设备上方或下方,即在流程图的上端或下端,且各设备在横向之间的标注方式应基本排成一行,标注的设备名称要求排列整齐,并尽可能正对设备。图纸同一高度方向出现两个设备图形时,偏上方的设备标注在图纸上端;出现两个以上,可按设备的相对位置将某些设备的标注放在另一设备标注的下方。

设备位号由设备代号和设备编号两部分组成。设备代号用设备英文名称的第一个字母大写表示,设备代号之后是设备编号,一般用三位(或四位)数字组成,第 1 位(或前 2 位)数字为设备的分类号,代表设备所在的工段、工序或车间代号。后两位数字为设备序号,是将本工段的设备按流程顺序编写得到的。如设备位号 R306 表示第三工段(或车间)的第 6 号反应器。相同设备可用尾号加以区别,尾号用小写英文字母表示,如 T512a,T512b。设备位号在整个工段(或车间)内不得重复。施工图设计与初步设计中的编号应一致,若施工图设计中设备有所增加,则位号应按顺序增补,如有取消,原有设备位号不再使用。设备名称也应前后一致。设备位号和设备名称用粗实线分开,位号写在上面,中间也可不用粗实线分开,如图 3.31 所示。

2) 管道的画法及标注

流程图上一般应画出所有工艺物料和辅助物料管道。辅助管道系统较简单时,可将其总管绘制在流程图的上方,支管下引至有关设备;辅助管道系统较复杂时,待工艺管道布置设计完成后,另绘辅助管道及仪表流程图予以补充,此时流程图上只绘出与设备相连接位置的一段辅助管道。图上各支管与总管连接的先后位置应与管道布置图一致。公用管道比较复杂的系统,通常还需另绘公用系统管道及仪表流程图。

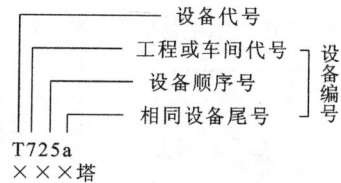

图 3.31　设备的标注

① 管道的画法

主要工艺物料管道用粗实线(0.9 mm 左右)绘制,用箭头表示管道中物料的流动方向,辅助物料管道用中粗实线(0.6 mm 左右)绘制,设备轮廓、管道上的各种附件、仪表管道以及局部地平线用细虚线或细实线(0.3 mm 左右)绘制。一般情况下,流程图上不标尺寸,有特别需要注明尺寸的,尺寸线也用细实线绘制。各种常用管道及管件的图例见表 3.2。

表 3.2　常用管道及管件图例

序号	图例	名称	序号	图例	名称
1		喷淋管	22		T形过滤器
2		主要物料管道	23		阻火器
3		辅助物料管道	24		多孔管
4		设备管道附件、阀门及尺寸线	25		焊接管帽
5		物料流向箭头	26		软管活接头
6		蒸汽伴热管道	27		管端平管接头
7		套管	28		管端活接头
8		固体物料线或不可见主要物料管道	29		管堵
9		电伴热管道	30		管道法兰
10		螺纹焊接式连接	31		盲板
11		法兰式连接	32		盲通两用板
12		不可见辅助物料管道	33		扩大管段节流装置
13		软管	34		消音器
14		翘片管	35		疏水器
15		取样口	36		爆破板
16		原有管道	37		敞口排水斗
17		波浪线	38		水表
18		断裂线	39		管座
19		双线管道	40		视镜
20		引出线	41		膨胀节
21		连接符号	42		锥形过滤器

绘制时,还应注意以下几点。

保温伴热等管道需画出一小段(约10 mm)保温层;固体物料除用粗虚线表示外,还要写出物料名称。

绘制管道时,应尽量避免管道与设备,管道与管道交叉、重叠,不能避免时,应将其中一根管道断开或曲折绕过,断开处的间隙应为线粗的 5 倍左右。管道要尽量画成水平和垂直,不用斜线,若斜线不可避免,应只画出一小段,尽量使各设备之间管道表示清楚、排列整齐。

一般工艺管道由图纸左右两侧方向出入,与其他图纸上的管道连接、放空或去泄压系统的管道,在图纸上方离开。公用工程管道既可从左右或底部出入图纸,就近标出公用工程代号以及相邻图纸号,也可在相关设备附近注上公用工程代号,然后在公用工程分配图上详细标出与该设备相接的管道尺寸、压力等级及阀门配置等。所有出入图纸的管道,都要带箭头,并注出连接图纸号、管道号、介质名称和相连接设备的位号等相关内容。

管道上的取样口、放气口、排液管、液封管等应全部画出。放气口应画在管道的上边,排液管则画在管道下侧,U 形液封管尽可能按实际比例长度表示。

本流程图与其他流程图连接的物料管道应引至近图框处。不同图号的图纸上的物料管道有连接,在管道端部画一个由粗实线构成的 30 mm×6 mm 矩形空箭头框,框中写明连接图的图号,上方则注明物料来向或去向的设备位号或管段号。进入本流程图的物流画在图纸的左边,流出本流程图的物流画在图纸的右边,并在相应高度位置进入下一张图。

当管线改变管道等级时,应标明分界点位置及管道等级。

② 管道的标注

流程图上要对每条管道进行标注。一般横向管道标注在管道的上方,竖向管道(直管)标注在管道的左边。若标注位置不够时,可将部分标注内容移至管道下方或右方。管道的标注内容包括管道号、管径和管道等级三个部分。前两个部分之间用一短横线隔开,管道等级与前两部分之间留出适当的空隙。有隔热或隔音措施的管道,还要在管道等级之后加注隔热隔音代号,两者间也用一短横线隔开,如图 3.32(a)所示。有时不标注管道等级代号,而标注出管材代号与壁厚尺寸等,如图 3.32(b)所示。标注内容较多时,可将管道号、管径和后面内容分别标注在管线的两侧。

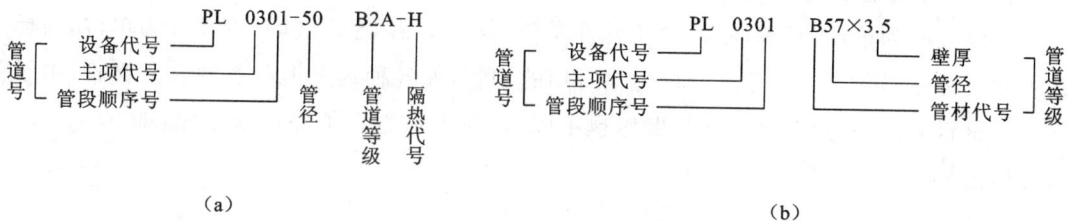

图 3.32　管道的标注

a. 管道号

管道号由物料代号、主项代号、管道分段顺序号（管段顺序号）组成。物料代号一般以物料的英文名称的首字母大写表示，或以分子式表示，或采用国际通用代号，也可以在类别代号的右下角注以阿拉伯数字，以区别该类物料的不同状态和性质，表3.3为常用物料代号。主项代号也就是工段或工序代号，用一位或两位数字表示。管道分段顺序号按工艺流程顺序用两位数字01,02等编号。有些流程图不按物料编号，管道号由设备号和管段号两部分构成，前三位数字为设备号，第四位数字是管段号，如"6232"表示与623设备连接的第二段管道，前面无须标注物料代号。

表3.3　常用物料代号

物料代号	物料名称	物料代号	物料名称	物料代号	物料名称
A	空气	GO	填料油	PL	工艺液体
AM	氨	H	氢	PW	工艺水
BD	排污	HM	载热体	R	冷冻剂
BF	锅炉给水	HS	高压蒸汽	RO	原料油
BR	盐水	HW	循环冷却水回水	RW	原水
CS	化学污水	IA	仪表空气	SC	蒸汽冷凝水
CW	循环冷却水上水	LO	润滑油	SL	泥浆
DM	脱盐水	LS	低压蒸汽	SO	密封油
DR	排液、排水	MS	中压蒸汽	SW	软水
DW	饮用水	N	氨	TS	伴热蒸汽
F	火炬排放气	NG	天然气	VE	真空排放气
FG	燃料气	O	氧	VT	放空气
FO	燃料油	PA	工艺空气		
FS	熔盐	PG	工艺气体		

b. 管径

管径一般标注公称直径。水管、煤气输送钢管用公称直径 DN(Dg) 表示，如 DN36。公制管以 mm 为单位，只标注数字，不标注单位，如 30,120 等；英制管以英寸为单位，需标注英寸的符号，如 1/2″,3″等。工程管道所用的钢管，如各种碳素钢和各种合金钢管，由于管子的材料多样，不同等级的管子壁厚也不同，习惯表示为管子外径×壁厚，如 57×3.5，单位均为 mm。

c. 管道等级

为了简化管道及管件规格，管道按温度、压力、介质腐蚀程度等情况，预先设计了各种不同的管材、壁厚及阀门等附件的规格，作出各种等级规定，以便于按等级规定进货和施工,因此图上可直接注出本设计选定的各管道等级代号。如果没有预先规定,则需标注管道有关的信息,如管材代号、管径和壁厚等,如 B57×3.5,B 为不锈钢代号,"57"为管道外径,"3.5"为管壁厚度,无缝钢管则在外径尺寸前冠以"ϕ"符号。

d.隔热及隔音代号

管道的使用温度范围及隔热隔音功能类型,以英文字母和数字或英文字母给以标注。如"G9"表示温度在 $-100\sim2$ ℃的不锈钢管,用保冷材料保冷。"EE"表示温度在 $94\sim400$ ℃的碳钢或铁合金管,用三线蒸汽伴热。管道使用温度范围的代号规定见表3.4,隔热及隔音功能类型代号的规定分别见表3.5和表3.6。

表 3.4　管道使用温度范围代号

代号	温度范围/℃	管材	代号	温度范围/℃	管材
A	$-100\sim20$	碳钢或铁合金	G	$-100\sim2$	不锈钢
B	$>2\sim20$	碳钢或铁合金	H	$>2\sim20$	不锈钢
C	$21\sim70$	碳钢或铁合金	J	$21\sim93$	不锈钢
D	$71\sim93$	碳钢或铁合金	K	$94\sim650$	不锈钢
E	$94\sim400$	碳钢或铁合金	L	>650	不锈钢
F	$401\sim650$	碳钢或铁合金			

表 3.5　隔热类型代号

代号类型	用途	备注	代号类型	用途	备注
1	热量控制	采用保温材料	6	隔热(低于 21 ℃)	采用保冷材料
2	保温	采用保温材料	7	防止表面冷凝(低于 15 ℃)	采用保冷材料
3	人身防护	采用保温材料	8	保冷(高于 2 ℃)	采用保冷材料
4	防火	采用保温材料	9	保冷(高于 2 ℃)	采用保冷材料
5	隔热(21 ℃或更高)	采用保温材料	A—U	加热保温	

表 3.6　隔音类型代号

蒸汽	电	水	加热类型
A			单线伴热(带隔热用石棉布及隔离片)
B	K		单线伴热(带隔热用石棉布)
C	J	Q	单线伴热
D	L	R	平行或往复双线伴热
E		U	三线伴热
F			四线伴热
G	M	S	单线螺旋型伴热
H		T	夹套

3) 管件和阀门的图形符号

在工艺流程图中,管件和阀门都是以符号表示的,常用管件的图形符号见表 3.2,常用阀门的图形符号见表 3.7。管件中的一般连接件,如法兰、三通、弯头、管接头等,若无特殊需要均不予画出。竖管上的阀门在图上的高低位置应大致符合实际高度。

表 3.7 常用阀门的图形符号

序号	名称	图例	序号	名称	图例
1	闸阀		16	插板阀	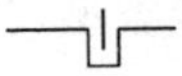
2	截止阀		17	弹簧式安全阀	
3	止回阀		18	重锤式安全阀	
4	直通旋塞	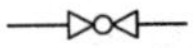	19	高压截止阀	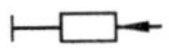
5	三通旋塞		20	高压节流阀	
6	四通旋塞		21	高压止回阀	
7	隔膜阀		22	阀门带法兰盖	
8	蝶阀		23	阀门带堵头	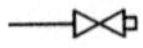
9	角式截止阀	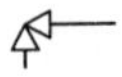	24	集中安装阀门	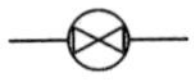
10	角式节流阀		25	集中安装阀门	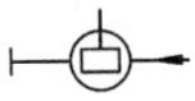
11	球阀	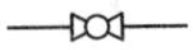	26	底阀	
12	节流阀		27	平面阀	
13	减压阀	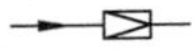	28	浮球阀	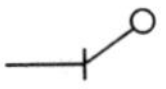
14	放料阀		29	高压球阀	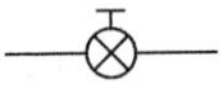
15	柱塞阀		30	针型阀	

4) 仪表控制点的表示

在流程图上,仪表及控制点应用代号、符号在相应管道的大致安装位置上予以表示。仪表控制点的标注包括图形符号、字母代号和仪表位号三部分。

① 图形符号

仪表(包括检测、显示、控制等)的图形符号为直径约 10 mm 的细线圆,需要时允许圆圈断开。必要时,检测仪表或检出元件也可以用象形或图形符号表示。执行器的图形符号由调节机构和执行机构两部分组合而成。仪表、调节及执行机构图形符号见表 3.8。

表 3.8 仪表、调节及执行机构图形符号

序号	名称	图例	序号	名称	图例
1	就地安装仪表		13	带弹簧的气动薄膜执行机构	
2	嵌在管道中		14	无弹簧的气动薄膜执行机构	
3	集中仪表盘面安装仪表		15	电动机执行机构	
4	就地仪表盘面安装仪表		16	电磁执行机构	
5	集中仪表盘后安装仪表		17	活塞执行机构	
6	就地仪表盘后安装仪表		18	带气动阀门定位器的气动薄膜执行机构	
7	集散控制系统数据采集		19	能源中断时直通阀开启	
8	孔板		20	能源中断时直通阀关闭	
9	文丘里管及喷嘴		21	带人工复位装置的执行机构	
10	转子流量计		22	带远程复位装置的执行机构	
11	过程连接或机械连接线		23	能源中断时：三通阀流体流向为 A-C	
12	气动信号线 电动信号线		24	能源中断时：四通阀流体流向为 C-A 和 D-B	

② 字母代号

表示被测变量和仪表功能的字母代号见表 3.9。

表 3.9 常用被测变量和仪表功能的字母代号

字母	第一字母		后继字母	字母	第一字母		后继字母
	被测变量或初始变量	修饰词	功能		被测变量或初始变量	修饰词	功能
A	分析		报警	N	供选用		供选用
B	喷嘴火焰		供选用	O	供选用		节流孔
C	电导率		控制	P	压力或真空		试验点（接头）
D	密度	差比（分数）扫描		Q	数量或件数	积分、积算安全	积分、积算
E	电压（电动势）		检出元件	R	放射性		记录或打印
F	流量			S	速度或频率		开关或联锁
G	尺度（尺寸）		玻璃	T	温度		传达（变送）
H	手动（人工触发）			U	多变量		多功能
I	电流		指示	V	黏度		阀、挡板、百叶窗
J	功率			W	重量或力		套管
K	时间或时间程序		手动、自动操作器	X	未分类		未分类
L	物位		指示灯	Y	供选用		继动器或计算器
M	水分或湿度			Z	位置		驱动、执行或未分类的执行器

③ 仪表位号

在检测控制系统中,构成一个回路的每个仪表或元件都有自己的仪表位号。仪表位号由字母代号和数字标号组成。第一个字母表示被测变量,后继字母表示仪表的功能;数字编号表示仪表的顺序号,可按车间或工段进行编号。如"PI205"中"P"表示被测变量为"压力","I"表示仪表功能为"指示","2"为工段号,"05"为仪表序号,故该仪表用作压力指示。在流程图中,标注仪表位号的方法是将字母代号填写在圆圈的上半部分,数字编号填写在圆圈的下半部分。

3. 作图步骤

绘制工艺管道及仪表流程图一般可按下列步骤进行。

(1)根据需要先用细实线绘制地坪、楼板、操作台台面等基准面线。

(2)按照流程从左至右用细实线画出设备(机器)的规定图例,并使各设备(机器)横向间留有一定的间距,以便布置管道流程线。设备(机器)的高低位置,尽可能符合实际安装情况。

(3)用粗实线画出主要物料管道流程线,并配以表示流向的箭头,同时用细实线画出主要物料管道流程线上的阀、管件以及与工艺有关的检测仪表,调节控制系统,分析取样点的符号和代号。

(4)用中实线画出辅助物料管道流程线,同样配以表示流向的箭头,同时用细实线画出在辅助物料管流程线上的阀、管件以及有关的检测仪表、调节控制系统,分析取样点的符号和代号。

(5)分别对设备(机器)、管道等进行标注。

(6)填写标题栏。

(7)把图中所采用的部分规定如图例、符号、设备位号、物料代号、管道编号以及自控仪表专业在工艺流程中所采用的检测和控制系统的图例、符号、代号等以图表形式绘制成首页图,以便更好地了解和使用各设计文件。

实践范例

(一)方案的选择

1)产品方案的确定

近年来,合成 PX 的研究受到国内外研究者的广泛关注。合成路线正朝着简单化、无毒化和无污染化的方向发展。目前合成 PX 的主要方法有甲苯歧化与烷基化转移、二甲苯异构化、二甲苯吸附分离和甲苯甲醇烷基化等方法。

① 甲苯歧化与烷基转移工艺

甲苯歧化与烷基转移工艺实质上是指芳烃之间相互转化的一种技术。甲苯歧化与烷基转移反应主要包括 2 种:即甲苯歧化反应和烷基化反应。甲苯歧化反应是 2 分子甲苯

经过歧化反应生成 1 分子苯和 1 分子二甲苯:

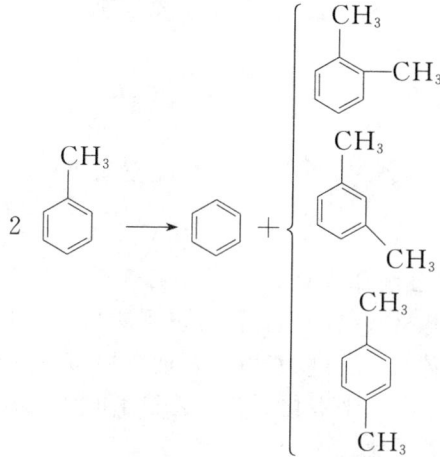

烷基转移反应一般指甲苯与 C9 芳烃之间的烷基转移反应——1 分子甲苯与 1 分子三甲苯在催化剂存在的条件下,三甲苯分子上的 1 个甲基向甲苯分子上转移生成 2 分子的二甲苯:

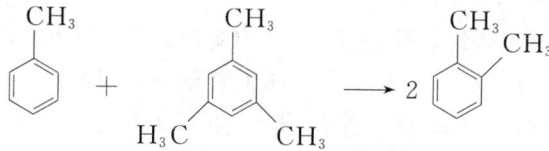

几种以甲苯或甲苯与 C9 芳烃为原料的歧化与烷基转移工艺如表 3.11 所示。

表 3.11　几种以甲苯或甲苯与 C9 芳烃为原料的歧化与烷基转移工艺

工艺	专利公司	催化剂	反应温度/℃	压力(表)/MPa	H₂/HC(摩尔比)	空速/h⁻¹	反应床类型	原料
Tatoray	东丽/UOP	氢型丝光沸石/氧化铝	370~500	1.330	512.0	0.515	固定床	C7A,C9A
HATP	中国石化	高硅改性丝光沸石	380~450	1.330	57.0	0.517	固定床	C7A,C9A,C10A
MTDP-3	Mobil	改性 ZSM-5	400~500	3.040	1.5	4.000	固定床	C7A,C9A
PxMax	Mobil	改性 ZSM-5	460	3.040	1.5	4.000	固定床	C7A
PX-Plus	UOP		370~500	1.330	512.0	15.000	固定床	C7A

② 二甲苯异构化工艺

二甲苯异构化工艺技术是以基本不含或含少量 PX 的混合 C8 芳烃为原料,在催化剂作用下,C8 芳烃的 4 种异构体(OX,MX,PX 和乙苯)之间的转化技术。反应使混合 C8 芳烃中的 PX 浓度达到平衡浓度,从而提高 PX 产量。

③ 二甲苯吸附分离工艺

吸附分离技术系由八面沸石为基质的吸附剂和特别选定的有机化合物为解吸剂,配合模拟移动床连续逆流分离工艺构成的。

④ 甲苯甲醇烷基化工艺

甲苯和甲醇直接合成 PX 是一条经济绿色的,颇具吸引力及挑战力的最为可行的新型工艺路线。此工艺的反应式为

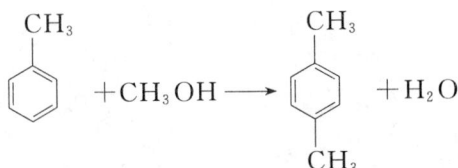

$$\text{甲苯} + CH_3OH \longrightarrow \text{对二甲苯} + H_2O$$

以甲苯和甲醇为原料的直接合成对二甲苯工艺有近 97.55% 的选择性,特别适用于现有的上下游一体化的芳烃联合装置的挖潜改造;甲醇可以就近采购,产品方案可调,费用较省;同时反应条件比较温和,又可以使用非石油基甲醇作为原料,实现了石油化工和煤化工的有机结合,加快相关高水平催化剂和工艺技术的研究开发,有利于现有 PX 生产技术的更新和升级,因而意义重大。

2)产品工艺方案优缺点对比

① 甲苯歧化与烷基转移工艺优缺点

a. Tatoray 工艺

优点:采用气固相固定床绝热反应器,其结构简单,反应过程放热量很小,反应温度容易控制,操作温度和压力都较缓和,对设备材质无苛刻要求,操作方法简便,投资和运转费用较低;对原料适应性强,反应原料可为纯甲苯,也可为甲苯和 C9 芳烃混合物;副反应少,转化率高,氢耗低。

缺点:原料选择范围窄;附属设备多,投资大,存在催化剂磨损和设备磨损等问题,动力消耗大,操作繁琐;污染较多,不符合所要求的清洁生产。

b. HATP 工艺

优点:允许使用 C10 芳烃含量较高的原料,减少了副产物 C10 及以上重芳烃的排放量。

缺点:温度要求较高,能耗高,转化率低;污染较多,不符合所要求的清洁生产。

c. MTDP 工艺

优点:以 ZSM-5 沸石为催化剂,催化剂寿命大于 2 年,在此期间催化剂再生不超过 3 次。

缺点:温度要求较高,能耗高,对设备要求高。

d. PxMax 工艺

优点:对二甲苯收率高,循环效率高。

缺点:污染较多,还需加强清洁生产力度。

e. Px-Plus 工艺

优点:可获得高纯度对二甲苯产品。

缺点:污染较多,还需加强清洁生产力度;对二甲苯收率不高。

② 二甲苯异构化工艺优缺点

优点:流程简单、操作方便、主要副反应为歧化反应。

缺点:反应温度高、空速低、催化剂装填量大、寿命短,由于原料中的乙苯不能转化,需预先去除。

③ 吸附分离工艺优缺点

优点:可获得高收率、高纯度对二甲苯,吸附剂可循环使用,适用于大规模生产。

缺点:吸附分离技术要求较高,不适合小规模生产;我国吸附分离领域的研究,与发达国家相比差距较大。

④ 甲苯甲醇烷基化工艺优缺点

优点:高选择性生产 PX 和乙烯;最具吸引的优点是 PX 收率要比传统的甲苯择形歧化工艺高一倍;原料甲醇价格较便宜,来源丰富;操作费用较省,能耗较低,生产灵活,环保安全;反应条件较温和,使用非石油基甲醇作为原料,实现了石油化工和煤化工的有机结合。

缺点:存在甲苯转化率不高、甲醇利用率低、催化剂稳定性差等问题,至今还未实现工业化生产。

3)产品工艺方案的确定

甲苯甲醇烷基化是一种新型的由甲苯制取对二甲苯的工艺路线,至今仍未实现工业化。它利用了煤化工产品——甲醇作为烷基化试剂,拓展了煤化工产品的应用,实现了煤化工与石油化工的有机结合,其推广能有效缓解国内煤制甲醇产能过剩的问题;甲醇的引入还提高了甲苯的利用率,节约了石油资源。与其他方法相比,甲苯甲醇烷基化不仅在合成化学、碳资源利用和环境保护方面具有重要意义,而且可以使生产过程简化、生产成本显著降低。综合考虑环保和化工经济等各方面因素,选择甲苯甲醇烷基化的工艺方案。

4)产品生产规模的确定

综合考虑国家政策规定,总厂建设规模,发展趋势,PX 产品供需关系和目前已建成并投产的 PX 装置规模,29 万吨/年的规模在经济性和项目可行性上都是比较稳妥的选择,考虑到客户的具体需求,以及相关的配套设施的完善程度和规模,可以进行适当的调整。

(二)工艺流程的设计

1)概述

新建一单套年产 29 万吨的对二甲苯分厂,其中原料采用甲苯和甲醇,工艺选择甲苯甲醇烷基化法。其工艺流程大致包括以下六个单元(图 3.33):

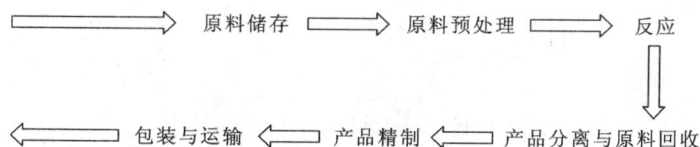

原料储存 ⟹ 原料预处理 ⟹ 反应

包装与运输 ⟸ 产品精制 ⟸ 产品分离与原料回收

图 3.33　工艺流程单元

除此之外，整个生产厂区中还有配套的"三废"处理、公用工程、办公室以及化验室等其他的附属设施的配合。

2）反应工段设计

本厂的合成工艺条件如下：以摩尔比为 7∶1 的甲苯和甲醇作为反应原料，其中氢气与原料（甲苯＋甲醇）的摩尔比为 8∶1，水和原料的摩尔比为 8∶1，温度为 460 ℃，压强为 3 bar(1 bar＝10^5 Pa)，在 Si，P，Mg 复合改性的纳米 ZSM-5 催化剂上进行反应。

甲苯甲醇烷基化反应体系是一个热效应较小的放热过程，其具体的化学反应计量式如下

主反应：

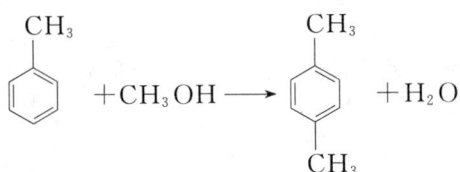

副反应：

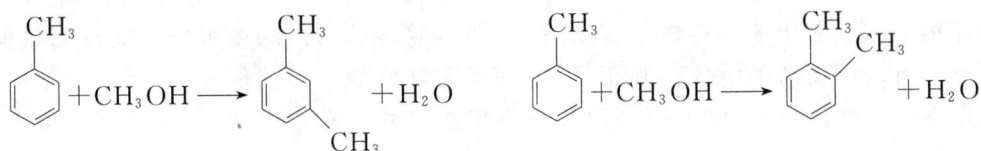

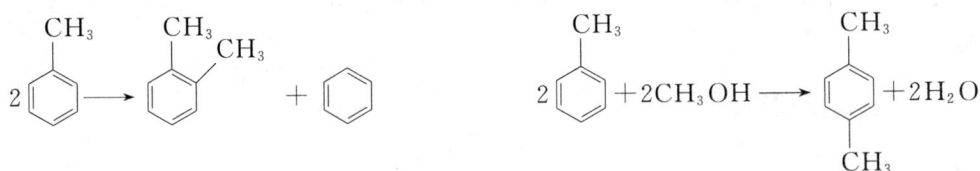

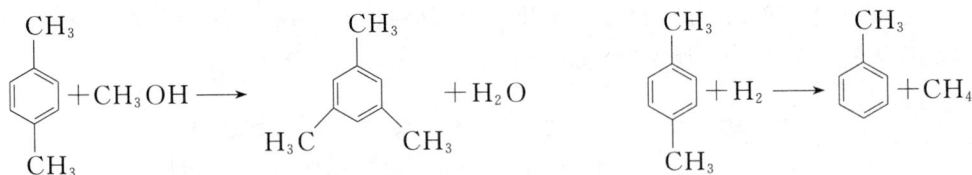

$$2CH_3OH \longrightarrow CH_2{=}CH_2 + 2H_2O$$

$$3CH_3OH \longrightarrow CH_2{=}CH{-}CH_3 + 3H_2O$$

$$5CH_3OH \longrightarrow H_3C-\overset{\underset{|}{C}H_2}{C}=\overset{\underset{|}{C}H}{C}-CH_3 +5H_2O$$

$$3CH_3OH+H_2 \longrightarrow C_3H_8+3H_2O$$

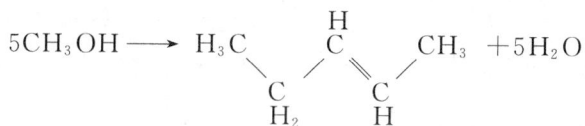

甲苯转化率为 11.19%，对二甲苯选择性高达 97.55%。

① 反应进度的确定

在一个化工流程的设计和模拟中，反应部分的设计模拟是整个工作的核心。该部分既囊括了反应原料所需的压力和温度，又包含了反应产物的信息，所以决定着反应之前流程的换热及输送设备的工艺参数，又是后续流程进行分离提纯的前提因素。而对反应部分各反应式的反应进度的确定，则是反应部分模拟的基础。本工艺各反应的反应进度如表 3.12 所示。

表 3.12　各反应转化率

反应式编号	基准反应物	转化率/%	反应式编号	基准反应物	转化率/%
1	甲苯	10.772	8	甲醇	0.253
2	甲苯	0.043	9	氢气	0.009
3	甲苯	0.193	10	甲醇	17.840
4	甲苯	0.207	11	甲醇	3.080
5	甲苯	0.010	12	甲醇	0.090
6	甲苯	0.052	13	甲醇	0.140
7	甲苯	0.110	—		

② 原料混合方式的设计

甲苯甲醇烷基化反应生成对二甲苯工艺的原料为甲苯和甲醇，水和氢气作为载气，四者需要全部汽化并且混合，之后加热到反应温度进入反应器。其中甲苯、甲醇和水在常温常压下为液态，故需要先将它们汽化后与氢气混合，这就涉及三者的混合及加热顺序。根据排列组合，同时考虑到换热器设计因素，可以得到以下四种可能的混合换热顺序(图 3.34)。

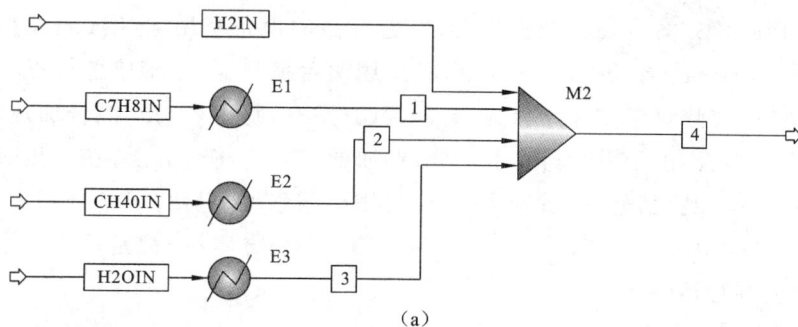

（a）

图 3.34　原料混合汽化方式

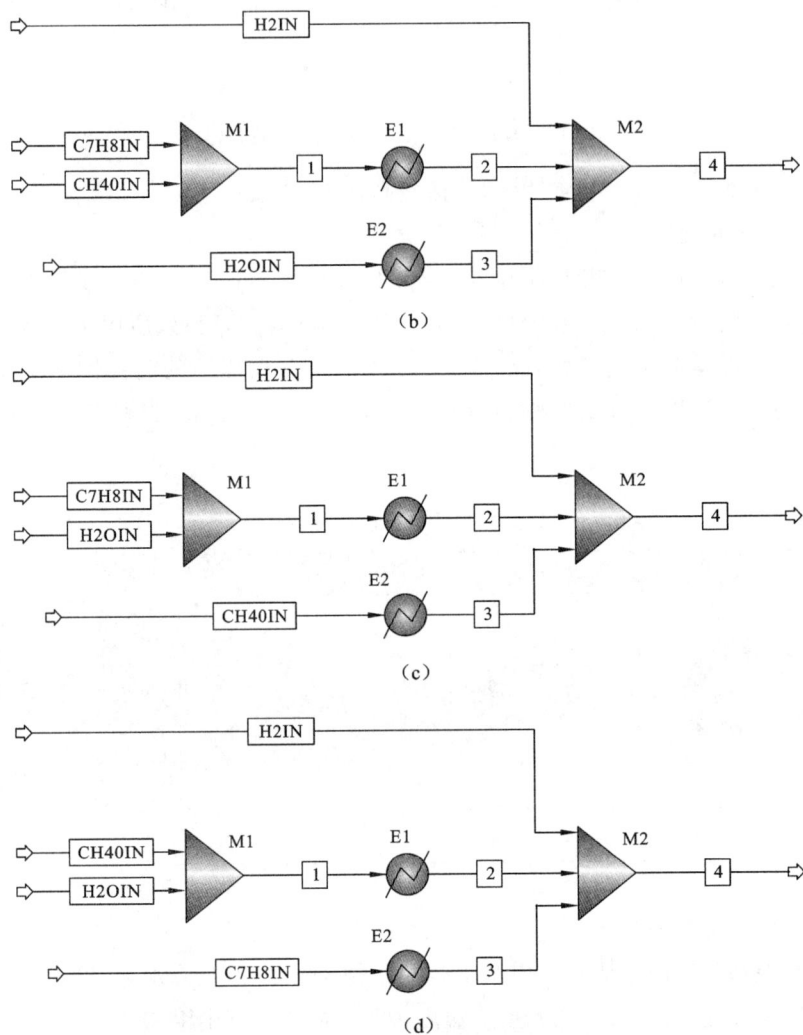

图 3.34　原料混合汽化方式(续)

　　方案(a)是最直接简单的方案,将甲苯、甲醇、水分别加热汽化后,与氢气混合,作为原料气去加热,但是该方案需要三个换热器,有着最高的设备费用;方案(b)先将甲苯甲醇混合后与水分别加热汽化,再与氢气混合,只使用两台换热器,甲苯甲醇可以互溶形成均相混合物,加热时传热效果良好,故此方案可行;方案(c)将甲苯与水混合加热汽化,再与氢气和甲醇蒸气混合,由于甲苯与水不互溶,形成的混合物将会分层,在加热时影响传热效果,故与方案(b)相比稍逊一筹;方案(d)先将甲醇与水混合后与甲苯分别加热汽化,再与氢气混合,同理,由于甲醇与水可以互溶,故方案(d)与方案(b)都是可行方案。本工艺采用方案(b)的混合顺序。

　　③ 反应器网络的设计

　　本工艺采用 ZSM-5 催化剂,反应中甲苯转化率可达到 12% 左右,在已开发的甲苯甲醇烷基化催化剂中属较高的水平,但如果应用于工业生产仍然不够。

工业上提高反应物转化率的方法通常有,反应器中催化剂床层分段,段间加入原料;多个反应器串联生产,多段进料。本工艺采用第二种方法,即多个反应器串联,多段进料。

随着串联反应器增加,甲苯转化率提升的同时,对二甲苯产量不断增加,副产物也开始不断累积,所以设计中需要确定最优的反应器数目。通过流程模拟,研究原料经过不同数目反应器后的产物组成变化趋势,确定反应器数目。为实现该目标,构造模拟流程如图 3.35 所示。

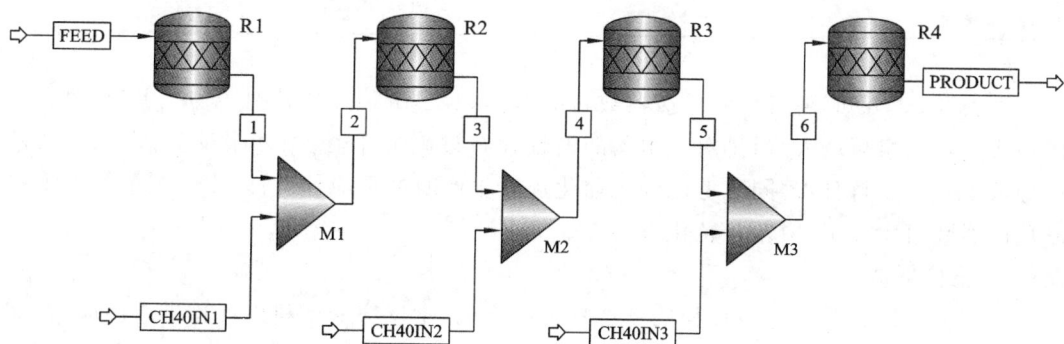

图 3.35　反应器串联数目研究流程图

理论上,为了保证反应原料在进入反应器时正好处于反应温度,需要在每台反应器前增加换热设备,但是经过计算发现,在反应压力下 25 ℃的甲醇汽化并升温至 460 ℃所需热量,与反应产物冷却至 460 ℃放出热量相近,两者混合后温度为 459~460 ℃,属于正常的反应温度范围。下面以 29 万吨/年的生产规模下,以反应器 2 为例,进行计算说明。

反应器 1 得到的产物温度为 469.8 ℃,摩尔流量为 23 744.299 kmol/h,其中甲苯摩尔流量 1 082.801 kmol/h,与之对应的新鲜甲醇进料摩尔流量为 154.705 kmol/h。

反应产物降温至 460 ℃放出的热量为

$$Q = C_p \times n \times \Delta t$$
$$= 43.92 \times 23\,744.299 \times 9.8 = 10\,219\,926.2\;(\text{kJ/h})$$

甲醇汽化升温至 460 ℃所需热量:

$$Q = Q_1 + Q_汽 + Q_2$$
$$= 118.5 \times 154.705 \times 69.26 + 35\,316.8 \times 154.705 + 63.59 \times 154.705 \times 365.74$$
$$= 10\,331\,434.5\;(\text{kJ/h})$$

计算可知热量基本相等。经过 Aspen Plus 模拟得到两者混合后温度为 459.8 ℃,在反应温度范围之内,故各反应器之前不需要加换热器来维持反应温度。经过模拟可得到各反应器出口主要组分组成如表 3.13 所示。

表 3.13　各反应器主要产物组成（摩尔分数/%）

组分	反应 R1	反应器 R2	反应器 R3	反应器 R4
苯	0.006 9	0.013 0	0.018 3	0.022 9
甲苯	4.568 9	4.030 3	3.355 9	3.144 9
对二甲苯	0.546 1	1.023 4	1.441 3	1.807 8
间二甲苯	0.011 2	0.021 1	0.029 7	0.037 3
邻二甲苯	0.002 5	0.004 7	0.006 6	0.008 2
三甲苯	0.001 9	0.003 5	0.004 9	0.006 2
甲烷	0.004 2	0.008 4	0.012 5	0.016 6
对二甲苯涨幅	—	0.477 3	0.417 9	0.366 5

由表 3.13 可知,随着串联反应器数目的增加,对二甲苯产品和副产物二甲苯、甲烷等的组成均随之累积增大,但是对二甲苯的增幅却在逐渐减小,至第四个反应器之后,增幅已经低于 0.4 个百分点,同时考虑到工业化规模生产时的反应器设计,本工艺最终确定串联反应器数目为 3 个,甲苯总转化率为 30.20%。

④ 反应器选形

反应器的形式是由反应过程的基本特征决定的,本反应的原料以气相进入反应器,在高温低压下进行反应,故属于气固相反应过程。气固相反应过程使用的反应器,根据催化剂床层的形式可分为固定床反应器、流化床反应器和移动床反应器。本工艺的反应属于低放热反应,物料温升不到 10 ℃,而且催化剂在小试时曾连续运行 1 000 小时不发生失活,所以为了最大限度地发挥催化剂高选择性和高转化率的优势、减小催化剂损失,流程的反应器采用技术最成熟的固定床绝热反应器。通过以上分析,本工艺反应工段的流程图如图 3.36 所示。

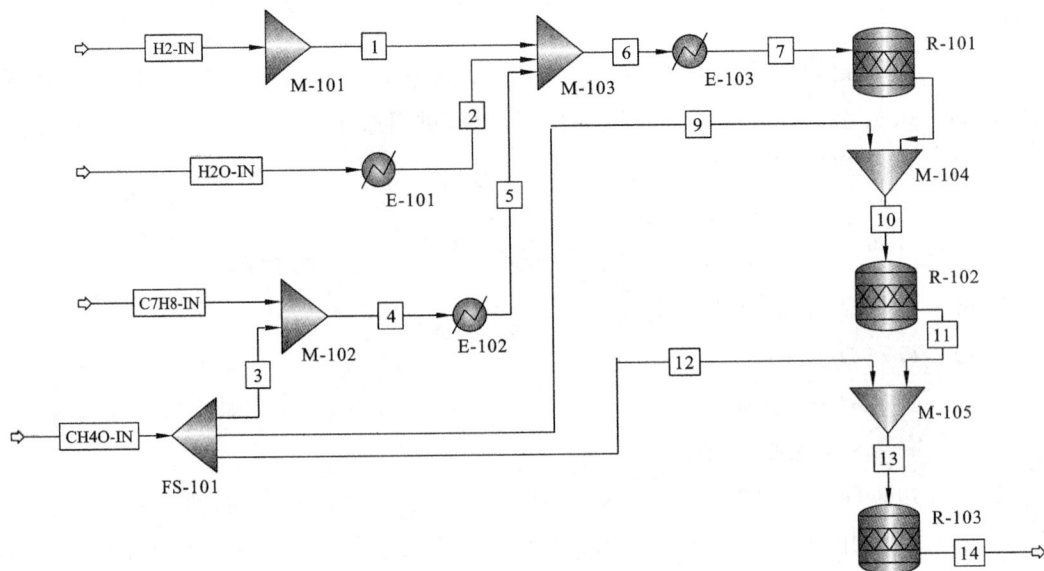

图 3.36　反应工段流程图

3）PX 预分离工段设计

根据上述设计的反应工段用 Aspen Plus 进行模拟，可得出反应器 R3 出口产物，其中主要包含甲苯、对二甲苯、邻二甲苯、间二甲苯、苯、乙烯、氢气、水、三甲苯等，其组成及状态见表 3.14。

表 3.14　主要出口产物的组成及状态

温度/℃		压力/bar		质量流量/(kg/h)	
467.2		3		351 542.067	
组成/质量分率					
甲苯	0.223	间二甲苯	4.80×10^{-4}	甲烷	1.38×10^{-4}
甲醇	5.00×10^{-6}	邻二甲苯	0.002	乙烯	0.003
水	0.596	苯	0.001	丙烯	5.73×10^{-4}
氢气	0.064	甲基乙苯	0.001	戊烯	1.70×10^{-5}
对二甲苯	0.107	三甲苯	4.04×10^{-4}	丙烷	2.70×10^{-5}

由表 3.14 可知，反应器出口产物中，主要是水、氢两种载气以及未反应完的甲苯，其余少量为有机物，有机物中主要是苯、二甲苯、少量的重沸物和轻烃。其中氢气和水若能够分离出来，可以循环利用。产物中水溶性物质甲醇所剩无几，不凝性气体如甲烷、乙烯等含量也较少，可尝试通过气液分相器和液液分相器进行分离氢气和水。剩余苯、甲苯、二甲苯和重沸物，考虑到 C8 异构体之间沸点十分接近，导致相对挥发度很小，分离十分困难，普通精馏等分离方式无法得到纯的对二甲苯产品，故可先通过精馏将二甲苯与苯、甲苯分离开，再通过后续分离手段得到纯对二甲苯产品。

① 氢气的回收

来自反应器的气态物流经过冷却器冷却到常温，绝大部分的水和有机物冷凝为液体，绝大部分的氢气和轻烃仍为气态，此气液混合物经过气液分相器，得到气液两相。高含量的氢气通过变压吸附塔，将氢气与轻烃进行分离，得到高纯度的氢气循环利用，得到的轻烃主要含乙烯和液态水，经过气液分相器脱除液态水后，得到高含量的乙烯粗产品。

② 水的回收

来自气液分相器中的水和有机物，由于二者不互溶，可通过液液分相器进行分离，得到的水相可直接循环利用，得到的有机相进入下一设备。

③ 苯的脱除

来自液液分相器的有机物流，主要含甲苯、苯、二甲苯以及三甲苯等，由于苯和其他有机物沸点相差较大，故可通过精馏来脱除苯。由于苯含量很低，故采用没有再沸器的精馏塔，考虑到有少量不凝性气体，选用部分冷凝器。塔顶得到苯和少量不凝性气体，塔底得到甲苯、二甲苯以及三甲苯等混合物。塔顶气相物流经过冷却器得到气液混合物，通过气液分相器，得到粗苯产品，少量不凝性气体去燃气总管。

④ 甲苯的回收

来自脱苯塔的有机物流主要含有甲苯、二甲苯以及三甲苯等，在操作压力下，甲苯沸点为 154 ℃,二甲苯的沸点分别为对二甲苯 184.2 ℃、间二甲苯 184.8 ℃、邻二甲苯 190.7 ℃,可见甲苯沸点与二甲苯混合物沸点相差较大,故可以通过精馏操作实现分离目的。考虑到循环的甲苯进料为气态,故该塔采用部分冷凝器。塔底得到的二甲苯和三甲苯进入下一工段。

通过以上分析得到 PX 预分离工段的流程图如图 3.37 所示。

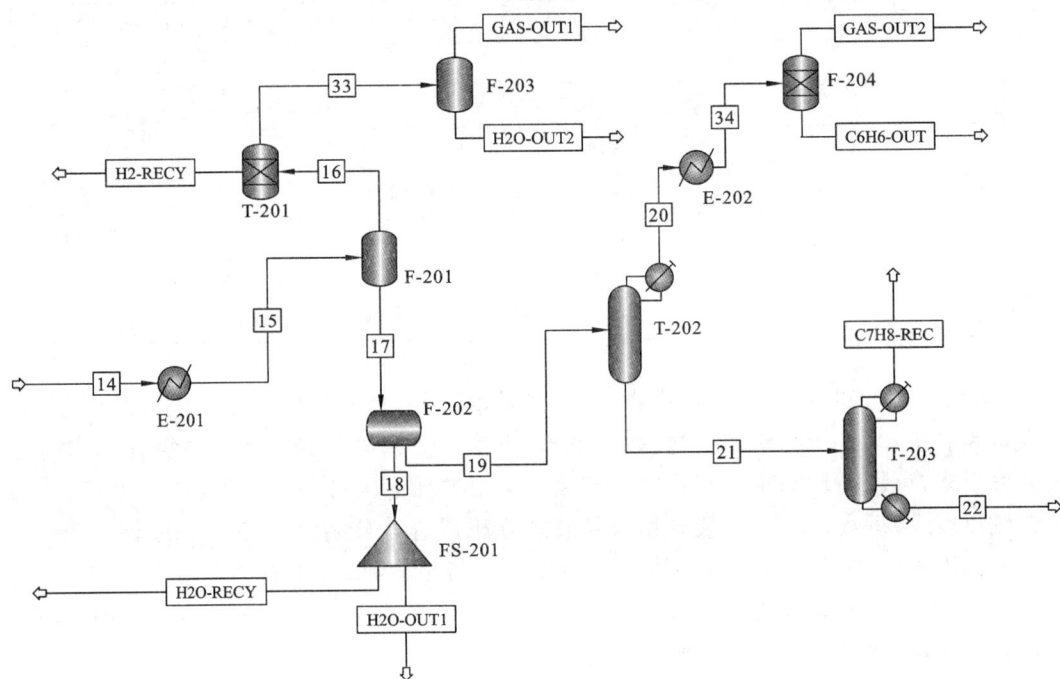

图 3.37　PX 预分离工段流程图

4) PX 精制工段设计

甲苯回收塔塔底得到的粗产品中主要是对二甲苯、间二甲苯、邻二甲苯 3 种二甲苯异构体,这三者的密度十分接近而且沸点的差距也极小,如对二甲苯和间二甲苯的沸点只差 0.75 ℃,故无法通过普通精馏操作将三者分离。针对这个问题,许多化工研究人员进行了研究探索,目前从二甲苯异构体混合物中分离对二甲苯的方法主要有吸附分离法、沸石膜分离法和结晶分离法。

① 吸附分离法

吸附分离法是当前对二甲苯分离最常用的方法,占全世界对二甲苯生产总能力的 60% 左右。分离使用的吸附剂对不同的二甲苯异构体具有不同的吸附能力,吸附分离法正是利用这一特点实现混合物中不同组分的分离。吸附分离工艺的主要设备材料为吸附剂、脱附剂和模拟移动床。吸附剂选择对对二甲苯具有选择性吸附能力的物质,如八面沸石型分子筛;脱附剂一般选择二乙苯或二甲苯,这两者与 C8 化合物互溶,同时沸点与之相差较大易于回收。进行吸附和脱附操作后,将脱附剂中的对二甲苯和溶剂分离,便得到对二甲苯产品和可循环使用的脱附剂。但是随着高选择性催化剂的开发,二甲苯中对二甲苯含量普遍可以达到 90% 以上,吸附分离法就显得复杂而繁琐。

② 沸石膜分离法

沸石是以硅为主要成分的呈规则排列网状微孔结构的无机氧化物晶体,它可以将分子尺寸接近的物质分离开来。于是研究人员将其制成单层结晶膜,用与分离混合二甲苯中的对二甲苯,并通过实验对比得到了最优的分离温度和压力,即沸石膜分离法。但是由于沸石膜制造复杂,造价较高,一般只应用于小型生产装置。

③ 结晶分离法

混合二甲苯中,对二甲苯凝固点为 13.26 ℃,邻二甲苯为 -25.17 ℃,间二甲苯为 -47.85 ℃,乙苯为 -95.95 ℃,温度差异较大,因此可以考虑通过结晶法分离对二甲苯。结晶分离法是最早应用于从混合二甲苯中分离对二甲苯的方法,其主要分为深冷结晶工艺和熔融结晶工艺。

深冷结晶法一般分为两段结晶。第一段结晶操作时,控制温度在 -67～-62 ℃,停留时间大约 3 h,之后通过离心机将母液分离,第一段结晶的目的是保证对二甲苯的回收率。第二段将第一段结晶熔融后重结晶,结晶温度为 -20～-10 ℃,此段结晶的目的是保证对二甲苯的纯度。得到的晶体用甲苯萃洗,然后熔融、脱甲苯,可得到纯度 99.8% 的对二甲苯。但是,研究人员通过优化控制结晶过程的停留时间、料液流量、结晶温度来调节结晶粒度分布等因素,希望提高深冷结晶法的对二甲苯回收率,最终也只能使该法的对二甲苯回收率达到 70%,所以在吸附分离法出现后迅速被替代。

随着择型歧化、异构化技术的发展,得到的粗产品中对二甲苯含量逐步上升,普遍可达到 90% 以上。这时,吸附分离法则显得较复杂,而用深冷结晶法的话,由于母液量极少,离心分离机功率很难达到脱母液的功率要求。于是,研究人员发现了熔融结晶分离工艺。该法在较高温度下,通过一次结晶,实现对二甲苯的分离。首先在低温下结晶,在足够的停留时间下,令绝大部分对二甲苯结晶为固体,将母液排出,之后在熔融阶段分两步进行,首先在较低温度下熔融,令结晶外表面的杂质层先融化,流出结晶器,之后在较高温度下熔融,得到对二甲苯产品。但是,该法存在能耗高、不利于连续化生产的问题。

④ 催促精馏法

针对上述方法存在的不足,由中山大学物理化学研究所主持了国家"八五"重点科技攻关项目"催促精馏法分离混合二甲苯",并于 2000 年通过了国家验收,经专家考核,达到国际领先水平,可转入工业化生产并产生经济效益。

本工艺采用发明专利"催促精馏法分离混合二甲苯"(CN94101274.3)中的技术进行混合二甲苯的分离。传统的蒸馏理论以分离物系的热力学性质和气液相平衡规律为基础,没有考虑到物系的各组分从液相转移到气相的传质速度快慢的动力学因素,所以不能充分反映和阐明蒸馏传质分离过程的实际规律,在此理论的前提下建立的蒸馏方法如精馏法、萃取蒸馏法和共沸蒸馏法等分离有机混合物的方法,均不能实现对组分沸点很相近、分子构型相似物系的完全分离。

以精馏法分离混合物时,精馏塔内的物系的气液界面很大,精馏过程中气、液两相的传质在气液界面进行,分离物系的效果好坏,不仅取决于物系的气液相的热力学性质和气液相平衡等热力学因素,还取决于液体的表面性质和各种组分从液体表面脱离到气相的速度快慢等动力学因素,因此,可以使用既能增加欲分离目的组分的相对挥发度,又能够使目的组分更快脱离液体表面而转移到气相的特殊精馏法来实现沸点很相近的物系的分离。这一特殊的精馏方法是采用一种特殊的溶剂来达到上述目的的,这种特殊的溶剂与欲分离目的组分有较大的亲合力和较大的表面活性,既能增大欲分离目的组分的相对挥发度,又能使目的组分较其他组分更快地从液相向气相转移。因此,上述特殊精馏法取名为催促精馏法,所用的特殊溶剂称催促剂。

催促精馏法实现的过程如下:在整个精馏过程中,连续不断地从精馏塔下半部外加入一种催促剂,且控制馏出液中催促剂与其他组分的体积比为(1:3)~(1:0.5),所加入的催促剂必须与被分离混合物互溶,沸点比欲分离目的组分低 10~100 ℃。当被分离混合物为混合二甲苯,包含的组分为乙苯、对二甲苯、间二甲苯、邻二甲苯,组分的沸点很接近,乙苯与对二甲苯的沸点差为 2.2 ℃,对二甲苯与间二甲苯的沸点差为 0.75 ℃,间二甲苯与邻二甲苯的沸点差为 5.3 ℃,可采用叔丁醇、四氯化碳、乙醇、甲醇、异丙醇、仲丁醇、三氯甲烷、三乙胺、丁酮、乙酸乙酯或正丁醇作为催促剂来实现混合二甲苯的分离,得到四个单一的产品。

在分离过程,催促剂成为馏出液的成分之一,因此催促剂必须不断地向精馏塔补充,而由于催促剂的沸点比混合物中任何组分的沸点都低,很容易从馏出液中分离出来,并不影响馏出液中其他组分的纯度,因此,在催促精馏塔的精馏过程中可同时用催促剂回收塔分离出催促剂,使其循环利用。

混合二甲苯的分离,较好的催促剂是四氯化碳、乙醇或甲醇。馏出液中催促剂与其他组分的体积比可选择在(1:1.5)~(1:0.8),最好控制在(1:1.1)~(1:0.9)。本分离方法所需条件温和、设备简单,只需对普通精馏塔设备按催促精馏法的理论和技术进行适当的改造即可,催促剂还可循环利用。本方法低能耗、低物耗、所得产品优质、收率高,应用于工业生产上经济效益可观。

本工艺在上述基础上,以甲醇为催促剂,控制馏出液中催促剂与 C8 的体积比为 1:1,采用双减压催促精馏塔分离对二甲苯,并用甲醇回收塔回收甲醇,循环利用,从而得到质量纯度为 99.7% 的优等对二甲苯产品,对二甲苯质量回收率高达 98.72%。催促剂精馏塔底部馏出物,含有对二甲苯、间二甲苯、邻二甲苯和 C9,为优质的混二甲苯粗品。

通过以上分析得到 PX 精制工段的流程图如图 3.38 所示。

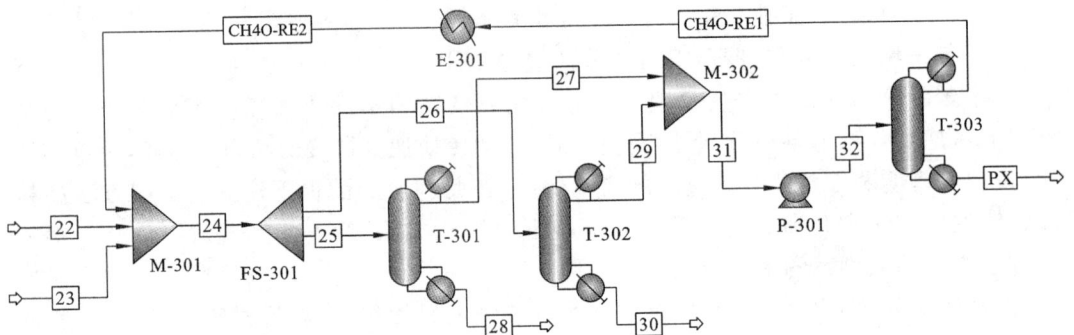

图 3.38　PX 精制工段流程图

【习　题】

1. 工艺流程设计工艺方案确定原则？

2. 确定工艺方案一般要经过哪几个阶段？其中收集资料的具体内容主要包括哪几个方面？

3. 工艺路线设计主要包括哪些内容？

4. 工艺流程设计中需要考虑哪些设备和容器？

5. 工艺流程图如何分类？查阅课外资料分别举例说明。

6. 物料流程图有什么重要作用？物料流程图中物料表包括哪些内容？

7. 带控制点工艺流程图的内容有哪些？

8. 设备的画法和标注有哪些具体要求？

9. 管道使用温度范围、隔热类型以及隔音类型代号分别为何？

10. 常用被测变量和仪表功能的字母代号有哪些？

11. 绘制工艺管道及仪表流程图一般可按什么步骤进行？

单元四　投 资 估 算

教学目的

　　通过对设计一座制取对二甲苯(PX)分厂的固定资产及产品进行成本估算、工程投资经济评价及工程概算书的编制,使学生掌握上述问题的过程、步骤和方法。

教学目标

[能力目标]

　　能够进行化工设计的投资估算。

　　能够熟练地查阅各种资料,并加以汇总、筛选、分析。

[知识目标]

　　学习并初步掌握固定资产及产品成本估算过程、方法和步骤。

　　学习并初步掌握工程投资经济评价过程、方法和步骤。

　　学习并初步掌握工程概算书编制的过程、方法和步骤。

[素质目标]

　　能够利用各种形式进行信息的获取。

　　设计过程中与团队成员的讨论、合作。

　　经济意识、环保意识、安全意识。

必备知识

模块 1　固定资产估算

　　固定资产包括房屋及建筑物、机械设备、运输工具、器具等,是指使用期超过一年、单位价值在规定标准以上并且在使用过程中保持原有物质形态的资产。固定资产是组成项目投资的重要组成部分,内容广泛,计算繁琐。

1. 编制依据

(1)《化工建设项目可行性研究投资估算编制办法》化学工业部门(1990年8月11号颁发)。

(2)《化工投资项目可行性研究报告编制办法》(2005年)。

(3)国家有关政策、法规和规范。

(4)《建设项目投资估算编审规程》中国建设工程造价管理协会标准(CECA/GC 1—2007)。

(5)《化工技术经济》第三版——普通高等教育"十一五"国家级规划教材,化学工业出版社。

(6)《化工装置技术》,高等学校理工科规划教材,大连理工大学出版社。

2. 估算方法

投资费用的估算方法很多,有系数估算法(以整个工厂为一个整体进行估算),也有设备费用估算法(根据历史的统计数据对不同的设备进行估算)。

1) 系数估算法

系数法最初由 Lang 提出,以主要设备购置费为基础,将总的主要设备费用乘以一个合适的系数就是装置的固定投资。此投资包括土地使用费用和施工费用。表4.1中列出了各系数值。

表 4.1 Lang 系数表

工厂类型	固定投资系数	总投资系数
固体加工	3.9	4.6
固体和流体加工	4.1	4.9
流体加工	4.8	5.7

2) 设备投资估算法

该法以主设备费为计算基础,分别乘以折算系数,即得到包括该主设备在内的有关的附属设备、设备安装、土建、管道施工、仪表电气等的相关费用,相加后即为界区投资。如表4.2所示。

表 4.2 简捷估算法的折算系数

主要设备名称	折算系数	主要设备名称	折算系数
塔器,复杂反应器	3.05	一般反应器	2.50
槽罐	2.21	管壳式换热器	2.31
泵	2.20	空气冷却器	1.59
非反应混合器	1.52	破碎,研磨机	1.62

主要设备名称	折算系数	主要设备名称	折算系数
离心式压缩机	2.02	反应型工业炉	1.75
往复式压缩机	2.56	加热型工业炉	1.70
离心机	1.50	皮带（螺旋）输送机	1.57
结晶器	1.73	喷射泵	1.10
蒸发器	1.85	过滤机	1.78
干燥器	1.65	振动筛	1.30

3. 工程费用

1）设备购置费

设备购置费包括设备原价或进口设备到岸价及设备（国内）运杂费用，包括工程全部设备、工器具及生产家具购置费，备品备件购置费；作为生产工具使用的化工原料和化学药品及一次性填充物的购置费；贵重材料及制品等购置费；从设备交货地点到达施工工地仓库或堆放场地所发生的一切运杂费，如运输费、包装费、装卸费、搬运费、保险费、采购供销手续费等。

2）安装工程费

安装工程费包括主要生产，辅助生产，公用工程项目的工艺设备的安装，各种管道的安装，电动、便配电、电讯等电器设备安装；计量仪器，仪表等自控设备安装费用；设备内部填充、内衬、设备保温、防腐以及附属设备的平台、栏杆等工艺金属结构的材料及安装费用。工艺设备、机械设备，按每台设备占得原价百分比估算，为简化计算，安装工程费可根据积累数据采用系数法估算。

3）建筑工程费

建筑工程费包括土建工程，即生产、辅助生产、公用工程等的厂房、库房、行政及生活福利设施等建筑工程费；构筑物工程，即各种设备基础、气柜、油罐、工业炉窑基础、操作平台、栈桥、管架、管廊、烟囱、地沟、围墙、大门、水塔、水池、码头、公路、道路及防洪设施等工程费；大型土石方、场地平整、厂区绿化及生活用建筑配套的上下水、煤气管道、特殊构筑工程、室内供排水及采暖通风工程、电气照明及避雷工程等产生的费用。

4. 其他费用

1）无形资产

无形资产包括商标权、专利权、技术转让费、勘察设计费、土地使用权、非专利技术、商誉等，是能长期使用但没有实物形态的资产。无形资产主要由土地使用费和技术转让费构成。

2）递延资产

递延资产是不能全部计入当年损益，应当在以后年度分期摊销的各种费用。递延资产主要由建筑单位管理费、生产准备费和装置联合启动调试费、办公及生活家具购置费、研究试验费、城市基础设施配套费构成。

① 建筑单位管理费

建筑单位管理费是指建设项目从立项、筹建、建设、联合试运转、竣工验收交付使用及后评价等全过程管理所需费用。包括建设工程正常进行购置必要的办公用品、工作人员的基本工作补贴等、工程监理费、临时设施费。建设管理费用估算一般是建设项目规模（以固定资产费用中的工程费用）乘以费率计算得到。

② 生产准备费

生产准备费指新建企业或新增生产能力的企业，为保证竣工交付使用进行必要的生产准备所发生的费用。包括人员入厂费、人员培训费、公司注册费、工程手续费和其他准备费构成。生产准备费估算按照不同建设规模，进厂费按新增定员每人 5 000～10 000 元估算；培训费用按新增定员每人 2 000～6 000 元估算。

③ 装置联合启动调试费

装置联合启动调试费，指新建企业或新增生产能力的扩建企业，在竣工验收前按照设计规定的工程质量标准，对整个生产线或车间进行无负荷或有负荷的联合试运转所发生的费用支出大于试运转收入的差额部分费用（不包括应由设备安装工程费用下开支的调试费及试车费）。按不同建设规模及技术成熟不同程度，以项目固定资产费用中工程费用计算基础，一般可按 0.3％～2.0％ 计算。

④ 办公及生活家具购置费

办公及生活家具购置费，指新建项目为保证初期正常生产、生活和管理所必需的或改扩建和技术项目需补充的办公、生活家具、用具等费用。新建项目以定员人数为计算基础，每人按 1 000～1 200 元计。

⑤ 研究试验费

研究试验费包括自行或委托其他部门研究实验所需工人费、材料费、实验设备及仪器使用费等。

⑥ 城市基础设施配套费

城市基础设施配套费指建设项目按规定向地方缴纳的城市基础设施配套费用。

3）预备费

预备费主要由基本预备费和涨价预备费构成。基本预备费指在可行性研究的范围内，初步设计、技术设计、施工图设计及施工工程中所增加的工程和费用，包括设计更变、局部地基处理等增加的费用，一般自然灾害造成损失和预防自然灾害所采取的措施费用，竣工验收时为鉴定工程质量对隐蔽工程进行必要的挖掘和修复费用。涨价预备费是预测项目在建设期内由于价格上涨引起工程造价变化而预备的费用。

5. 固定资产估算

固定资产投资费用可分为直接费用与间接费用。直接费用是建设所需的设备材料和劳动力费用，包括设备及安装费、控制仪表及安装费、管道工程费、电气工程费、土建工程费、场地建设费、公用工程设施费以及土地购置费等。间接费用包括工程设计和监督管理费、施工费用、承包管理费、不可预见费等。

在设计或研究投资估算时,固定资产中各项投资的百分比,参考表 4.3 中列出的数据。

表 4.3　固定资产投资中各项直接费用和间接费用的典型百分比

直接费用组成	范围/%	间接费用组成	范围/%
设备购置费	15~40	工程设计和监督费	5~10
设备安装费	6~14	施工费用	4~21
仪表及自控安装费	2~8	承包管理费	4~16
配管费	3~20	不可预见费	5~15
电气费	2~10		
建筑物	3~18		
场地整理费	2~5		
辅助设施	8~20		
土地购置费	1~2		

模块 2　产品成本估算

产品的生产成本是反映产品生产经营所需原材料和劳动力消耗的主要指标。生产成本和费用是形成产品价格的主要组成部分,是项目财务评价的前提,是预测拟建项目未来生产经营情况和盈利的重要依据。

1. 编制依据

(1) 依据化计发(1994)121 号文发布的《化工建设项目经济评价方法与参数》和《小企业会计制度》编制。

(2) 各原料及公用工程费用按调研现行市场价格估算。

2. 成本估算

产品的生产成本是反映产品生产经营所需原材料和劳动力消耗的主要指标。生产成本和费用是形成产品价格的主要组成部分,是项目财务评价的前提,是预测拟建项目未来生产经营情况和盈利的重要依据。

1) 直接材料费及燃料动力费

直接材料费包括原料及主要材料和辅助材料费。由各项原材料、辅助材料(包括催化剂、溶剂、包装材料等)的消耗量乘以单价而得。单价按照市场的实际价格加运费计算。

直接材料费=该种材料的价格×消耗定额,其中材料价格指材料的入库价。

燃料动力费按照公用工程的形态(水、电、压缩空气、蒸汽、冷冻盐水等)乘以单价来定或者统一折算成煤、电、水等基本原料和动力的消耗量,再乘以单价。

动力费用=动力单价×消耗定额。

2）人工成本

包括操作功能个人的工资、奖金及福利等以及附加费,按照设计定员,折算到每吨产品中。

3）制造费

① 维修费

对于化工装置,运行一定时间(通常是一年或半年)后要定期检修,维修费是指为保持固定资产的正常运转和使用,充分发挥其使用效能,对其进行必要修理所发生的费用。

年修理费＝固定资产原值×百分比率。

百分比率的选取应考虑行业和项目特点。一般地,维修费可取固定资产原值的1%～5%。

② 折旧费

固定资产折旧是指固定资产在使用过程中逐年消耗磨损和损耗的补偿。决定折旧的主要因素有:固定资产原值、固定资产使用年限、固定资产净残值。厂区内固定资产折旧采用平均年限法计算。

对于化工厂而言,折旧率范围在9%～13%,腐蚀或磨损严重的可取上限,有代表性的值是10%(即折旧年限为10年),厂房折旧率可按3%(即折旧年限为30年)计算。

③ 摊销费

无形资产从开始使用之日起,在有效使用期限内平均摊入成本。若法律和合同或者企业申请书中均未规定有效期限或受益年限的,按照不少于10年的期限确定。其他资产从企业开始生产经营月份的次月起,按照不少于5年的期限分期摊入成本。摊销采用年限平均法,不计残值。

④ 其他制造费

包括办公费、差旅费、劳动保护费、水电费、保险费、租赁费(不包括融资租赁)、物料消耗、环保费等。

4）管理费

指企业行政管理部门为管理和组织经营活动发生的各项费用,包括全厂性费用和研究开发费用。前者是工厂管理和组织生产所需要的费用,包括行政管理人员及消防、通信、运输等费用以及流动资金利息,公用经费、工会经费、职工教育经费、劳动保险费、税金以及其他管理费等。研究开发费包括研究开发人员的工资、研究设备和仪表的固定费用与操作费用、原材料费、直接管理费和各种杂项费用等。管理费一般按照固定资产原值的2%～4%计取。

5）销售费

指企业为销售产品和促销产品而发生的费用支出,包括差旅费、运输费、包装费、广告费、保险费、委托代销费、展览费,以及专设销售部门的经费。销售费用占总成本的1%～5%,大宗产品适用于较低值,而新产品或者购买量很少的产品选用较高值。

6）专利使用费

专利使用费一种是在装置建设时一次付清,另一种是按产品数量支付。企业自己的专利也应在生产成本中记入专利费,这样有利于促进新工艺技术的采用。

7）资金利息

建设投资（含流动资金）如果是从银行贷款的，贷款利息要计入成本。

8）保险费

由固定投资乘以现行保险费率得到保险费。

3. 总成本和车间成本的计算

1）车间成本

车间成本＝原材料及辅助材料费＋公用工程费＋操作人工费＋车间经费＋专利使用费

其中：　　　　车间经费＝折旧费＋车间维修费＋车间管理费

2）工厂成本

工厂成本＝车间成本＋企业管理费

3）总成本

总成本＝工厂成本＋销售费用

模块3　工程投资经济评价

1. 销售收入、税金及附加计算

1）销售收入

根据设计生产能力，通过对全国市场的供求分析，确定产品的基本价格。

2）税金及附加估算

增值税：增值税额＝销项税额－进项税额。

教育附加税：教育附加税＝增值税×4％。

城市维护建设税：城市维护建设税额＝增值税×城建税率。

2. 损益及利润分配估算表

所得税税率为25％。

提取公积金按照税后利润的10％提取。

提取公益金按照税后利润的5％提取。

3. 现金流量表

经营成本＝总成本费用－折旧费－摊销费

4. 盈利能力分析指标

1）静态指标

静态指标包括投资利润率、投资利税率、资本金净利润率、投资回收期。

投资利润率表示项目正常年份中,项目单位投资每年所创造的利润。

投资利税率反映了在正常年份中,项目单位投资每年投资所创造的利税。

其中,总投资=固定资产投资+流动资金+固定资产投资方向调节税

资本金利润率反映了投入项目的资本金的盈利能力。

投资回收期指项目的净收益抵偿全部投资(固定资产投资和流动资金)所需要的时间,是考察项目在财务上的投资回收能力的主要静态评价指标,用年表示,一般从建设年算起,如果从投产期算起时,应予注明。投资回收期可根据财务现金流量表(全部投资)中累计现金流量计算求得。在财务评价中,求出的投资回收期(P_t)与行业的基准投资回收期(P_c)比较,当 $P_t \ll P_c$ 时,表明项目投资能在规定的时间内收回。

2) 动态指标

动态指标有财务净现值和财务内部收益率。

财务净现值(NPV)是指按行业的基准收益率或设定的折现率,将项目计算期内各年净现金流量折算到建设期初的现值之和,它是考察项目在计算期内盈利的动态评价指标,其计算公式为

$$NPV = \sum_{t=1}^{15} (CI - CO)_t (1 + i_0)^{-t} = \sum_{t=1}^{15} CF_t (1 + i_0)^{-t}$$

其中,NPV——净现值;

i_0——基准折现率(本项目取 14%);

CI——现金流入;

CO——现金流出;

CF——净现金流量。

财务净现值可根据财务现金流量表计算得到。财务净现值大于或等于零的项目是可以考虑接受的。

财务内部收益率(IRR)是指在整个计算期(包括建设期和生产经营期)内各年净现流量现值累计等于零时的折现率,反映项目所占用资金的盈利率,是考虑项目盈利能力的主要动态指标。其表达式为

$$\sum_{t=1}^{15} CF_t (1 + IRR)^{-t} = 0$$

其中,IRR——内部收益率;

CF——净现金流量。

财务内部收益率可根据财务现金流量表中的财务净现金流量用试差法计算得到。当IRR大于或等于行业基准收益率时,应认为该工程项目是可以考虑接受的。

5. 项目偿清能力分析

项目偿清能力分析是考察计算期内项目各年的财务状况及偿债能力,主要指标包括以下几方面。

(1)资产负债率:反映项目各年所面临的财务风险程度及偿债能力的指标。

(2)贷款偿还期:

$$I_{\mathrm{d}} = \sum_{i=1}^{P_{\mathrm{d}}} R_i$$

其中，I_{d}——固定资产投资国内贷款本金和利息之和；

P_{d}——固定资产投资国内贷款偿还期（从贷款之日算起，如果从投产算起，应注明）；

R_i——第 i 年可用于还款的资金，包括利润、折旧、摊销及其他还款资金。

贷款偿还期＝借款偿还后出现盈余年份数－开始贷款年份＋$\dfrac{\text{当年偿还贷款}}{\text{当年可用于还款资金额}}$

（3）流动比率：反映工程项目各年偿付流动负债的能力的指标。

（4）速动比率：反映项目快速偿付负债能力的指标。

（5）财务基本报表：财务评价的基本报表有现金流量表、损益表、资金来源表与运用表、资产负债表及外汇平衡表等，现金流量表见表4.4。

表 4.4　现金流量表（全部投资）

序号	项目年份 项目	建设期		投产期		达到设计能力生产期				合计
		1	2	3	4	5	6	⋯	n	
	生产负荷/%									
（一）	现金流入									
1	产品销售（营业）收入									
2	回收固定资产残值									
3	回收流动资金									
	流入小计									
（二）	现金流出									
1	固定资产投资									
2	流动资金									
3	工厂成本									
4	销售税金									
5	技术转让费									
6	资源税									
7	营业外净支出									
	流出小计									
（三）	净现金流量									
（四）	累计净现金流量									
	计算指标：内部收益率净现值(ic＝　%) 投资回收期									

6. 不确定性分析

不确定性是指影响工程方案经济效果的各种因素的未来变化带有的不确定性,或指测算工程方案现金流量时各种数据由于缺乏足够的信息或测算方法上的误差,使得经济效果评价指标带有不确定性。其直接后果是方案经济效果的实际值与评价值相偏离,从而按评价值做出的经济决策带有风险。不确定性评价主要分析各种外部条件发生变化或测算数据误差对方案经济效果的影响程度,即以方案本身对不确定性的承受能力。

1) 盈亏平衡分析

盈亏平衡分析指通过分析销售收入、可变成本、固定成本和盈利等四者之间的关系,求出当销售收入等于生产成本(即盈亏平衡时的产量)时,售价、销售量和成本三个变量间的最佳盈利方案。

以实际产品产量或销售量表示盈亏平衡,以满负荷生产的第二年数据进行盈亏平衡分析,其分析模型如下

$$B = PQ$$

其中,B——销售收入;

P——单位产品价格;

Q——单位产量(销售量)。

总成本与产量的关系也可以近似地看作线性关系。其分析模型如下

$$C = C_f + C_v Q$$

其中,C——总成本;

C_f——固定成本;

C_v——单位产品可变成本;

Q——产品产量(销售量)。

若在盈亏平衡点上利润为零,总销售收入恰好等于总成本。设盈亏平衡点的产量为Q_0,则有 $PQ_0 = C_f + C_v Q_0$。

当产量低于Q_0时,销售收入低于总成本,出现亏损;当产量大于Q_0时,销售收入高于总成本,获得盈利。

2) 敏感性分析

该分析法通过分析各种不确定性因素变化一定幅度时,对方案经济性效果的影响程度,从中对方案经济效果影响程度较大的因素即敏感性因素,并确定其影响程度。一般选择产品销售收入、经营成本、建设投资作为主要的敏感性因素,并计算这三个因素按一定幅度变化后,相应的内部收益率评价指标的变动结果,从而大致判断风险情况。

7. 综合技术经济指标

评价一个工厂项目的技术是否先进、经济是否合理是通过对该工程的综合技术经济指标的分析进行的,因为这些数据既直观又有可比性。表 4.5 为综合技术经济指标表。

表 4.5 综合技术经济指标

序号	指标名称	单位	数量	单价	消耗量	单位成本	备注
1	设计规模	t/a					
2	原材料消耗						
3	动力消耗	水					
		电					
		汽					
4	三废排放量						
5	工资及福利总额						
6	总投资						
7	折旧费						
8	维修费						
9	管理费						
10	副产品回收费						
11	年操作日						
12	产品成本						
13	投资利税率						
14	投资利润率						
15	贷款偿还期						

模块 4 工程概算书的编制

1. 概算书组成

（1）工程项目总概算：包括封面与签署页、总概算表、编制说明。

（2）单项工程综合概算：包括封面与签署页、编制说明、综合概算表、土建工程钢材木材与水泥用量汇总表。

（3）单位工程概算：包括各设计专业的单位工程概算表、各专业用于土建方面的钢材木材与水泥用量表。

（4）工程建设其他费用概算。

2. 概算书编制依据

1）设计说明书和图纸

这是工艺为设计概算提供的依据。概算必须按说明书和图纸逐页计算、编制，不能随意漏项。

2）设备价格资料

定型设备均有产品目录,可根据产品的型号、规格和重量按国家、地方主管部门当年规定的现行产品出厂价格计算,也可直接向生产厂家询价。非定型设备可在产品目录中规定的非定型设备价格计算。设备运杂费按规定执行,为设备总价的 5.5%。自控、供电等其他专业均按此编制。

3）概算指标(概算定额)

概算指标也称概算定额,是国家颁发的技术经济标准中用于进行工程建设方面的法制资料,在一定时期内反映了建筑安装技术和施工组织水平,是制定地区单位估价表和设备安装价目表的依据。概算指标随时间变化而不断修改。按规定的概算指标为依据编制,不足部分可按有关部门、建设项目所在省、市、自治区规定的概算指标编制。

4）概算费用指标

按化工设计概算编制方法中的概算费用指标计算,或按建设项目所在省、市、自治区的有关规定计算。查不到指标,可采用结构、参数相同或类似的设备、材料指标,也可直接与协作单位商量解决,或可参照类似工程的预算和决算进行。

3. 综合概算编制方法

1）单位工程概算编制方法

单位工程概算是按独立建筑物或生产车间(或工段)进行编制,包括以下几部分。

(1)工艺设备部分:包括定型设备、非定型设备及其安装。

(2)电气设备部分:包括电动、变配电、通信设备及其安装。

(3)自控设备部分:包括各种计量仪表、控制设备及其安装。

(4)管道部分:包括厂房内外管路、阀门和保温、防腐和油漆等。

(5)土建工程部分:包括一般土建工程、电气照明和避雷工程、室内供排水、采暖通风工程等各项建筑工程费用的计算。每项工程都要计算设备费、材料费、安装费和施工管理费等。

前三项可按表 4.6 的格式编制,土建工程部分按表 4.7 的格式编制。

表 4.6　单位工程概算表(1)

序号	编制依据	设备及安装工程名称	单位	数量	重量/t		概算价值					
					单位重量	总重量	单价			总价		
							设备	安装工程		设备	安装工程	
								合计	安装工程		合计	其中工资

表4.7 单位工程概算表（2）

价格依据	名称及规格	单位	数量	单价		总价	
				合计	其中工资	合计	其中工资

2）单项工程综合概算编制办法

单项工程是建成后可以独立发挥生产能力（或工程效益）并具有独立存在意义的工程。单项工程综合概算是在单位工程概算的基础上，以单项工程为单位编制工程概算。综合概算编制是一个单项工程投资额的文件，可按照一个独立生产装置（车间）、一个独立建筑物（或构筑物）进行，是编制总概算第一部分工程费用的主要依据。

每个单项工程一般分为主要生产项目、辅助生产项目、公用工程、服务性工程、生活福利工程、厂外工程等。将各单位工程按此划分，分别填入综合概算表中，然后将单位工程概算表中的设备费、安装费、管路费和土建工程的各项费用按照工艺、电气、自控、土建、供排水、照明避雷、采暖通风等各项分类汇总后填入综合概算表4.8。

表4.8 综合概算表

主项号	工程项目名称	概算价值/万元	单位工程概算价值/元									土建构筑物	室内供排水	照明避雷	采暖通风
			工艺			电气			自控						
			设备	安装	管路	设备	安装	管路	设备	安装	管路				
一	主要生产项目														
	××系统														
	××系统														
	…														
二	辅助生产项目														
	…														
三	公用工程														
	供排水														
	供电和电讯														
	供汽														
	总图运输														
四	服务性工程														
五	生活福利工程														
六	厂外工程														
	总计														

3）其他费用

工程建设其他费用概算要按各个不同项目分别编制，其编制一般包括以下组成部分：

建设单位管理费。以项目"工程费用"为计算基础，按照建设项目不同规模分别制定相应的建设单位管理费率，根据以下公式计算：建设单位管理费＝工程费用×建设单位管理费率。

临时设施费。以项目"工程费用"为计算基础，按照临时设施费率计算。临时设施费＝工程费用×临时设施费率。新建项目，费率取 0.5%；依托老厂的新建项目，费率取 0.4%；改、扩建项目，费率取 0.3%。

研究试验费。按设计提出的研究试验内容要求进行编制。

生产准备费。包括核算人员培训费和生产单位提前进场费。

土地使用费。按使用土地面积，根据政府制定的各项补偿费、补贴费、安置补助费、税金、土地使用权出让金标准计算。

勘察设计费。按国家发改委颁发的收费标准和规定编制。

生产办公及生活家具购置费。

装置联合试运行费。化工装置为新工艺、新产品时，联合试运转确实可能发生亏损的，可根据情况列入此项费用；一般情况，当联合试运转收入和支出大致可相互抵消时，原则上不列此项费用。不发生试运转费用的工程，不列此项费用。

供电贴费。按国家发改委批准的收费标准计算。

工程保险费。按国家及保险机构规定计算。

工程建设监理费。按国家所规定费率计算。此项费用不单独计列，发生时，从建设单位管理费及预热费中支付。

施工机构迁移费。该项费用在设计概算中可按建筑安装工程费的 1% 计列；施工单位确定后由施工单位按规定的基础数据、计算方式及费用拨付规定编制施工机构迁移费预算。

总承包管理费。以总承包项目的工程费用为计算基础，以工程建设总承包费率 2.5% 计算。与工程简述监理费一样，不单独计列，而从建设单位管理费及预备费中支付。

引进技术和进口设备其他费。按"化工引进项目工程建设概算编制规定"计算。

固定资产投资方向调节税。该项税务的税目、税率按《中华人民共和国固定资产投资方向调节税暂行条例》所附"固定资产投资方向调节税税目税率表"执行。

财务费用。按国家有关规定及金融机构服务收费标准计算。

预备费。包括基本预备费和工程造价调整预备费。基本预备费按如下公式计算：基本预备费＝计算基础×基本预备费率。计算基础包括工程费用、建设单位管理费、临时设施费、研究试验费、生产准备费、土地使用费、勘察设计费、生产用办公及生活家具购置费、化工装置联合试运转费、供电贴费、工程保险费、施工机构迁移费、引进技术和进口设备其他费。基本预备费率按 8% 计算。

工程造价调整预备费。需根据工程的具体情况、国家物价涨跌情况，科学地预测影响工程造价的诸因素的变化（如人工、设备、材料、利率、汇率等）后综合确定。

经营项目的铺底流动资金。按照流动资金的 30% 计。

4. 总概算编制方法

1) 编制总概算说明

总概算编制依据：列出工程立项批文，可行性研究报告批文，建设单位、监理、承包商三方与设计有关的合同书；列出主要设备、材料的价格依据；列出概算定额或指标的依据；列出工程建设其他费用的编制依据及建造安装企业的施工取费依据；列出其他专项费用的计取依据。

工程概况：简要介绍建设项目的性质及特点，包括属于新建、扩建或技术改造等，介绍工程的生产产品、规模、品种及生产方法等，说明建设地点及场所等有关情况。

资金来源：根据工程立项批文及可行性研究阶段工作，说明工程投资资金来源，如银行贷款、企业自筹、发行债券、外商投资或其他融资渠道。

投资分析：着重分析各项目投资所占比例、各专业投资的比重、单位产品分摊投资额等经济指标以及与国内、外同类工程的比较，并分析投资偏高或偏低的原因。

其他说明：对有关上述未尽事宜及特殊需注明的问题加以说明。

2) 估算表

编制主要设备、建筑和安装的三大材料用量的估算表，见表4.9和表4.10。

表4.9　主要设备用量表

项目	设备总台数	设备总质量/t	定型设备		非定型设备					
			台数	质量/t	台数	质量/t				
						总重	碳钢	不锈钢	铅	其他

注：本表根据设备一览表填列各车间的生产设备。一般通用设备填入定型设备栏，非定型设备除填质量外，同时按材质填入质量。

表4.10　主要建筑和安装的三材用量表

项目	木材/m³	水泥/t	钢材/t					
			板材	其中不锈钢	管材	其中不锈钢	型材	其中不锈钢

注：按单位工程概算表中的材料统计数填写。以上两表中"栏目"一栏主要填写生产项目、辅助生产项目、公用工程等，其中主要生产项目按系统填写，其他不列细项。

3) 编制总概算表

编制说明以后，按总概算项目划分其中各项目的工程概算费用，并列出工程总概算表4.11。

表 4.11 工程总概算表

序号	项目号	工程和费用名称	概算价值/万元				价值合计		占总值百分比
			设备购置费	安装工程费	建筑工程费	其他费用	人民币/万元	外汇/万元	
		第一部分：工程费用							
	一	主要生产项目							
1		××装置(车间)							
2		…							
		小计							
	二	辅助生产项目							
3		…							
		小计							
	三	公用工程项目							
4		给排水							
5		供电及电信							
6		供汽							
7		总图运输							
8		厂区外滩							
		小计							
	四	服务性工程							
9		…							
		小计							
	五	生活福利设施							
10		…							
		小计							
	六	厂外工程							
11		…							
		小计							
		合计							
	七	第二部分：其他费用							
12		…							
		合计							
	八	第三部分：总预备费							
13		基本预备费							
14		涨价预备费							
15		…							
		合计							

续表

序号	项目号	工程和费用名称	概算价值/万元				价值合计		占总值百分比
			设备购置费	安装工程费	建筑工程费	其他费用	人民币/万元	外汇/万元	
	九	第四部分:专项费用							
16		投资方向调节税							
17		建设期贷款利息							
18		…							
		合计							
	十	总概算价值							
	十一	铺底流动资金(不构成概算价值)							

实践范例

(一)固定资产

1)估算方法说明

(1)按照设备选型、尺寸及材料价格计算设备价格,部分参照市场估算。

(2)塔设备、储罐的价格以材料费(钢材费)乘以系数 1.2 的方式估算设备购置费用。

(3)反应器、换热器的价格以材料费(钢材费)乘以系数 1.5 的方式估算设备购置费用。

(4)压缩机、泵等询问厂家由厂家样本提供。

(5)除购置设备费以外的工程费用利用 Lang 因子法进行估算。

(6)无形资产方面的费用按照《编制办法》有关规定结合本设计具体情况进行估算。

以上(2)、(3)具体计算公式如下:单台设备价格=单台设备钢铁重量×钢材价格×修正系数。

2)工程费用

① 设备购置费

主要设备购置费:包括塔、储罐、反应器、换热器、压缩机、泵,主要设备价格为 12 804.95 万元。

工艺管道费用:工程费用估算,取工艺管道费用占主要设备费用的 36%,则算得工艺管道费用为 4 609.78 万元。

仪表自控系统费用:本项目取仪表自控系统费用占主要设备费用的 18%,故仪表自控系统费用为 2 304.89 万元。

电气设备费用:本项目取电气设备费用占主要设备费用的 14%,故电气设备费用为

1 792.69 万元。

设备运杂费:本项目拟建于南京,其运杂费率为 8%～9%,本估算中取 8%,故设备运杂费为 1 024.4 万元。

备品备件购置费:一般可以按设备价格的 5‰～8‰估算,本项目取费率为 8‰。故备品备件购置费为 102.44 万元。

工、器具及生产家具购置费:新建项目可按设备费用的 1.2‰～2.5‰估算,本估算中取费率为 2.5‰,故可得费用为 32.01 万元。

设备内部填充物购置费:本项目按设备价格的 3%估算,则设备内部填充物购置费为 384.15 万元。

② 安装工程费

主要设备安装工程费用如表 4.12 所示。

表 4.12　安装费用一览表

设备名称	安装因子	安装费用/万元
塔	0.4	1 183.04
反应器	0.2	108.65
储罐	0.4	139.11
换热器	0.3	841.39
压缩机	0.2	1 220.00
泵	0.1	6.17
工艺管道	0.4	1 843.91
仪表及自动控制系统	0.2	460.98
总计	—	5 803.25

故安装工程费为 5 803.25 万元。

③ 建筑工程费

直接费用:房屋建筑按每平方米造价估算,水池等按每座造价估算,本项目直接费用 8 879.01 万元。

间接费用:本项目建于南京,此处的间接费率为 4.94%,前述直接费用为 8 879.01 万元,故得间接费为 438.62 万元。

建筑工程费用一览表见表 4.13。

表 4.13　建筑工程费用一览表

项目	价格/万元
直接费	8 879.01
间接费	438.62
合计	9 317.63

故建筑工程费用为 9 317.63 万元。

④ 工程费用汇总见表 4.14。

表 4.14　工程费用一览表

项目	费用/万元
设备购置费	23 055.31
安装工程费	5 803.25
建筑工程费	9 317.63
合计	38 176.19

故工程费用为 38 176.19 万元。

3）无形资产

无形资产主要由土地使用费和技术转让费构成。

土地使用费：本分厂设计用地为 200 m×180 m，即 36 000 m²。根据江苏南京市《南京市城市规划区市管国有土地基准地价管理暂行规定》我厂选址在南京化学工业园的 Ⅰ 级工业用地，其基准价为 300 元/m²。故土地使用费为 1 080 万元。

技术转让费：本项目的技术转让费取设备费用的 20%，故为 4 611.06 万元。

综合以上各项费用，故无形资产为 5 691.06 万元。

4）递延资产

递延资产主要由建筑单位管理费、生产准备费和装置联合启动调试费、办公及生活家具购置费、研究试验费、城市基础设施配套费构成。

建筑单位管理费：查阅《建设单位管理费总额控制数费率表》知，对于固定资产大于等于 5 000 万的项目，费率取 4.8%～5.2%，本项目取费率为 5%。本项目固定资产中工程费用为 38 176.19 万元，则可得设计单位管理费为 1 908.81 万元。

生产准备费：本项目为新建项目，新增定员总人数为 120 人，取进场费 5 000 元/人，培训费 2 000 元/人，公司注册费按 5 万元，工程手续费按 5 万元，其他准备费按 18 万元估计；故生产准备费为 112 万元。

装置联合启动调试费：按不同建设规模及技术成熟不同程度，以项目固定资产费用中工程费用计算基础，一般可按 0.3%～2.0% 计算，本项目取 1.5%，故装置联合启动调试费为 572.64 万元。

办公及生活家具购置费：新建项目以定员人数为计算基础，每人按 1 000～1 200 元计，本项目为新建项目，新增定员总人数为 120 人，每人按 1 200 元计算，故办公及生活家具购置费为 14.4 万元。

研究试验费：包括自行或委托其他部门研究实验所需工人费、材料费、实验设备及仪器使用费等，本项目按照一定的比例估算取 40 万元。

城市基础设施配套费：本项目按照一定的比例估算取 35 万元。

综合以上各项费用，故递延资产为 2 682.85 万元。

5）预备费

预备费主要由基本预备费和涨价费构成。

基本预备费：此费用取其他固定投资总和的15％估算，故基本预备费为6 982.52万元。

涨价费：建设工期短，忽略涨价影响，故预备费为6 982.52万元。

6）固定资产投资汇总

固定资产投资汇总表见表4.15。

表4.15 固定投资汇总表

项目	费用/万元
工程费用	38 176.19
无形资产	5 691.06
递延资产	2 682.85
预备费	6 982.52
固定资产合计	53 532.62

建设期贷款利息：预计贷款2.5亿元，5年还清，年利率为6.40％。按建设期一年计算，即建设期利息为1 600万元。

流动资金：流动资金按固定资产的12％估算，故流动资金为6 423.91万元。

项目总投资汇总：总投资由固定资产、建设期贷款利息和流动资金构成（表4.16）。

表4.16 项目总投资汇总表

投资项目	费用/万元
固定资产	53 532.62
建设期贷款利息	1 600.00
流动资金	6 423.91
总投资合计	61 556.53

7）资金筹措

总投资为61 556.53万元，由中国石油化工股份有限公司投资36 556.53万元，从中国建设银行贷款25 000万元。还款方式如下：采用长期贷款，年限为年，正常生产后采用等额偿还本息，年内还请本息，贷款期限为5年，第一年为建设期，从第二年开始还贷，年利率为6.40％。

（二）产品成本估算

1）编制依据

各原料及公用工程费用按调研现行市场价格估算，列于表4.17。

表 4.17 原料及公用工程价格表

项目		价格
原料	甲苯	8 000 元/吨
	甲醇	2 600 元/吨
辅助原料	氢气	2.3 万元/吨
	催化剂	3.75 万元/吨
公用工程	工艺软水	10 元/吨
	冷却水	0.5 元/吨
	污水处理(COD<500)	3.0 元/吨
	电	0.7 元/千瓦时
	低压蒸汽(0.8 MPa)	200 元/吨
	液氮冷冻剂	2 000 元/吨
	人工成本(每人)	6 500 元/月(包括五险一金)

2）成本估算

① 直接材料费及燃料动力费

直接材料包括原料及主要材料和辅助材料费(表 4.18)。材料费用考虑到市场的行情并分析其涨跌趋势取近三个月的平均值。用电根据设备总功率估算。

表 4.18 原料及公用工程费用表

项目		单价	年耗量	年费用/万元
原料	甲苯	8 000 元/吨	27.18 万吨/年	217 440.00
	甲醇	2 600 元/吨	11.98 万吨/年	31 148.00
辅助原料	氢气	2.3 万元/吨	53 吨/年	121.90
	催化剂	3.75 万元/吨	121.2 吨/年	454.50
公用工程	工艺软水	10 元/吨	167.6 万吨/年	1 676.00
	冷却水	0.5 元/吨	0.5 万吨/年	0.25
	污水处理	3.0 元/吨	166.9 万吨/年	500.70
	低压蒸汽	200 元/吨	17.61 万吨/年	3 522.00
	液氮	2 000 元/吨	3.82 万吨/年	2 640.00
	电	0.7 元/千瓦时	4 256.92 千瓦时	2 383.88
总计		—	—	259 887.23

② 人工成本

工厂各个部门工资及员工福利情况,共 1 137.4 万元。

③ 制造费

维修费:一般地,修理费可取固定资产原值的 1%~5%,本项目修理费取固定资产原值的 3%,故修理费为 1 605.98 万元。

折旧费:折旧金额确定如表 4.19 所示。

表 4.19　折旧参数

项目	总额/万元	净残值率	折旧年限	年折旧金额/万元
生产设备	23 055.31	0.05	15	1 460.17
建筑物	9 317.63	0.45	20	256.23
办公设备	14.40	0	5	2.88
合计	32 387.34	—	—	1 719.28

故年总折旧费为 1 719.28 万元。

摊销费:本项目无形资产和递延资产在生产期的 15 年中摊销,总资产为 8 373.91 万元,则年摊销费为 558.26 万元。

其他制造费:本项目中计提固定资产费用的 3% 计算,则每年所需支付的其他制造费用总额为 1 605.98 万元。

④ 管理费

本项目管理费用按直接工资总额的 40% 计提,则每年需支付的管理费为 454.96 万元。

⑤ 销售费

本项目中按销售收入的 1% 计算销售费用总额,生产期年销售收入 308 797.5 万元。则销售费用为 3 087.96 万元。

3）总成本估算表（表 4.20）

表 4.20　总成本估算表

总成本	费用/万元
直接材料费及燃料动力费	259 887.23
人工成本	1 137.40
维修费	1 605.98
折旧费	1 719.28
摊销费	558.26
其他制造费	1 605.98
管理费	454.96
销售费	3 087.96
总计	270 057.05

（三）销售收入、税金及附加计算

1）销售收入

本项目到达设计生产能力时可年产 29.55 万吨对二甲苯。通过对全国市场的供求分析，确定产品的基本价格。销售收入见表 4.21。

表 4.21　产品产量与市场平均价格表

产品	产量/（万吨/年）	价格/（元/吨）	年销售收入/万元
对二甲苯	29.55	10 450	308 797.5

2）税金及附加估算

（1）增值税。本项目取税率为 17%，取全负荷时的销售收入为 308 797.5 万元，全负荷时购入品的外购含税成本为 259 887.23 万元。故本项目增值税为 8 314.75 万元。

（2）教育附加税。本项目教育附加税为 332.59 万元。

（3）城市维护建设税。本项目取税率为 7%，项目城市维护建设税为 580.03 万元。

（四）损益及利润分配估算表

1）编制依据说明

（1）所得税税率为 25%。

（2）提取公积金按照税后利润的 10% 提取。

（3）提取公益金按照税后利润的 5% 提取。

2）损益及利润分配估算图

项目损益及利润分配估算见图 4.1。

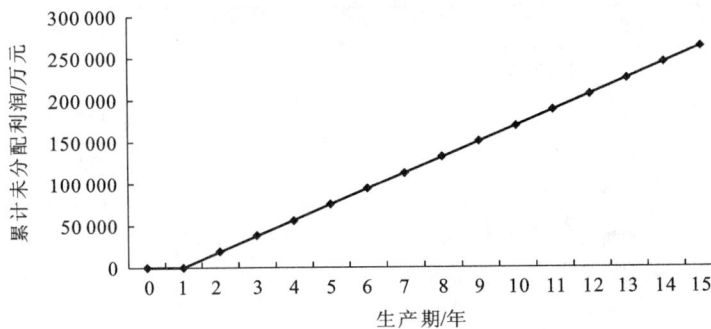

图 4.1　累计未分配利润图

（五）现金流量表

1）编制依据说明

经营成本＝总成本费用－折旧费－摊销费。

2）现金流量图

项目现金流量见图 4.2。

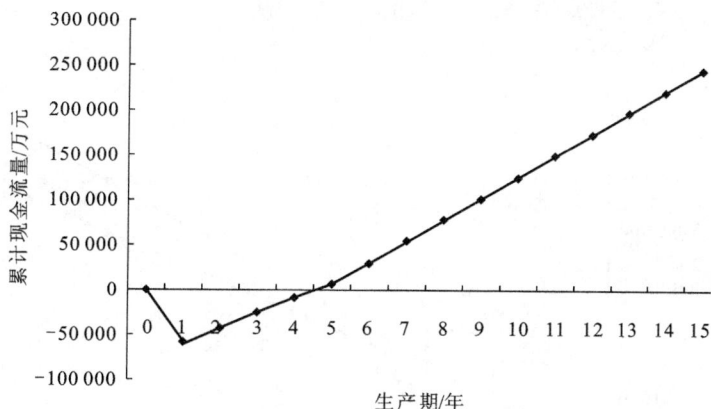

图 4.2　现金流量图

（六）盈利能力分析指标

1）静态指标

（1）投资利润率。按照全负荷来计算,年利润总额为 29 513.08 万元,总投资为 61 556.53 万元,故投资利润率为 47.94％＞26％（化工行业标准投资利润率）。

（2）投资利税率。按照全负荷来计算,年利税总额为 38 740.45 万元,总投资为 61 556.53 万元,故投资利税率为 62.93％＞38％（化工行业标准投资利税率）。

（3）资本金净利润率。按全负荷计算,税后年净利润总额为 22 134.81 万元,资本金为 70 000 万元,故投资收益率为 31.62％＞25％（化工行业标准资本金净利润率）。

（4）投资回收期。静态投资回收期为 5－1＋0.6＝4.6（年）。

2）动态指标

（1）财务净现值。利用 Excel 计算得财务净现值为 56 137.06 万元＞0,故该方案可行。

（2）财务内部收益率。利用 Excel 计算得财务内部收益率为 31.25％＞14％,故该方案可行。

3）盈利能力小结

从上面的静态指标和动态指标可以看出,该项目的盈利能力较强,在经济上有一定的竞争能力。

（七）不确定性分析

1）盈亏平衡分析

由图 4.3 可得，交点为（6.15，64 267.5），故可得总成本线与销售收入线的交点 BEP 为盈亏平衡点，即产量为 6.15 万吨，销售收入为 64 267.5 万元，此时销售收入等于总成本。设计生产能力为 29.55 万吨，则生产能力利用率为 20.81%。当产量低于 BEP 时，销售收入低于总成本，出现亏损；当产量大于 BEP 时，销售收入高于总成本，获得盈利。销售收入、总成本、固定成本与产量的关系如图 4.3 所示。

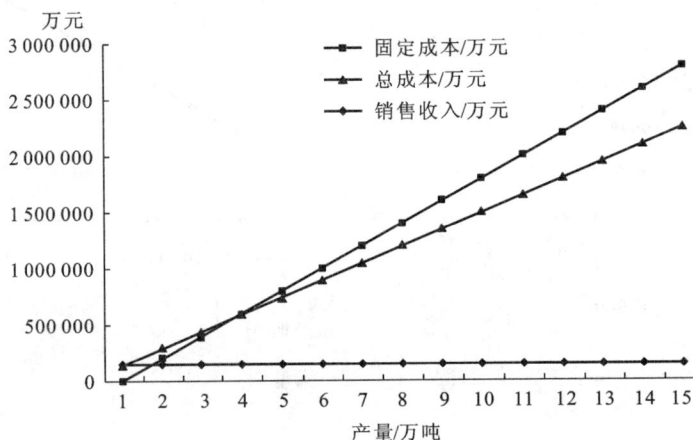

图 4.3　盈亏分析图

2）敏感性分析

本项目选择产品销售收入、经营成本、建设投资作为主要的敏感性因素，并计算这三个因素按一定幅度变化后，相应的内部收益率评价指标的变动结果，从而大致判断风险情况。

将计算结果作图如图 4.4 所示。

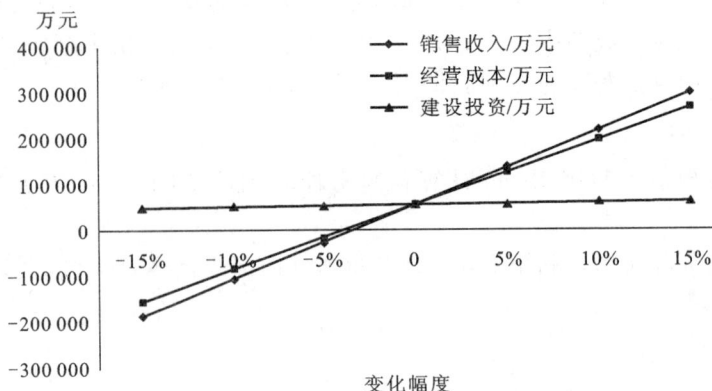

图 4.4　敏感性分析图

由以上图表结果可以看出,销售收入、建设投资、经营成本三者对净现值 NPV 都有一定的影响力,其中销售收入线最陡峭,说明其变化对净现值 NPV 的影响程度最大,该因素最为敏感;经营成本次之;建设投资线最为平坦,其变化对 NPV 的影响比较小。

【习　题】

1. 固定资产包括哪些资产?
2. 投资费用的估算方法常用的有哪两种?
3. 工程费用包括哪些项目?
4. 固定资产投资费用一般可分为几种? 直接费用包括哪些?
5. 产品成本估算的重要作用有哪些? 包含哪些内容?
6. 查资料绘制一个现金流量表(全部投资)。
7. 综合技术经济指标包括哪些?
8. 工程概算书编制依据有哪些?
9. 什么是单位工程概算,包括哪几部分?
10. 简述总概算编制方法。

单元五　设备设计与选型

教学目的

通过对设计一座制取对二甲苯(PX)分厂的设备设计与选型,使学生能够掌握设备设计与选型的过程、步骤和方法。

教学目标

[能力目标]

能够进行设备的相关设计与选型。

能够熟练地查阅各种资料,并加以汇总、筛选、分析。

[知识目标]

学习并初步掌握设备设计的过程、方法和步骤。

学习并初步掌握设备选型的依据与方法。

[素质目标]

能够利用各种形式进行信息的获取。

设计过程中与团队成员的讨论、合作。

经济意识、环保意识、安全意识。

必备知识

模块 1　非标准设备设计与选型

1. 塔设备

塔器是气-液、液-液间进行传热、传质分离的主要设备,在化工、制药和轻工业中,应用十分广泛,塔器甚至成为化工装置的一种标志。气体吸收、液体精馏(蒸馏)、萃取、吸附、增湿、离子交换等过程更离不开塔器,对于某些工艺来说,塔器甚至就是关键设备。

随着时代的发展,出现了各种各样型式的塔,而且还不断有新的塔型出现。虽然塔型众多,但根据塔内部结构,通常将塔大体分为板式塔和填料塔。

1) 板式塔

板式塔是在塔内装有多层塔板(盘),传热传质过程基本上在每层塔板上进行,塔板的形状、塔板结构或塔板上气液两相的表现,就成了命名这些塔的依据,如筛板塔、栅板塔、舌形板塔、斜孔板塔、波纹板塔、泡罩塔、浮阀塔、喷射板塔、波纹穿流板塔、浮动喷射板塔等。下面简单介绍几种常用的板式塔性能。

浮阀塔生产能力大,弹性大,分离效率高,雾沫夹带少,液面梯度较小,结构较简单。目前很多专家正力图对此改进提高,不断有新的浮阀类型出现。

泡罩塔是工业上使用最早的一种板式塔,气-液接触有充分保证,操作弹性大,但其分离效率不高,金属耗量大且加工较复杂,应用逐渐减少。

筛板塔是一种有降液管、板形结构最简单的板式塔,孔径一般为 4～8 mm,制造方便,处理量较大,清洗、更换、修理均较容易,但操作范围较小,适用于清洁物料,以免堵塞。

波纹穿流板塔是一种新型板式塔,气-液两相在板上穿流通过,没有降液管,加工简便,生产能力大,雾沫夹带小,压降小,除污容易且不易堵塞,甚至在除尘、中和、洗涤等方面应用更为广泛。

2) 填料塔

填料塔是一个圆筒塔体,塔内装载一层或多层填料,气相由下而上、液相由上而下接触,传热和传质主要在填料表面上进行,因此,填料的选择是填料塔的关键(图 5.1)。

图 5.1　填料塔

填料的种类很多,许多研究者还在不断地试图改进填料,填料塔的命名也以填料名称为依据,如金属鲍尔环填料塔、波网填料塔。常用的填料有拉西环填料、鲍尔环填料、矩鞍形填料、阶梯形填料、波纹填料、波网(丝网)填料、螺旋环填料、十字环填料等。

有些特殊操作型的塔,如乳化塔、湍球塔等,因为塔内实际上是一些填料,所以一般也属于填料塔范围。

填料塔制造方便,结构简单,便于采用耐腐蚀材料,特别适用于塔径较小的情况,使用金属材料省,一次投料较少,塔高相对较低。20世纪70年代之前,有人主张使用板式塔,逐渐淘汰填料塔,后来,新型填料不断涌现,操作方法也有所改进,填料塔仍然取得很好的经济效益,在精馏和吸收过程中,仍占有不可取代的地位,特别是小型塔和介质具有腐蚀性等情况,其优势更为明显。

板式塔和填料塔各有其优点和适用性,现将二者比较对照,见表5.1。

表 5.1　板式塔和填料塔的比较

项目	板式塔	填料塔(分散填料)	填料塔(规整填料)
压力降	一般比填料塔大	较小,较适于要求压力降小的场合	更小
空塔气速因子 F	比分散填料塔大	稍小,但新型分散填料也可比板式塔高些	较前两者大
塔效率	塔效率较稳定,大塔板比小塔板效率有所提高	塔径 φ1 500 mm 以下效率高,塔径增大,效率常会下降	较前两者高,对大直径塔无放大效应
液气比	适应范围较大	对液体喷淋量有一定要求	范围较大
持液量	较大	较小	较小
材质要求	一般用金属材料制作	可用非金属耐腐蚀材料	适应各类材料
安装维修	较容易	较困难	适中
造价	直径大时一般比填料塔造价低	φ800 mm 以下,一般比板式塔便宜,直径增大,造价显著增加	较板式塔高
质量	较小	大	适中

作为主要用于传质过程中的塔设备,首先必须使气液两相能够充分接触,以获得较高的传质效率,除此之外,还应该满足以下优点。

(1)生产能力大。在较大的气液流流速下,仍然不致发生大量的雾沫夹带、拦液或液泛等破坏正常操作的现象。

(2)操作稳定性,弹性大。当塔设备的气液负荷量有较大的波动时,仍能够在较高的传质效率下进行稳定的操作,并且塔设备能够保证长期连续操作。

(3)流体流动阻力小,即流体通过塔设备的压力降小。这将大大节省生产中的动力消耗,以降低经常操作费用。

(4)结构简单,材料耗用量小,制造和安装容易。这可以减少基建过程中的投资费用。

(5)耐腐蚀和不易堵塞,方便操作、调节和检修。

在设计中选择塔型,必须综合考虑各种因素,并遵循以下基本原则。

(1)要满足工艺要求,分离效率高。工艺上要分离的液体有很多特殊要求,如沸点低、形成共沸物、挥发度接近、有腐蚀性、有污垢物等,所以对塔型要慎加选择。

(2)生产能力要大,有足够的操作弹性。随着化工装置大型化,塔的生产能力要求尽量地大,而根据化工生产的经验,工艺流程中经常成为"瓶颈"的工段是精馏,很多精馏塔设计中考虑如造价、结构或压降、分离效率等因素较多,而常常未将塔的操作弹性放在重要位置,从而造成投产后塔设备不大适应工艺条件和生产能力的较大波动。

(3)运转可靠性高,操作、维修方便,少出故障。也就是说,不希望塔过于"娇气"。

(4)结构简单,加工方便,造价较低。经验证明,结构繁琐复杂的塔未必是理想的塔器,现在许多高效塔都趋于简化。

(5)塔压降小。对于较高的塔来说,压降小的意义更为明显。

2. 分离设备

在化工生产中,为纯化原料和精制产品,需要进行物质之间的分离,通常将气-液、气-固、液-液等物质之间的,无传质过程的分离称为机械分离过程;有传质过程的分离称为传质分离过程。机械分离过程所采用的分离设备有离心机、过滤机、旋风分离器等。

1)液固分离设备

液固分离是重要的化工单元操作。液固分离的方法主要有浮选、重力沉降、离心沉降和过滤。浮选是在悬浮液中鼓入空气,加入浮选剂将疏水性的固体颗粒黏附在气泡上而与液体分离的方法;重力沉降是借助于重力作用使固液混合物分离的过程;离心沉降是在离心力作用下机械沉降分离过程;过滤是利用过滤介质将固液进行分离的过程。其中以离心沉降和过滤的方法在工业上应用较多,因此对固液分离,应以此为重点。

① 离心机

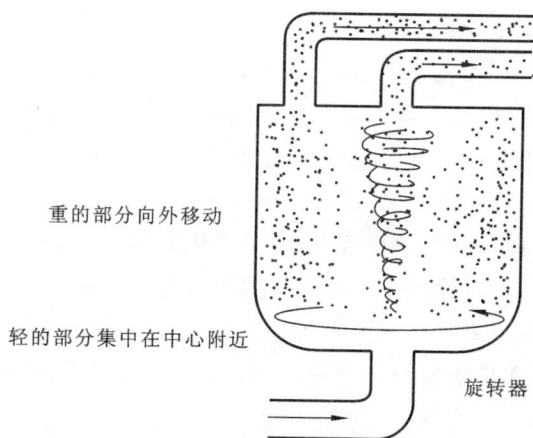

图 5.2　离心机结构示意图

a.过滤式离心机

按过滤离心机的卸料过程或方式分为间歇卸料、连续卸料和活塞推料。

间歇卸料式过滤离心机主要有三足式离心机、上悬式离心机和卧式刮刀卸料离心机等机型。

三足式离心机具有结构简单、运行平稳、操作方便、过滤时间可随意掌握、滤渣能充分洗涤、固体颗粒不易破坏等优点,广泛应用于化工、轻工、制药、食品、纺织等工业部门的间歇操作,分离含固相颗粒≥0.01 mm 的悬浮液,如粒状、结晶状或纤维状物料。

主要型号分为 SS 型(人工上部出料),SX 型(刮刀下部出料),SG 型(刮刀下部出料),SCZ 型(抽吸自动出料),ST,SD 型(提袋式),SXZ,SGZ 型(自动出料)。三足式自动离心机的技术指标列于表 5.2 中。

表 5.2 三足式自动离心机技术指标

序号	型号	转鼓规格 内径(mm)× 高度(mm)	转速 r/min	过滤 面积 /m²	有效 容积 /L	最大 装料量 /kg	分散 因素	电动机 型号功率 /kW	外形尺寸 /(mm×mm×mm)	重量 /kg
1	SS1500N	1 500×500	720	2.36	400	600	436	Y160L-6/11	2 550×2 250×1012	3 000
2	SX1000N	1 000×422	1 000	1.33	140	210	560	Y160M-4B5/11	2 164×1 710×1 435	2 200
3	SG1000N	1 000×420	1 080	1.3	140	200	560	Y90L-4/1.5	2 250×1 700×2 160	3 500

上悬式离心机是一种按过滤循环规律间歇操作的离心机。主要型号有 ZX 型(重力卸料)、XJ 型(刮刀卸料)、XR 型(专供碳酸钙分离)等。上悬式离心机适用于分离含中等颗粒(0.1～1 mm)和细颗粒(0.01～0.1 mm)固相的悬浮液,如砂糖、葡萄糖、盐类以及聚氯乙烯树脂等。

卧式刮刀卸料离心机,主要型号有 WG 型(垂直刮刀)、K 型(旋转刮刀)、WHG 型(虹吸式)、GKF 型(密闭防爆)、GKD 型(生产淀粉专用)等。这类离心机转鼓壁无孔,不需要过滤介质。转鼓直径为 300～1 200 mm,分离因素最大达 1 800,最大处理量可达 18 m³/h 悬浮液。一般用于处理固体颗粒尺寸 5～40 μm,固液相密度差大于 0.05 g/cm³ 和固体密度小于 10% 悬浮液。我国刮刀卸料离心机标准规定:转鼓直径 450～2 000 mm,工作容积 15～1 100 L,转鼓转速 350～3 350 r/min,分离因素 140～2 830。

活塞推料式过滤离心机有自动连续操作、分离因数较高、单机处理量大、结构紧凑、铣制板网阻力小、转鼓不易积料等特点。推料次数可根据不同的物料进行调节,推料活塞级数越多,对悬浮液的适应性越大,分离效果越好。它适用于固相颗粒≥0.25 mm、含固量≥30% 的结晶状或纤维状物料的悬浮液,大量应用在碳酸氢铵、硫酸铵、尿素等化肥及制盐等工业部门。

主要型号有 WH 型(卧式单级)、WH2 型(卧式双级)、HR 型(双级柱形转鼓)、P 型(双级柱口形转口)等。卧式活塞式推料离心机转鼓长度 152～760 mm,转鼓直径 152～1 400 mm,分离因素 300～1 000。

连续卸料式过滤离心机有锥蓝离心机、螺旋卸料过滤离心机两种。锥蓝离心机无论是立式还是卧式,都是依靠离心力卸料的。立式用于分离含固相颗粒≥0.25 mm 易过滤结晶的悬浮液,如制糖、制盐及碳酸氢铵生产。卧式用于分离固相颗粒在 0.1～3 mm 范围内易过滤但不允许破碎的、浓度在 50%～60% 的悬浮液,如硫酸铵、碳酸氢铵等。主要型号有 IL 型(立式卸料)和 WI 型(卧式卸料)。

螺旋卸料过滤离心机,主要型号有 LLC 型立式和 LWL 型卧式。其生产能力大,固相脱水程度高,能耗低及重量轻,密闭性能良好,适用于含固体颗粒为 0.01~0.06 mm 的悬浮液。固体重度应大于液相重度,且为不宜堵塞滤网的结晶状或短纤维状物料等。适用于芒硝、硫酸钠、硫酸铜、羟甲基纤维等结晶状的固液分离。

b. 沉降式离心机(图 5.3)

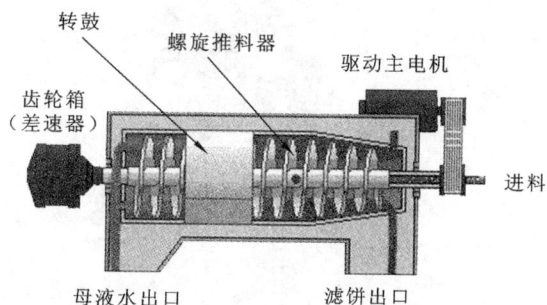

图 5.3　沉降式离心机结构示意图

按结构形式有卧式螺旋沉降(WL 型、LW 型、LWF 型、LWB 型)和带过滤段的卧式螺旋沉降(TCL 型、TC 型)两种。

沉降式离心机可连续操作,也可处理液-液-固三相混合物。螺旋沉降离心机的最大分离因素可达 6 000,分离性能较好,对进料浓度变化不敏感。操作温度可在 -100~300 ℃,操作压力一般为常压。密闭型可从真空至 1.0 MPa,适于处理 0.4~60.0 m³/h,固体颗粒 2~5 μm,固相密度差大于 0.5 g/cm³,固相容积浓度 1%~50% 悬浮液。

c. 高速分离机

高速分离机利用转鼓高速旋转产生强大离心力使被处理的混合液和悬浮液分别达到澄清、分离、浓缩的目的。高速分离机广泛用于食品、制药、化工、纺织、机械等工业部门的液-液、液-固、液-液-固分离。如用于油水分离,金霉素、青霉素分离,啤酒、果、乳品、油类的澄清,酵母和乳胶的浓缩等。

高速分离机就结构分有碟式、室式和管式三种,碟式分离机是通过多层碟片把液体分成细薄层强化分离效果,其转鼓内为多层碟片,分离因素可达 3 000~10 000,最大处理量可达 300 m³/h,适于处理固相颗粒直径 0.1~100.0 μm,固相容积浓度小于 25% 的悬浮液。

室式为多层套筒,室式相当于把管式分离机分为多段相套,只用于澄清,且只能人工排渣。适用于处理固体颗粒大于 0.1 μm,固相容积浓度小于 5%,处理量为 2.5~10.0 m³/h。

管式分离机其分离因素高达 15 000~65 000,处理量为 0.1~4 m³/h,适于处理固相颗粒直径 0.1~100.0 μm,液固密度差大于 0.01 g/cm³,固相容积浓度小于 1% 难分离悬浮液和乳浊液。

② 过滤机(图 5.4)

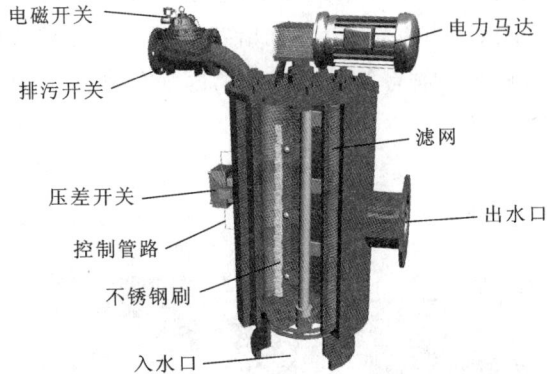

图 5.4　减压过滤机

a.压滤机

压滤机广泛用于化工、石油、染料、制药、轻工、冶金、纺织和食品等工业部门的各种悬浮液的固液分离。压滤机主要可分为两大类：板框压滤机和箱式压滤机。

BAS 型、BAJ 型、BA 型、BMS 型、BMJ 型、BM 型、BMZ 型、XM 型、XMZ 型等各类压滤机,均为加压间歇操作的过滤设备。在压力下,以过滤方式通过滤布及滤渣层,分离由固体颗粒和液体所组成的各类悬浮液。各种压紧方式和不同形式的压滤机对滤渣都有可洗和不可洗之分。

板框压滤机主要由尾板、滤框、滤板、头板、主梁和压紧装置组成。两根主梁把尾板和压紧装置连在一起构成机架。机架上靠近压紧装置端放置头板,在头板与尾板之间依次交替排列着滤板和滤框,滤框间夹着滤布。压滤机滤板尺寸范围为(100 mm×100 mm)～(2 000 mm×2 000 mm),滤板厚度为 25～60 mm。操作压力:一般金属材料制作的矩形板1.0～0.5 MPa,特殊金属材料制作的矩形板 7 MPa,硬聚丙烯制作的矩形板 40 ℃,0.4 MPa。板框式压滤机具有结构简单,生产能力弹性大,能够在高压下操作,滤饼中含液量较一般过滤机低的特点。

箱式压滤机操作压力高,适用于难过滤物料。XMZ60-1000/30 型自动箱式压滤机由压滤主机,液压油泵机组、自动控制阀(液压和气压)、滤布振动器和自动控制柜组成。压滤机尚需有储液槽、进料泵、卸料盘和压缩空气气源等附属装置。为间歇操作液压全自动压滤机,由电器装置实现程序控制,操作顺序为加料→过滤→干燥(吹风)→卸料→加料。全自动时,只按启动电钮,操作过程即可顺序重复进行,亦可由手动按电钮来完成各工序的操作。

b.转鼓真空过滤机(图 5.5)

G 型转鼓真空过滤机为外滤面刮刀卸料,适用于分离含 0.01～1.00 mm 易过滤颗粒且不太稀薄的悬浮液,不适用于过滤胶质或黏性太大的悬浮液。其过滤面积为 2～

$50\ m^2$,转鼓直径为 $1.00\sim3.35\ m$。选用 G 型转鼓真空过滤机应具备以下条件:悬浮液中固相沉降速度,在 4 min 过滤时间内所获得的滤饼厚度大于 5 mm;固相相对密度不太大,粒度不太粗,固相沉降速度每秒不超过 12 mm,即固相在搅拌器作用下不得有大量沉降;在操作真空度下转鼓中悬浮液的过滤温度不超过其汽化温度;过滤液内允许剩有少量固相颗粒;过滤数量大,并要求连续操作的场合。

c. 盘式过滤机

目前国内有三种形式盘式过滤机,其结构差异较大。

PF 型盘式过滤机。该机是连续真空过滤设备,用于萃取磷酸生产中料浆的过滤,使磷酸与磷石膏分离,也可用于冶金、轻工、国防等部门。

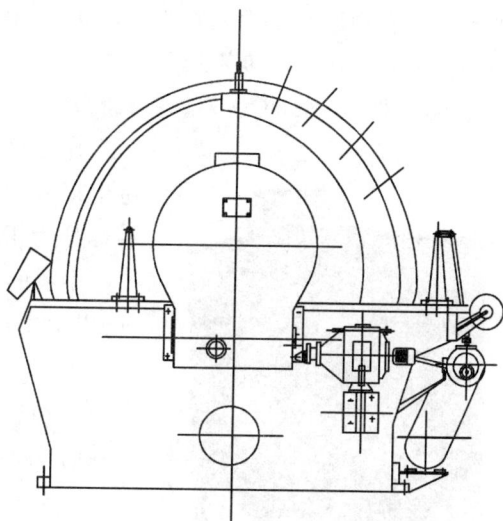

图 5.5　转鼓过滤机 G-5 型结构示意图

FT 型列盘式全封闭、自动过滤机。该系列产品主要用于制药行业的药液过滤,能彻底分离出絮状物。清渣时,设备不解体自动甩渣,无环境污染,可提高收率,降低过滤成本。

PN140-3.66/7 型盘式过滤机。该产品无真空设备,适用于纸浆浆料浓缩及白水回收。日产 $70\sim80\ t$(干浆),滤盘直径 3.66 m。

d. 带式过滤机

国内常用的带式过滤机有 DI 型、DY 型、SL 型、QL 型四类。

DI 型移动真空带式过滤机。该型号过滤机是一种新颖、高效、连续固液分离设备。其特点是,机型可全自动连续运转,机型可以灵活组合。DI 型带式过滤机的过滤面积 $0.6\sim35.0\ m^2$,带宽为 $0.46\sim3.00\ m$。

DY 型带式压滤机。DY 型系列带式压滤机是一种高效、连续运行的加压式固液分离设备,主要特点是连续运行、无级调速,滤带自动纠偏、自动冲洗,带有自动保护装置。

SL 型水平加压过滤机。本机适用于压力小于 0.3 MPa,过滤温度低于 120 ℃,黏度为 1 Pa·s 的条件下,含固量在 60% 以下的中性和碱性悬浮液,即树脂、清漆、果汁、饮料、石油等物品的过滤。间歇式操作,结构紧凑,具有全密闭过滤、污染小、效率高、澄清度好(滤液中的固体粒径可小于 15 μm)、消耗低、残液可全部回收、滤板能够完全清洗、性能稳定、操作可靠等优良性能。

QL 型自动清洗过滤机。本机适用于油漆、颜料、乳胶、丙烯酸、聚醋酸乙烯以及各种化工产品的杂质的过滤。过滤过程全封闭、自动清洗及连续过滤,生产效率高。

2) 气固分离设备

气固分离是重要的化工单元操作,在化工、冶金、电力以及环境工程中有着广泛的应用。气固分离是为回收有用的物质,如气流干燥产品的收集等;获得洁净气体,如硫铁矿生产硫酸过程中原料气中的粉尘的净化;净化排放气体,保护环境,如通过气固分离使工业及采暖锅炉的排尘浓度不得大于 200 mg/m³(STP)。

① 除尘器(图 5.6)

图 5.6 除尘器

凡能将粉尘从气体中分离出来,使气体得以净化,粉尘得到回收的设备,统称为气体的净化设备。除尘器可分为干式除尘器和湿式除尘器两大类。

尘粒的直径(即粒径)一般在 100.00～0.01 μm。100 μm 以上的尘粒,由于重力作用将很快降落,不列为除尘对象;0.01 μm 以下的超微粒子,不属于一般除尘范围,10 μm 以上的粒子是易于分离的,10.0～0.1 μm 的尘粒特别是 1 μm 以下的微粒较难分离。

干式除尘器主要包括以下几种。

重力除尘器:利用粉尘与气体密度不同的原理,使粉尘靠本身的重力从气体中自然沉降下来的净化设备,如沉降室,一般用于 50 μm 以上的尘粒。

惯性除尘器:利用粉尘与气体在运动中的惯性不同,将粉尘从气体中分离出来的净化设备,如 CDQ 型百叶窗式除尘器。这种除尘器结构简单,阻力较小,净化效率低(40%～80%),一般多用于较粗大粒子的除尘。

旋风除尘器:利用旋转的含尘气体所产生的离心力,将粒尘从气流中分离出来的一种气固分离装置。这类除尘器在工业上应用最为广泛,其特点是结构简单,操作方便,除尘效率高。价格低廉,适用于净化大于 5～10 μm 的非黏性非纤维性的干燥粉尘。

脉冲袋式除尘器:对细微尘粒(1～5 μm)的效率可达 90% 以上,还可以除去 1 μm 甚至 0.1 μm 的微尘粒。目前袋式除尘器的清灰机构已实现了连续操作,阻力稳定,气速高。因其内部无运动机件,使用日益广泛。

电除尘器:电除尘器由于效率高,阻力低,适用于温度高(<500 ℃)、风量大和细微粉尘的除尘。缺点是投资较高,但日常操作费用较低。

凡借用水(或其他液体)与含尘气体接触,利用液滴或液膜捕获尘粒使气体得到净化的设备,统称为湿式净化设备。湿式除尘器的形式很多,最有代表性的有湍球塔、泡沫除尘器、自激式除尘器、文氏管除尘器等。干式除尘器如能加上湿法操作,效率将有明显提高。湿式除尘器适用于非纤维性的、能受潮、受冷的且与水不发生化学作用的含尘气体,不适用于黏性粉尘。

下面对几种较为典型的除尘器进行介绍。

a.脉冲袋式除尘器

脉冲袋式除尘器的特点是周期性地向滤袋内喷吹压缩空气,以清除滤袋积灰,使滤袋效率保持恒定,这种清灰方式效果好,不损伤滤袋。脉冲袋式除尘器的种类很多,如SCC型低压喷吹脉冲袋式除尘器、SBB型顺喷脉冲袋式除尘器、DMC型国标脉冲袋式除尘器(DMC除尘器技术指标见表5.3)、YMC型圆筒脉冲袋式除尘器、SMC型各种规格脉冲袋式除尘器等。脉冲袋式除尘器处理量大、性能稳定、使用寿命长、应用范围广。

表 5.3　DMC 型除尘器技术指标

技术性能	DMC24II	DMC36II	DMC48II	DMC72II
过滤面积/m²	18	27	36	54
滤袋数量/个	24	36	48	72
滤袋规格/mm	$\phi120\times2\,000$	$\phi120\times2\,000$	$\phi120\times2\,000$	$\phi120\times2\,000$
处理风量/(m³/h)	2 160~4 320	3 240~6 480	4 320~8 640	6 480~12 960
工作温度/℃	<120	<120	<120	<120
设备阻力/Pa	1 200~1 500	1 200~1 500	1 200~1 500	1 200~1 500
除尘效率/%	99.0~99.5	99.0~99.5	99.0~99.5	99.0~99.5
过滤风速/(m/min)	2~4	2~4	2~4	2~4
清灰喷吹压力/MPa	0.5~0.7	0.5~0.7	0.5~0.7	0.5~0.7
压缩空气耗量/(m³/min)	0.1~0.3	0.1~0.5	0.2~0.7	0.25~1.00
电磁脉冲阀/个	4	6	8	12
脉冲控制仪	LMK	LMK	LMK	LMK
外形尺寸/mm	1 710×1 000×3 670	1 710×1 400×3 670	1 710×1 800×3 670	1 710×2 600×3 670
排灰电机过滤/kW	0.75	0.75	1.10	1.10
设备重量/kg	865	1 060	1 334	1 680
参考价格/万元	1.63	1.85	2.20	2.70

b.离心水膜除尘器

CLS型水膜除尘器适用于清除空气中不与水发生反应的粉尘,当含尘量小于2 000 mg/m³时可直接采用,大于2 000 mg/m³时可作为第二级除尘。喷嘴前水压不小于0.03 MPa。入口风速应保证17~23 m/s。另外,卧式旋风水膜除尘器按脱水方式分檐板脱水和旋风脱水两种,按导流片旋转方向分顺时针方向(S)和逆时针方向(N)两种,按进气方式分A式(垂直向上)和B式(水平)两种。

c.洗浴式除尘器

CCJ/A型冲激式除尘机组用于净化无腐蚀性、温度不大于300 ℃的含尘气体,特别是对于含尘浓度较高的场合更为合适。对于净化具有一定黏性的粉尘,也能获得较好的效果。

d. 电除尘器

电除尘器由本体和高压静电发生器组成。含尘气体在接有高压直流电源的阴极线和接地的阳极板之间所形成的高压电场通过时,由于阴极发生电晕放电,气体被电离,此时,带负电的气体离子,在电场力的作用下,向阳极运动,在运动中与粉尘颗粒相碰,使尘粒带负电;带电后的粉尘在电场力的作用下亦向阳极运动,达到阳极后,放出所带的电子,尘粒则沉积在阳极板上,得到净化的气体排出除尘器外。电除尘具有以下优缺点。

净化效率高,能捕集 $0.1~\mu m$ 以上的细颗粒粉尘。在设计中可以通过不同的操作参数来满足所要求的净化效率。

气体处理量大,可以完全自动控制,且阻力损失小(一般在 196 Pa 以下),与旋风分离器相比,其供电机组和振打机构的总耗电能都较小。

由除尘器设备比较复杂,制造、安装和维护管理水平较高;受气体温度、湿度的操作影响较大;对粉尘有一定的选择性,广泛应用于发生炉煤气和焦炉煤气(除去焦油和粉尘)和除酸雾废气等的净化。

② 旋风分离器

旋风分离器是利用气固两相密度差的不同,实现气固分离的设备,如图 5.7。它利用固体颗粒作圆周运动时产生的离心力而加快其沉降过程。

a. 操作条件对旋风除尘器性能的影响

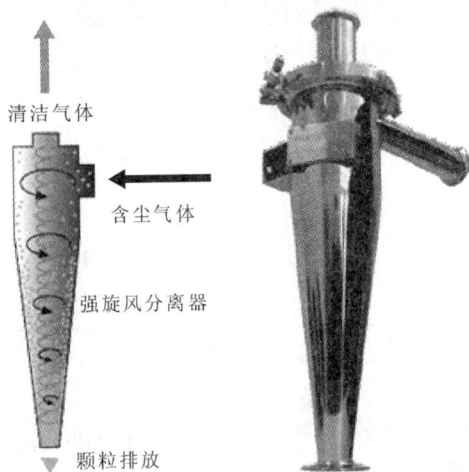

图 5.7　旋风分离器结构示意图

入口风速:从降低阻力角度考虑,希望它低些,从提高处理风量和效率考虑,高些较好,但超过一定限度时,阻力激增,而效率增加甚微。最佳入口风速因旋风分离器的结构和处理气体温度不同而异,设计中一般选取 12~18 m/s。

气体温度:不同的气体温度将引起气体的密度和黏滞系数发生变化。当温度升高时,气体的相对密度减小,但黏滞系数增大。相对密度减小,使阻力降低,而黏滞系数增大,会使粉尘粒子沉降速度降低,导致效率降低。

气体湿度:气体的湿度在露点以上时,对旋风分离器工作影响不大。如果在露点以下,则产生凝结水滴,会使粉尘粘于壁上,因此,必须使气体的温度高于露点 20~25 ℃。

粉尘的相对密度和粒度:粉尘的相对密度和粒度对阻力几乎没有影响,但对效率影响较大。粉尘的相对密度大,粒度粗时,各种旋风除尘器都能得到较高的效率;而粉尘相对密度小,粒度细时,效率则大大降低。

含尘气体的浓度:气体含尘浓度高时,一般情况下净化效率也高,此时,由于粉尘粒子摩擦损失增加,气流旋转速度降低,阻力也有下降趋势。可见,旋风除尘器用于净化高浓度的气体或第一级净化较为合适。

漏风:旋风除尘器漏风时,特别是通过旋风分离器下部集尘箱和卸尘阀漏风时,其效率将急剧下降。当漏风率为5%时,净化效率将由90%降到50%,漏风率达15%时,效率将下降为零。为防止漏风获得较高的效率,在除尘器下部排尘口可设置集尘箱或隔离锥。

b. 几种常用旋风除尘器

CLK扩散式旋风除尘器(图5.8)适用于冶金、铸造、建材、化工、粮食、水泥等行业中,用于含尘浓度高且颗粒较粗的场合,捕集干燥的非纤维性粉尘。其主要特点是筒身呈倒圆锥形,减少了含尘气体自筒身中心短路到出口去的可能性;并装有倒圆锥形的反射屏,以防止二次气流将已分离下来的粉尘重新卷起,被上升气流带出,提高了除尘效率。一般入口气速为12~16 m/s。

图5.8 CLK扩散式旋风除尘器

XLP型旋风分离器,包括XLP/A和XLP/B型两种。它是在一般除尘器的基础上增设旁路分离室的一种除尘器,由于旁路作用,有利于含尘气体中较细粉尘的分离。XLP/A型用于锅炉烟气除尘时,适宜的入口气速可选12~20 m/s,压降常为490~880 Pa,除尘效率可达85%~90%。XLP/B型已成功应用于炼油催化裂化装置及丙烯腈装置中。

3. 反应器(图5.9)

1) 反应器的类型与特点

反应设备的种类很多,按结构型式分,大致可分为釜式反应器、管式反应器、塔式反应器、固定床反应器、流化床反应器等。

① 釜式反应器

釜式反应器是应用十分广泛的一类反应器,可用于均相(多为液相)反应、液-液相反应、固-液相反应和液-气相反应。釜式反应器的高度一般与直径相等或稍高,釜内设有搅

图 5.9 反应器

拌装置、挡板和换热器,也可在釜外壁设换热夹套。物料在釜内混合均匀,且操作条件(温度、浓度、停留时间)的可控范围较广,设备易清洗。

② 管式反应器

管式反应器多用于均匀气相、液相反应。其特征是长径比较大,内部中空,不设任何构件,参加反应的物料以预定的方向运动,各点的流体间没有沿流动方向的混合。

③ 塔式反应器

塔式反应器主要用于两种流体反应的过程,如气-液反应和液-液反应。两种流体可以成逆流,也可以成并流。这类反应器的高度一般为直径的数倍乃至十余倍,内部有时为了增加两相接触可设构件,如塔板、填料等。常见的塔式反应器有填料塔、板式塔、鼓泡塔、喷雾塔。

④ 固定床反应器

流体通过不动的固体物料所形成的床层而进行反应的装置都称为固定床反应器,这些固体颗粒可以是催化剂,也可以是反应物。固定床反应器可用于气-固及液-固非催化反应,尤以气-固催化反应应用最为广泛。对于催化反应,催化剂可装在圆柱壳体内,也可在圆柱壳体内安装许多平行管子,管外或管内装催化剂。固定床反应器分为绝热式反应器(包括单段绝热床和多段绝热床)和换热式反应器(尤以列管式为多)。

⑤ 流化床反应器

流化床反应器是流体通过处于流化态的固体颗粒所形成的床层而进行反应的装置。流化床反应器可用于气-固、液-固以及气-液-固催化或非催化反应,是工业生产中较广泛使用的反应器。在这类反应器中,细颗粒状的固体颗粒填装在一个垂直的圆筒形容器的多孔板上,气流通过多孔板向上通过颗粒层,以足够大的速度使颗粒浮起呈沸腾状态,但流速也不宜过高以防止流化床中的颗粒被气体夹带出去,内可设冷却管。

⑥ 其他型式的反应器

鼓泡反应器:液体含有溶解了的非挥发性催化剂或其他反应物,反应气体可鼓泡通过液体进行反应,产物由气流从反应器中带出。

浆态反应器:与鼓泡反应器类似,但液相是含有细固体催化剂的浆料。

滴流床反应器:固体催化剂并不呈流化态而是作为固定床,两种能部分互溶的液体作为反应物料并流或逆流的流过床层。

移动床反应器:固体在床层顶部加入,并向下移,自器底排出,流体向上通过填充层。

各类反应器的特性见表5.4。

表5.4　反应器的型式及特性

反应器型式	适用范围	特　性	生产实例
釜式,一级或多级串联	液相,液-液相,液-固相	适用性大,操作弹性大,连续操作时温度、浓度易控制,产品质量均一,但高转化率所需反应器容积大	苯的硝化,氯乙烯聚合,釜式法高压聚乙烯,顺丁橡胶聚合法
管式	气相,液相	返混小,所需反应器容积较小,比传热面大,但对慢速反应,需很长管,压降大	石脑油裂解,甲基丁炔醇合成,管式法高压聚乙烯
空塔或搅拌塔	液相,液-液相	结构简单,返混程度与高径比及搅拌有关,轴向温差大	苯乙烯的本体聚合,己内酰胺缩合,醋酸乙烯溶液聚合
鼓泡塔或挡板鼓泡塔	气-液相,气-液-固(催化剂)相	气相返混小,但液相返混大,温度较易调节,气体压降大,流速有限制,有挡板可减少返混	苯的烷基化,乙烯基乙炔的合成,二甲苯氧化
填料塔	液相,气-液相	结构简单,返混小,压降小,有温差,填料装卸麻烦	化学吸收
板式塔	气-液相	逆流接触,气液返混均小,流速有限制,如需传热,常在板间另加传热面	苯连续磺化,异丙苯氧化
喷雾塔	气-液相快速反应	结构简单,液体表面积大,停留时间受塔高限制,气流速度有限制	从氯乙醇制丙烯腈,高级醇的连续磺化
湿壁塔	气-液相	结构简单,液体返混小,温度及停留时间易调节,处理量小	苯的氯化
固定床	气-固(催化或非催化)相	返混小,高转化率催化剂用量少,催化剂不易磨损,传热控温不易,催化剂装卸麻烦	乙苯脱氢,乙炔法制氯乙烯,合成氨,乙烯法制醋酸乙烯等
流化床	气-固(催化或非催化)相,催化剂失活很快的反应	传热好,温度均匀,易控制,催化剂有效系数大,粒子输送容易,但磨耗大,床内返混大,高转化率时不利,操作条件限制较大	萘氧化制苯酐,石油催化裂化,乙烯氧氯化制二氯乙烷,丙烯氨氧化制丙烯腈
移动床	气-固(催化或非催化)相,催化剂失活快的反应	固体返混小,固气比可变性大,粒子传送较易,床内温差大,调节困难	石油催化裂化,矿物的焙烧或冶炼

反应器型式	适用范围	特 性	生产实例
滴流床	气-液-固（催化剂）相	催化剂带出少,易分离,气液分布要求均匀,温度调节较困难	焦油加氢精制和加氢裂解,丁炔二醇加氢
蓄热床	气相,以固相为热载体	结构简单,材质容易解决,调节范围较广,但切换频繁,温度波动大,收率较低	石油裂解,天然气裂解
回转筒式	气-固相,固-固相,高黏度液相,液-固相	粒子返混小,相接触见面小,传热效率低,设备容积较大	苯酐转位成对苯二甲酸,十二烷基苯的磺化
载流管	气-固（催化或非催化）相	结构简单,处理量大,瞬间传热好,固体传送方便,停留时间有限制	石油催化裂化
喷嘴式	气相,高速反应的液相	传热和传质速度快,混合好,反应物急冷易,但操作条件限制较严	天然气裂解制乙炔,氯化氢的合成
螺旋挤压机式	高黏度液相	停留时间均一,传热较困难,能连续处理高黏度物料	聚乙烯醇的醇解,聚甲醛及氯化聚醚的生产

2）反应器设计的原则

反应器设计时,应遵循"合理、先进、安全、经济"的原则,具体设计时,还需满足以下要求。

① 满足物料转化率和反应时间的要求

选择反应器型式时,反应时间和要求达到的转化率是很重要的依据。反应器型式选定后,可由此计算反应器的有效容积,确定反应器的长径比等基本尺寸、反应器的数目、连接方式等。

② 满足反应的热传递要求

化学反应都伴随着热效应,因此,反应器应具有高的传热效率,并使反应器内的温度差降低到最低,以便使反应温度控制在较窄的范围内。在设计反应器时,要保证有足够的传热面积,并选择合适的传热介质和一套能适应所设计传热方式的有关装置和温度测试系统。

③ 满足物料流动和混合的要求,设计适当的搅拌器或类似作用装置

为了使反应物有效地接触,在设备内均匀分布,物料应尽可能处于湍流状态,这样有利于传质传热。对于釜式反应器,可依靠搅拌器来实现物料的流动和混合;对于管式反应器,往往需外加动力调节物料的流量和流速。反应器应尽可能避免反应气体的逆向混合。

④ 满足防腐和机械加工要求,合理选择材质

机械结构要可靠,要考虑到反应器内某些部件处于高温状态下的机械强度和温差应力等因素。

选择反应器的材质需考虑介质的腐蚀性,如反应是否涉及强酸、强碱,有无铁锈渗入,

反应器清洗时是否碰到腐蚀性介质。此外,选择材质与反应器的操作温度、传热方式、器壁与反应器的摩擦程度、摩擦消耗等因素也有关。

3)反应器的选型

在选择反应器时,首先判断反应是何种相的形态,其次了解在该相态下可选择何种反应装置。表5.5为反应相态和反应器形式的关系。

表5.5　反应相态和反应器形式

		气相	液相	气-固催化	气-固	气-液	气-液-固	液-液	液-固	固-固
固定床				○	△	○	○	△	○	
移动床				△	○				△	△
流化床				○	○		△			
搅拌釜			○			○	○	○	○	
鼓泡塔						○	○			
管式	加热炉	○	△			△	△			
	气液两相流					○	△			
火焰反应器		○			△					
板式塔						○	△			
转窑										○

注:○——适合;△——较适合。

① 气固相反应器

对气固相催化反应,由表5.5可见,主要反应器为固定床或流化床。如果反应的热效应较小,可选用固定床,通过移热,反应较易控制;如果热效应较大,可选用列管式固定床反应器;对于强放热反应器(如丙烯腈生产过程,放热量达 750 kJ/mol),一般选用流化床反应器。所以,这类反应器的选择主要考虑反应的热效应、绝热升温、催化剂允许的温度范围等。

对气固相非催化反应,如石灰石的煅烧,选择移动床(石灰煅烧窑)较好,因为其结构简单,运转费用较低,对洁净煤技术的流化床燃烧反应,实际是流化床与火焰反应器的结合。

② 气液相反应器

气液相反应器的选型主要考虑生产强度,即单位时间单位体积反应器的生产能力和能耗;存在副反应时,考虑反应器形式对选择性的影响、设备投资、操作性能等。关键因素是应使反应器的传递特征和反应动力学特征相适应。

在气液相反应器内,决定其性能的重要参数有持液量、气液界面积、气液相膜内传质系数。以持液量的大小可将气液相反应器分为两类,持液量小的有固定床、板式塔、管式反应器、喷雾塔；持液量大的有搅拌釜式和鼓泡塔。对于反应速度较慢的反应，宜选用持液量大的搅拌釜式或鼓泡塔；对于反应速度快的反应宜选用填料塔、板式塔、湿壁塔、喷雾塔等反应器。

填料塔适于处理腐蚀性强的气液体系，发泡性大的液体。一般散装填料的压降稍大些，但新型的散装填料和规整填料压降均较小。板式塔的持液量可保持一定，同时适宜于含有固体的气体吸收过程，当反应热量大时，可在板塔上设置冷却管移去热量，板式塔的缺点是压降较大。湿壁塔的装置单位体积的接触面积小，容易除去管壁的反应热，可用于硫化或苯的氯化等放热量大的气液反应。喷雾塔应用较少，主要用于压降低及气体中含固体的场合，如电厂烟气脱硫的石灰石膏法。

4）搅拌釜式反应器

搅拌釜式反应器是一种从实验室试验到工业装置均采用的反应器，容积从 1 L 至 200 m³ 或更大，压力从真空到 300 MPa，温度从零下几十度至零上几百度。由于处理的物系不同，根据温度、压力、腐蚀性，可选用碳钢、不锈钢、搪玻璃、镍、钛等耐腐蚀材料。

① 搅拌釜式反应器（图 5.10）

由于物料性质的不同，搅拌釜式反应器的釜体、搅拌浆、挡板的结构形式也不同，反应器的差别也较大。

搅拌釜式反应器常设加热或冷却装置。

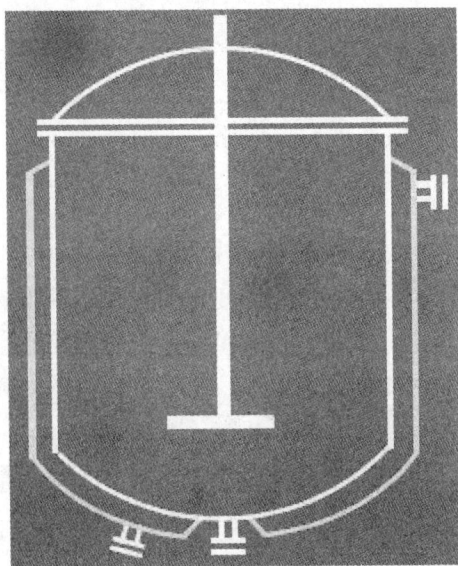

图 5.10　搅拌釜式反应器结构简图

② 搪玻璃反应器系列

搪玻璃反应器是搅拌釜式反应器中常用的一种定型设备。由含硅量高的玻璃质釉喷涂在钢板表面，经高温搪烧而成。搪玻璃设备的性能有以下几点。

耐腐蚀性，能耐无机酸、有机酸、有机溶剂及 pH≤12 的碱溶液，但不耐强碱、氢氟酸及磷酸。

不粘性，不粘介质，容易清洗。

绝缘性，适用于在过程中介质易产生静电的场合。

隔离性，铁离子不会融入介质。

成品玻璃面耐温差急变性能力：热冲击 120 ℃，冷冲击 110 ℃。

搪玻璃开式搅拌容器的公称压力小于等于 1.0 MPa、公称容积 50～5 000 L、介质温度为 −20～200 ℃。该容器传动装置有Ⅰ型、Ⅱ型、Ⅲ型三种。搅拌器形式有锚式、柜式、叶轮式、桨式。5 000 L 搪玻璃开式搅拌器如图 5.11 所示，部分搪玻璃开式搅拌容器的技术指标如表 5.6 所示。

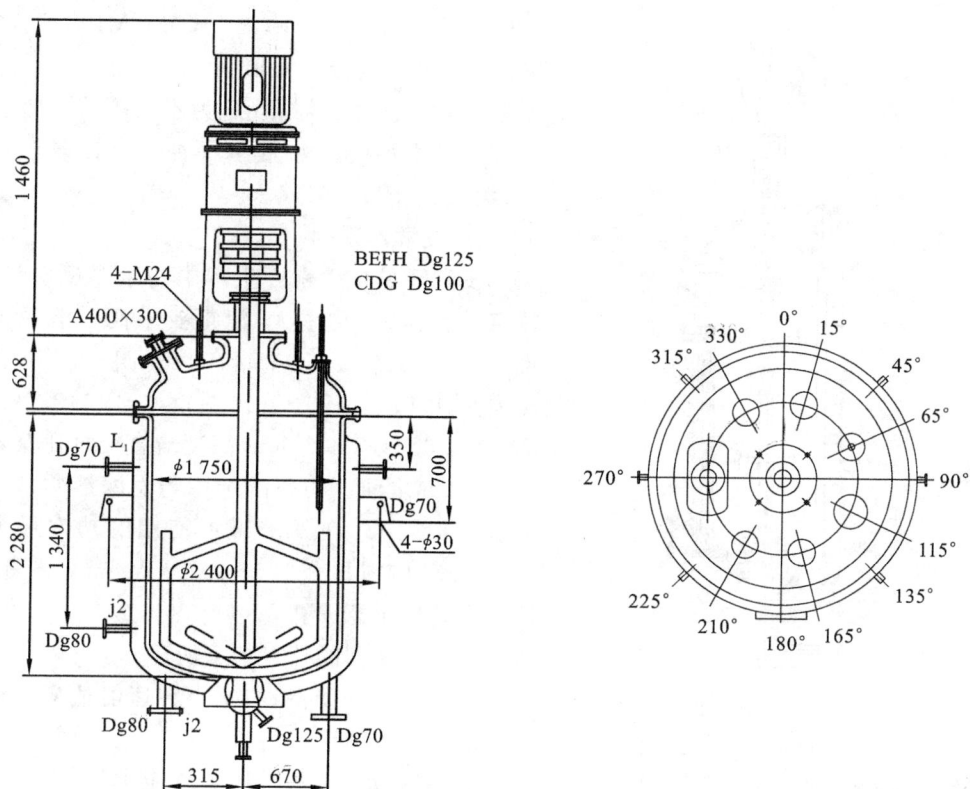

图 5.11　5 000 L 搪玻璃开式搅拌器

表 5.6　搪玻璃反应釜的技术指标表

公称容积/L	50	200	500	1 500	2 500	5 000
L 系列公称直径 DN/mm	400	600	900	1 200	1 450	1 750
计算容积 VJ/L	59	218	588	1 641	2 957	5 435
夹套换热面积/m²	0.55	1.4	2.6	5.8	8.2	13.4
公称压力 PN	容器内:0.25、0.6、1.0 MPa;夹套内:0.6 MPa					
介质稳定及容器材质	0～200 ℃(材质为 Q235-A,Q235-B)或高于－20～200 ℃(材质为 20R)					
搅拌轴公称直径 DN/mm	40	50	65	80	80	95
搅拌器功率/kW	0.55	1.1	2.2	3.0	4.0	5.0
电动机形式	Y 型或 YB 型系列(同步转速 1 500 r/min)					
重量/kg	337	507	904	1 910	3 396	5 274
参考价格/千元	1.0	1.3	1.8	3.8	4.5	6.5

注:(1)搅拌器为锚式、框式、桨式、叶轮式。

(2)公称转速:锚式、框式搅拌器 63 r/min;桨式搅拌器 80 r/min,125 r/min;叶轮式搅拌器 125 r/min。

玻璃闭式搅拌容器可用于反应、溶解、结晶、换热等过程。容器的公称压力≤1.0 MPa,公称容积2 500~20 000 L,介质温度为−20~200 ℃。结构与搪玻璃开式搅拌容器相似,为不可拆式。该容器传动装置有Ⅰ型、Ⅱ型、Ⅲ型三种。搅拌器形式有锚式、柜式、叶轮式、桨式。

③ 发酵罐系列

发酵罐是抗生素厂生产中的主要反应设备,其特点是容积大、功率大、消毒要求高。该系列发酵罐有30 m³,50 m³,70 m³,100 m³四种,设备内设计压力小于0.3 MPa,设计温度小于142 ℃。直径DN为2 600~3 800 mm,高度与直径之比基本控制在2~2.5之间。功率的选用与发酵液质量有很大关系,目前国外在发酵罐上使用的功率最大已达4 kW/m³,国内只有1.5~2.0 kW/m³。图5.12为发酵罐结构示意图。

发酵罐系列的特点如下所述。

发酵罐系列完整,功率与转速能适应不同发酵工艺需要。

加热(冷却)盘管采用罐外半圆管,有利于罐内消毒、清理。

采用三分式联轴器,方便密封部件的检修及拆换,提高检修质量。

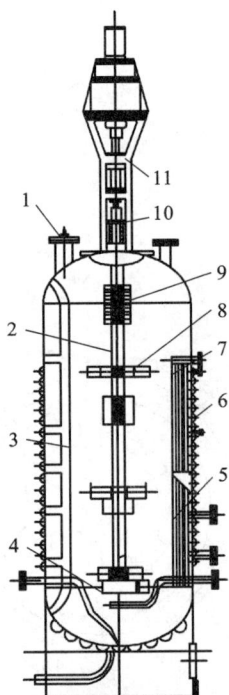

图 5.12 发酵罐结构示意图

1—人孔;2—搅拌轴;3—扶梯;4—稳定器;
5—接板Ⅱ;6—半圆管;7—挡板Ⅰ(加热式);
8—搅拌桨;9—联轴器;10—三分式联轴器;
11—立式减速装置

不设底轴承、中间轴承,以减少污染,延长检修周期。

上、下两层采用不同形式搅拌器,增设稳定器提高搅拌效果,保证轴的稳定运转。

传动形式采用立式齿轮传动,体积小,运转平稳,便于操作检修。

模块2　标准设备设计与选型

1. 泵设备设计

1) 概述

泵是化工厂最常用的液体输送设备,也是一种"古老"的设备,早期的泵由于其结构简单、运行可靠而备受人们重视,随着石油和化学工业的发展,泵的型式随之不断进步,出现了许多大型、小型、高速、自动化、特殊化的泵,但其仍然具有构造简单、便于维修、易于排除故障、造价低、可以批量生产等优越性。

泵属于通用机械,在国民经济各部门中用来输送液体的泵种类繁多,用途很广,如水利工程、农田灌溉、化工、石油、采矿、造船、城市给排水和环境工程等。另外,泵在火箭燃料供给等高科技领域也得到应用。为了满足各种工作的不同需要,就要求有不同形式的泵。应当着重指出,化工生产用泵不仅数量大、种类多,而且因其输送的介质往往具有腐蚀性,或其工作条件要求高压、高温等,对泵有一些特殊的要求,这些泵往往比一般的水泵复杂一些。在各种泵中,尤以离心泵应用最为广泛,因为它的流量、扬程及性能范围均较大,并具有结构简单、体积小、重量轻、操作平稳、维修方便等优点。

2)泵的分类与性能

① 泵的分类

按泵作用于液体的原理分为叶片式和容积式两大类,如离心泵、轴流泵和旋涡泵属于叶片式,活塞泵和转子泵属于容积式。

按泵的用途分为水泵、油泵、泥浆泵、砂泵、耐腐蚀泵、冷凝液泵等。

按泵的结构分为齿轮泵、螺杆泵、液下泵、立式泵、卧式泵等。

按操作压力分为常压泵和真空泵,如喷射泵广发用于真空系统抽气。

② 泵的性能

常用泵的性能见表 5.7。

表 5.7　常用泵的性能

指标	叶片式			容积式	
	离心式	输液式	旋涡式	活塞式	回转式
液体排出状态	流率均匀	流率均匀	流率均匀	有脉动	流率均匀
液体品质	均一液体或含固体液体	均一液体	均一液体	均一液体	均一液体
临界吸上真空高度/m	4~8	—	2.5~7	4~5	4~5
扬程(或排出压力)	范围大,低至 10 m,高至 600 m(多级)	2~20 m	较高,单级可达 100 m 以上	范围大,排出压力高,排出压力 29.4 ~5 884 N/cm²	同活塞式
体积流量/(m³/h)	范围大,低至 5,高至 30 000	较大,高至 60 000	较小,0.4~20	范围较大,1~600	同活塞式
流量与扬程关系	流量减小,扬程增大;反之,流量增大,扬程降低	同离心式	同离心式,但增率和降率较大(即曲线较陡)	流量增减,排出压力不变,压力增减。流量为定值(原动机恒速)	同活塞式
构造特点	转速高,体积小,运转平稳,基础小,设备维修较易	同离心式	与离心式基本相同,翼轮较离心式叶片结构简单,制造成本低	转速低,能力小,设备外形庞大,基础大,与原动机连接较复杂	同离心式
流量与轴功率关系	依泵比转数而定。流量减少,轴功率减少	依泵比转数而定。流量减少,轴功率增加	流量减少,轴功率增加	当排出压力一定时,流量减少,轴功率减少	同活塞式

3）化工厂用泵的要求

化工厂输送的流体种类繁多,包括强腐蚀性的、高黏度的、含有固体悬浮物的、易挥发的、易燃易爆的或者有毒的等;不同的生产过程所要求输送的流体的温度、流量、压强各不相同,需要不同结构和特性的输送机械。化工装置要求能长期连续运行,所以化工用泵除满足操作方便、运行可靠、性能良好和维修方便等一般要求外,还有如下一些特殊的要求。

密封性要求。输送易燃、易爆、易挥发、有毒和有腐蚀性及贵重介质时,要求密封性能良好,应采用磁力驱动泵或屏蔽泵。

耐腐蚀性要求。输送耐腐蚀性介质时,应选用耐腐蚀泵,在耐腐蚀泵中,非金属泵优于金属泵,但是耐温耐压性能不如金属泵,非金属泵一般用于流量不大、温度不高、压力不大的情况。

温度要求。输送易汽化液体应选用低温度,温度变化25%时,汽化压力可变化100%~200%,此类液体大多有腐蚀性,不允许泄露,对泵的轴封要求高。输送高温介质时可选用热油泵。

黏度要求。输送黏性液体时,要根据黏度的大小选择不同类型的泵,表5.8是不同类型泵的适用运动黏度范围。

表 5.8 不同类型泵的适用运动黏度范围

种类	类型	适用黏度范围/(mm²/s)
叶片式泵	离心泵	<150
	旋涡泵	<37.5
	往复泵	<850
	计量泵	<800
	旋转活塞泵	200~10 000
容积式泵	单螺杆泵	10~560 000
	双螺杆泵	0.6~100 000
	三螺杆泵	21~600
	齿轮泵	<2 200

气体含量要求。输送含气液体时,液体中的含气量不得超越泵输送液体所允许的含气量极限。如离心泵的含气量小于5%,旋涡泵5%~20%,容积泵5%~20%。若超越极限,则会产生噪音、振动、腐蚀加剧或出现断流、断轴现象。

固体含量要求。输送含固体颗粒的液体可选用 YH,YPL,PLC,SP,SPR 等型号的液下泵或 LC 型、LC-B 型卧式泵和 AH,AHR 系列的渣浆泵。SP 型和 SPR 型含固率可达 40%,AH 型、AHR 型的含固率可达 60%。

吸入性能要求。要求高吸入性能时,选用允许汽蚀余量小的泵,如液态烃泵、双吸式离心泵。

流量和扬程要求。要求低流量和高扬程时,可选用多级泵、筒形泵。

精度要求。当打液量精度要求高时,可用计量泵。

其他要求。由于化工生产的途径不同,对泵的性能要求不同,各种化工用泵的性能比较见表5.9。

表5.9　各种化工用泵的性能比较

类型	离心泵	往复泵	旋转泵	旋涡泵	流体作用泵
流量	均匀,量大,流量随管路情况而变化	不匀,量不,流量恒定,几乎不因压头变化而变化	比较均匀,量小,流量恒定,与往复泵同	均匀,量小,流量随管路情况而变化	间断排送,量小
扬程	一般不高,对一定流量只能供给一定的扬程	较高,对一定流量可供给不同扬程,由管路系统确定	同往复泵	较高,对一定流量只能供给一定的扬程	压力不宜高,压力越高效率越低
效率	最高为70%,在设计点最高,偏离越远,效率越低	80%左右,供应不同扬程时效率仍保持较大值	60%～90%,扬程高时容易泄露,使效率降低	25%～50%	一般仅15%～20%
结构	简单,价廉,安装容易,高速旋转,可直接与电动机相连,相同流量下,体积小,轴封装置要求高,不能漏气	零件多,构造复杂,振动大,不可快速,安装较难,体积大,占地多,需吸入排出活门,输送腐蚀性液体时,构造更复杂	没有活门,可与电动机直接连接,零件较少,但制造精度要求较高	结构简单,紧凑,具有较高的吸入高度,高速旋转,可直接与电动机相连,叶轮和泵壳之间要求间隙很小,轴封装置要求高,不漏气	无活门部分,简单
操作	有气蚀和气缚现象,开车前要充水,运转中不能漏气,维护、操作方便,可用阀很方便地调节流量,不因管路堵塞而发生损坏现象	零件多,易出故障,检修麻烦,不能用出口阀而只能用支路阀调节流量,扬程、流量改变仍能保持高效率	检查比离心泵复杂,比往复泵容易,不能用出口阀只能用支路阀调节流量	功率随流量的减少而增大,开车时应将出口阀打开,流量调节用支路阀	只能间歇地操作,很麻烦,虽可装自动化设备,但结构变复杂,流量很难调节
适用范围	输送腐蚀性或悬浮液,对黏度大的液体不适用,一般流量大,但扬程不高	高扬程、小流量的清洁液体	高扬程、小流量,特别适宜于输送油类等黏性液体	特别适用于流量小,而压头较高的液体,但不能输送污秽的液体	间歇地输送腐蚀性大的液体

4）泵的选用与设计程序

① 列出基础数据

介质的物性:介质名称、密度、黏度、蒸汽压、腐蚀性、毒性及易燃易爆性等。

介质的多相性:介质含固体颗粒直径和含量、气体含量。

泵的工作环境:环境温度、海拔高度、装置平立面要求、送液高度、送液路程等。

② 确定泵的流量和扬程

流量的确定和计算。选泵时以最大流量为基础。

扬程的确定和计算。先计算出所需要的扬程,即用来克服两端容器的位能差,两端容器上的静压差,两端全系统管道、管件和装置的阻力损失,以及两端(进口与出口)的速度差引起的动能差。

③ 确定泵型

根据已确定的流量、扬程,按泵的工作范围初步确定泵的类型,再根据工艺条件及泵的特性确定泵的尺寸。从被输送物料的基本性质,如物料的温度、黏度、挥发性、毒性、化学腐蚀性、溶解性和物料是否均一等因素来确定泵的材质。根据有关泵制造厂提供的样本和技术资料选择泵的具体型号。

④ 核算泵的性能

列出所选泵的性能参数(厂家提供,以清水为基准)。若输送的液体的物理性质与水有较大差异(如黏度),则应对泵的性能参数扬程、流量进行核算,比较核算前后的数据,确定所选泵是否可用。

⑤ 确定泵的安装高度

为避免发生汽蚀或打不上液体的情况,泵的安装高度必须低于泵的允许安装高度。安装高度应比计算出来的允许吸上高度低 0.5～1.0 m,必须进行计算和核对。

⑥ 校核泵的轴功率

泵的样本上给定的功率和效率都是用清水实验出来的,输送介质不是清水时,应考虑密度、黏度等对泵的流量、扬程性能的影响。

⑦ 其他

确定泵的台数和备用率;确定冷却水或驱动蒸汽的耗用量;选用电动机或蒸汽透平。

⑧ 填写选泵规格表

泵规格表是泵订货的依据和选泵过程中各项数据的汇总。

2. 换热器设计(图 5.13)

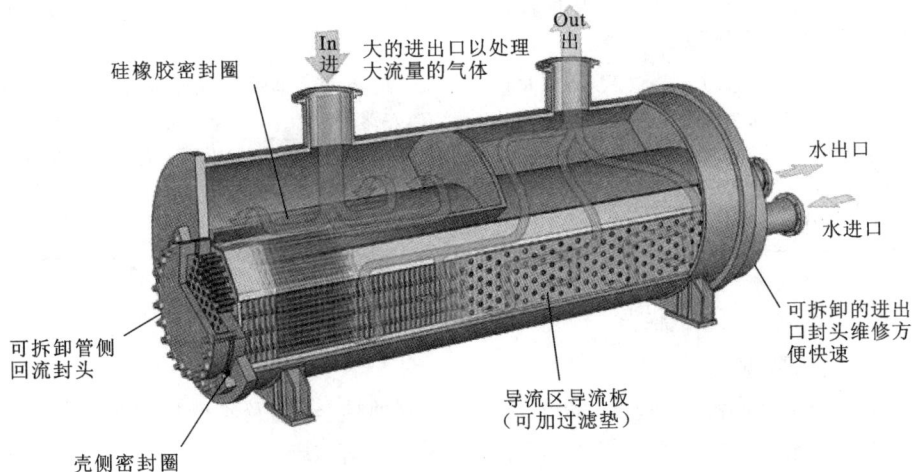

图 5.13　换热器结构示意图

1）换热器类型简介

换热器是一种实现物料之间热量传递的节能设备，是在石油、化工、石油化工、冶金、电力、轻工、食品等行业普遍应用的一种工艺设备。在炼油、化工装置中换热器占总设备数量的40%左右，占总投资的30%～45%。近年来随着节能技术的发展，应用领域不断扩大，利用换热器进行高温和低温热能回收带来了显著的经济效益。目前，在换热设备中，使用量最大的是管壳式换热器。下面主要通过工艺功能、传热方式和结构对换热器进行分类。

① 按工艺功能分类

a. 冷却器

冷却工艺物流的设备。一般冷却剂多采用水，若冷却温度低时，可用氨或者氟利昂为冷却剂。

b. 加热器

加热工艺物流的设备。一般多采用水蒸气作为加热介质，当温度要求高时可采用导热油（或导生）、熔盐等作为加热介质。

c. 再沸器

用于蒸发、蒸馏塔底物料的设备。热虹吸式再沸器被蒸发的物料依靠液头差自然循环蒸发。动力循环式再沸器被蒸发物流用泵进行循环蒸发。

d. 冷凝器

蒸馏塔顶物流的冷凝或者反应器冷凝循环回流的设备。分凝器，用于组分的冷凝，最终冷凝温度高于混合物组分未冷凝，以达到再一次分离的目的；另一种为含有惰性气体的多组分冷凝，排出的气体含有惰性气体和未冷凝组分。全凝器，多组分冷凝器的最终冷凝温度等于或低于混合组分的泡点，所有组分全部冷凝。为了达到储存目的可将冷凝液再过冷。

e. 蒸发器

专门用于蒸发溶液中水分或者溶剂的设备。

f. 过热器

对饱和蒸汽再加热升温的设备。

g. 废热锅炉

由工艺的高温物流或者废弃中回收其热量而产生蒸汽的设备。

h. 换热器

两种不同温位的工艺物流相互进行显热交换能量的设备。

② 按传热方式和结构进行分类

a. 间壁式换热器

冷、热流体通过将它们隔开的固体壁面进行传热，不直接接触，是工业中最为广泛应用的一类换热器。按照传热面的形状及结构特点又可分为管壳式换热器、板式换热器、管式换热器、液膜式换热器和其他型式换热器。各类间壁式换热器的特性见表5.10。每种结构型式的换热设备都有其特点，只有熟悉和掌握这些特点，并根据生产工艺的具体情况，才能进行合理的选型和正确的设计。

表 5.10 间壁式换热器的特性

分类	名称	特性	相对费用/万元	耗用金属/(kg/m²)
管壳式	固定管板式	壳程不易清洗；管壳两物流温差>60 ℃时应设置膨胀节，最大使用温度不应大于120 ℃。使用广泛，已系列化	1.0	30
	浮头式	壳程易清洗；管壳两物料温差>120 ℃，内垫片易渗漏	1.2	46
	填料函式	优缺点同浮头式，造价高，不宜制造大直径	1.3	—
	U形管式	制造、安装方便，造价较低，管程耐高压；但结构不紧凑，管子不易更换和不易机械清洗	1.0	—
板式	板翅式	紧凑、效率高，可多股物料同时热交换，使用温度不高于150 ℃	—	16
	螺旋板式	制造简单、紧凑，可用于带颗粒物料，温位利用好；不易检修	0.6	50
	伞板式	制造简单、紧凑，成本低，易清洗，使用压力不大于12 kgf/cm²，使用温度不大于150 ℃	—	—
	波纹板式	紧凑、效率高，易清洗，使用压力不大于15 kgf/cm²，使用温度不大于150 ℃	—	16
管式	空冷器	投资和操作费用一般较水冷低，维修容易，但受周围空气温度影响大	0.8～1.8	—
	套管式	制造方便，不易堵塞，耗金属多，使用面积不宜大于20 m²	0.8～1.4	150
	喷淋管式	制造方便，可用海水冷却，造价较套管式低，对周围环境有水雾腐蚀	0.8～1.1	60
	箱管式	制造简单，占地面积大，一般作为出料冷却	0.5～0.7	100
液膜式	升降膜式	接触时间短，效率高，无内压降，浓缩比≤5	—	—
	括板薄膜式	接触时间短，适于高黏度、易结垢物料，浓缩比11～20	—	—
	离心薄膜式	受热时间短，清洗方便，效率高，浓缩比≤15	—	—
其他型式	板壳式	结构紧凑，传热好，成本低，压降小，较难制造	—	24
	热管	高导热性和导温性，热流密度大，制造要求高	—	—

b.混合式换热器

冷热流体直接接触和混合进行换热，又称直接接触传递热量式换热器。这类换热器传热效果好，结构简单，价格便宜，常做成塔状，如化工厂常用的凉水塔、喷洒式冷却器塔、混合冷凝器等。

c.蓄热式换热器

冷热流体交替通过格子砖或填料等蓄热体进行换热。这类换热器由于两种流体交替转换输入，少量流体相互掺和，易造成流体间的"污染"。但该类换热器结构紧凑，价格便宜，单位面积传热大，适用于气-气热交换场合，多用于从高温炉气中回收热量以预热空气或将气体加热至高温。这类设备常见于化工生产中的各种蓄热炉。

2）换热器设计的一般原则

① 基本要求

换热器设计要满足工艺操作条件，能长期运转，安全可靠，不泄漏，维修清洗方便，满足工艺要求的传热面积，尽量有较高的传热效率，流体阻力尽量小，还要满足工艺布置的安装尺寸等要求。

② 介质流程

何种介质走管程,何种介质走壳程,可按下列情况确定:腐蚀性介质走管程,可以降低对外壳材质的要求;毒性介质走管程,泄漏的概率小;易结垢的介质走管程,便于清洗和清扫;压力较高的介质走管程,这样可以减小对壳体的机械强度要求;温度高的介质走管程,可以改变材质,满足介质要求;对压降有特殊要求的工艺物流,应走管程,因管程传热系数和压力降计算误差小;黏度较大,流量小的介质走壳程,可提高传热系数;从压降考虑,雷诺数小的介质走壳程;饱和蒸汽走壳程,因蒸汽较清洁,易于及时排除冷凝水。

③ 终端温差

换热器的终端温差通常由工艺过程的需要而定。换热器两端冷热流体的温差大,可使换热器的传热面积减小,节省设备投资成本,但要使冷热流体温差大,冷却剂出口温度就要低,从而使冷却剂用量增大,操作费用提高。因此,在工艺确定温差时,应考虑换热器的经济合理和传热效率,使换热器在较佳范围内操作。一般认为,冷热流体端口温度采用下面的数值比较经济合理。

对于无相变的流体,尽可能采用接近逆流的传热方式以增大平均温差,同时有助于减小结构中的温度应力。

高温端温差应不低于 20 ℃,低温端温差应不低于 5 ℃,在两工艺物流间换热时,低温端温差应不低于 20 ℃。

当采用多管程、单壳程的管壳式换热器,并用水作为冷却剂时,冷却水的出口温度不应高于工艺物流的出口温度。

在冷却或冷凝工艺物流时,冷却剂的进口温度应高于工艺物流中易结冻组分的冰点 5 ℃ 以上,冷凝还有惰性气体的流体时,冷却剂出口温度至少比冷凝组分的露点低 5 ℃。

在对反应物进行冷却时,为易于控制反应,应维持反应物流和冷却剂之间的温差不低于 10 ℃。

换热器的设计温度应高于最大使用温度,一般高 15 ℃。

④ 流速

流速的提高可增加流体的湍流程度,有利于传热,有利于冲刷污垢,减少沉积,既可延长使用周期,又可提高传热系数,减少传热面积,使设备投资费减少。但流速过大,磨损严重,影响操作和使用寿命,动力消耗也会增大,使操作费增加。因此,在满足工艺要求的前提下,需经过经济核算来确定比较适宜的流速。对于气体和黏度不大的液体一般要求在湍流状态下操作,黏度高的流体常按滞流设计。常用流速范围见表 5.11,不同黏度下的常用流速见表 5.12。

表 5.11 流体常用流速范围

流体种类	水及水溶液	低黏度油类	高黏度油类	油类蒸气	气液混合液体
流体在管程内流速/(m/s)	0.7～3.5(冷却淡水) 0.7～2.5(冷却海水)	0.8～1.8	0.5～1.5	5.0～15	2.0～6.0
流体在壳程内流速/(m/s)	0.5～1.5	0.4～1.0	0.3～0.8	3.0～6.0	0.5～3.0

表 5.12　不同黏度下的常用流速

液体黏度/(mPa·s)	最大流速/(m/s)
>1 500	0.60
500~1 500	0.75
100~500	1.10
35~100	1.50
1~35	1.80
<1	2.40

⑤ 压力降

压力降一般随操作压力不同而有一个大致的范围。压力降的影响因素较多,但通常希望换热器的压力降在下述参考范围之内或附近,压力降与操作压力的关系见表 5.13。

表 5.13　压力降与操作压力的关系

操作压力 p/MPa	压力降 Δp/MPa	操作压力 p/MPa	压力降 Δp/MPa
0~0.1(绝压)	$p/10$	1.0~3.0	0.035~0.180
0~0.07(表压,下同)	$p/2$	3.0~8.0	0.070~0.250
0.07~1.0	0.035	—	—

⑥ 传热系数

传热面两侧的传热膜系数相差很大时,膜系数值较小的一侧将成为控制传热效果的主要因素,设计换热器时,应设法增大该侧的传热膜系数。计算传热面积时,常以小的一侧为准。增大膜系数值的方法如下所述。

缩小通道截面积,以增大流速。

增设挡板或促进产生湍流的插入物。

若换热器的一侧流体有相变,另一侧流体为气体,可在气相一侧的传热面上加翅片,既提高了湍流程度也增大了传热面积;或在条件允许的情况下采用两相流,以减小热阻,有利于传热。

糙化传热面,用沟槽或多孔表面,对于冷凝、沸腾等有相变化的传热过程,可获得大的膜系数。

⑦ 污垢系数

换热器使用过程中会在壁面产生污垢,在设计换热器时要慎重考虑流速和壁温的影响,从工艺上降低污垢系数,如改进水质、消除死区、增加流速、防止局部过热等。

⑧ 换热器系列

我国已将多种换热器如管壳式换热器、板式换热器等,采用标准图纸进行系列化生产。进行换热器设计时,应尽量选用标准设计和标准系列,这样可以提高工程的工作效率,缩短施工周期,降低工程投资。

（一）非标准设备设计与选型

1) 塔设备设计

下面以甲苯回收塔为例进行详细设计，其他塔设备在这里不再赘述，仅将设计结果列于塔设备选型表中，以备使用。

① 甲苯回收塔的设计

下面以甲苯回收塔 T203 为例，进行塔设备的设计。甲苯回收塔 T203 的作用是通过多级精馏，分离甲苯。板式塔效率稳定，操作弹性大，维修方便，成本较低。综合考虑，选用板式塔。

a. 塔板的确定

根据塔板上气、液两相的相对流动状态，板式塔分为穿流式和溢流式。穿流式塔板操作不稳定，较少使用。目前板式塔大多采用溢流式塔板。综合考虑塔板的效率、分离效果和设备的成本、维修等，初步选择筛板，下面通过具体的计算，论证选择筛板是否能满足生产要求。

b. 基本数据

通过 Aspen Plus 软件的模拟，得到各理论板上的流量及物性数据，此处略。

c. 初算塔径

设计时通常根据塔径的大小，塔板间距可由经验数值选取。

初选板间距 $H_T=800$ mm，板上液层高度 $h_1=100$ mm，$H_T-h_1=700$ mm。

精馏段第 2 块板数据：$L_s=0.074$ m³/s，$L_v=26.437$ m³/s，$\rho_L=779.368\,168$ kg/m³，$\rho_v=3.019\,627$ kg/m³，$\sigma=18.633\,482\,7$ dyne/cm。

由式 $C=C_{20}\left(\dfrac{\sigma}{20}\right)^{0.2}$，查史密斯关联图，可得

$$\left(\frac{L}{V}\right)\times\sqrt{\frac{P_L}{P_V}}=\left(\frac{0.074}{26.437}\right)\times\sqrt{\frac{779.368\,168}{3.019\,627}}=0.045$$

可查得 $C_{20}=0.135$

矫正到表面张力为 $18.633\,482\,7$ dyn/cm 时，

$$C_f=C_{20}\left(\frac{18.633}{20}\right)^{0.2}=0.133$$

泛点气速：

$$u_f=C_f\times\sqrt{\frac{P_L-P_V}{P_V}}=0.133\times\sqrt{\frac{779.368\,168-3.019\,627}{3.019\,627}}=2.13(\text{m/s})$$

为避免雾沫夹带及液泛的发生，一般情况，$u'=(0.6\sim0.8)u_f$。

在此安全系数取 0.7，$u'=0.7\times u_f=0.7\times2.13=1.49(\text{m/s})$。所以，初算塔径：

$$D = \sqrt{\frac{4L_V}{\pi u'}} = \sqrt{\frac{4 \times 26.437}{\pi \times 1.49}} \, 4.753(\text{m})$$

提馏段第 11 块板数据,可按上述方法,初算塔径 $D = 4.768$ m。

综上所述,圆整后取 $D = 5\,000$ mm。

对应板间距范围为 800 mm,故满足条件,假设成立。

实际塔载面积:

$$A_\text{T} = \frac{\pi D^2}{4} = \frac{\pi \times 5^2}{4} = 19.635(\text{m}^2)$$

实际空塔气速:

$$u' = \frac{4L_V}{\pi D^2} = \frac{4 \times 26.437}{\pi \times 5^2} = 1.346(\text{m/s})$$

d. 塔径初步核算

Ⅰ. 雾沫夹带

$\dfrac{l_\text{w}}{D} = 0.5 \sim 0.7$,取 $\dfrac{l_\text{w}}{D} = 0.6$,故堰长 $l_\text{w} = 0.6 \times 5 = 3(\text{m})$。

由《化工原理》(管国锋编)图 8-16 查弓形降液管相关参数,可知

$$\frac{A_f}{A_T} = 0.05, \qquad \frac{W_d}{D} = 0.05$$

弓形降液管面积与堰宽为

$$A_\text{f} = 0.05 \times A_\text{T} = 0.05 \times 19.635 = 0.983(\text{m}^2)$$

$$W_\text{d} = 0.1 \times D = 0.1 \times 5 = 0.5(\text{m})$$

Ⅱ. 停留时间

液体在降液管中停留时间:

$$\tau = \frac{H_\text{T} \times A_\text{f}}{L_\text{s}} = \frac{0.98 \times 0.8}{0.074} = 10.595(\text{s}) > 5(\text{s})$$

根据以上两步核算的结果,可认为塔径 $D = 5.0$ m 是合适的。

Ⅲ. 溢流堰设计

已知:

$$\frac{L_\text{s}}{(l_\text{w})^{2.5}} = \frac{266.429\,193}{3^{2.5}} = 17.09, \qquad \frac{l_\text{w}}{D} = 0.6$$

查得液流收缩系数 $E = 1.02$。

计算塔径时,设溢流堰的高度 $h_\text{w} = 50$ mm,堰上清液层高度 $h_\text{ow} = 50$ mm。

由弗朗西斯公式,堰上清液层高度:

$$h_\text{ow} = \frac{2.84}{1\,000} E \cdot \left(\frac{L_\text{s}}{l_\text{w}}\right)^{\frac{2}{3}} = 0.002\,84 \times 1.02 \times \left(\frac{0.074 \times 3\,600}{3}\right)^{\frac{2}{3}}$$

$$= 0.058(\text{m}) \approx 60(\text{m})$$

与假设相差不大,计算合理。

取溢流堰高度 $h_\text{w} = 50$ mm,所以板上液层高度:

$$h_1 = h_w + h_{ow} = 110 \text{ mm}$$

Ⅳ.底隙高度设计

底隙高度 h_0 应低于溢流堰高度 h_w,大型塔不小于 38 mm,避免因安装偏差导致间距过小时,引起的流液不畅,压力降增大,导致液泛发生的情况。

选取 $h_0 = 45$ mm。

e.塔板布置设计

Ⅰ.塔板结构形式

综合本设计条件,选取弓形降液管。

初步计算塔径为 5.0 m,$L_v = 26.437$ m³/s 所以选择双流型。

Ⅱ.受液盘设计

根据《化工工艺设计手册》,对于塔径 800 mm 以上的精馏塔,目前常用倾斜的降液管及凹形受液盘,凹形受液盘的深度一般在 50 mm 以上,这里取 60 mm。

Ⅲ.塔板布置

因为塔径 $D > 900$ mm,采用分块组装式。

边缘宽度 $W_c = 50$mm。

外堰前安定区宽度 $W_s = 70$ mm,内堰前安定区取 $W_s = 50$ mm。

Ⅳ.开孔区面积计算

开孔区面积按式子计算,即

$$A_a = 2\left(x\sqrt{r^2 - x^2} + \frac{\pi r^2}{180}\sin^{-1}\frac{x}{r} \right)$$

其中,

$$x = \frac{D}{2} - W_d - W_s = 2.5 - 0.5 - 0.07 = 2.13\,(\text{m})$$

$$r = \frac{D}{2} - W_c = 2.5 - 0.05 = 2.45\,(\text{m})$$

$$x_1 = \frac{W_d}{2} = 0.25\,(\text{m})$$

故

$$A_a = 2\left(x\sqrt{r^2 - x^2} + \frac{\pi r^2}{180}\sin^{-1}\frac{x}{r} \right) = 2\left(x_1\sqrt{r^2 - x_1^2} + \frac{\pi r^2}{180}\sin^{-1}\frac{x_1}{r} \right) = 15.36\,(\text{m}^2)$$

f.浮阀设计

F1 重型浮阀阀孔直径 $d_0 = 0.039$ mm。

Ⅰ.阀孔气速

阀孔动能因数:

$$F_0 = u_0\sqrt{\rho v}$$

塔板上所有浮阀刚全开时的阀孔气速,称为临界阀孔气速。

临界阀孔动能因数:

$$F_{0cr} = u_{0cr}\sqrt{\rho v} = 9 \sim 12$$

根据浮阀的受力分析和实验结果,提出关联式:

$$u_{0cr}=\sqrt{\frac{1.13(h_{ow}-0.55h_w)\Delta\rho+43.35}{\rho_v}}=6.31(\text{m/s})$$

验证,

$$F_{0cr}=u_{0cr}\sqrt{\rho v}=6.31\times\sqrt{3.02}=10.91$$

符合条件。

设计时操作阀孔气速,可取:$u_0=1.0\sim1.3u_{0cr}(\text{m/s})$。

阀孔气速:$u_0=1.3\times6.31=8.203(\text{m/s})$。

Ⅱ.浮阀数

$$N=\frac{V_s}{\frac{\pi}{4}\times d_0^2 u_0}=\frac{26.44}{\frac{\pi}{4}\times0.039^2\times8.203}=2\,700(\text{已圆整})$$

Ⅲ.开孔所占面积为

$$A_0=n\frac{\pi}{4}d_0^2=2\,700\times0.785\times0.039\,2^2=3.22(\text{m}^2)$$

选择三角形排列中的叉排,对其孔心距 t 进行下列估算。

由开孔区内阀孔所占的面积分数解得,

$$\frac{A_0}{A_a}=\frac{\frac{\pi}{4}d_0^2}{t^2\sin60°}0.907\left(\frac{d_0}{t}\right)^2$$

$$t=\sqrt{0.907/(A_a/A_0)\cdot d_0}=\sqrt{0.907/\left(\frac{5.36}{3.22}\right)\times0.039}=0.047\,9(\text{m})$$

据估算的孔心距 t 进行布孔调整,确定浮阀的实际个数 n,按 $t=50$ mm 进行布孔,实际阀数 $n=2\,550$ 分布,则重新计算以下参数。

$$u_0=\frac{V_s}{n\frac{\pi}{4}d_0^2}=\frac{26.44}{2\,500\frac{\pi}{4}0.039^2}=8.68(\text{m/s})$$

$$u_{0r}=\frac{u_0}{1.3}=\frac{8.68}{1.3}=6.68(\text{m/s})$$

$$F_{0cr}=u_{0r}\sqrt{\rho_v}=6.68\times\sqrt{3.02}=11.61$$

Ⅳ.塔板开孔率

$$\varphi=2\,500\times\left(\frac{d_0}{D}\right)^2=15.0\%$$

$\varphi=0.15$ 符合要求。

g.塔板水力学校核

Ⅰ.塔板压降校核

气相通过每层板的压降

$$h_p=h_c+h_f$$

干板压降 h_c

浮阀全开前 $u_0 < u_{0r}$：

$$h_c = 19.9 \frac{u_0^{0.175}}{\rho_L}$$

浮阀全开后 $u_0 > u_{0r}$：

$$h_c = 5.34 \frac{\rho_V u_0^2}{2\rho_L g}$$

已知 $u_0 = 6.42\text{m/s}$，得

$$h_c = 5.34 \frac{3.02 \times 6.42^2}{2 \times 779.37 \times 9.81} = 0.043\,5(\text{m})$$

液层阻力 h_1

浮阀塔板的液层阻力，与塔板上清液层高度有关，$h_1 = 0.5(h_w + h_{ow})$。得

$$h_1 = 0.5(0.05 + 0.06) = 0.055(\text{m})$$

即得

$$h_p = h_c + h_1 = 0.043\,5 + 0.055 = 0.098\,5(\text{m})$$

满足要求。

Ⅱ.液沫夹带校核

正常操作时的液体夹带量 $e_v \leq 0.1\text{kg}$ 液体/气体。

因尚无 e_v 较准确的直接计算式，通常间接地用泛点率 F_1 作为估算依据，对于 $D > 900\,\text{mm}$ 的精馏塔，应控制泛点率 F_1 不超过 80%。

对应的经验公式：

$$F_1 = \frac{V_s \sqrt{\dfrac{\rho_V}{\rho_L - \rho_V}} + 1.36 L_s Z}{K C_F A_b} \times 100\%$$

$$F_1 = \frac{V_s \sqrt{\dfrac{\rho_V}{\rho_L - \rho_V}}}{0.78 A_T K C_F} \times 100\%$$

取计算结果中较大的数值，并已知 $\rho_v = 3.019\,627\ \text{kg/m}^3$，$H_T = 800\ \text{mm}$。查图得泛点负荷因子 $C_F = 0.15$，并查物性系数表得 $K = 1.0$。

对双流型塔板，液相流程长度 Z：

$$Z = \frac{1}{2} \times (D - W_d - W_d) = 0.5 \times (5 - 0.5 - 0.5) = 2(\text{m})$$

液流面积 A_b：

$$A_b = A_T - 2A_f - A_f = 16.695\ \text{m}^2$$

得

$$F_1 = \frac{V_s\sqrt{\dfrac{\rho_V}{\rho_L - \rho_V}} + 1.36L_s Z}{KC_F A_b} \times 100\% = 73.89\%$$

$$F_1 = \frac{V_s\sqrt{\dfrac{\rho_V}{\rho_L - \rho_V}}}{0.78A_T K C_F} \times 100\% = 70.87\%$$

满足 $F_1 < 80\%$，不易发生过量液沫夹带。

Ⅲ.溢流液泛校核

液相流出降液管的局部阻力

$$h_d = 0.153\left(\frac{L_s}{l_w h_0}\right)^2 = 0.153\left(\frac{0.074}{3\times 0.045}\right)^2 = 0.046(\text{m})$$

得

$$H_d = 0.11 + 0.0985 + 0.046 = 0.2545(\text{m})$$

对于一般物系，泡沫层相对密度取 $\varphi = 0.5$。

$$\varphi(H_{T+}h_w) = 0.5\times(0.8+0.05) = 0.425\text{ m} > H_d = 0.2545(\text{m})$$

故不会发生溢流液泛，塔板间距选择合适。

Ⅳ.塔板负荷性能图

漏液线（气相负荷下限线）

漏液线计算操作时，防止塔板发生严重漏液现象所允许的最小气相负荷。

对 F1 型重阀取阀孔动能因数 $F_0 = 5$ 时的气体负荷为操作的下限值：

$$u_0 = \frac{F_0}{\sqrt{\rho_V}} = \frac{5}{\sqrt{3.02}} = 2.88(\text{m/s})$$

$$L_v = \frac{\pi}{4}d_0^2 n\frac{5}{\sqrt{\rho_V}} = \frac{\pi}{4}\times 0.039^2 \times 3450 \times 2.88 = 11.85(\text{m}^3/\text{s})$$

将此线标绘于塔板负荷性能图（图 5.14）中。

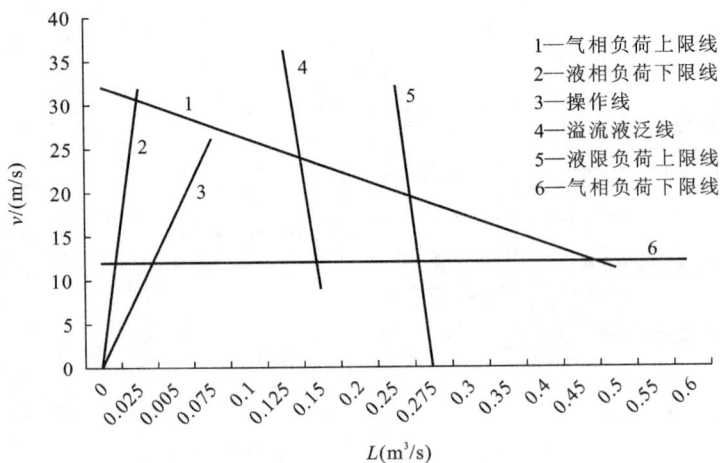

图 5.14 塔板负荷性能图

过量液沫夹带线(气相负荷上限线)

过量液沫夹带线(气相负荷上限线)线计算的是,控制液沫夹带量 e_v 于 0.1(kg 液体/气体)的气相负荷上限。

取 $F_1 = 80\%$,代入 F_1 计算式,可得到 $L_v - L_s$ 关系式。

$$F_1 = \frac{L_v\sqrt{\dfrac{\rho_V}{\rho_L - \rho_V}} + 1.36 L_s Z}{KC_F A_b}$$

代入前面数据整理得

$$L_v = 32.12 - 43.59 L_s$$

将此线标绘于塔板负荷性能图(图 5.14)中。

液相负荷下限线

液相负荷下限线计算的是保证塔板上液体流动时,液体能在板面上均匀分布所需的最小液量。

对于平堰,取 $h_{ow} = 6$ mm $= 0.006$ mm 作为液相负荷下限标准。

根据公式,

$$h_{ow} = \frac{2.84}{1\,000} E \cdot \left(\frac{L_s}{l_w}\right)^{\frac{2}{3}}$$

其中,$E = 1.02$;$l_w = 3$ m。

代入数据得

$$L_s = 8.9 \text{ m}^3/\text{h} = 0.002\,45 \text{ m}^3/\text{s}$$

将此线标绘于塔板负荷性能图(图 5.14)中。

液相负荷上限线

液相负荷上限线又称气泡夹带线,由液体在降液管中最短停留时间决定。对于不易起泡的物系,取液体在降液管中停留时间为 3 s,由此计算液相负荷的最大值。

$$L_s = \frac{H_f A_f}{\tau_{min}} = \frac{0.8 \times 0.98}{3} = 0.26 (\text{m}^3/\text{s})$$

将此线标绘于塔板负荷性能图(图 5.14)中。

溢流液泛线

溢流液泛线计算的是降液管中泡沫层高度达最大允许值时,气量与液量之间的关系。

$$H_d = h_w + h_{ow} + \Delta + h_p + h_d$$
$$H_d \leqslant \varphi(H_T + h_w) = 0.425 (\text{m})$$

取 $H_d = 0.425$ m,可得

$$h_{ow} = \frac{2.84}{1\,000} E \cdot \left(\frac{L_s}{l_w}\right)^{\frac{2}{3}} = 0.002\,84 \times 1.03 \times \left(\frac{L_s \times 3\,600}{3}\right)^{\frac{2}{3}} = 0.33 L_s^{\frac{2}{3}}$$
$$h_p = h_c + h_f$$
$$h_c = 5.34 \frac{\rho_v \times u_0^2}{2\rho_L g}, \qquad \text{其中} \qquad u_0 = \frac{V_s}{\frac{\pi}{4} d_0^2 n}$$

得

$$h_c = 5.34 \frac{2.38 \times \left(\dfrac{V_s}{\dfrac{\pi}{4} d_0^2 n}\right)^2}{2 \times 779.37 \times 9.81} = 6.22 \times 10^{-5} V_s^2$$

$$h_f = 0.5(h_w + h_{ow}) = 0.5 \times (0.05 + 0.33 V_s^{\frac{2}{3}}) = 0.025 + 0.165 V_s^{\frac{2}{3}}$$

$$h_d = 0.153 \left(\frac{L_s}{l_w h_0}\right)^2 = 0.153 \left(\frac{L_s}{3 \times 0.045}\right)^2 = 8.4 L_s$$

将上述各式代入 $\qquad H_d = h_w + h_{ow} + \Delta + h_p + h_d$

联立得

$$V_s^2 = 5\,627 - 7\,958.2\,L_s^{\frac{2}{3}} - 135\,048\,L_s^2$$

将此线标绘于塔板负荷性能图(图 5.14)中。

② KG-TOWER 在塔盘工艺结构计算的运用

下面运用 KG-TOWER 选择精馏段负荷较大的第 2 块、提馏段负荷较大的第 11 块,这两块对塔操作弹性影响较大的塔板进行设计。

a.输入工艺参数

将不同序号塔板的工艺参数输进软件内,并设定每块塔板的操作范围在 80% ~ 110%,参数设置如图 5.15 所示。

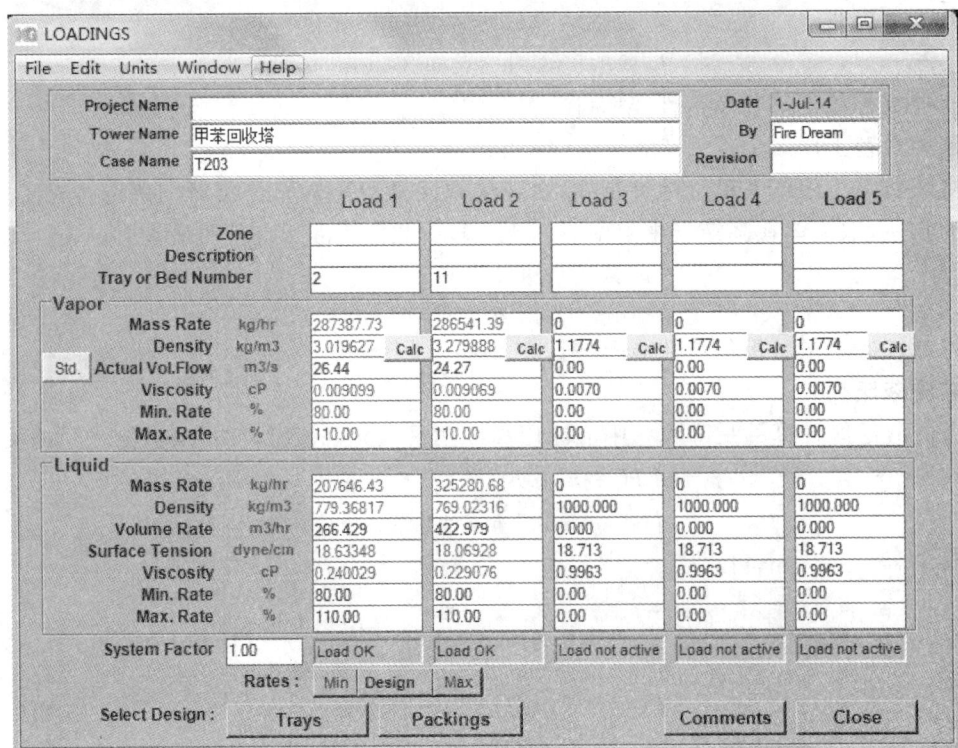

图 5.15　浮阀塔物性参数

b. 输入塔盘结构参数

选择塔盘类型为浮阀塔,塔径最初是根据 Aspen Plus 模拟得到的塔径设定的,设定塔径之后,再设定其他结构参数,设定后,如果在左下角出现警告时,说明设定的参数出问题,此时会提示哪些参数出问题,通过调整参数相对大小,使设定满足要求。其设定如图5.16 所示。

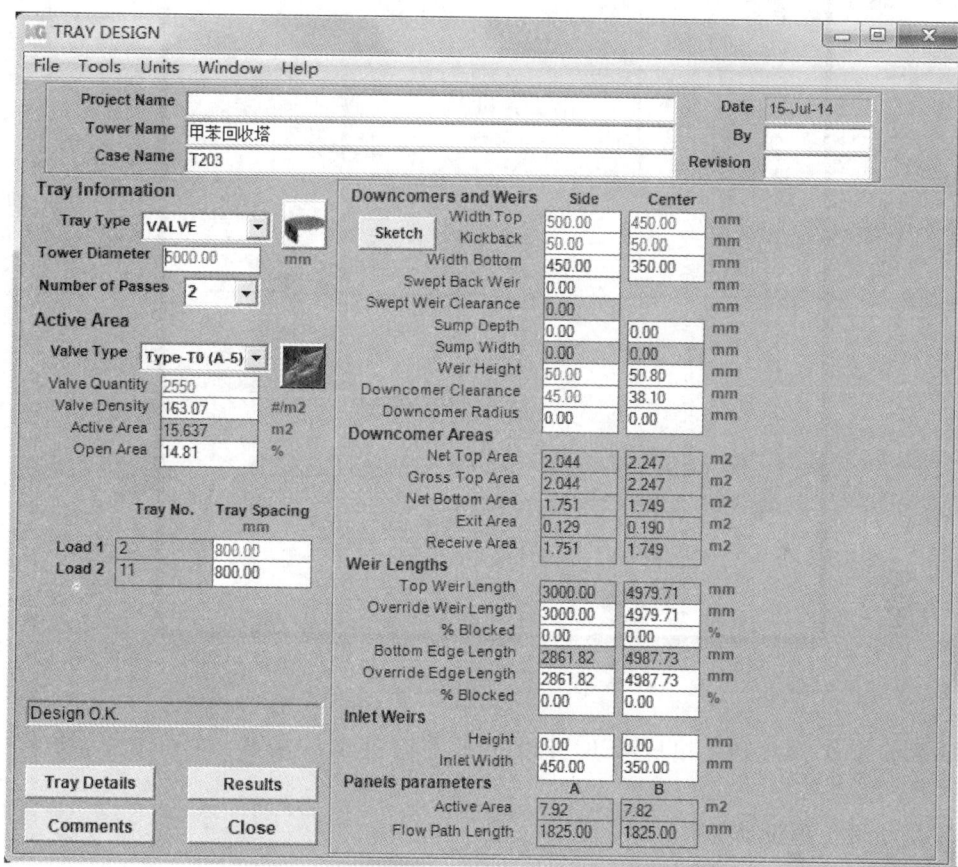

图 5.16　塔板参数图

经过 KG-TOWER 校核后的塔盘结构示意图如图 5.17 所示。

图 5.18～图 5.20 分别为塔盘操作负荷为 80%,100%,110% 下塔盘的液泛率,降液管液泛率,降液管持液量,降液管出口速度,干板压降,总板压降,气相负荷因子,流强度,堰上液层高度,以及降液管停留时间等参数的计算结果。

校核曲线图如图 5.21 所示。

通过比较软件计算出来的结果和手算结果还可以得到以下结论:在设定相同参数时,KG-TOWER 计算结果和详细设计计算结果都能够满足工艺要求,软件算出来的传质面积大,计算较精确;在设定结构参数时,KG-TOWER 调整起来比较方便,通过反复调整可获得较合理的设计结;通过比较,在 110% 操作负荷情况下,泛点率低于 80%,

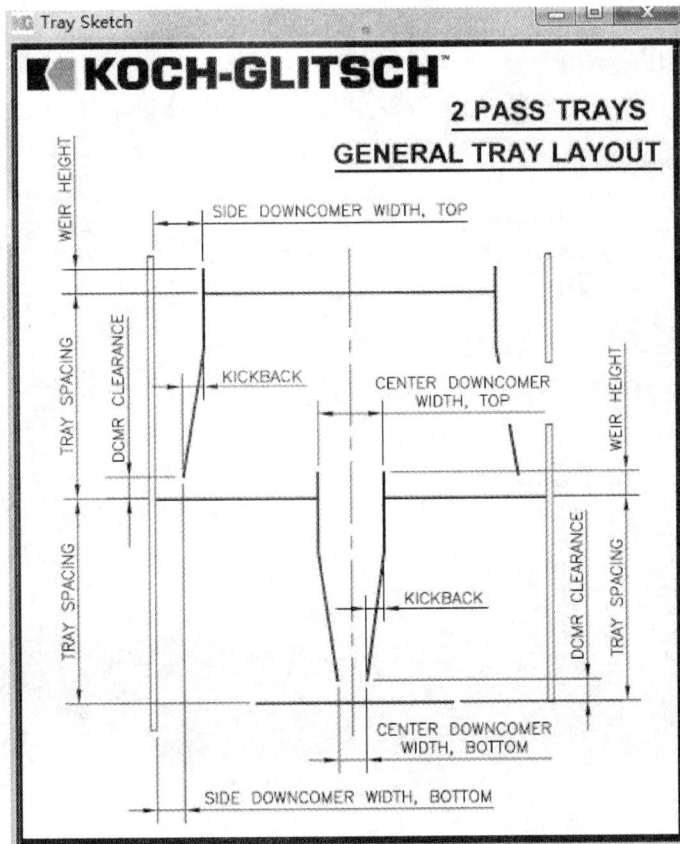

图 5.17　塔盘结构

保证塔盘的操作弹性;KG-TOWER 可以用于不同类型的塔板,计算方便,便于塔盘选型。

③ 塔机械工程设计

a.塔高的计算

板式塔的高度为 $H = H_p + H_t + H_b + H_s$。

Ⅰ.塔顶空间高度 H_t

塔顶空间高度一般取 $1.2 \sim 1.5$ m,这里取 $H_t = 1.4$ m。

Ⅱ.塔板所占空间高度 H_p

有人孔的上下两塔板间距应大于等于 600 mm,这里取 $H_T = 800$ mm。每隔 $8 \sim 10$ 块塔板,设置一个人孔,实际塔板 36 块,所以开 4 个人孔(包括塔顶和塔底人孔数)。

由 Aspen Plus 提取的数据可知,实际塔板数 N 为 38,又知 $H_T = 0.8$ m,塔板之间开设人孔或加料等附属装置,则该处塔板间距可变化。

进料段高度取决于进料口结构形式和物料状态,一般要比 H_T 大,取 1 000 mm,得
$$H_p = (N-2) \times H_T + H_F = (36-2) \times 0.8 + 1 = 28.2 \ (m)$$

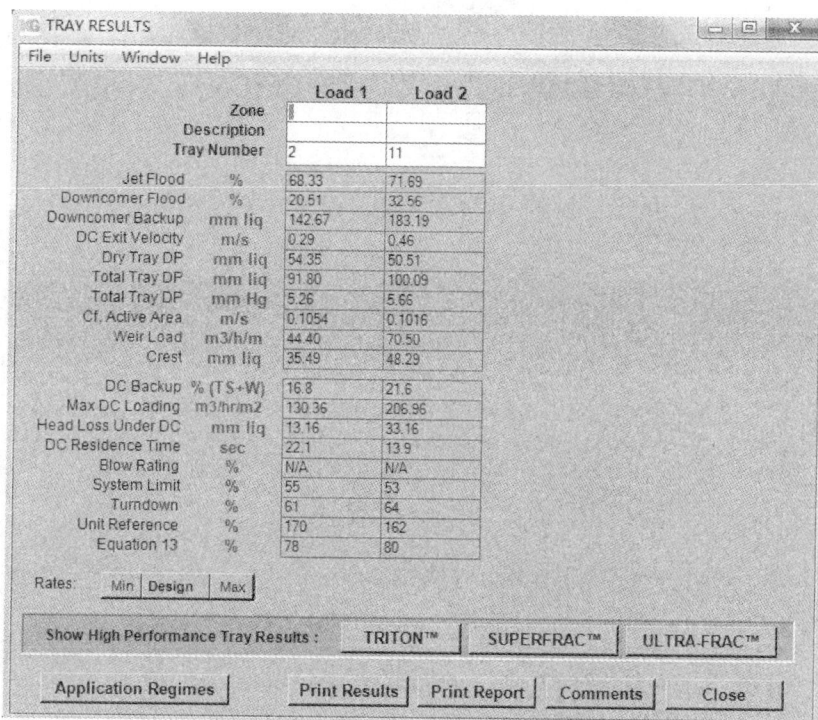

图 5.18 操作负荷为 80％时的结果

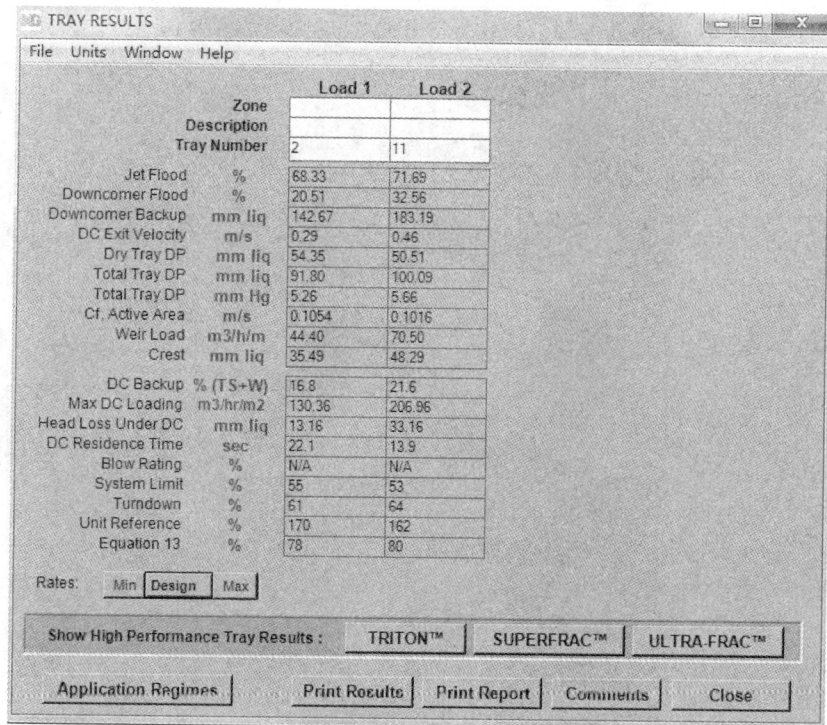

图 5.19 操作负荷为 100％时的结果

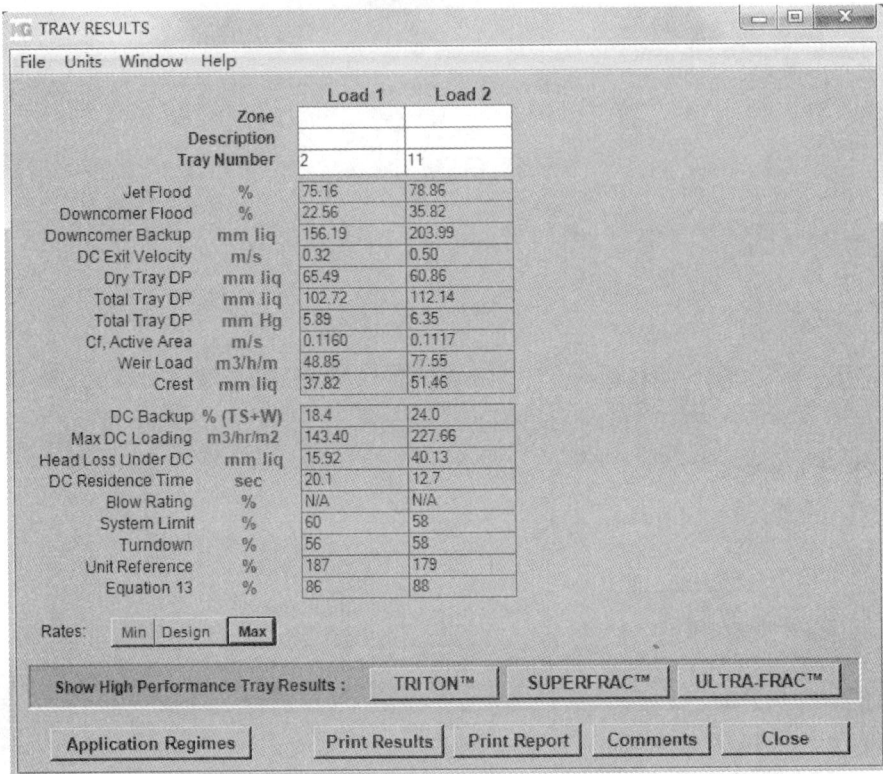

图 5.20 操作负荷为 110%时的结果

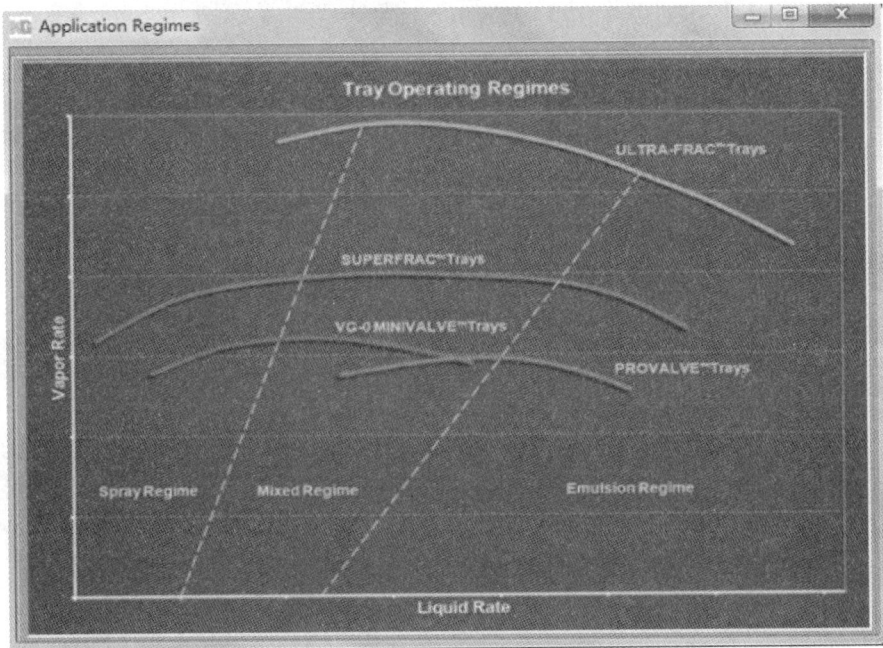

图 5.21 校核曲线

Ⅲ. 塔底空间高度 H_b

提取 Aspen Plus 数据,塔底料液出口体积流量 $V=0.13\ \mathrm{m^3/s}$,塔径 $D=5.0\ \mathrm{m}$,取 $t=5\ \mathrm{min}$。即

$$H_b=\frac{V\times t}{0.785\times D^2}=\frac{0.13\times5\times60}{0.785\times5^2}=2(\mathrm{m})$$

筒体高度为 $H_t+H_p+H_b=1.4+28.2+2=31.6(\mathrm{m})$。

Ⅳ. 支座的高度 H_s

支座一般均选用圆筒形或圆锥形的裙座。

筒体高度大于 $10\ \mathrm{m}$,塔径 $5\ \mathrm{m}>1\ \mathrm{m}$,所以采用圆柱形裙座:

$$H_s=2+\frac{1.5\times D}{2}=5.75\ \mathrm{m}$$

综上可知,板式塔的高度为

$$H=H_p+H_t+H_b+H_s=37.35\ \mathrm{m}$$

b. 塔体和封头选材

精馏塔内操作压力为 $0.11\ \mathrm{MPa}$,最低操作温度为 $110\ ℃$,最高操作温度 $149\ ℃$,选取 16MnDR 做为塔体和封头的材料。

c. 塔体和封头壁厚计算

这里采用 SW6-2011 进行塔体的强度计算,封头采用标准椭圆封头。

d. 形成计算说明书

见塔校核部分。

e. 塔设备附件

Ⅰ. 除沫器

由于丝网除沫器具有比表面积大、重量轻、空隙率大以及使用方便等优点。除沫器效率高,压力降小,所以选用丝网除沫器。

Ⅱ. 吊柱

为了安装及拆卸内件,更换或补充填料,往往在室外、无框架的整体塔设备的塔顶上设置吊柱。

2) 气液分离器设计

① 概述

气液分离器的作用是将气液两相通过重力的作用进行分离。

② 气液分离器设计

由 Aspen Plus 模拟结果可知,气液两相密度分别为 $0.273\ \mathrm{kg/m^3}$ 和 $960.936\ \mathrm{kg/m^3}$;气液两相体积流量分别为 $93\,401.76\ \mathrm{m^3/h}$ 和 $339.307\ \mathrm{m^3/h}$。

a. 初步估算浮动(沉降)流速

$$u_G=K_G\left(\frac{\rho_L\rho_G}{\rho_G}\right)^{0.5}$$

其中,u_G——浮动(沉降)流速,$\mathrm{m/s}$;

ρ_L、ρ_G——分别为液体和气体的密度($\mathrm{kg/m^3}$),取值分别为 966.738 和 0.089 9;

K_G——常数,通常为 0.067 5。

初步估算浮动(沉降)流速为 4.004m/s。

b. 分离器类型的选择

根据模拟数据中气液分离器的工艺参数,选用立式重力分离器。

c. 立式重力分离器的尺寸计算

从浮动液滴的平衡条件,可以得出:

Ⅰ. 浮动(沉降)流速

$$V_t = \left[\frac{4gd(\rho_L - \rho_G)}{3C_w \rho_G}\right]^{0.5} = \left[\frac{4 \times 9.81 \times 350 \times 10^{-6}(960.936 - 0.273)}{3C_w 0.273}\right]^{0.5}$$

$$= \left(\frac{16.110}{C_w}\right)^{0.5} = 4.004 \, (\text{m/s})$$

得 $C_w = 1.0$。

由 $C_w = 1.0$,查雷诺数 Re 与阻力系数 C_w 关系图,可得 $Re = 50$ 左右。

初设 $Re = 50$,由雷诺数 Re 和阻力系数 C_w 关系图求出 C_w,然后由所要求的浮动液滴直径 d 以及 ρ_L、ρ_G。按下式来计算 Re。

$$Re = \frac{V_t d \rho_G}{\mu_G} = \frac{350 \times 10^{-6} \times V_t}{0.009 \times 10^{-3}} = 10.617 \, V_t$$

经反复迭代计算,直到前后两次迭代的 Re 数相等即 $V_t' = V_t$ 为止,计算最终结果 $Re' = Re = 2$,$V_t' = V_t = 0.188 \, m/s$。

Ⅱ. 直径计算

分离器的最小直径由下面公式计算:

$$D_{min} = 0.018 \, 8\left(\frac{V_{Gmax}}{V_t}\right)$$

其中,V_{Gmax} 为可能达到的最大气速,代入数据得

$$D_{min} = 0.018 \, 8\left(\frac{V_{Gmax}}{V_t}\right) = 0.018 \, 8\left(\frac{1.1 \times 93 \, 401.762}{3 \, 600 \times 0.188}\right)^{0.5} = 0.232 \, (m)$$

圆整后得,$D = 0.4 \, m$

Ⅲ. 进出口管径

气液进口管径

$$D_p > 3.34 \times 10^{-3} \times (V_L - G_L)^{0.5} \rho_G^{0.25}$$

$$= 3.34 \times 10^{-3} \times [(93 \, 401.76 - 339.307)/3 \, 600]^{0.5} \times 0.273^{0.25} = 0.123 \, (m)$$

选取管规格为 $D_p = 140 \, mm$。

气体出口管径

要求气体出口管径不小于所连接的管道直径。任何情况下,较小的出口气速有利于分离。取管道内流速 $u = 10 \, m/s$,则

$$d = \sqrt{\frac{VG}{0.785 u_G}} = \sqrt{\frac{93 \, 401.76/3 \, 600}{0.785 \times 10}} = 0.182 \, (m)$$

圆整后取 d＝219.1 mm。

液体出口管径

液体出口接管的管径,应使液体流速小于等于 1 m/s。取液体流速 u＝0.8 m/s,则

$$d=\sqrt{\frac{V_G}{0785u_G}}=\sqrt{\frac{339.307/3\,600}{0785\times 8}}=0.387(m)$$

圆整后取 d＝42.4 mm。

Ⅳ. 高度

容器高度分为气相空间高度和液相高度,此处高度是指设备的圆柱体部分。

低液位 L_L 与高液位 H_L 之间的距离,式中 t 为停留时间,取 6 min,代入数据得

$$H_L=\frac{V_Lt}{47.1D^2}=\frac{339.307/60\times 6}{47.1\times 0.4^2}=1.8(m)$$

液相总高度:　$H_1=H_L+0.05=1.85(m)$。

气相段高度:　$H_G=1.3D+0.15=0.67(m)$。

取封头为标准椭圆封头,直径为 400 mm,封头曲面高度 200 mm,直边段 $h_2=25$ mm。

气液分离器总高度:

$$H=H_G+H_L+2\times(h_1+h_2)=0.67+1.85+2\times(0.2+0.025)=2.97(m)$$

圆整后取 $H=3$ m。

Ⅴ. 厚度设计

已知操作温度为 25 ℃,压力为 0.33 MPa,考虑到温度的波动,所以设计温度取 40 ℃,设计压力 $p=1.1\times 0.33=0.363(MPa)$。

3) 液液分离器设计

① 概述

作为分离主要设备之一的液-液分相器,广泛应用于互不相溶的两相液体分离操作中。在连续过程中,分相器的分离程序及进出料稳定与否,对整个操作系统都有很大的影响,所以设计出稳定,分离效果高的分相器尤为关键。

② 液液分散器设计

a. 分散器的直径及长度的计算

Ⅰ. 分散相和连续相的确定

对于液液两相的分离,首先要知道哪一相应为分散相,哪一相应为连续相。Selker 和 Sleicher 提出了依据 θ 值决定分散相和连续相的方法:

$$\theta=\frac{Q_L}{Q_H}\left(\frac{\rho_L\mu_H}{\rho_H\mu_L}\right)^{0.3}$$

由 Aspen Plus 模拟结果可知

重组分参数:$\rho_H=993.955$ kg/m³,$Q_H=208.483$ m³/h=0.057 9 m³/s

$$\mu_H=0.913 \text{ MPa} \cdot \text{s}$$

轻组分参数:$\rho_L=886.028$ kg/m³,$Q_L=137.213$ m³/h=0.003 8(m³/s)

$$\mu_L = 0.580\ \text{MPa}\cdot s$$

代入公式可得

$$\theta=\frac{Q_L}{Q_H}\left(\frac{\rho_L\mu_H}{\rho_H\mu_L}\right)^{0.3}=\frac{137.213}{208.483}\left(\frac{866.028\times0.913}{993.955\times0.58}\right)^{0.3}=0.724$$

算得 $\theta=0.724$，在 0.5 到 2.0 之间，轻重相都有可能为分散相，设计按两种情况进行。在此我们设定重组分为分散相进行设计。

Ⅱ.确定分散相的沉降速度

分散相的沉降速度，一般符合 Stokes 公式：

$$U_D=\frac{d^2g(\rho_D-\rho_C)}{18\mu_C}$$

沉降粒子直径，用 Middleman 推荐的设计值 150 μm，代入公式中得

$$U_D=\frac{(150\times10^{-6})^2\times(993.955-866.028)\times9.81}{18\times0.580\times10^{-3}}=0.00273(\text{m/s})$$

Ⅲ.计算分散器的直径

根据连续相必须小于分散相液沉降速度原则，可以定出分相器：

$$U_c=\frac{Q_C}{A_i}\leqslant U_D$$

其中，A_i——分界面的面积，对立式容器 $A_i=\pi^2$，对卧式容器 $A_i=2(Z-Z^2)^{0.5}L$（Z 为分界面距离容器底的高度，L 为其长度）。

由于本系统的处理量不大，采用立式分相器，则其筒体半径为

$$R\geqslant\left(\frac{Q_C}{\pi U_D}\right)^{0.5}=\left(\frac{137.213/3600}{3.14\times0.002705}\right)^{0.5}=2.118(\text{m})$$

圆整为 $R=2.2\ m$，并选取分散器高度 $H=D=4.4\ m$。

Ⅳ.核算分散相在分散带中的停留时间

分散相在分散带中的停留时间 $t_d=\frac{1}{2}H_DA_i/Q_H$

其中，分散带的高度 $H_D=1\ m$，

$$t_d=\frac{0.5\times1\times3.14\times2.2^2}{208.483/3600}=131.2(\text{s})=2.187(\text{min})$$

所得 t_d 为 2～5 min，确定分相器的直径和高度合理。

b.分相管道的布置

Ⅰ.进料口直径的计算

为了极大限度地减少进入容器的喷射液流所引起的"夹带"，分相器的入口速度应低于 1 m/s，同时进料口宜在分相器中间的位置，则 $D=\sqrt{\frac{4Q}{\pi}}$。其中，

$$Q=Q_L+Q_H=(137.213+208.483)/3600=0.096(\text{m}^3/\text{s})$$

$$D=\sqrt{\frac{4\times0.096}{3.14}}=0.35(\text{m})$$

故取 $D=350\text{ mm}$。

Ⅱ. 分相器的自动出料位置设计

分相器的分界面位置可以利用虹吸管移去重相的方法加以控制,重相的出口与分相器上端相连,这样分相器内部压力与出口压力一致,起到稳定出料的作用。

设重相厚度为 h_1,轻相厚度为 h_2,分相器底到轻相出口高度为 h,重相管道最高点距分相器底高为 h_3,忽略管道阻力,根据压力平衡得

$$h_1\rho_1+h_2\rho_2=h_3\rho_3$$

$$h_3=\frac{h_1\rho_1+(h-h_1)\rho_2}{\rho_1}$$

取 $h=3\text{ m}$。

分界面在 $h_1=1\text{ m}$ 处,则

$$h_3=\frac{1\times993.955+(3.4-1)\times866.028}{993.955}=3.09(\text{m})$$

4）反应器设计

① 概述

a. 反应器的类型

本次设计甲苯甲醇烷基化反应反应热很低,没有高温度变化,考虑技术、成本、工艺等因素后,决定选择绝热式固定床反应器。

b. 催化剂选择

本工艺选择 Si,P,Mg 复合改性的纳米 ZSM-5 催化剂作为反应催化剂,该催化剂由纳米分子筛、改型载体和改型剂组成,各组分的质量百分含量为:纳米分子筛 $20\%\sim80\%$;成型载体 $5\%\sim50\%$;改性剂 $5\%\sim50\%$;填菁粉 $0.1\%\sim0.3\%$。

由 Aspen Plus 软件模拟可知,甲苯单程转化率为 11.19%,对二甲苯选择性达 97.55%。

② 甲苯甲醇反应器设计

a. 数学模型

混合物的定压摩尔热容下式表示:

$$C_{p,\text{mix}}=C_{p,i}\times y_i$$

其中,y_i 为各种物质的摩尔含量。

计算得甲苯甲醇烷基化反应及甲醇的脱水反应为放热反应,其余反应为吸热反应,总的来说甲苯甲醇烷基化是一个热效应较小的反应体系。

动力学模型中主要考虑了五个反应,分别是甲苯甲醇烷基化生成对二甲苯,甲醇脱水生成乙烯,甲苯的歧化生成苯和对二甲苯,对二甲苯脱烷基反应以及对二甲苯的异构化反应生成间二甲苯和邻二甲苯。有关的动力学参数如表 5.14 所示。

表 5.14　动力学参数

反应方程式	速率表达式	指前因子
$T+M \longrightarrow PX+H_2O$	$r_1 = K_1 \times P_T$	3.845×10^{-3} mol/(g·h·Pa)
$M \longrightarrow 1/2E + H_2O$	$r_2 = K_2 \times P_M$	1.99×10^{-7} mol/(g·h·Pa)
$T \longrightarrow 1/2B + 1/2PX$	$r_3 = K_3 \times P_T{}^2$	2.057×10^{-3} mol/(g·h·Pa)
$PX \longrightarrow T + 1/2E$	$r_4 = K_4 \times P_{PX}$	4.11×10^{-3} mol/(g·h·Pa)
$PX \longrightarrow 1/2MX + 1/2Ox$	$r_5 = K_5 \times P_{PX}{}^2$	1.68×10^{-3} mol/(g·h·Pa)

　　因选择的反应器为绝热式固定床反应器,反应在绝热条件下进行,建立数学模型之前做了以下的假设:忽略反应过程中扩散的影响;忽略反应过程中热传导的影响;忽略反应过程中流体流动的影响;反应是绝热过程。

　　b. 物料衡算

　　由甲苯甲醇烷基化反应系统中可以看出,体系是一个变摩尔的气相反应,初始进口摩尔流量与出口摩尔流量不相同,假设进口处甲苯甲醇的摩尔流量为 F_0,甲苯和甲醇的摩尔含量分别为 y_{T_0},y_{M_0},反应过程中总的摩尔流量为 F,则可以求出每种物质在反应过程中的摩尔流量,根据体系中苯环的守恒,可以得出反应过程中总的摩尔流量为 $F = \dfrac{F_0}{1-y_E}$ 其中,y_E 是反应过程中乙烯的摩尔含量,甲苯甲醇烷基化反应过程中物料衡算如表 5.15(1)所示。

表 5.15(1)　物料衡算式

$$\frac{\mathrm{d}_{y_T}}{\mathrm{d}(W/F_0)} = (-r_1 - r_3 + r_4) \times (1 - y_E)$$

$$\frac{\mathrm{d}_{y_M}}{\mathrm{d}(W/F_0)} = (-r_1 - r_2) \times (1 - y_E)$$

$$\frac{\mathrm{d}_{y_{Fx}}}{\mathrm{d}(W/F_0)} = (-r_1 + 1/2\,r_3 - r_4 - r_5) \times (1 - y_E)$$

$$\frac{\mathrm{d}_{y_u}}{\mathrm{d}(W/F_0)} = r_5 \times (1 - y_E)$$

$$\frac{\mathrm{d}_{y_B}}{\mathrm{d}(W/F_0)} = 1/2\,r_3 \times (1 - y_E)$$

$$\frac{\mathrm{d}_{y_W}}{\mathrm{d}(W/F_0)} = (r_1 + r_2) \times (1 - y_E)$$

　　W 为催化剂的质量,F 为包含载气在内的所有物质的摩尔流量,假设氮气与进料的摩尔比为 n,体系的能量衡算表达式为

$$\frac{\mathrm{d}_T}{\mathrm{d}(W/F_0)} = \frac{-(\sum_{i=1}^{5} \Delta H_i \times r_i) \times (1 - y_E)}{C_{p,\text{mix}} \times (n + 1 - n \times y_E)}$$

其中,
$$P_T = \frac{3 \times y_T}{(n + 1 - n \times y_T)}$$

$$P_M = \frac{3 \times y_M}{(n+1-n \times y_E)}$$

$$P_{PX} = \frac{3 \times y_{PX}}{(n+1-n \times y_E)}$$

c.动力学模拟

通过动力学研究,使用 Ploymath 进行模拟计算,来确定最佳的催化剂用量,催化剂用量与催化剂床层温度。计算过程如下:令 T 为甲苯,M 为甲醇,H 为氢气,W 为水,B 为苯,PX 为对二甲苯,E 为乙烯,U 为邻二甲苯和对二甲苯总和。将反应体系物料衡算与能量衡算结合,来确定最佳的催化剂用量。计算公式如表 5.12(2)所示。

表 5.15（2）　物料衡算式

$\dfrac{d_{y_T}}{d(W/F_0)} = (-r_1 - r_3 + r_4) \times (1 - y_E)$
$\dfrac{d_{y_M}}{d(W/F_0)} = (-r_1 - r_2) \times (1 - y_E)$
$\dfrac{d_{y_{Px}}}{d(W/F_0)} = (-r_1 - 1/2\, r_3 - r_4 - r_5) \times (1 - y_E)$
$\dfrac{d_{y_u}}{d(W/F_0)} = r_5 \times (1 - y_E)$
$\dfrac{d_{y_B}}{d(W/F_0)} = 1/2\, r_3 \times (1 - y_E)$
$\dfrac{d_{y_w}}{d(W/F_0)} = (r_1 + r_2) \times (1 - y_E)$

将根据上述的动力学方程、物料衡算式和热量衡算式确定最佳的催化剂用量和各床层的物料进出口温度。

由 Aspen Plus 模拟结果,其最佳温度 $t = 460$ ℃。

由 Aspen Plus 模拟 R1 出口物料,$y_{PX} = 0.005\,68$,$y_M = 2.18 \times 10^{-6}$。

由于模拟该反应时忽略了一部分副反应,查图得:$t = 29$。

即 $W/F_0 = 29$,$W = 29 \times F_0 = 40.463$(t)。

催化剂数据:填充密度 $\rho = 0.84 \times 10^3$ kg/m³,催化床层空隙率 $\varepsilon = 0.47$,催化剂颗粒直径 $d_p = 0.004$ m。

催化剂体积:　　　　　$V = \dfrac{W}{\rho} = 40.463 \div 0.84 = 48.17$(m³)

催化剂一般装填整个反应器的 50%～60%,此处我们选取 55% 装填量,则反应器总体积为 $V_总 = 48.17 \div 0.55 = 87.58$(m³)。

d.反应器的高度与直径

对于单段绝热式固定床反应器,其直径一般较大,令反应器长径比为2,则

$$H = 2D = 4R$$

$$V_总 = \pi R^2 H = 4\pi R^3$$

$$R = 1.903\ 8\ \text{m}$$

圆整为 2 m,此处选取反应器直径 $D = 4$ m,固定床高度 $H = 8$ m。

e. 反应器结构强度设计

选材:原料中含有大量氢气,反应温度最高可达 470 ℃,操作压力为 3 个标准大气压,综合比较选用钢材料为 0Cr18Ni9。

参数确定:取设计压力为工作压力的 1.1 倍,$P_c = 0.4$ MPa,焊接接头系数 $\phi = 1$。

故 $P_c = 0.4$ MPa,$D_i = 4\ 000$ mm,$[\sigma]^t = 101$ MPa

壁厚计算:

$$\delta = \frac{P_c D_i}{2[\sigma]^t \phi - P_c} = \frac{0.4 \times 4\ 000}{2 \times 101 \times 1 - 0.4} = 7.94\ \text{mm}$$

设计厚度:根据设计厚度,取 $C_1 = 0.8$ mm,取 $C_2 = 2$ mm,厚度附加量 $C = C_1 + C_2 = 0.8 + 2 = 2.8(\text{mm})$。

名义厚度:$\delta_n = \delta + C = 7.94 + 2.8 = 10.74(\text{mm})$,圆整后得,厚度为 11 mm,考虑安全及实际操作情况,因此选用 $\delta_n = 20$ mm。

椭圆封头厚度采用标准椭圆封头:

$$\delta = \frac{KP_c D_i}{2[\sigma]^t \phi - 0.5P_c} = \frac{1 \times 0.4 \times 4\ 000}{2 \times 101 \times 1 - 0.5 \times 0.4} = 7.93(\text{mm})$$

圆整后厚度可选为 20 mm。

强度校核:使用 SW6—2011 软件校核。

④ 附件的设计

气体分布装置:此处采用单级挡板气体分布器。

支撑结构:此项目选用惰性填料支撑。

反应器支座:裙式支座适用于高大型或重型立式容器的支承,裙座有圆筒形和圆锥形两种形式,通常采用圆筒形裙本反应器选择圆筒裙式支座。

裙座开孔。

排气孔:裙座顶部需开设 ϕ80 mm 的排气孔,以排放可能聚结在裙座与封头死区的有害气体。

排液孔:裙座底部须开设 100 mm 的排液孔,一般为孔径 ϕ50 mm,中心高 50 mm 的长圆孔。

人孔:反应器上必须开设人孔,以方便检修;人孔选择圆形人孔。

引出管通道孔:考虑到管子热膨胀,在支承筋与引出管之间应保留一定间隙。

裙座与塔体封头连接:裙座直接焊接在塔底封头上,可采用对接焊缝或搭接焊缝。本设计选用对接焊缝。

裙座壳体过渡段:塔壳设计温度低于 −20 ℃ 或高于 250 ℃ 时,裙座壳顶部分的材料应与塔下封头材料相同,选择 0Cr18Ni9,长度取 4 倍保温层厚度,但不小于 500 mm。

裙座保护层:选用圆筒形裙座,裙座内径 4 000 mm,裙座壁厚 6 mm,裙座高度 6 m。两侧均敷设 50 mm 石棉水泥层。

（二）标准设备设计与选型

1）泵设备设计

以甲苯回收塔底泵选型为例,本厂泵设备共有 110 台,其中 55 台正常使用,55 台备用。通过计算确定了流量、扬程等参数,并对泵的其他参数进行了校核。此处以甲苯回收塔底泵的选型为例。

根据模拟结果,液体混合物流量为 469.370 396 m³/h,密度为 745.567 726 kg/m³,黏度为 2.076×10^{-4} Pa·s,流体输送过程中有一个 90 度弯头及两段长度分别为 16 m 和 8 m 的无缝不锈钢钢管,管道直径均为 $d = 0.288$ m,绝对粗糙度为 $\varepsilon = 0.05$ mm。

取钢管管内的液体流速为 $u = 2$ m/s。

流动的雷诺数

$$Re = \frac{\rho u d}{\mu} = \frac{745.568 \times 2 \times 0.288}{2.076 \times 10^{-4}} = 2.07 \times 10^6 > 4\,000$$

说明此时管内为湍流状态。

直管段的摩擦系数

$$\lambda = \frac{1}{\left(1.74 - 2\log\frac{2\varepsilon}{d}\right)^2} = \frac{1}{\left(1.74 - 2 \times \log\frac{2 \times 0.05}{0.288}\right)^2} = 0.376\,1$$

所以,第一段钢管沿程阻力为

$$\sum h_{\mathrm{f}} = \lambda \frac{l}{d} \frac{u^2}{2} = 0.376\,1 \times \frac{16}{0.288} \times \frac{2^2}{2} = 41.79 (\mathrm{J/kg})$$

同理,第二段钢管沿程阻力为

$$\sum h_{\mathrm{f}} = \lambda \frac{l}{d} \frac{u^2}{2} = 0.376\,1 \times \frac{8}{0.288} \times \frac{2^2}{2} = 20.90 (\mathrm{J/kg})$$

查表可知 90 度弯头的为 $35d = 35 \times 0.288 = 10.08$(m)

所以,局部阻力为

$$h_{\mathrm{f}} = \lambda \frac{l}{d} \frac{u^2}{2} = 0.376\,1 \times \frac{10.08}{0.288} \times \frac{2^2}{2} = 26.292 (\mathrm{J/kg})$$

故扬程为

$$H = \Delta Z + \frac{\Delta P}{\rho g} + \frac{\sum h_{\mathrm{f}} + h_{\mathrm{f}}}{g} = 8 + 0 + \frac{41.79 + 20.9 + 26.292}{9.81} = 17.07 (\mathrm{m})$$

使用智能选泵系统对泵的种类进行选取,将泵的参数数据输入软件,进行系统智能选泵(图 5.22)。

所以,选择的泵型号为 GDF150-20。

2）换热器设计

此处以 PX 精制工段的甲醇循环物流的冷凝器(E—301)为例按三步进行设计与选型计算。

第一步,先进行简捷计算,根据物系条件,取总传热系数为 730.9 kcal/($\mathrm{h^{-1}} \cdot \mathrm{m^2} \cdot \mathrm{K}$),

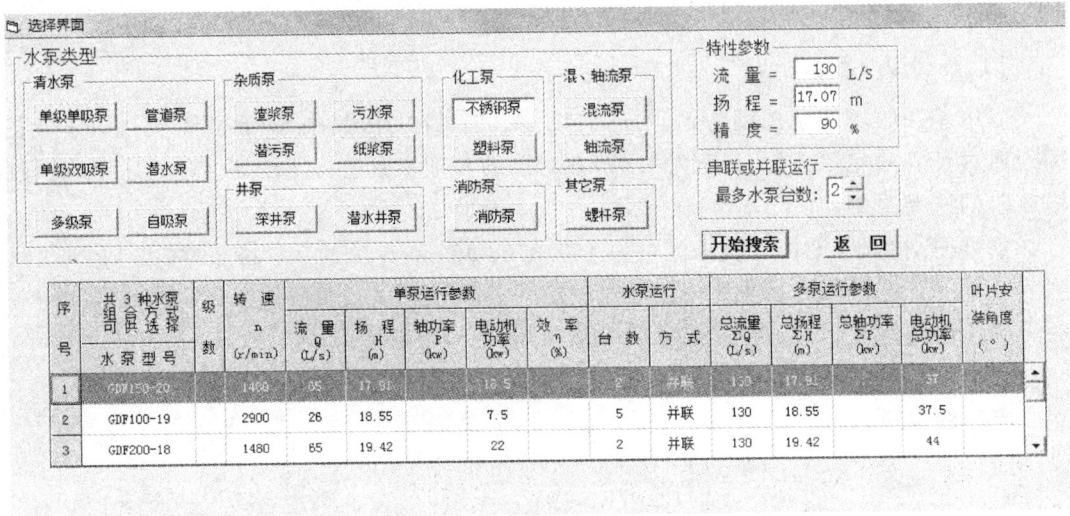

图 5.22　泵选择界面

计算得所需初步换热面积为 103.8 m²，热负荷为 1 388.4 kW。

第二步，为了热物流更好地散热，让热物流走壳程，冷却水走管程，管壳程材料均选用碳钢，取热物流侧的结垢热阻为 0.172 m²·K/kW，冷物流侧的结垢热阻取 0.26 m²·K/kW。由初步计算的换热面积查固定管板式换热器（JB/T 4715—1992）系列，初选换热器型号：BEM700-0.6-159.4-4.5/19-1，及封头管箱形式为 BEM，壳体公称直径为 700 mm，管壳程公称压力为 0.6 MPa，换热面积为 159.4 m²，换热管长 4.5 m，换热换外径 19 mm，壁厚 2 mm，单管程，单壳程。

按最经济管径的计算公式 $(D_{opt} = 282G^{0.52}/\rho^{0.37})$ 计算壳程、管程进出口的直径，查表圆整后得壳程进出口直径为 80 mm，管程进出口直径为 200 mm。输入相关参数计算，计算结果表明所需换热面积为 111.5 m²，实际换热面积为 163 m²，裕量 46.2%，壳程压降 1.03 kPa，管程压降 2.03 kPa，说明详细校核合理。

第三步，新建 EDR 文件，将 Aspen Plus 软件的相关参数导入 EDR 文件，校对导入数据的信息，运行 EDR 文件。由 EDR 计算结果可知，壳程压降 6.4 kPa，管程压降 5.3 kPa，裕量 43%，说明 EDR 校核通过。

3）压缩机设计

下面以氢气进料的压缩机（C0101）的选型过程为例工艺要求从常压进料 $P_1 = 1.013$ bar 压缩至 $P_2 = 3.0$ bar。气体进出口流量 $V_1 = 79.566$ m³/h，$V_2 = 273\,255.134$ m³/h，进出口温度 $T_1 = 25\ ℃$，$T_2 = 25\ ℃$。则压缩机实际排气量：

$$V = 910.85\ \text{m}^3/\text{h}$$

压缩机做功：

$$W = P_1 V_c \frac{K}{K-1}\left[\left(\frac{P_2}{P_1}\right)^{\frac{K-1}{K}} - 1\right]$$

$1 < K < r$，r为绝对热指数，一般氢气、空气的$r = 1.4$，此处取$K = 1.2$，则有

$$W = 0.101\ 3 \times 10^{6} \times 79.566 \times \frac{1.2}{1.2-1}\left[\left(\frac{3}{1.013}\right)^{\frac{1.2-1}{1.2}} - 1\right] = 1\ 759.25\ (\text{kW})$$

本厂一共有四台压缩机，分别是氢气作为载气进入压缩机，氢气和甲苯蒸汽进入反应釜压缩机，甲醇蒸汽进入压缩机。根据排气压力、排气流量以及介质的性质，以氢气进料压缩机为例，本项目选择了型号为 2MCL607 的压缩机。

【习　题】

1. 塔设备一般分为哪些类型？

2. 比较对照板式塔和填料塔的优点和适用性。

3. 离心机包括哪些种类？列举其型号和特点。

4. 过滤机包括哪些种类？

5. 气固分离设备包括哪些种类？

6. 反应器按结构型式可以分哪几类？适用范围分别是什么？

7. 反应器设计时需满足哪些要求？

8. 简述如何选择反应器的形式？

9. 简述泵的重要作用和分类。

10. 化工厂用泵有哪些特殊要求？

11. 简述泵的选用与设计程序。

12. 换热器按工艺功能分哪几类？

13. 换热器按传热方式和结构分哪几类？

14. 换热器设计的一般原则是什么？

15. 简述一般压缩机的分类和选型时应满足的原则。

单元六　仪表及自动控制系统

教学目的

通过设计一座制取对二甲苯(PX)分厂的仪表选择及自动控制系统,使学生掌握上述问题处理的过程、步骤和方法。

教学目标

[能力目标]

能够较为准确地进行仪表选择及自动控制系统设计。

能够熟练地查阅各种资料,并加以汇总、筛选、分析。

[知识目标]

学习并初步掌握仪表选择的过程、方法与步骤。

学习并初步掌握自动控制系统设计。

[素质目标]

能够利用各种形式进行信息的获取。

设计过程中与团队成员的讨论、合作。

经济意识、环保意识、安全意识。

必备知识

模块1　仪表选择

1. 选型依据

配置较完善的能源消耗、产品计量等的检测仪表,对生产参数的检测配备必要的现场仪表,现场仪表优选国内厂家能满足性能要求的产品。所选材质适合工艺介质要求,将首先采用国家(GB)和行业(SH,SHB,SHJ,SYJ,SH/T,HG 等)的有关仪表及控制系统设计和选型标准规定的最新或有效版本,主要有以下标准。

《过程检测和控制流程图用图形符号和文字代号》(GB 2625—81)。

《爆炸危险环境电力装置设计规范》(GB 50058—2014)。

《石油化工企业设计防火规范》(GB 50160—2008)。

《石油化工自动化仪表选型设计规范》(SH 3005—1999)。

《石油化工仪表管道线路设计规范》(SH/T 3019—2003)。

《石油化工可燃气体和有毒气体检测报警设计规范》(GB 50493—2009)。

《石油化工仪表接地设计规范》(SH/T 3081—2003)。

《石油化工仪表供电设计规范》(SH/T 3082—2003)。

《石油化工安全仪表系统设计规范》(GB /T 50770—2013)。

《石油化工仪表供气设计规范》(SH/T 3020—2013)。

《石油化工仪表及管道隔离和吹洗设计规范》(SH 3021—2013)。

《石油化工仪表安装设计规范》(SH/T 3104—2013)。

《炼油厂自动化仪表管线平面布置图图例及文字代号》(SH/T 3105—2000)。

《石油化工分散控制系统设计规范》(SH/T 3020—2013)。

《石油化工仪表及管道伴热和绝热设计规范》(SH 3126—2013)。

2. 选型原则

(1) 现场仪表的选型原则上与装置原有仪表尽量一致,以方便维护,减少备品备件。

(2) 根据装置的生产规模和流程特点,选择性能可靠、技术先进、精度适当、价格合理、售后服务和技术支持良好的仪表。国内产品无法满足有关技术要求时,选用引进产品。

(3) 现场仪表尽量选用智能型仪表(根据情况也可采用气动仪表或其他仪表)。

(4) 装置危险区域内仪表选用本安型,仅在无本安仪表可选时,再选用隔爆型仪表。

(5) 用于 SIS 系统的仪表,原则上独立于监视和控制仪表单独设置。

(6) 根据装置特点、厂区周边环境情况,合理选择耐介质腐蚀及耐一定环境腐蚀的仪表及仪表外壳,合理选择适合环境要求的仪表配管及安装材料。

模块 2　自 动 控 制

1. 自动控制概述

自动控制是相对人工控制概念而言的,指的是在没人参与的情况下,利用控制装置使被控对象或过程自动地按预定规律运行。为了实现各种复杂的控制任务,首先要将被控制对象和控制装置按照一定的方式连接起来,组成一个有机的总体,这就是自动控制系统。一套好的流程控制系统可以实现各种技术经济指标,起到提高经济效益和劳动生产率、降低成本、节约能源等作用。

1) 动控制系统(DCS)

DCS 是分布式控制系统(distributed control system)的英文缩写,在国内自控行业又称为集散控制系统。DCS 是计算机技术、控制技术和网络技术高度结合的产物。DCS 通常采用若干个控制器(过程站)对一个生产过程中的众多控制点进行控制,各控制器间通过网络连接并可进行数据交换。操作采用计算机操作站,通过网络与控制器连接,收集生产数据,传达操作指令。因此,DCS 的主要特点归结为一句话就是:分散控制集中管理。图 6.1 为垃圾焚烧处理厂的 DSC 系统。

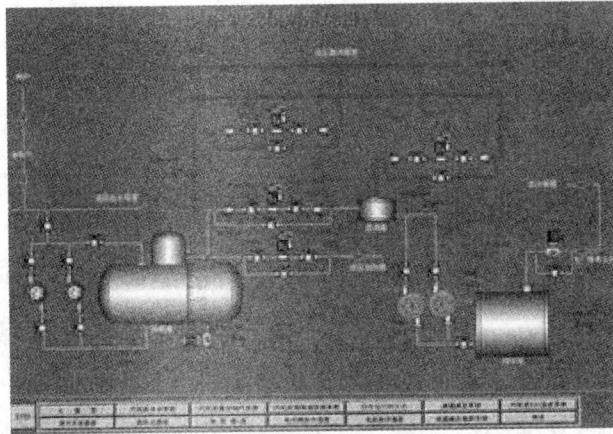

图 6.1 垃圾焚烧处理厂 DCS 系统

2) 全锁系统(ESD)

安全联锁系统(又称紧急停车系统)是化工过程最高级的安全保护装置,是过程安全的最后一道屏障,它大量处理的是逻辑信号,进行一系列的逻辑判断,一旦工艺过程出现异常,该装置将执行相应的逻辑程序,使相关设备处于安全状态,或进行气体置换,或采取措施终止化学反应,以阻止工艺过程的继续恶化。

2. 典型设备的自控流程

化工生产过程中,任何单元设备对流程设计都有一定的要求,且有一定的共性,本节介绍常用的化工典型设备的自控流程。

1) 泵的自控方案

① 离心泵

a.流量调节

离心泵的流量调节方案有三种:出口阀直接流量调节、旁通阀调节和分支调节,分别如图 6.2、图 6.3 和图 6.4 所示。大多数情况下是采用出口阀直接节流的方法,有时也使用旁通阀调节方法。旁通阀调节的缺点是耗费能量,优点是调节阀的尺寸比直接节流小。在离心泵设有多条支路,即一台泵要分送几支并联管路时,可采用分支调节方案。

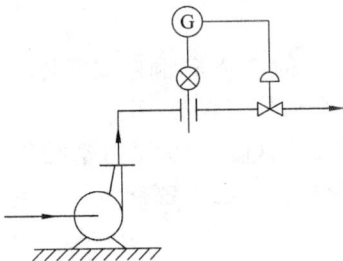

图 6.2 出口阀直接节流调节

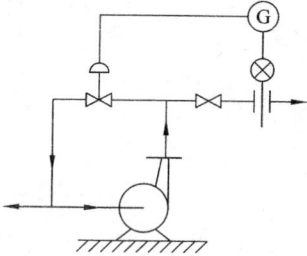

图 6.3　旁通阀调节

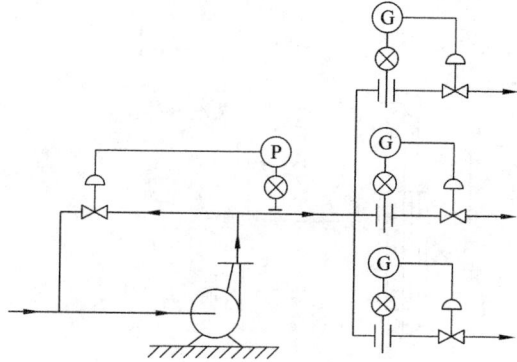

图 6.4　分支调节

b.其他

输送高温液体时,为了防止热量扩散和工作人员不慎烫伤,在泵上和相应管路上覆盖保温层(如精馏塔的回流泵),同样,输送低温液体时,为了防止空气中水汽凝结在泵与管道上,加速腐蚀,泵与管道上覆盖有冷保温层。

泵出口设有止回阀,防止液体回流,打碎叶片。

对于原料进料泵、回流泵、循环泵、产品泵,参照《化工工艺手册》的建议,均配有备用泵。

②　容积式泵(往复泵、齿轮泵、螺杆泵和旋涡泵等)

当流量减小时,容积式泵的压力急剧上升,因此不能在容积式泵的出口管道上直接安装节流装置来调节流量,通常采用旁通调节或改变转速、冲程大小来调节蒸汽流量,如图6.5和图6.6所示。

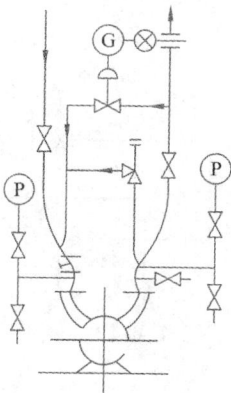

图 6.5　旁通阀调节

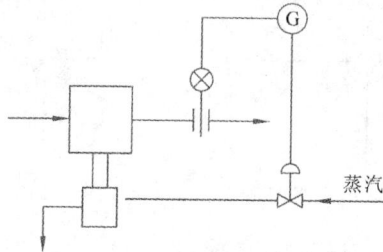

图 6.6　蒸汽流量调节

③　真空泵

真空泵可采用吸入支路调节和吸入管阻力调节的方案,如图6.7和图6.8所示,用蒸汽喷射泵抽真空时,真空度还可以用调节蒸汽流量的方法来控制,如图6.9所示。

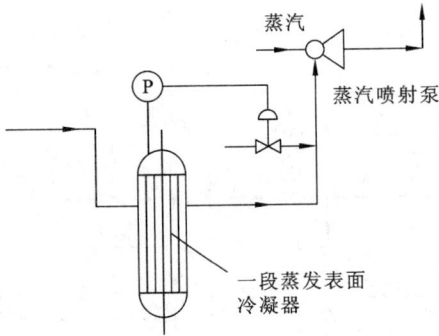

图 6.7 吸入支路调节

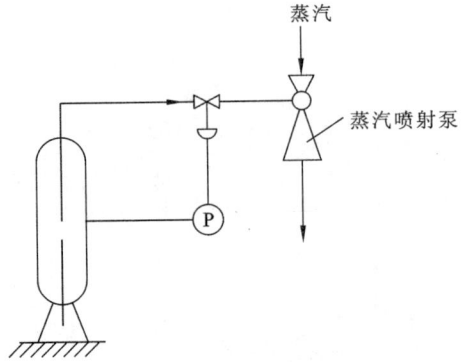

图 6.8 吸入管阻力调节

2）换热器的自控方案

① 无相变时换热器的自控方案

a. 控制载热体的流量

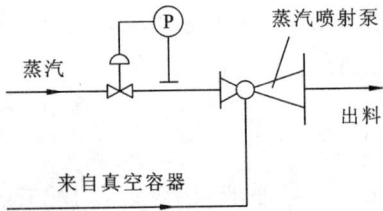

图 6.9 蒸汽流量调节

这是一种用载热体的流量作为操作变量的控制方案。当把载热体的流量发生变化对物料出口温度影响较明显，载热体入口的压力平稳，且负荷变化不大时，常采用图 6.10 的单回路控制方案。若载热体入口压力波动较大，可采用以被控物料的温度为主变量，以载热体的流量（或压力）为副变量的串级控制，见图 6.11。当载热体也是一种换热物料时，其流量是不允许调节的。此时，旁路控制如图 6.12 所示，可用一个三通分流调节阀取代图 6.10 中的调节阀，用三通调节阀调节进入换热器的载热流体流量与旁路流量比例，实现换热器出口温度控制。

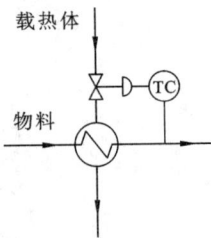

图 6.10 单回路控制

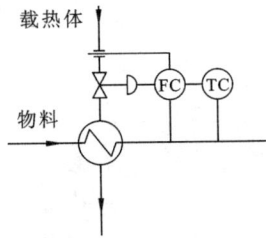

图 6.11 串级控制

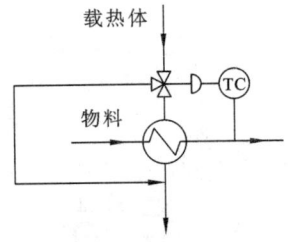

图 6.12 旁路控制

b. 控制被控物料的流量

这是将被控物料的流量作为系统操作变量的控制方案，如图 6.13 所示。若被控物料的流量不允许控制时，则可将一小部分物料直接通过旁路流到换热器出口与热物料混合，达到控制出口温度的目的，如图 6.14 所示。

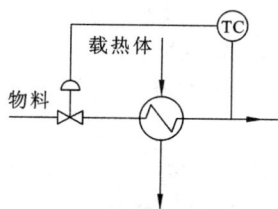

图 6.13　改变被控物料流量　　　　图 6.14　改变物料旁路流量

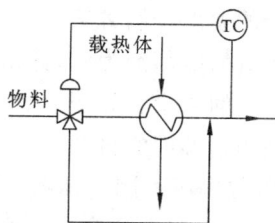

② 有相变时的换热器控制方案

a.加热器的温度控制方案

化工过程中常用蒸汽冷凝来加热物料,当把被加热物料的出口温度作为被控变量时,常采用以下两种控制方案。

直接控制蒸汽流量。当蒸汽流量和其他工艺条件比较稳定时,可采用改变入口蒸汽流量来控制被加热物料的出口温度,如图 6.15 所示。当加热蒸汽压力有波动时可对蒸汽总管增设压力定值控制系统或者采用温度与蒸汽压力的串级控制方案,如图 6.16 所示。

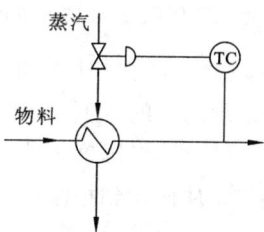

图 6.15　改变入口蒸汽流量　　　图6.16　温度与蒸汽压力的串级控制方案

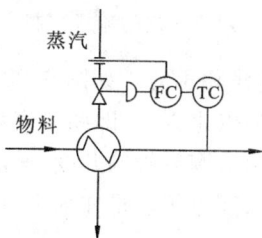

控制换热器的有效换热面积。在传热系数和传热温差基本保持不变的情况下,改变换热器的有效传热面积,也可以达到控制出口温度的目的。例如,如图 6.17 所示那样,将调节阀安装在冷藏液的排出口上,当调节阀的开度发生变化时,冷凝液的排出量也跟着发生变化,导致加热器内部液位发生变化,从而使加热器的实际传热面积发生改变。为了克服控制系统的滞后性,有效的办法是采用串级控制。图 6.18 所示为温度与冷凝液液位之间的串级控制,图 6.19 所示为温度与蒸汽流量之间的串级控制。

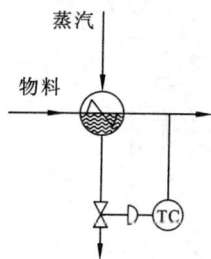

图 6.17　改变换热面积　　图 6.18　温度-液位串级控制　　图 6.19　温度-流量串级控制

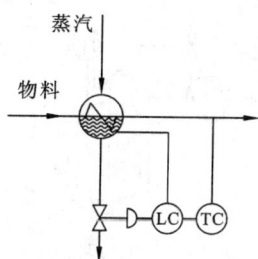

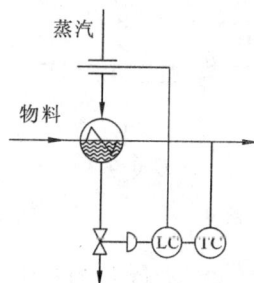

b.冷却器的温度控制方案

下面以液氨为冷却剂为例,介绍有相变时冷却器常用控制方案。

控制冷却剂的流量。如图 6.20 所示,通过改变液氨的流量调节液氨汽化带走的热量,从而达到控制物料温度的目的。

用温度-液位串级控制。如图 6.21 所示,以液氨流量为操纵变量,以被控物料出口温度作为主变量,以冷却器的液位为副变量,进行串级控制,使引起液位变化的一些干扰(如液氨压力等)包含在副回路中,从而提高了控制质量。

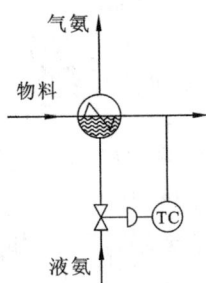

图 6.20　用冷却剂的流量控制　　　图6.21　用温度-液位串级控制

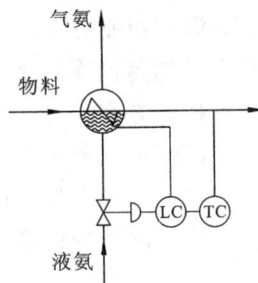

控制冷却剂的汽化压力。如图 6.22 所示,在控制冷却器液位的同时,再根据被控物料的温度,改变液氨的汽化压力,即调节汽化温度,从而达到控制的目的。例如,物料出口温度升高时,加大气氨出口调节阀的开度,使液氨汽化压力降低,导致蒸发温度下降,使物料与冷却剂间的温差加大,随之传热量亦加大,使物料出口温度下降,从而达到控制的目的。

3）反应器的自控方案

① 釜式反应器的温度自动控制

控制进料温度。物料经过预热器(或冷却器)后进入反应釜,通过改变进入预热器(或冷却器)的热剂量(或冷剂量)改变进入反应釜的物料温度,从而达到控制釜内物料温度的目的,如图 6.23 所示。

控制传热量。如图 6.24 所示,用改变载热体流量来调节反应釜内物料温度。

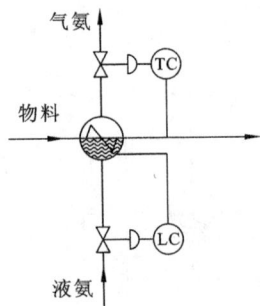

图 6.22　用冷却剂的汽化压力控制　　图 6.23　用进料温度控制　　　图 6.24　用传热量控制

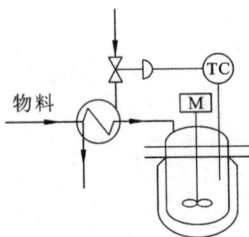

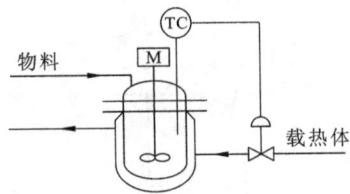

串级控制。当反应釜滞后现象较严重时或控温要求较高时,应改单回路控制为串级

控制。图 6.25～图 6.27 分别为用载热体流量-釜温串级控制、用夹套温度-釜温串级控制和用釜压-釜温串级控制。

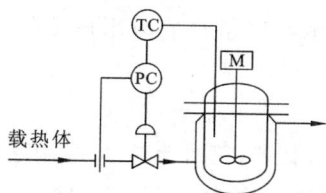

图 6.25　用载热体流量-釜温串级控制　　　　图 6.26　用夹套温度-釜温串级控制

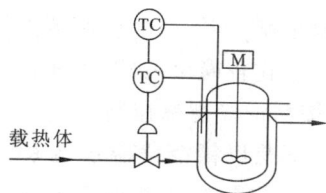

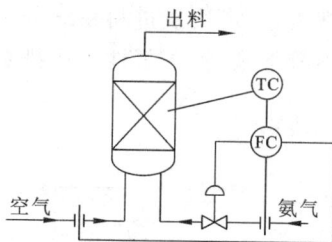

② 固定床反应器的温度控制

改变进料浓度。如在氨氧化制硝酸的过程中，用一个变化值控制系统来调节氨气和空气的比例，即调剂氨的浓度，从而达到控制床层反应温度的目的，如图 6.28 所示。

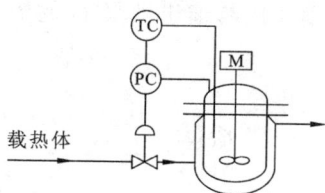

图 6.27　用釜压-釜温串级控制　　　　图 6.28　用进料浓度控制

改变进料温度。通过改变进料加热器的热载体流量，即改变进料温度，来控制床层的反应温度，如图 6.29 所示；当用部分反应气体作热载体时，可用如图 6.30 所示的方法控制床层反应温度。

改变段间冷料量。在硫酸生产中，二氧化硫氧化成三氧化硫的反应器是采用部分冷进料进入段间来降低进入下一段的进料温度，从而达到控制床层反应温度的目的，如图 6.31 所示。

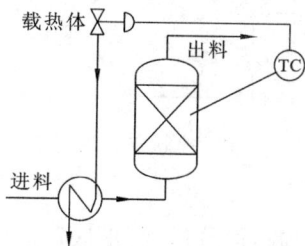

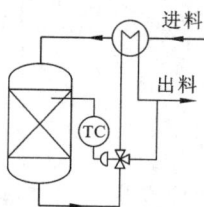

图 6.29　用进料温度控制Ⅰ　　　图 6.30　用进料温度控制Ⅱ　　　图 6.31　用冷料量控制

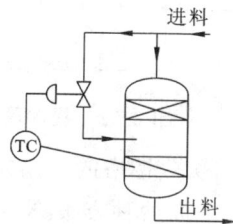

4）蒸馏塔的控制方案

① 按提馏段指标控制

适合于釜液的纯度要求比馏出液高的情况，即塔底为主要产品时，常用此方案；而当是液相进料,对塔顶和塔底产品的质量要求相近,也往往采用此方案。此方案是以提馏段温度为衡量质量的间接指标,以改变再沸器加热量为控制手段。用提馏段塔板温度控制加热蒸汽量,从而控制塔内蒸汽量 V_s,并保持回流量 LR 恒定,流出液量 D 和釜液量 W 都按物料平衡关系,由液位调节器控制,如图 6.32 所示。这是目前应用最多的蒸馏塔控制方案。它比较简单,调节迅速,一般情况下可靠性比较好。

② 按精馏段指标控制

此方案是以精馏段温度为衡量质量的间接指标,以改变回流量为控制手段,如图 6.33 所示。取精馏段某点成分或温度为被调参数,而以 LR,D 或 V_s 作为调节参数。它适合于馏出液的纯度要求比釜液高时,例如,乙烯-乙烷的分离,主产品为馏出液乙烯。采用按精馏段指标控制方案时,必须在 LR,D,V_s 和 W 作这四个参数中,选择一个作为控制成分的手段,选择另一个保持流量恒定,其余两个则按回流罐和再沸器的物料平衡,由液位调节器进行调节。用精馏段塔板温度控制回流量 LR,并保持蒸汽量 V_s 流量恒定,这是精馏段控制中最常用的方案。上述蒸馏塔的控制方案只是原则性的控制方案,具体的控制方案可按塔顶、塔底及进料系统分别考虑。塔顶控制方案的基本要求是:把绝大部分的出塔蒸汽冷凝下来,把不凝性气体排走;调节回流量 LR 与馏出液量 D 的流量,保持塔内压力稳定。

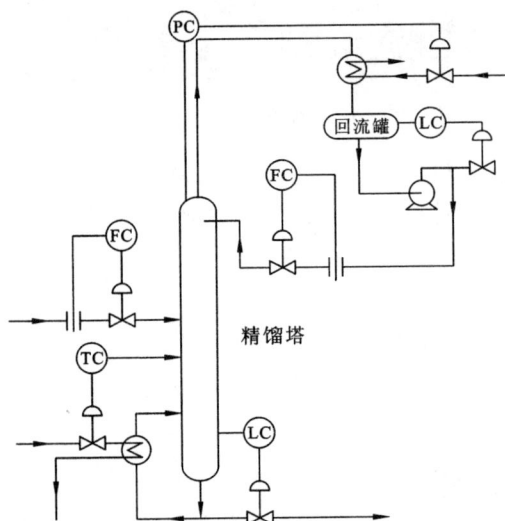

图 6.32 提馏段控制方案

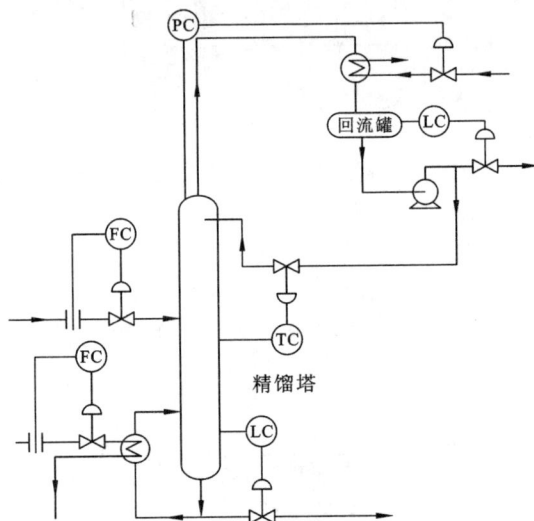

图 6.33 精馏段控制方案

③ 蒸馏塔的双温差控制

上面两种方案都是以温度为被控变量。当产品纯度要求很高,而且塔顶、塔底产品的沸点差较小时,不能采用温度控制方案,而应采用温差控制才能达到产品质量要求。采取温差作为质量指标的间接变量,可以消除塔压波动对产品质量的影响。双温差控制就是分别在加料板附近的精馏段和提馏段上选取温差信号 ΔT_1 和 ΔT_2,然后将两个温差信号相减后的信号作为控制器的测量信号,这样就可以消除因为压降引起的温差的影响,如图 6.34 所示。

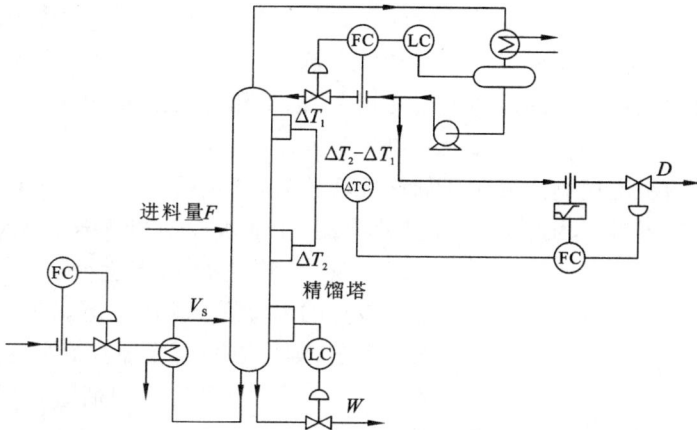

图 6.34 双温差控制方案

5）压缩机的控制方案

压缩机的控制方案与泵的控制方案有相似之处,常采用如图 6.35 所示的分程控制方案,即出口流量控制器操纵两个控制阀,吸入阀只能关至一定开度,若需要更小流量,则打开旁路调节阀。这样可以避免直接调节进口流量而导致入口端负压严重的缺陷。也可以采用如图 6.36 所示的旁路控制方案。但对压缩比很大的多段压缩机,这种从出口直接旁路回到入口的方式,会造成控制阀前后压强差太大,功率损耗很大。此时,可在中间某一段安装控制阀,使其回到入口端。另外,还可调节原动机的转速来控制压缩机的流量。

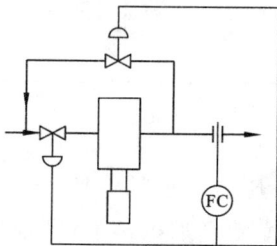

图 6.35 压缩机分程控制方案

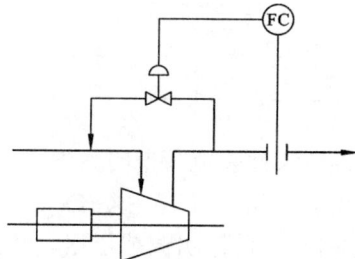

图 6.36 压缩机旁路控制方案

6）反应釜自控设计

人工手动控制的间歇反应器的 PI 流程比较简单。加料、反应和出料皆由人工操作控制,主要控制指标是反应温度(压力)和反应时间。

自动控制的间歇反应器的 PI 流程要复杂得多,控制质量和劳动生产率都要高得多。

① 进出料管道

釜顶左部为各种原料及试压氮气等进料管道,水和单体自动计量手动遥控进料。在进料总管中部串联一切断阀(球阀),进料完毕后关闭球阀。安全阀前不能有阀,故将二道切断阀装在一道切断阀与进口之间,确保进料的密封与切断。

② 轴封系统

搅拌轴的密封是釜式反应器的关键问题之一,机械密封是可靠而先进的动密封结构,为了保障它的正常工作必须配有液封与冷却系统。

密封液罐旁为搅拌电机的运转电流的指示、记录和过载报警回路。

③ 温度控制

间歇反应器的温度控制是分阶段周期性变化的,热负荷也随着反应时间而变化,这都造成了温度控制的困难。为此,设置了热水升温、工业水冷却和冷冻水冷却三套系统。

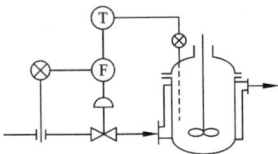

图 6.37　釜温与冷却剂流量串级控制

循环水量大,则进出口温差小,传热系数高(流速快),釜内各点的温度更为均匀,还能减少对象的容量滞后。水量恒定,则可以减少冷却水流量变化,这些都有助于调节质量的提高,釜温与冷却剂流量串级调节自控方案如图 6.37 所示。

7) 自控设计条件

自控设计条件在物料衡算已经修订、流程图和设备布置图基本完成后提交。在提交条件以前,工艺和自控设计人员应根据工艺特点,确定控制方案和一般检测仪表,然后由工艺设计人员根据确定的方案提出控制参数等具体条件。自控设计条件内容为:管道仪表流程草图、设备布置图和自控设计条件表,见表 6.1。

表 6.1　自控设计条件表

序号	仪表计器名称	物料名称及组分	物料或混合物密度/(kg/m³)	自动分析			温度/℃	压力(表压)/MPa	流量/(m³/h)或液面/m			指示、遥控、记录、调节或累计	控制情况			管道或设备规格	备注
				黏度	密度/(kg/m³)	pH			最大	正常	最小		就地集中	控制室	就地		

自控设计条件表填写说明如下。

计器用途。如填写"T—X XX 温度指示","P—X XX 压力指示"等;当计器用途为自动调节或遥控时,需注明调节依据,如"按塔底液体温度调节进塔底的蒸汽量",同时在"温度"栏内填上允许的温度调节范围,如"85~90 ℃"。

物料名称及组分。当需要进行温度、压力、流量、液面、成分分析控制时填写。介质进行成分分析时,介质的化学成分要注明体积比,被分析介质范围填写在流量栏内。

物料或混合物密度。需要进行流量或液面测量时填写。

黏度。需要测量流量时填写介质在工作状态下的黏度。

温度、压力。需要进行温度、压力、流量调节时填写介质温度和操作压力;当需要调节温度时在此栏内填写调节温度的范围。

指示、记录、遥控、调节、积累。可以根据实际情况和要求,有选择地填写。联锁及信号报警在备注栏内填写。

管道或设备规格。当计器仪表安装在管道或设备上时,应注明管道或设备的规格。

实践范例

（一）主要仪表选型

（1）现场温度测量采用热电偶,反应器床层采用多点式热电偶。

（2）压力、压差的检测元件应尽可能采用变送器形式,若采用开关形式,一般采用国内引进技术的可靠产品。

（3）节流装置采用国内产品。

（4）安全栅采用隔离式。

（5）玻璃板液位计一般采用透光式,一般场合采用国内产品。

（6）需要采用浮筒式液位计或液位开关的场合,一般采用国内引进技术的可靠产品,重要的场合则采用国外产品。

（7）执行器:调节阀采用气动执行机构;定位器一般采用智能电气阀门定位器;高温、高压降、关键的场合的调节阀采用国外产品。

（8）控制室:本次工程按要求新建装置的机柜室和操作室。

（二）自动控制

本设计为 29 万吨/年甲苯甲醇烷基化制对二甲苯装置可行性研究的自动控制部分内容。

1）自动控制水平

本次项目在利用 DCS 和 SIS 系统备用通道的基础上,增加相应的 I/O 卡件、安全栅和机柜,并且完成安装与接线,同时补充操作画面,进行相应组态与调试。新增部分(进出料换热部分、反应部分及废水汽提塔部分)的现场仪表均进行新的选型设计,其余现场仪表选择照旧。设置色谱分析仪,用于分析苯及甲醇含量。易发生可燃气泄漏的场所,设置可燃气体检测器,并接入 DCS 报警。

2）主要控制方案

装置中凡重要的工艺参数均集中在原有控制室的 DCS 中进行显示和控制,对一些重要的操作参数设置超限报警、趋势记录,以确保工艺生产安全和稳定运行。部分基本控制回路以 PID 为主,反应部分设置必要的复杂控制回路。

本厂遵循"运行可靠、操作方便、技术先进、经济合理"的原则,根据工艺装置的生产规模、流程特点、产品质量、工艺操作要求,并参考国内外类似装置的自动化水平,对主要生产装置实施集中监视和控制;对辅助装置实施岗位集中监视和控制。设置全厂中央控制室,采用集散控制系统(DCS)和紧急停车系统(ESD)对全厂的生产装置及与工艺生产装置相配套的公用工程部分进行监控。

① 动控制系统(DCS)

DCS 控制系统可以实现对于温度、压力、流量、液位的检测和控制,这些模拟量的数据采集和控制对于化工生产有着重要的辅助指导作用,而且它还具有人机界面友好、安全可靠、易于安装、容易使用、便于维护、便于扩展和升级换代等诸多优点,在化工生产中有着广泛的应用。因此此套工艺中也大量采用了这种控制思想,实现了 DCS 控制系统对整体生产流程的覆盖,建立了专门的中央控制室来实现生产的自动化。

② 全锁系统(ESD)

ESD 紧急停车系统按照安全独立原则要求,独立于 DCS 集散控制系统,其安全级别高于 DCS。在正常情况下,ESD 系统是处于静态的,不需要人为干预。作为安全保护系统,凌驾于生产过程控制之上,实时在线监测装置的安全性。只有当生产装置出现紧急情况时,不需要经过 DCS 系统,直接由 ESD 发出保护联锁信号,对现场设备进行安全保护,避免危险扩散造成巨大损失。

(三)设备控制方案

1)离心泵的控制

离心泵的控制方案如图 6.38 所示。

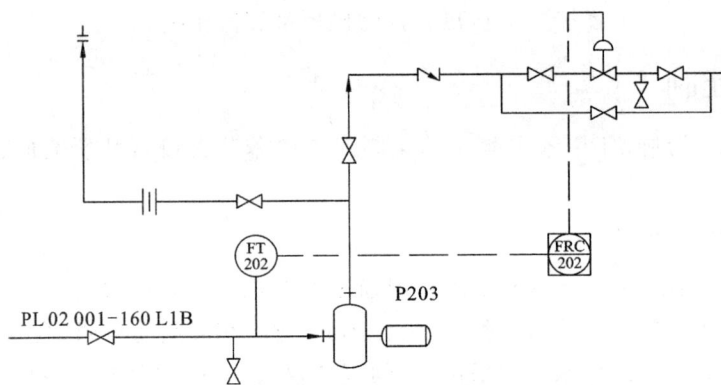

图 6.38　泵流量的控制

① 流量的控制

通过检测进出口流量,将流量信号传送到电机上的调节控制器,控制离心泵出口的调节阀来控制泵的出口流量。

② 其他

输送高温液体时,为了防止热量扩散和工作人员不慎烫伤,在泵上和相应管路上覆盖保温层(如精馏塔的回流泵);同样,输送低温液体时,为了防止空气中水汽凝结在泵与管道上,加速腐蚀,泵与管道上覆盖有冷保温层。

泵出口设有止回阀,防止液体回流,打碎叶片。

原料进料泵、回流泵、循环泵、产品泵,参照《化工工艺手册》的建议,均配有备用泵。

2)换热设备的控制

温度对于工艺的影响相当大,因此将温度控制在需要的范围内具有重要的意义。换热器控制的目的即是控制温度(图 6.39),调节换热介质的温度和流量。

换热器有工艺物料与公用工程换热器、工艺物料间换热器、冷凝器和再沸器四种。

① 工艺物料与公用工程换热器

温度的控制:该类换热器的作用是将工艺物料加热或冷却到目标值。由于物料的流量和温度都会受到干扰,故采用温度-流量串级控制。对于加热工艺物料的换热器,采用以蒸汽流量为操纵变量,以进料流量为副变量,经加热后的工艺物料的温度为主变量的串级控制。对于冷却工艺物料的换热器,采用以冷却水流量为操纵变量,主变量、副变量同上的串级控制。

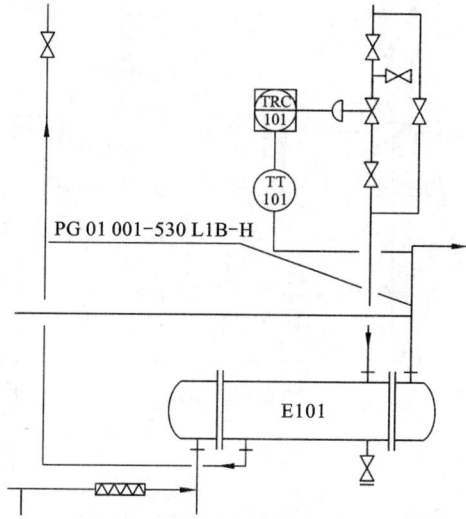

② 工艺物料间换热器

图 6.39　换热器温度的控制

温度的控制:由于物料间的换热不能通过调整进口流量来实现,要保证进入反应器的物料温度不至于太高,而与其换热的物料量是一定的,所以将热物料设置旁路,当冷物料出口温度过高时通过调整旁路阀门的开度来减少换热量以此稳定热物料的温度。

3) 反应器的控制:反应器反应温度

固定床绝热反应温度主要影响因素有进料流量、预热温度等。进料流量采取定值控制,预热温度采取一合理值,也采取定值控制。反应温度主要通过改变燃气流量来控制。反应器全程采取温度、压力显示(图 6.40)。

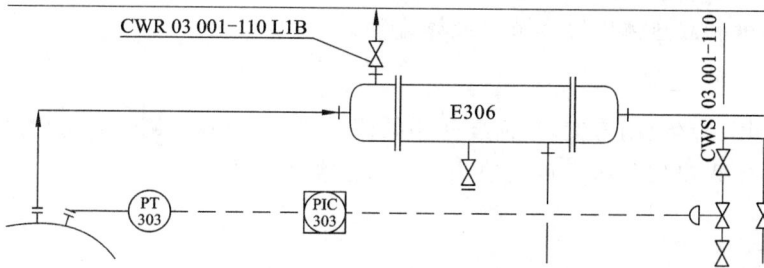

图 6.40　反应器温度、压力的控制

4) 塔设备的控制

精馏塔的控制:精馏是利用混合液中各组分的相对挥发度不同,即同一温度下各组分的蒸气压不同这一性质,使液相中的轻组分转移到气相中,气相中的重组分转移到液相中的过程。精馏塔整体上分为塔体部分、塔顶冷凝器、塔顶回流罐和塔底再沸器四个主要部分。在设计中,精馏塔均采用两端质量指标的控制方案(图 6.41)。

① 塔顶部分

冷凝器采用换热流体温度为主变量,载热体流量为副变量的串级控制系统,通过调节

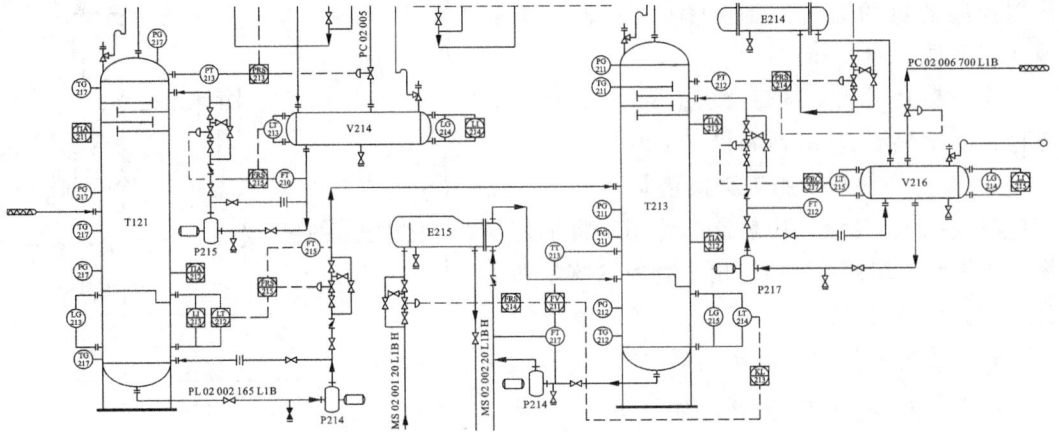

图 6.41　全塔的控制

冷凝器冷流体进口阀的开度对塔顶压力进行控制。

塔顶回流罐设置液位监测点,通过调节回流量来控制液位。因回流量大于馏出量,通过调节回流比调节馏出量,对液位的控制更有效。

② 塔体部分

塔进料处设置进料流量调节阀,调塔的进料流量。

③ 塔底部分

塔釜设置液位测量仪表,通过控制塔釜出液的控制阀开度来控制釜液采出量,从而达到调节塔底液位的目的。

在本次设计中,塔底再沸器均采用立式热虹吸式。由于热液体温度高,通常在热液体出口管道上设置温度控制阀和流量控制阀。通过改变加热液体流量来调节塔釜温度。控制采用塔釜温度和载热体串级调节热液体流量。

5) 压缩机的控制

压缩机采用旁路控制方案,当需要较小的流量时,打开旁路调节阀可以避免直接调节进口流量而导致入口端负压严重的缺陷(图 6.42 和图 6.43)。

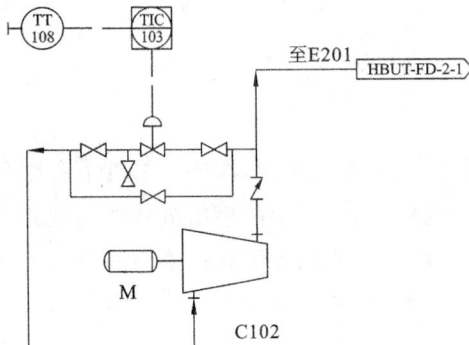

图 6.42　压缩机温度控制

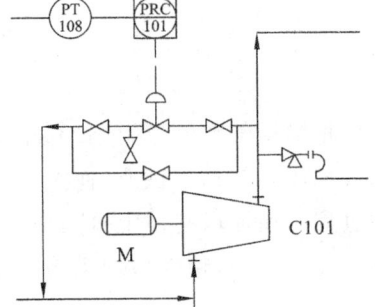

图 6.43　压缩机压力控制

6) 储罐或回流罐的控制

本项目工艺的原料、中间产品和产物都属于易燃易爆物,因此对储罐进行控制十分重要。储罐的控制包括液位控制(图 6.44)和压力控制(图 6.45)。液位控制通过液位测量仪和进出口阀门组成的简单控制系统进行控制,同时,设有液位报警装置;压力控制通过压力测量仪和储罐的放空阀组成的简单控制系统实现。回流罐的控制如图 6.46 所示。

当液位过高时开大出口阀关小进口阀,液位过低时开大进口阀关小出口阀,以维持压力的恒定;当压力过高时打开放空阀或打开冷却水阀门开度,以保证压力不至于过高。

7) 再沸器的控制

再沸器有釜式再沸器、热虹吸再沸器和强制循环再沸器。本项目主要使用虹吸式再沸

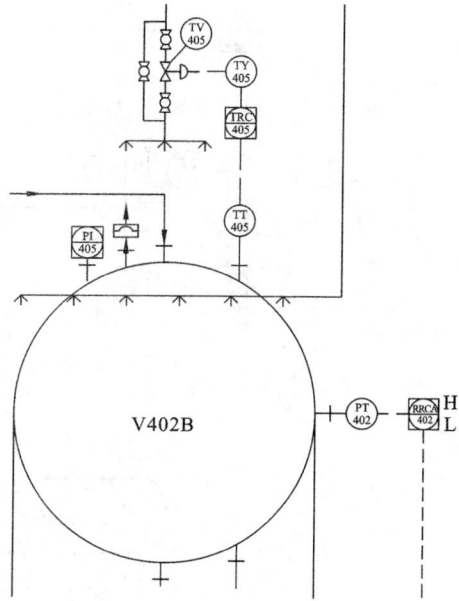

图 6.44　储罐的控制(1)

器控制液位,通过调节塔底采出量及再沸器加热介质流量来实现对塔釜液位的调节控制(图 6.47)。

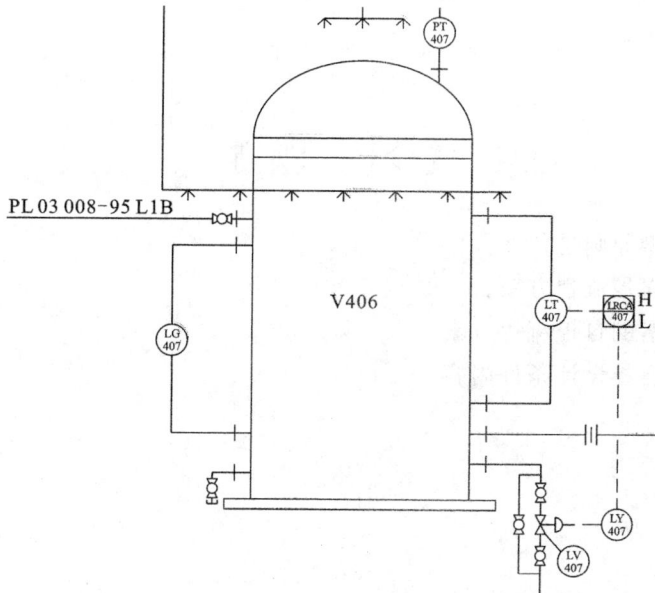

图 6.45　储罐的控制(2)

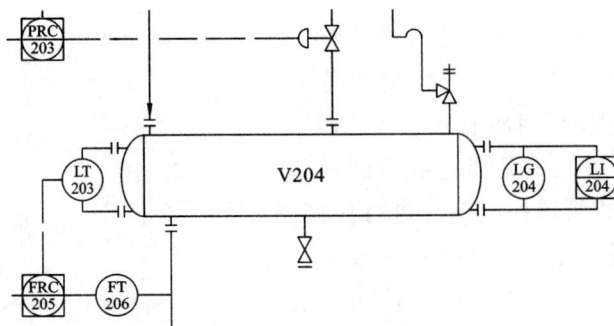

图 6.46 回流罐的控制

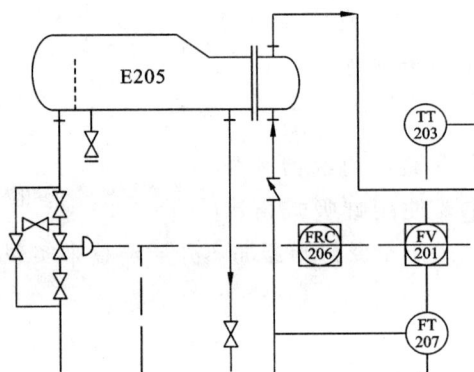

图 6.47 再沸器的控制

【 习 题 】

1. 仪表的选型原则是什么？
2. 简述泵的自控流程方案。
3. 简述蒸馏塔的自控流程方案。
4. 简要说明自控设计条件内容。

单元七 车间布置

教学目的

通过设计一座制取对二甲苯(PX)分厂的车间布置,使学生能够利用车间平面布置与设备布置知识解决相关问题。

教学目标

[能力目标]

基本能进行简单化工生产车间的平面布置设计。

基本能看懂化工生产车间平面布置图和设备布置图。

基本能利用计算机和通过手工绘制简单化工生产车间平面布置图与设备布置图。

[知识目标]

学习并初步掌握化工生产车间平面布置设计与设备布置设计的原则与方法。

领会国家相关标准。

学习计算机绘图软件的使用方法与技巧。

[素质目标]

能够利用各种形式进行信息的获取。

设计过程中与团队成员的讨论、合作。

经济意识、环保意识、安全意识。

必备知识

模块1 车间布置概述

车间布置是设计中的重要环节,既要符合工艺要求,又要经济实用,合理布局。车间布局直接影响到项目建设的投资,建设后的生产的正常运转,设备维修和安全,以及各项经济指标的完成。所以进行车间布置要做到充分掌握有关资料,全面权衡,深思熟虑,仔细推敲,以取得一个最佳方案。

车间布置设计是以工艺为主导,并在其他专业的密切配合下完成的。因此,在进行车间布置设计时,要集中各方面的意见,最后由工艺人员汇总完成。车间布置主要是设备的布置,工艺人员首先确定设备布置的初步方案,对厂房建筑的大小、平立面结构、跨度、层次、门窗、楼梯等以及与生产操作、设备安装有关的平台、预留孔等向土建专家提出设计要求,待厂房设计完成后,工艺人员再根据厂房建筑图,对设备布置进行修改和补充,最终的设备布置图(施工图)就作为设备安装和管道安装的依据。

1. 设计的基本依据

车间布置时,在总图的基础上明确车间的位置,熟悉生产工艺流程及有关物性数据,与车间等级相关的规范标准,了解土建、设备、仪表、电力、给排水等专业和机修、安装、操作、管理等方面的要求,并考虑运输、消防及它们之间的关系,对所设计的车间进行综合分析,才可能有一个完善的方案。

1) 化工车间组成

一个较大的化工车间通常有以下设施。

(1) 生产设施,包括生产工段、原料和产品仓库、控制室、露天堆场或储罐区等。

(2) 生产辅助设施,包括除尘通风室、机修间、化验室等。

(3) 生活行政设施,包括车间办公室、更衣室、浴室、厕所等。

(4) 其他特殊用室,如劳动保护室、保健室等。

2) 常用的设计规范和规定

工程技术人员在设计时应熟悉并执行有关防火、防雷、防爆、防毒和卫生等方面最新的规范,目前常用的设计规范如下所述。

《建筑设计防火规范》(GB 50016—2014)。

《石油化工企业设计防火规范》(GB 50160—2008)。

《化工企业安全卫生设计规定》(HG 20571—2014)。

《工业企业厂界环境噪声排放标准》(GB 12348—2008)。

《爆炸危险环境电力装置设计规定》(GB 50058—2014)。

3) 基础资料

(1) 工艺和仪表流程图(初步设计阶段)及管道和仪表流程图(施工图设计阶段)。

(2) 本车间与其他各生产车间、辅助生产车间、生活设施以及本车间与车间外的道路、铁路、码头、输电、消防等的关系。了解有关防火、防雷、防爆、防毒和卫生等方面的设计规范和规定。

(3) 物料衡算数据及物料性质(包括原料、成品的数量及性质,"三废"的数量及处理方法)。

(4) 设备一览表(包括设备外形尺寸、重量、支承形式及保温情况)。

(5) 公用系统耗用量,供排水、供电、供热、冷冻压缩空气、外管资料。

(6) 车间定员表。

(7) 厂区总平面布置草图。

2. 车间布置设计的原则

（1）最大限度地满足工艺生产包括设备维修的要求。

（2）有效利用车间建筑面积（包括空间）和土地。

（3）要为车间的技术经济指标、先进合理以及节能等要求创造条件。

（4）考虑其他专业对本车间布置的要求。

（5）考虑车间的发展和厂房的扩建。

（6）考虑车间中所采取的劳动保护、防腐、防火、防毒、防爆及安全卫生等措施是否符合要求。

（7）考虑本车间与其他车间在总平面图上的位置是否合理，力求使它们之间输送管线最短，联系最方便。

（8）考虑建厂地区的气象、地质、水文等条件。

（9）人流、物流不能交错。

3. 车间布置设计的内容及程序

1）车间布置设计的内容

车间布置设计主要包括车间厂房布置设计和车间设备布置设计两部分。

① 车间厂房的整体布置（图 7.1）

图 7.1 车间厂房

确定车间设施的基本组成部分主要是设备的布置，工艺人员首先确定设备布置的初步方案，对厂房建筑的大小、平立面结构、跨度、层次、门窗、楼梯等以及与生产操作、设备安装有关的平台、预留孔等向土建专家提出设计要求；确定车间有关场地、道路位置和大小，以此给土建专家提供设计条件。

② 车间设备布置

车间设备布置设计就是确定各个设备在车间范围内平面与车间立面上的准确的、具体的位置,同时确定场地与建(构)筑物的尺寸,安排工艺管道、电气仪表管线、采暖通风管线的位置。

2)车间布置设计的程序

车间布置设计分为初步设计和施工图设计两个阶段。

① 初步设计阶段的内容

生产工段、生产辅助设施、生活行政福利设施的空间布置。

决定车间场地和建筑物、构筑物的位置和尺寸。

设备的空间(水平和垂直方向)布置。

通道系统、物料运输设计。

安装、操作、维修的平面和空间设计。

在初步设计阶段,工艺设计人员根据工艺流程图、设备一览表、工厂总平面布置图、物料储存和运输情况以及配电、控制室、生活行政福利设施的要求,结合布置规范及总图设计等资料进行初步设计,画出初步设计阶段的平面、立面布置图。车间布置初步设计阶段的最后结果是一组平(剖)面布置图,列入初步设计阶段的设计文件中。

② 车间布置施工图设计阶段的内容

落实车间布置初步设计的内容。

确定设备管口和仪表接口位置(方位和标高)。

物料与设备移动运输设计。

确定与设备安装有关的建筑与结构的尺寸。

确定设备安装方案。

安排管道、仪表、电气管线走向,确定管廊位置。

施工图设计是在初步设计基础上进行的,要全面考虑土建、仪表、电气、暖通、供排水等专业与机修、安装操作等各个方面的需要,根据机器和工艺设备管口及仪表安装点,主要仪表及电器结构尺寸、运输与储存空间要求,生产辅助、生活行政设施的要求等资料,进一步对车间布置进行研究并进行空间布置的配合,经过多方协商研究、修改和增删,最后得到一个能满足各方面要求的施工图设计阶段的车间布置图。车间布置的施工图设计阶段的最后成果是最终的车间布置平(剖)面图,列入施工图阶段的设计文件中,这是工艺专业提供给其他专业(土建、设备设计、电气仪表等)的基本技术条件。

模块 2 车间平面布置

车间平面布置主要取决于生产规模、生产流程、生产种类、厂区面积、厂区地形和地形条件。它必须满足工艺要求,同时也应符合国家的防火标准、卫生标准等各种规范和规定。

1. 车间平面布置的内容和要求

1)车间平面布置的内容

① 生产设施包括生产工段、原料和产品仓库、控制室、露天堆场或储罐区等。

② 生产辅助设施包括除尘通风室、变电配电室、机器和仪器维修室、化验室和储藏室等。

③ 生活行政设施包括车间办公室、工人休息室、更衣室、浴室、厕所等。

④ 其他特殊用室包括劳动保护室、保健室等。

车间平面布置就是将上述车间(装置)组成在平面上进行组合布置,图 7.2 为聚丙烯车间的平面布置示意图。

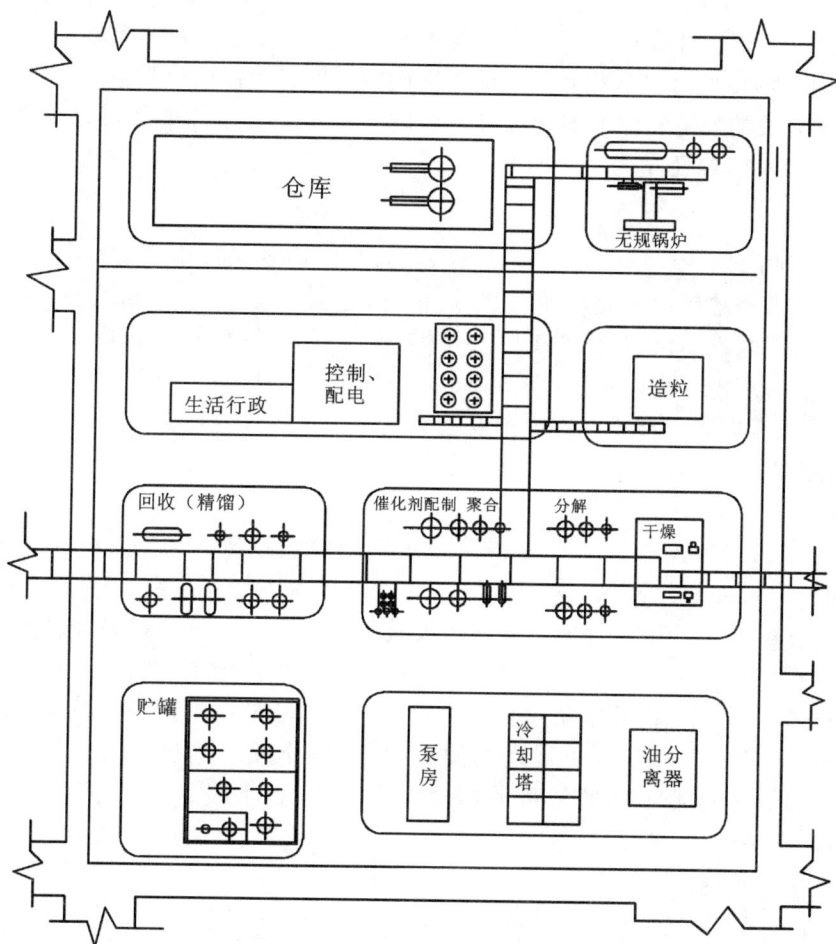

图 7.2 聚丙烯车间的平面布置示意图

2) 车间平面布置的要求

① 适合全厂的总图布置,与其他车间、公用工程系统、运输系统等结合形成一个有机整体。

② 保证经济效益,尽量做到占地少、基建和安装费用少、生产成本低。

③ 便与生产管理、物料运输,操作维修要方便。

④ 生产要安全,妥善解决防火、防毒、防腐、防爆等问题,必须符合国家的各项有关规

定和标准。

⑤ 要考虑将来扩建、增建和改建的余地。

2. 车间平面布置方法

1）准备资料

① 工艺流程图表示了车间组成、工段划分、物料的输送关系、主要设备特征等，由此可以估算出各工段的面积。

② 总图与规划设计资料总图表明了场地与道路情况、公用工程管道、污水排放点及有关车间的位置，由此可以从相互关联的角度确定车间各工段的位置。

③ 根据有关的规范和标准如防火、防爆、防毒规定和卫生标准等可以确定各工段及设备间的安全距离，以及车间厂房的有关等级。

2）确定各工段的布置形式

① 分散布置与集中布置。对生产规模较大，车间内各工段生产有显著差异，需要严格分开或厂区平坦地形较少的，一般考虑分散布置。分散布置中，厂房的安排多采用单元式，即把原料处理、成品包装、生产工段、回收工段、控制室及特殊设备独立布置分散为许多单元。对生产规模较小，各工段联系频繁，车间内各工段生产无明显差异，且生产地形较平坦的，一般考虑集中布置。集中布置就是在符合建筑设计防火规范和工业企业设计卫生标准的前提下，结合建厂地点的具体条件，将车间的生产设施、辅助设施和生活设施集中在一幢房内。

② 露天布置与室内布置。露天布置的优点是建筑投资少、用地少，有利于安装和检修，有利于防风、防火、防爆、防毒。缺点是受气候影响大，操作条件差，自动控制要求高。较大型的化工厂多采用露天布置或半露天布置，即大部分设备布置在露天或敞开式的多层框架上，部分设备布置在室内或设顶棚，如泵、压缩机、造粒、包装设备等。生活行政设施、控制室、化验室集中在一幢建筑物内，布置在生产设施附近。室内布置受气候影响小，劳动条件好。小规模的间歇操作、操作频繁的设备、低温区的设备，一般考虑室内布置。这类车间通常将大部分生产设备、辅助设备、生活行政设备布置在一幢或几幢厂房内。

3）流程式布置

按流程顺序在中心管廊的两侧依次布置个各工段，可以避免管道的重复往返，缩短管道总长，已被证明这是最经济的布置方案。总的来说，车间平面越接近方形越经济。

3. 车间平面布置方案

1）直通管廊长条布置

直通管廊长条布置适合于小型车间（装置），是露天布置的基本方案。外部管道可由管廊的一端或两端进出，工艺区与储罐区用一根中心布置的管廊连接起来，流程畅通。

2）T 形与 L 形布置

T 形或 L 形的管廊布置适合于较复杂车间，管道可由两个或三个方向进出车间。

3）组合型布置

组合型布置适合于复杂车间，其车间平面由直线形、T形和L形组合而成。车间组成比较复杂，如图7.2所示的聚丙烯车间，有储罐，回收（精馏），催化剂配制，聚合，分解，干燥，造粒，控制、配电，仓库，无规锅炉十一个工段。

模块3　车间设备布置

1. 车间设备布置设计的内容

车间设备布置就是确定各个设备在车间平面与立面上的位置；确定场地与建（构）筑物的尺寸；确定管道、电气仪表管线、采暖通风管道的走向和位置。

具体地说，它主要包括以下几点。

（1）确定各个工艺设备在车间平面和立面的位置。

（2）确定某些在工艺流程图中一般不予表达的辅助设备或公用设备的位置。

（3）确定供安装、操作与维修所用的通道系统的位置与尺寸。

（4）在上述各项的基础上确定建（构）筑物与场地的尺寸。

（5）其他。

设备布置的最终成果是设备布置图。

2. 车间设备布置的原则

1）设置布置露天化

属于下列几种情况者，可以考虑设备露天布置。生产中不需要经常操作的设备，自动化程度高的设备或受气候影响不大的设备，如塔、冷凝器、液体原料储罐、气柜等；需要大气调节温度、湿度的设备，如凉水塔、空气冷却器等；有爆炸危险的设备。

2）满足生产工艺与操作要求

设备布置时一般采用流程式布置，以满足工艺流程顺序，保证工艺流程在水平和垂直方向的连续性。在不影响工艺流程顺序的原则下，将同类型的设备或操作性质相似的有关设备集中布置，可以有效地利用建筑面积，便于管理、操作与维修，还可以减少备用设备或互为备用。如塔体集中布置在塔架上，换热器、泵组成布置在一处等。充分利用位能，尽可能使物料自动流动，一般可将计量设备、高位槽布置在最高层，主要设备（如反应器等）布置在中层，储槽、传动设备等布置在底层。考虑合适的设备间距。设备间距过大会增大建筑面积，拉长管道，从而增加建筑和管道投资；设备间距过小导致操作、安装与维修的困难，甚至发生事故。设备间距的确定主要取决于设备和管道的安装、检修、安全生产以及节约投资等几个因素。表7.1和图7.3介绍了一些设备安全间距，可供一般设备布置时参考。

表 7.1　设备的安全距离

项目	净安全距离/m	项目	净安全距离/m
泵与泵的间距	不小于 0.7	起吊物与设备最高点距离	不小于 0.4
泵与槽的间距	大于 1.2	散发可燃气体及蒸汽的设备和变、配电室、自控仪表室、分析化验室间距	不小于 15
泵列与泵列间距（双排泵间）	不小于 2.0		
塔与塔的间距	大于 1.0		
反应器底部与人行道距离	不小于 1.8~2.0	换热器与换热器，换热器与其他设备水平距离	大于 1.0

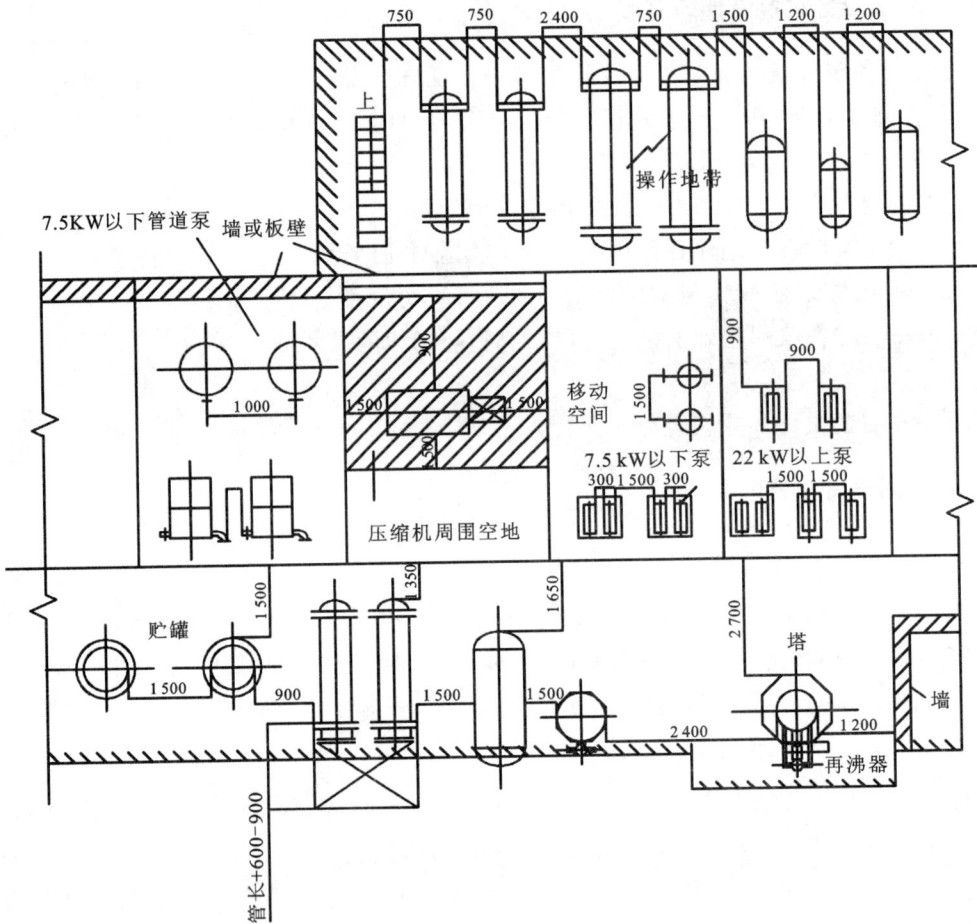

图 7.3　设备间距

注：图中距离单位为毫米（mm）

3）符合安装与检修的要求

必须考虑设备运入或搬出车间的方法及经过的通道。

根据设备大小及结构，考虑设备安装、检修及拆卸所需的空间和面积，同类设备集中布置可统一留出检修场地，如塔、换热器等。塔和立式设备的人孔应对着空场地或检修通道的方向;列管换热器应在可拆的一端留出一定空间,以备抽出管子来检修等。

应考虑安装临时起重运输设备的场所及预埋吊钩,以便悬挂起重葫芦、拆卸及检修设备,如在厂房内设置永久性起重运输设备,则需考虑起重运输设备本身的高度,并使设备起吊运输高度大于运输途中最高设备的高度。

4) 符合安全技术要求

设备布置应尽量做到工人背光操作,高大设备避免靠近窗户布置,以免影响门窗的开启、通风与采光。

有爆炸危险的设备应露天布置,室内布置时要加强通风,防止爆炸性气体的聚集;危险等级相同的设备或厂房应集中在一个区域,这样可以减少防爆电器的数量和减少防火、防爆建筑的面积;将有爆炸危险的设备布置在单层厂房或多层厂房的顶层或厂房的边沿都有利于防爆泄压和消防。加热炉、明火设备与产生易燃易爆气体的设备应保持一定的距离(一般不小于 18 m),易燃易爆车间要采取防止引起静电现象和着火的措施。

处理酸碱等腐蚀性介质的设备,如泵、池、罐等分别集中布置在底层有耐腐蚀铺砌的围堤中,不宜放在地下室或楼上。

产生有毒气体的设备应布置在下风向,储有毒物料的设备不能放在厂房的死角处;有毒、有粉尘和有气体腐蚀的设备要集中布置并做通风、排毒或防腐处理,通风措施应根据生产过程中有害物质、易燃易爆气体的浓度和爆炸极限及厂房的温度而定。

5) 符合建筑要求

笨重设备或运转时产生很大振动的设备,如压缩机、离心机、真空泵等,应尽可能布置在厂房底层,以减少厂房的荷载与振动。有剧烈振动的设备,其操作台和基础不得与建筑物的柱、墙连在一起,以免影响建筑物的安全。厂房内操作平台必须统一考虑,以免平台支柱零乱重复。

在不影响工艺流程的情况下,将较高设备集中布置,可简化厂房体形,节约基建投资。

设备不应布置在建筑物的沉降缝和伸缩缝处。换热器应尽可能两三台重叠安装,以节省占地面积和管材。

6) 考虑通道与管廊的布置

车间的设备布置本质上是车间的空间分配设计,在布置设备时要同时考虑通道的布置。车间中成排布置的设备至少在一侧留有通道,较大的室内设备在底层要留有移出通道,并接近大门布置。在操作通道上要能看到各操作点与观测点,并能方便地到达这些地方。设备零件、接管、仪表均不应凸出到通道上来。通道除供安装、操作和维修外,还有紧急疏散的作用,故不允许有一端封闭的长通道。

管廊一般沿通道布置(在通道上空或通道两侧),供工艺、公用工程、仪表管道、电缆共同使用。因此,要求通道应直而简单地形成方格。通道的宽度与净空要求见表 7.2。

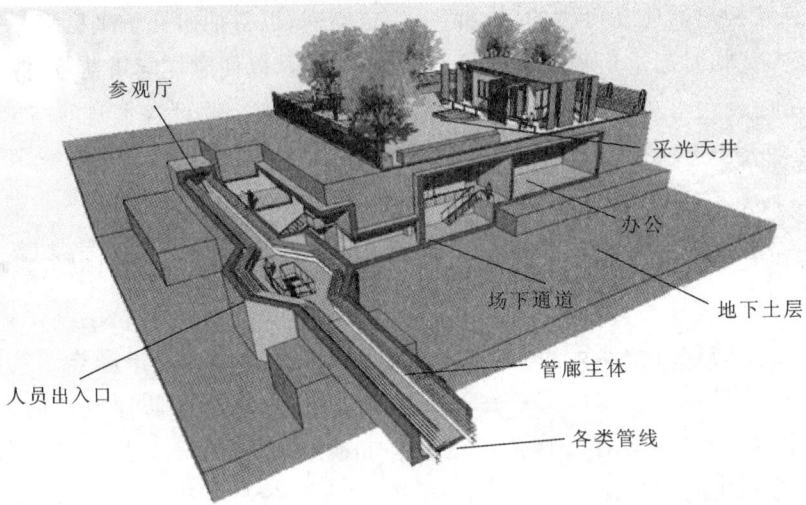

图 7.4　地下管廊综合布置图

表 7.2　通道的宽度与净空高度

项目	宽度(净空高度)/m
人行道、狭通道、楼梯、人孔周围的操作台宽度	0.75
走道、楼梯、操作台下的工作场所、管架的净空高度	2.2~2.5
主要检修道路、车间厂房之间的道路	6~7(4.2~4.8)
次要道路	4.8(3.3)
室内主要通道	2.4(2.7)
平台到水平人孔	0.6~1.2
管束抽出距离(室外)	0.6~0.9,再加上管束长

3. 车间设备布置的方法及步骤

(1) 在进行设备布置前,通过有关图纸资料(工艺流程图、设备条件图等)熟悉工艺过程的特点,设备的种类和数量,设备的工艺特性和主要尺寸,设备安装位置的要求,厂房建筑的基本结构等情况。

(2) 确定厂房的整体布置(分散式或集中式),根据设备的形状、大小、数量确定厂房的轮廓、跨度、层数、柱间距等,并在坐标纸上按 1:100(或 1:50)的比例绘制厂房建筑平面轮廓图。

(3) 把所有设备按 1:100(或 1:50)的比例,用塑料板制成图案(或模型),并标明设备名称,在画有建筑平面、立面轮廓草图的坐标纸上布置设备。一般布置 2~3 个方案,以便从多方面加以比较,选择一个最佳方案,绘制成设备平、立面布置图。

(4) 将辅助室和生活室集中在规定区域内,不应在车间内任意隔置,防止厂房零乱不整齐和影响厂房的通风条件。

（5）设备平、立面布置草图完成后，广泛征求有关专业的意见，集思广益，做必要的调整，修正后提交建筑人员设计建筑图。

（6）工艺设计人员在取得建筑设计图后，根据布置草图绘制正式的设备平、立面布置图。

4. 典型设备布置

1）塔

塔的布置形式很多，常在室外集中布置，在满足工艺流程的条件下，可把高度相近的塔相邻布置。

单塔或特别高大的塔可采用独立布置，利用塔身设操作平台，供工作人员进出人孔、操作、维修仪表及阀门之用。平台的位置由人孔位置与配管情况而定，具体的结构与尺寸可由设计标准中查取。

塔或塔群布置在设备区外侧，其操作侧面对道路，陪管侧面对管廊，以便施工安装、维修与配管。塔顶部常设有吊杆，用以吊装塔盘等零件。填料塔常在装料人孔的上方设吊车梁，供吊装填料。

将几个塔的中心排列一条直线，高度相近的塔相邻布置，通过适当调整安装高度和操作点就可以采用联合平台，既方便操作，又节省投资。采用联合平台时应考虑各塔有不同的热膨胀。联合平台由分别安装在各塔身的平台组成，通过平台间的铰接或缝隙满足不同的伸长量，以防止拉坏平台。相邻小塔间的距离一般为塔径的 3～4 倍。

数量不多、结构与大小相似的塔可组成布置，如图 7.5 所示的是将四个塔合为一个整体，利用操作台集中布置。如果塔的高度不同，只要求将第一层操作平台取齐，其他各层可另行考虑。这样，几个塔组成一个空间体系，增加了塔群的刚度，塔的壁厚就可以降低。

塔通常安装在高位换热器和容器的建筑物或框架旁，利用容器或换热器的平台作为塔的人孔、仪表和阀门的操作与维修的通道。将细而高的或负压塔的侧面固定在建筑物或框架的适当高度，这样可以增加刚度，减少壁厚。

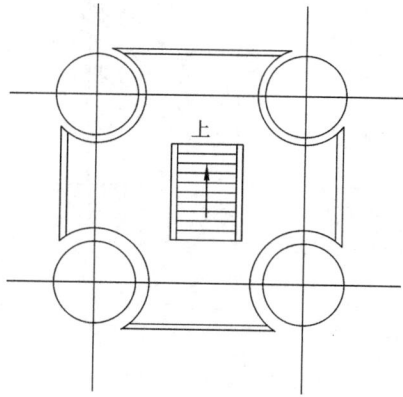

图 7.5　塔的组成布置

直径较小（1 m 以下）的塔常安装在室内或框架中，平台和管道都支承在建筑物上，冷却器可装在屋顶上或吊在屋顶梁下，利用位差重力回流。

2）换热器

化工厂中使用最多的是列管式换热器和再沸器，其布置原理也适用于其他形式的换热器。

设备布置的主要任务是将换热器布置在适当的位置，确定支座、安装结构和管口方位等。必要时在不影响工艺要求的前提下调整原换热器的尺寸及安装方式（立式或卧式）。

换热器的布置原则是顺应流程和缩小管道长度,其位置取决于与它密切联系的设备布置。塔的再沸器及冷凝器因与塔以大口径的管道连接,故应采取近塔布置,通常将它们布置在塔的两侧。热虹吸式再沸器直接固定在塔上,还要靠近回流罐和回流泵。自容器(或塔底)经换热器抽出液体时,换热器要靠近容器(或塔底)使泵的吸入管道最短,以改善吸入条件。

一般从传热的角度考虑,细而长的换热器较有利。布置空间受限制时,如原设计的换热器显得太长,可以换成一短粗的换热器以适应空间布置的要求。

卧式换热器换成立式的可以节约面积,而立式换热器换成卧式换热器则可降低高度。所以,在选择换热器时要根据具体情况而定。

换热器常采用成组布置。水平的换热器可以重叠布置,串联的、非串联的、相同的或大小不同的换热器都可以重叠布置。重叠布置除节约面积外,还可以共用上下水管。为了便于抽取管束,上层换热器不能太高,一般管壳顶部不能高于 3.6 m;此外,将进出口管改成弯管可降低安装高度,见图 7.6。

换热器之间的间距、维修与操作空间的布置,可参见图 7.3。

3)容器(罐、槽)

容器按用途可以分为原料储罐、中间储罐和成平储罐;按安装形式可以分为立式和卧式。容器布置时要注意以下事项。

立式储罐布置时,按罐外壁取齐,卧式储罐按封头切线取齐。在室外布置易挥发液体储罐时,应设置喷淋冷却设置;易燃、可燃液体储罐周围应按规定设置防火堤坝;储存腐蚀性物料罐区除设围堰外,其地坪应作防腐处理。液位计、进出料接管、仪表尽可能集中在储罐的一侧,另一侧供通道与检修用。罐与罐之间的距离应符合 GB 50016—2014《建

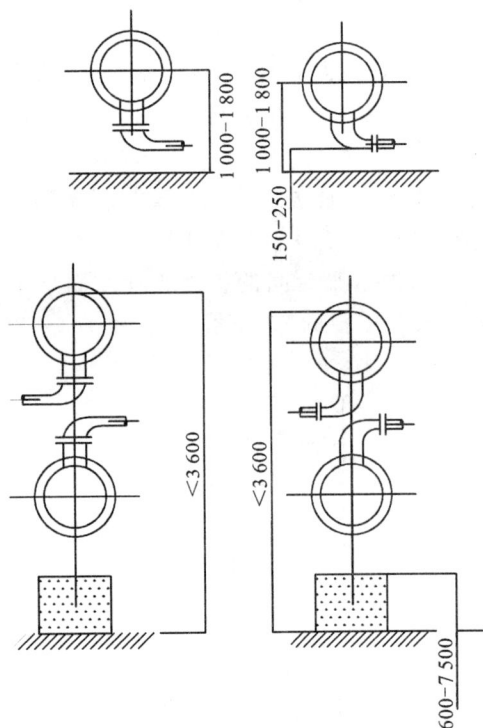

图 7.6 换热器的安装高度
注:图中数量单位为毫米(mm)。

筑设计防火规范》的有关规定,以便操作、安装与检修。储罐的安装高度应根据按管需要和输送泵的净正吸入压头的要求决定。同时,多台大小不同的卧式储罐,其底部宜布置在同一标高上。原料储罐和成品储罐一般集中布置在储罐区,而中间储罐要按流程顺序布置在有关设备附近或厂房附近。有关容器的支承与安装方式如图 7.7 所示。

4)反 应 器

反应器形式很多,可以根据结构型式按类似的设备布置。塔式反应器可按塔的方式布置;固定床催化反应器与容器相类似;火焰加热的反应器则近似于工业炉;搅拌釜式反

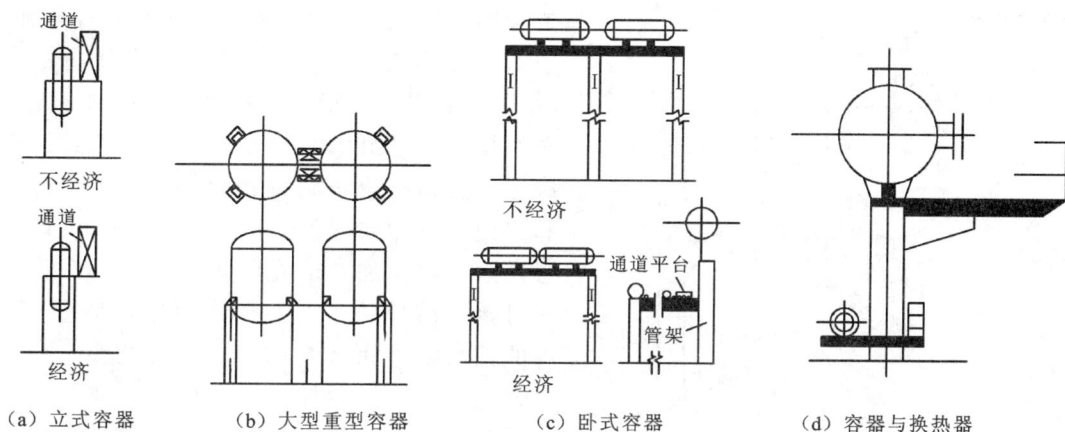

（a）立式容器　　　（b）大型重型容器　　　（c）卧式容器　　　（d）容器与换热器

图 7.7　容器的支承与安装

应器实质上是设有搅拌器和传热夹套的立式容器。

釜式反应器布置时应注意以下原则。

釜式反应器一般用挂耳支承在建（构）筑物上或操作台的梁上；对于体积大、质量大或振动大的设备，要用支脚直接支承在地面或楼板上。两台以上相同的反应器应尽可能排成一直线。反应器之间的距离，根据设备的大小、附属设备和管道具体情况而定。管道阀门应尽可能集中布置在反应器一侧以便操作。

间歇操作的釜式反应器布置时要考虑便于加料和出料。液体物料通常是经高位槽计量后靠压强差加入釜中；固体物料大多是用吊车从人孔或加料口加入釜内，因此，人孔或加料口离地面、楼面或操作平台面的高度以 800 mm 为宜，见图 7.8。

因多数釜式反应器带有搅拌器，所以上部要设置安装及检修用的起吊设备，并考虑足够的高度，以便抽出搅拌器轴等。

连续操作釜式反应器有单台和多台串联式，如图 7.9，布置时除考虑前述要求外，由于进料、出料都是连续的，因此在多台串联时必须特别注意物料进、出口间的压差和流体流动的阻力损失。

5）泵与压缩机

泵应尽量靠近供料设备以保证良好的吸入条件。它们常集中布置在室外、建筑物底层或泵房。小功率的泵（7 kW 以下）布置

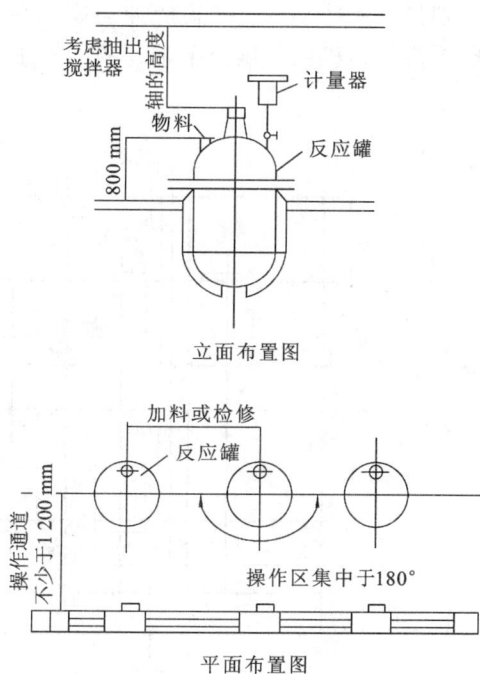

图 7.8　釜式反应器布置示意图

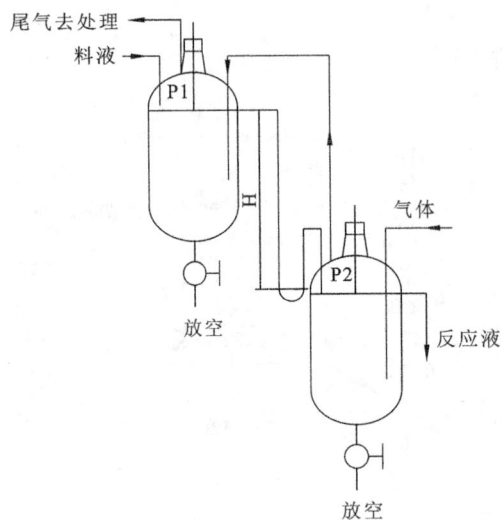

图 7.9 多台连续反应器串联布置示意图

在楼上或框架上。室外布置的泵一般在路旁或管廊下排成一行或二行。电机端对齐排在中心通道两侧,吸入与排出端对着工艺罐。图 7.10 是泵在管廊内(泵房内)的排列方式。泵的排列次序由相关的设备与管道的布置所决定。管廊或建筑物的跨度 A 由泵的长度和它们本身的要求所决定。$A=6\sim7$ m 时,可布置一排泵加 3 m 宽的通道;$A=10$ m 左右时,可布置两排泵(泵短,A 可以减小)。管廊的柱间距 B 可按泵的布置需要调整,泵出口管位置 b 要按泵标注。电机端要对齐,吸入端对着吸入罐使吸入管短而直,泵的中心线在管廊柱间均匀排列。主通道的宽度 D 由电缆槽的宽度所决定。基础 E 应一样,它们之间的距离 F 要均匀相等,双排布置时中心线要对齐。泵的周围要留有空间和通道以便安装阀门和管道,控制阀布置在靠近地面或柱子附近,并固定在柱子上。基础的高度 G 太低时修理不便。

离心压缩机体积较小、排量大、结构简单,可利用多种动力(电动机、蒸汽透平、气体透平)带动,有利于装置的能量利用。离心压缩机的布置原理与离心泵相似,但较为庞大、复杂,特别是一些附属设备(润滑油与密封油槽、控制台、冷却器等)要占据很大的空间。图 7.11 为电动机或背压透平带动的离心压缩机的常用布置方案。

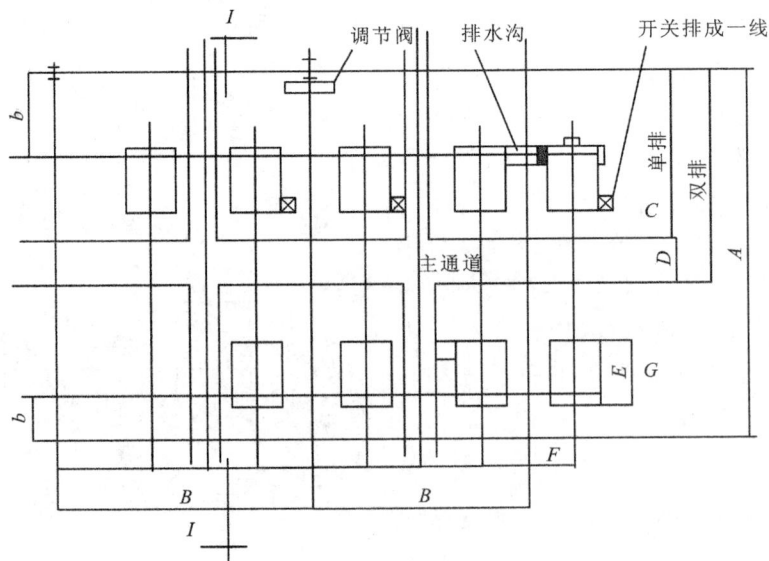

图 7.10 泵在管廊下(或泵房中)的布置

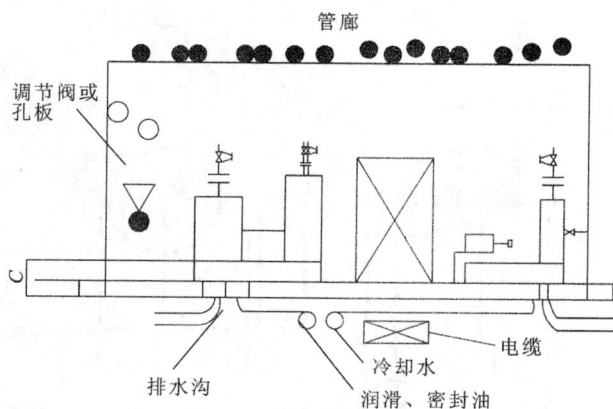

I—I剖面

续图 7.10

管道从顶部连接的压缩机可以安装在接近地面的基础上,在拆卸上盖时要同时拆去上部接管。管道从底部连接的压缩机拆卸上盖时比较方便,这种压缩机要装在抬高的框架上,支柱靠近机器,环绕机器设悬壁平台,当然压缩机的基础要与建筑物的基础分离。离心压缩机常布置在敞开式的框架结构(有顶)或压缩机室内,顶部要设吊车梁或行车以供检修时起吊零部件。

往复压缩机的工作原理与和往复泵相似,但机器复杂得多,振动及噪声都很大。往复式压缩机结构复杂、拆装时间长,所以都布置在压缩机室内,并配有起重装置,其周围要留出足够大的空地,如图 7.3 所示。

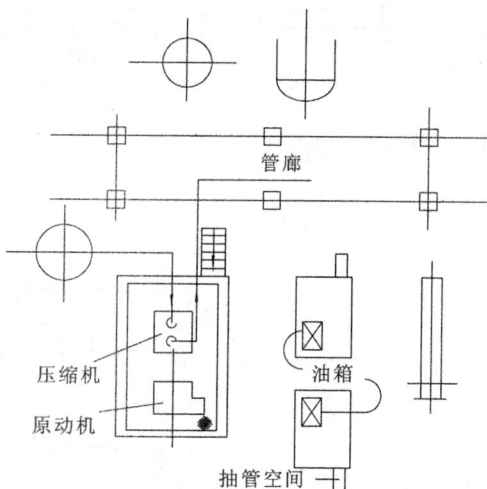

图 7.11 离心压缩机的布置

实践范例

(一)车间布置原则

(1)车间布置根据厂房结构而定,生产类别为甲、乙类生产,宜采用框架结构,柱网间距一般为 6 m,也有采用 7.5 m 的。在同一栋厂房中不宜采用多种柱距。

(2)厂房的宽度尽可能利用自然采光和通风以及建筑经济上的要求,一般厂房宽度不宜超过 30 m,多层厂房宽度不宜超过 24 m。

（二）车间布置方案确定

车间布置方案如图 7.12 所示。

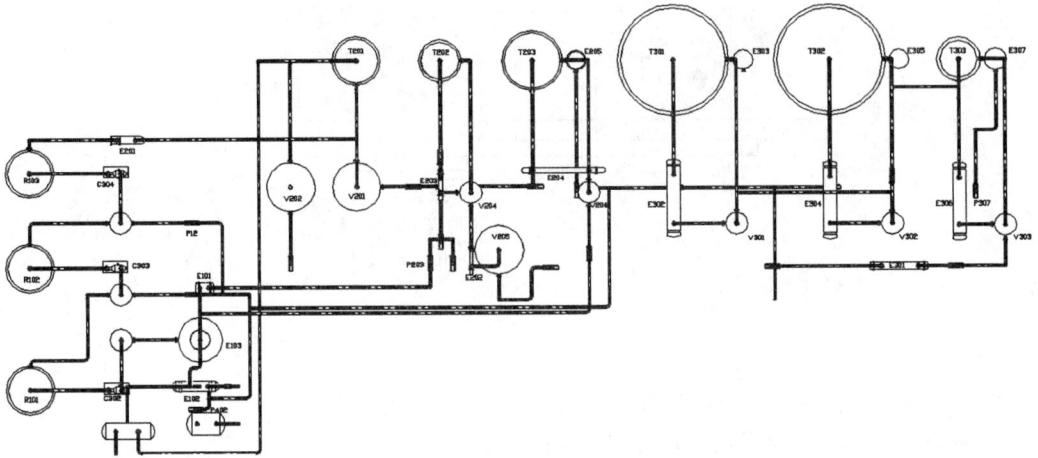

图 7.12　车间布置

（三）反应车间

反应车间用来进行原料预处理和甲苯甲醇烷基化反应,反应车间如图 7.13 所示。

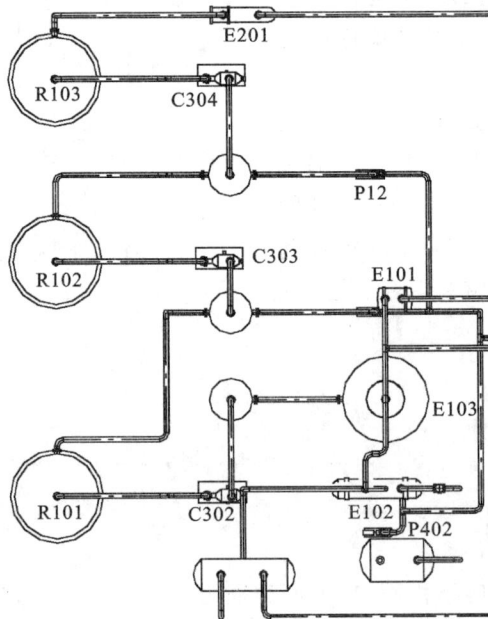

图 7.13　反应车间

以摩尔比为 7∶1 的甲苯和甲醇作为反应原料,临氢、临水,其中氢气与原料(甲苯＋甲醇)的摩尔比为 8:1,水和原料的摩尔比为 8:1,温度为 460 ℃,压强为 3 bar,在 Si,P,Mg 复合改性的纳米 ZSM-5 催化剂上进行反应。

(四)预分离车间

预分离车间如图 7.14 所示。反应器出口产物中,主要是水、氢两种载气以及未反应完的甲苯,其余少量为有机物,有机物中主要是苯、二甲苯、少量的重沸物和轻烃。其中氢气和水能够分离出来,循环利用。产物中水溶性物质甲醇所剩无几,不凝性气体如甲烷、乙烯等含量也较少,可尝试通过气液分相器和液液分相器进行氢气和水的分离。考虑到 C8 异构体之间沸点十分接近,导致相对挥发度很小,剩余苯、甲苯、二甲苯和重沸物,分离十分困难,普通精馏等分离方式无法得到纯的对二甲苯产品,故可先通过精馏将二甲苯与苯、甲苯分离开,再通过后续分离手段得到纯度较高的对二甲苯产品。

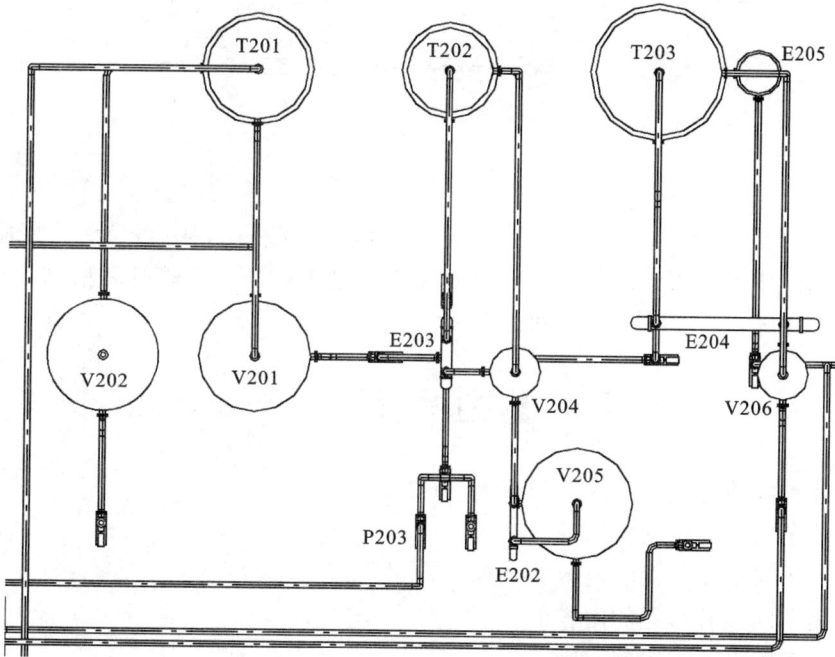

图 7.14　预分离车间

(五)精制车间

精制车间的作用是进行对二甲苯精制如图 7.15 所示。脱甲苯塔底得到的粗产品中主要是对二甲苯、间二甲苯、邻二甲苯 3 种二甲苯异构体,这三者的密度十分接近而且沸点的差距也极小,如对二甲苯和间二甲苯的沸点只差 0.75 ℃,无法通过普通精馏操作将三者分离。针对这个问题,许多化工研究人员进行了研究探索,目前从二甲苯异构体混合物中分离对二甲苯的方法主要有吸附分离法、结晶分离法和沸石膜分离法等。

本工艺以甲醇为催促剂,控制馏出液中催促剂与 C8 的体积比为 1:1,采用双减压催

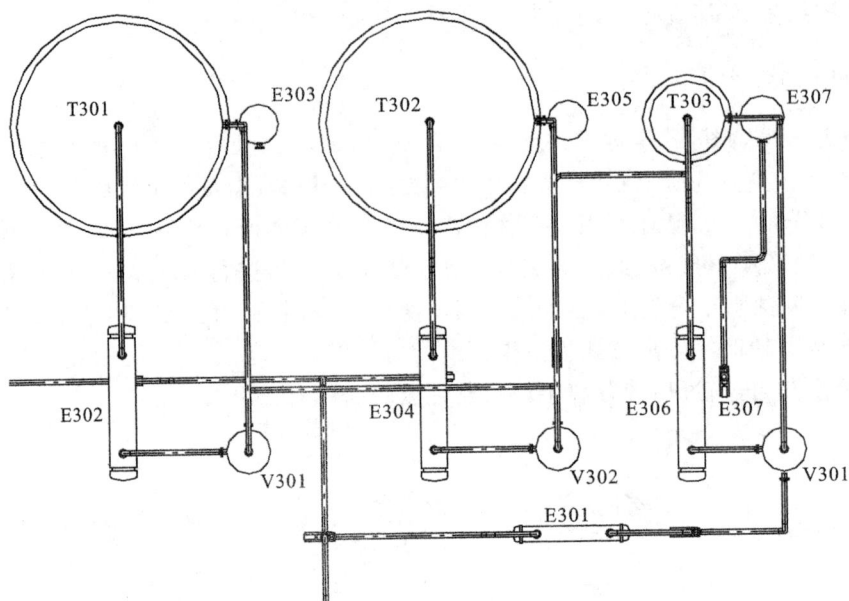

图 7.15　精制车间

促精馏塔分离对二甲苯,并用甲醇回收塔回收甲醇,循环利用,从而得到质量纯度为 99.7％的优等对二甲苯产品,对二甲苯质量回收率高达 98.72％。催促剂精馏塔底部馏出物,含有对二甲苯、间二甲苯、邻二甲苯和 C9。

【习　题】

1. 简述车间布置设计的内容和程序。
2. 简述车间布置设计的原则。
3. 简述车间平面布置的内容和要求。
4. 简述车间设备布置的内容。
5. 简述车间设备布置的原则。
6. 简述车间设备布置的方法及步骤。
7. 简述塔的布置原则。
8. 简述换热器的布置原则。
9. 容器布置时要注意哪些事项?
10. 画出釜式反应器布置示意图。

单元八 管 道 布 置

教学目的

通过设计一座制取对二甲苯(PX)分厂的管路布置,使学生能够利用管路布置知识解决相关问题。

教学目标

[能力目标]

基本能进行简单化工生产车间的管路布置设计。

基本能看懂化工生产车间简单管路布置图。

基本能利用计算机和手工绘制简单化工生产车间管路布置图。

[知识目标]

学习并初步掌握化工生产车间管路布置的原则与方法。

领会国家相关标准。

学习计算机绘图软件的使用方法与技巧。

[素质目标]

能够利用各种形式进行信息的获取。

设计过程中与团队成员的讨论、合作。

经济意识、环保意识、安全意识。

必备知识

模块 1 管道布置概述

1. 化工车间管道设计与布置任务

管道设计与布置(图 8.1)主要包括管道设计计算和管道布置设计两部分内容。管道的设计计算包括管径计算、管道压降计算、管道热补偿计算等;管道布置设计的主要内容是对管道在空间位置连接、阀件、管件及控制仪表安装情况进行设计并绘图。主要内容如下所述。

图 8.1　车间的管道布置

（1）选择管道材料与介质流速，确定管径。

（2）确定管壁厚度、管道连接方式。

（3）选择阀门和管件、管道热补偿器、绝热形式与厚度、保温材料。

（4）计算管道的阻力损失。

（5）确定车间中各个设备的管口方位、确定管道的安装连接和铺设，选择管架及固定方式。

（6）确定各管段（包括管道、管件、阀门及控制仪表）在空间的位置。

（7）画出管道布置图，表示出车间中所有管道在平面和立面的空间位置，作为管道安装的依据。

（8）编制管道综合材料表，包括管道、管件、阀门、型钢及绝热材料等的材质、规格和数量。

（9）选择管道的防腐蚀措施，选择合适的表面处理方法和涂料及涂层顺序。

（10）编制施工说明书。

2. 化工车间管道设计与布置的要求

化工装置的管道布置设计应符合以下要求。

《石油化工金属管道布置设计规范》（SH 3012—2011）。

《石油化工配管工程设计图例》（SH/T 3052—2014）。

《石油化工非埋地管道抗震设计通则》（SH/T 3039—2003）。

《化工装置管道布置设计规定》（HG/T 20549—1998）。

《输气管道工程设计规范》（GB 50251—2015）。

《输油管道工程设计规范》（GB 50253—2014）。

《化工、石油化工管架、管墩设计规定》(HG 20670—2000)。

《压力管道安全技术监察规程-工业管道》(TSG D0001—2009)。

《石油化工管道支吊架设计规范》(SH/T 3073—2004)。

《石油化工非埋地管道抗震设计通则》(SH/T 3039—2003)。

《石油化工管道伴管和夹套管设计规范》(SH/T 3040—2012)。

《石油化工管道柔性设计规范》(SH/T 3041—2002)。

《石油化工设备和管道绝热工程设计规范》(SH 3010—2013)。

《石油化工给水排水管道设计规范》(SH 3034—2012)。

《石油化工管金属道布置设计规范》(SH 3012—2011)。

此外,要符合生产工艺流程的要求,并能满足生产的要求。要便于操作管理,并能保证安全生产。要便于管道的安装和维护。要求整齐美观,并尽量节约材料和投资。

除了符合上述原则性要求外,还应仔细考虑下列问题。

1) 物料因素

输送易燃、易爆、有毒及有腐蚀性的物料管道不得铺设在生活间、楼梯、走廊和门等处,这些管道上还应设置安全阀、防爆膜、阻火器和水封等防火防爆装置,并应将放空管引至指定地点或高过层面2 m以上。

有腐蚀性物料的管道,不得铺设在通道上空和并行管线的上方或内侧。

管道铺设时应有一定的坡度,坡度方向一般是沿物流的方向,坡度一般为 $1/100 \sim 5/1000$。黏度小的液体物料管道可取 $5/1000$ 左右,含固体的物料管道可取 $1/100$ 左右。

真空管线应尽量短,尽量减少弯头和阀门,以降低阻力,达到更高的真空度。

2) 施工、操作及维修

管道应尽量集中布置在公用管架上,平行走直线,少拐弯,少交叉,不妨碍门窗开启和设备、阀门及管件的安装维修,并列管道的阀门应尽量错开排列。

支管多的管道应布置在并行管线的外侧,引出支管时,气体管道应从上方引出,液体管道应从下方引出,管道尽量避免出现"气袋"、"口袋"和"盲肠"。

管道应尽量沿墙面铺设,或固定在墙上的管架上,管道与墙面之间的距离以能容纳管件、阀门及方便安装维修为原则。

3) 安全生产

架空管道与地面的距离除符合工艺要求外,还应便于操作和检修。管道跨越通道时,最低点离地距离有如下要求:通过人行道时不小于2.2 m,通过公路时不小于4.5 m,通过铁路时不小于6 m,通过厂区主要交通干线时离地5 m。

直接埋地或管沟中铺设的管道通过道路时应加套管等加以保护。

为了防止介质在管内流动产生静电聚集而发生危险,易燃、易爆介质的管道应采取接地措施,以保证安全生产。

长距离输送蒸汽或其他热物料的管道应考虑热补偿问题,如在两个固定支架之间设置补偿器和滑动支架。

4）其他因素

管道与阀门一般不宜直接支承在设备上。

距离较近的两设备间的连接管道,不应直连,应用 45° 或 90° 弯接。

管道布置时应兼顾电缆、照明、仪表及采暖通风等其他非工艺管道的布置。

模块 2　管道布置一般要求

1. 管道布置原则

（1）管道布置设计（图 8.2）首先必须符合管道仪表流程图（PID）的设计要求和有关行业的规范,保证安全生产及便利操作。

图 8.2　复杂而有序的管道

（2）管道布置设计应根据具体的生产特点,结合设备布置、建筑物与构筑物情况等进行综合考虑,对装置所有管道（即生产系统管道、辅助系统管道、采暖通风管路等）全盘规划,各安其位。

（3）装置内管道平面布置图按所选定的比例不能在一张图纸上绘制完成时,应将装置分区进行管道布置设计,每一区的范围以使该区的管道平面布置图能在一张图纸上绘制完成为原则。

（4）为了便于施工安装、生产操作、检查维修,管道应尽可能架空敷设,必要时（如离心泵的吸入管道不可能架空时）也可埋地或管沟敷设。埋地敷设的优点是利用地下空间。使地面以上空间较为简洁,并不需支承措施,其缺点是对管道有较强的腐蚀,检查和维修困难,在车行道处有时需特别处理以承受大的载荷。低点排液不便及易凝油品凝固在管内时处理困难,带隔热层的管道很难保持其良好的隔热功能等,故只有在架空敷设不可能时,才予以采用。管沟敷设可充分利用地下空间,并提供了较方便的检查维修条件,还可敷设有隔热层的高温、易凝介质或腐蚀性介质的管道;但其费用高,占地面积大,需设排水点,易积聚或串入油气增加不安全因素,污物清理困难等。埋地管道顶与路面的距离不小于 0.6 m,并应在冻土深度以下。

(5) 管道布置应成列平行敷设。尽量走直线少拐弯(因作自然补偿、方便安装、检修、操作除外),少交叉以减少管架的数量,节省管架材料,达到整齐美观便于施工安装。

(6) 对有腐蚀性物料的管道,应布置在平列管道的下方或外侧,易燃、易爆、有毒和有腐蚀性物料的管道不应敷设在生活间、楼梯和走廊处,并应配置安全阀、防爆片、阻火器、水封等防火、防爆设施。放空管应引至室外指定地点或高出屋面 2 m 以上。

(7) 冷热管道尽量分开布置,不得已时,热管在上,冷管在下。其保温层外表面的间距,上下并行时一般不应小于 0.5 m;交叉排列时,不应小于 0.25 m。

(8) 设备间的管道连接,应尽可能的短而直,尤其用合金钢的管道和工艺要求压降小的管道,如泵的进口管道、加热炉的出口管道、真空管道等,同时要有一定的柔性,以减少人工补偿和由热胀位移所产生的力和力矩。

(9) 当管道改变标高或走向时,应避免管道形成积聚气体的"气袋"或液体的"口袋"和"盲肠"。如不可避免时应于高点设排气阀,低点设排液阀。高点排气口最小管径为 DN15,低点排液口最小管径为 DN20(主管为 DN15 时,排液口 DN15)。高黏度介质的排气、排液口最小管径为 DN25。气体管的高点排气口可不设阀门,采用螺纹管帽或法兰盖封闭。除管廊上的管道外,DN≤25 的管道可不设高点排气口。有毒及易燃易爆液体管道的排放点不得接入下水道,应接入封闭系统。比空气重的气体的放空点应考虑对操作环境的影响及人身安全的防护。从水平的气体主管上引接支管时,应从主管的顶部接出。

(10) 管道布置不应挡门、挡窗。应避免通过电动机、配电盘、仪表盘的上空,在有吊车的情况下,管道布置应不妨碍吊车工作。在建筑物安装孔的区域也不应布置管道。

2. 管道连接

(1) 由于管法兰处易泄漏,故生产管道除与设备接口和阀门法兰、特殊管件连接处采用法兰连接外,其他均采用对焊连接住(DN≤40 的管道用承插焊连接或卡套连接)。

(2) 采用成型无缝管件(弯头、异径管、三通)时,不宜直接与平焊法兰焊接(可与对焊法兰直接焊接)其间要加一段直管,直管长度一般不小于其公称直径,最小不得低于 100 mm。

(3) 管道对接焊口的中心与弯管起弯点的距离不应小于管外径,且不小于 100 mm。

(4) 管道上两相邻对接焊缝间的净距应不小于 3 倍管壁厚,短管净长度应不小于 5 倍管壁厚,且不小于 50 mm。对于 DN≥50 mm 的管道,两焊缝间的净距离应不小于 100 mm。

(5) 管道的环焊缝不应在管托范围内。焊缝边缘与支架边缘间的净距离应大于焊缝宽度的 5 倍,且不小于 100 mm。不宜在管道焊缝及其边缘上开孔与接管。

(6) 钢板卷焊的管纵向焊缝应置于易检修和观察位置,且不宜在水平管底部。对有加固环或支撑环的管子,加固环或支撑环的对接缝应与管子的纵向焊缝错开,且不小于 100 mm。

(7) 坡度要求。管道平面敷设应有坡度,坡度方向一般均沿着物料流动方向,但也有与物料流动方向相反的(根据工艺要求确定)。坡度一般为 1/100～5/1 000。输送物料黏度越大,其管道坡度也越大。含固体结晶的物料管道的坡度可至 5/100 左右。埋地管道及敷设在地沟中的管道,在停止生产时,其积存物料不考虑放尽者,可不考虑敷设坡度。当管道敷设采用低管架时,其管底标高不小于 0.3 m;采用中管架时,不小于 2 m;采用高管架时,当排管下不布置机泵,其最下层管道一般不低于 3.2 m。而布置机泵一般不低于 4 m,上下两层排管的标高差可取 1～1.4 m。当管道通过厂区道路时,一般高度不小于 4 m;通过厂区铁路时,则不小于 6 m。

(8) 管道间净距应满足管子焊接、隔热层及组成件安装维修的要求。两管道上最突出部分之间的净距,中低压管道不应小于 30 mm,高压管道不应小于 70 mm。管道突出部分或管道隔热层外壁的最突出部分,距管架或框架的支柱、建筑物墙壁的净距不应小于 100 mm,并应考虑拧紧法兰螺栓所需的空间。无法兰、不隔热管道间距应满足管道焊接及检修的要求,一般不小于 50 mm,有侧向位移的管道应道当加大管道间的净距。当管道穿越屋面、楼板、平台及墙壁时,一般应加套管保护,套管直径应不妨碍管道的热胀,并大于保温后的直径或法兰直径;低压常温管道可不加套管。

3. 一般阀门的布置原则

图 8.3　管道阀门

阀门(图 8.3)应设在容易操作、便于安装和维修的地方。成排管道(如进出口装置的管道)上的阀门应集中布置,有利于设置操作平台及梯子。消火栓或消防用的阀门,应设在发生火灾时能安全接近的位置。

阀门应设在热位移小的地方。阀门上有旁路线或偏置的传动部件(如齿轮传动阀)时,应为旁路或偏置部件留有足够的安装和操作空间。埋地管道的阀门要设在阀门井内,并留有维修的空间。

立管上阀门的阀杆中心线的安装高度宜在地面或平台以上 0.7～1.6 m 的范围,DN40 及以下阀门可布置在 2 m 高度以下。位置过高或过低时应设平台或操纵装置,如链轮或伸长杆等以便于操作。

极少数不经常操作的阀门,且其操作高度离地面不大于 2.5 m,又不便另设永久性平台时,应用便携梯或移动式平台使人能够操作。阀门的阀杆不应向下垂直或倾斜安装。

布置在操作平台周围的阀门手轮中心距操作平台边缘不宜大于 400 mm,当阀杆和手轮伸入平台上方且高度小于 2 m 时,应使其不影响操作人员的操作和通行安全。阀门相邻布置时,手轮间的净距不宜小于 100 mm。安装在管沟或阀门井内经常操作的阀门,当手轮低于盖板以下 300 mm 时,应加装伸长杆,使其在盖板下 100 mm 以内。

非金属管道的布置应有足够的管道柔性或有效的热补偿措施,以防因膨胀(或收缩)或管架和管端的位移造成泄漏或损坏,应采取有效的防静电措施;露天敷设时,应有防老化措施;在有火灾危险的区域内,应为其设置适当的安全防护措施。

非金属衬里管道的布置应特别注意非金属材料的特性与金属材料之间的差异,使膨胀(或收缩)及其他位移产生的应力降到最小,每一板管线都应在三维坐标系的至少一个方向上设置一个尺寸调整管段,以保证安装准确。非金属衬里管不宜用于真空管道。

4. 管架和管道的安装布置

较重的管道(大直径、液体管道等)应布置在靠近支柱处,这样梁和柱所受弯矩小,节约管架材料。公用工程管道布置在管架中,支管引向左侧的布置在左侧,反之置于右侧。Ⅱ形补偿器应组合布置,将补偿器升高一定高度后水平置于管道的上方,并将最热和直径大的管道放在最外边。

连接管廊同侧设备的管道布置在同侧的外边,连接管架两侧设备的管道布置在公用工程管线的左右两边。进出车间的原料和产品管道可根据其转向布置在右侧或左侧。

当采用双层管架时,一般将公用工程管道置于上层,将工艺管道置于下层。有腐蚀性介质的管道应布置在下层和外侧,防止泄漏到下面管道上,也便于发现问题和检修。小直径管道可支承在大直径管道上,节约管架宽度,节省材料。

模块 3　典型设备的管道布置

1. 塔设备

塔的管道布置应从塔顶部到底部自上而下进行规划,并且应首先考虑塔顶和大直径的管道的位置和自流管道的走向,再布置压力管道和一般管道,最后考虑塔底和小直径管道。

1)塔的管口方位

塔的管口方位是塔的管道布置重点,塔的管口方位应满足塔内件工作原理及结构要求,设计时应考虑设备内件整体结构的相对方位与管口方位同时确定。塔的管口方位如图 8.4 所示。

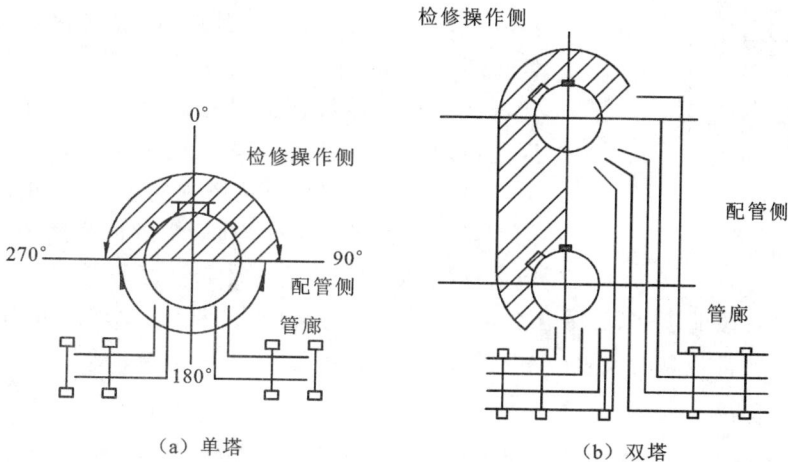

图 8.4　塔的管口方位

塔通常分成操作区和配管区两部分。操作区进行运转操作和维修,包括登塔的梯子、人孔、操作阀门、仪表、安全阀、塔顶上吊柱和操作平台等,操作区一般面对道路。配管区设置管道连接的管口,一般位于管廊一侧,是连接管廊、泵等设备管道的区域。

人孔应该布置在安全、方便的操作区,常常将一个塔的所有人孔布置在一条垂线上,并对着道路。人孔的位置受塔内结构的影响,不能设在塔盘的降液管或密封盘处,只能设在图 8.5 中所示的 b 或 c 的扇形区内。填料塔在每段填料的上下设手孔或人孔。

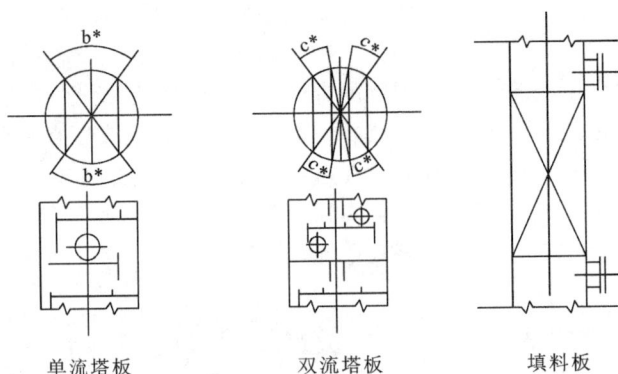

单流塔板　　　　双流塔板　　　　填料板

图 8.5　塔的管口布置(1)

进料、出料、回流等管口方位应遵循管路最短原则,主要由塔结构及冷凝器、回流罐、再沸器等设备的位置决定。塔体侧面管道一般有回流、进料、侧线抽出、汽提蒸汽、再沸器入口和返回管道等。为使阀门关闭后无积液,这些管道上的阀门最好直接与塔体管口相接。再沸器连接管口即塔的出液口可布置在图 8.6 中角度为 2a* 的扇形区内。再沸器返回管或塔底蒸汽进口中的流体都是高速进入的,为了保证液封板的密封,气流不能对着液封板,最好与它平行。回流液管口不需要切断阀,可以布置在配管区内任何地方。当考虑在不同塔板位置进料时,进料支管上设有切断阀,因此,进料阀应布置在操作区的边缘。

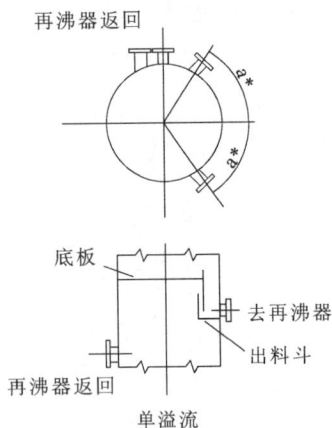

图 8.6　塔的管口布置(2)

塔顶蒸汽出口可以从塔顶向上引出,也可以采用内部弯管从塔顶中心引向侧面,使塔顶蒸汽出口的管口靠近塔顶操作平台。塔顶放空管道一般安装在塔顶气管道最高处水平管段的顶部,如图 8.7 所示,并且应符合防火规范的要求。液面计、温度计及压力计等需要常观测的仪表应布置在操作区平台上方,便于观测。

2) 塔的配管

塔的配管比较复杂,它涉及的设备多,空间范围大,管道数量多,而且管径大,要求严格。所以在配管前要对流程图作一个总体规划,如图 8.8 所示,要考虑主要管道走向及布置要求,仪表和调节阀的位置,平台的设置及设备的布置要求等。

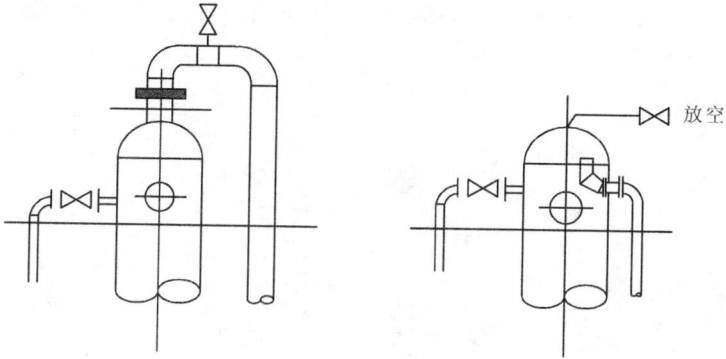

图 8.7　塔的管口布置(3)

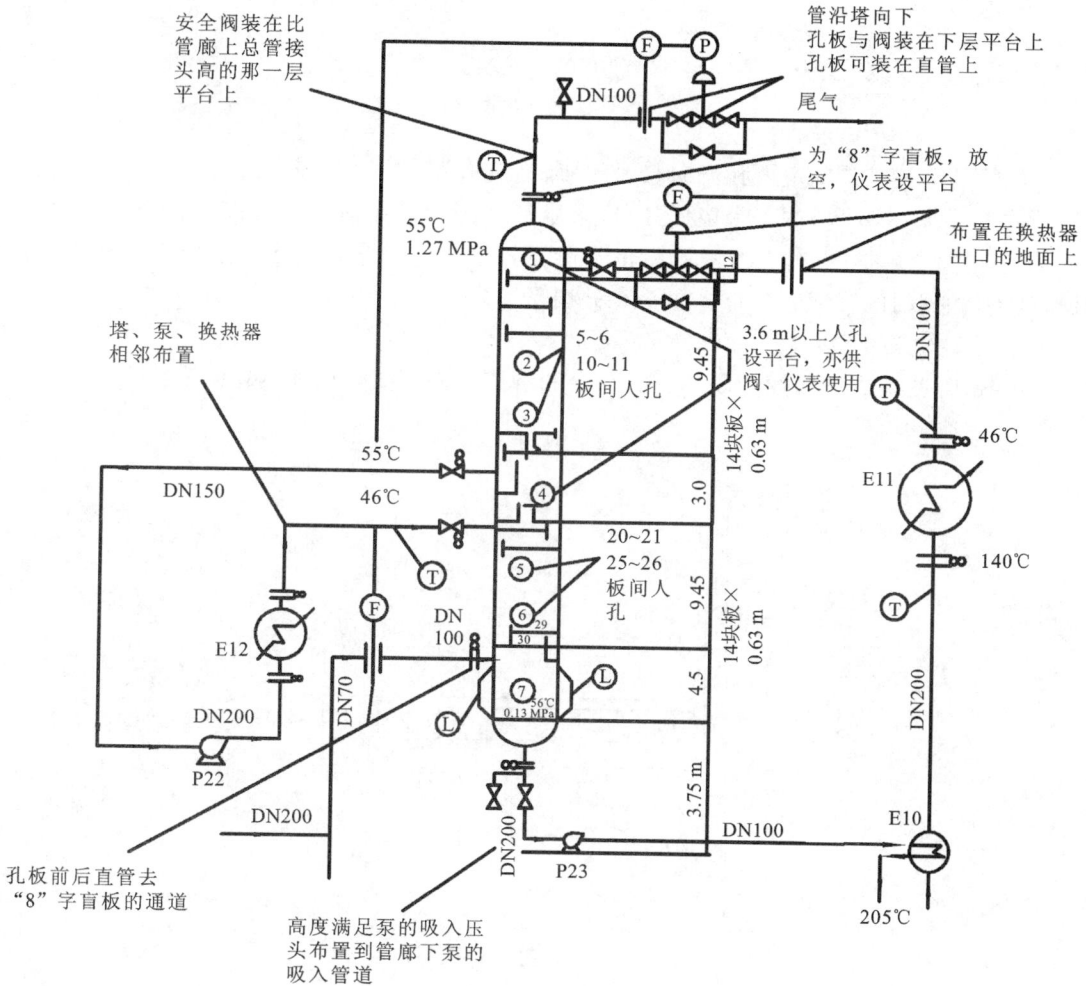

图 8.8　在流程图上规划塔的配管

① 塔的平面配管

图 8.9 是塔的平面配管图。平面图表示了管道、管口、人孔、平台支架和梯子的分布情况,这张图中的布置形式是较好的。

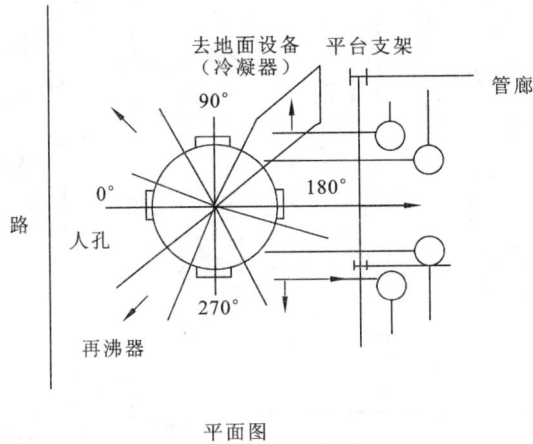

平面图

图 8.9 塔的平面配管图

配管的第一步是确定人孔方向,最好是所有人孔都在同一方向,人孔正对主要通道;排列的人孔将占整个塔的一个扇形区,这个扇形区不能被任何管路所占有。梯子布置在 90°与 270°两个扇形区内,这个区域内也不能安排管道。管路布置还要避免交叉和绕走,没有仪表和阀门的管道适合布置在 180°处扇形区内。

② 塔的立面配管

图 8.10 是塔的立面配管图,人孔、平台和管道走向都简略地表示在图中。

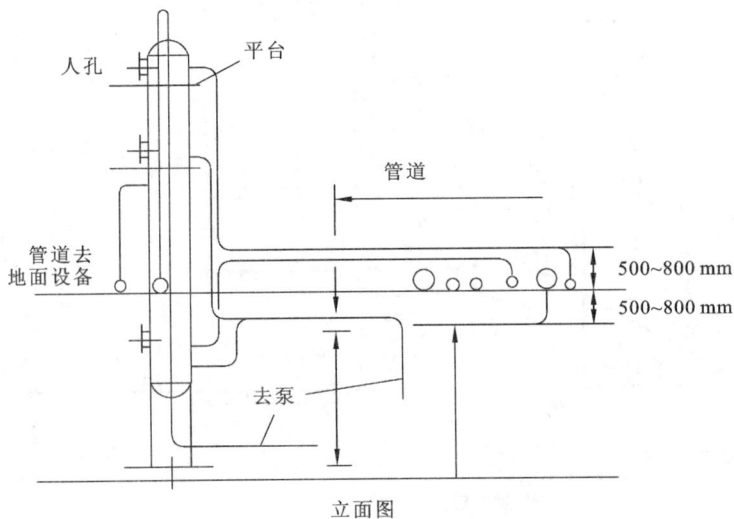

立面图

图 8.10 塔的立面配管图

管口标高是由工艺要求决定的,人孔标高则取决于安装维修的要求。为便于安装支架,塔的连接管道在离开管口后应立即向上或向下转弯,垂直部分应尽量接近塔身。垂直管道在什么位置转成水平,取决于管廊的高度。塔至管廊的管道标高可高于或低于管廊标高 0.5～0.8 m。再沸器的管道标高取决于塔底的出料口和蒸汽进口位置。再沸器的管道和塔顶蒸气管道要尽可能地直,以减小流体阻力。

2. 换热器

下面以列管式换热器为例讨论换热器的管道布置,其他换热器类同。换热器管道的布置应方便操作和不妨碍设备的检修,管道应尽可能短而直,减少弯头数量,以减少压降。

1）换热器的管道布置

合适的流动方向和管口布置能简化和改善换热器管道布置的质量。图 8.11 中(a)、(c)、(e)所示为习惯流向的布置,在该图所示的场合是不合理的;图 8.11 中(b)、(d)、(f)则是改变了流动方向的合理布置。

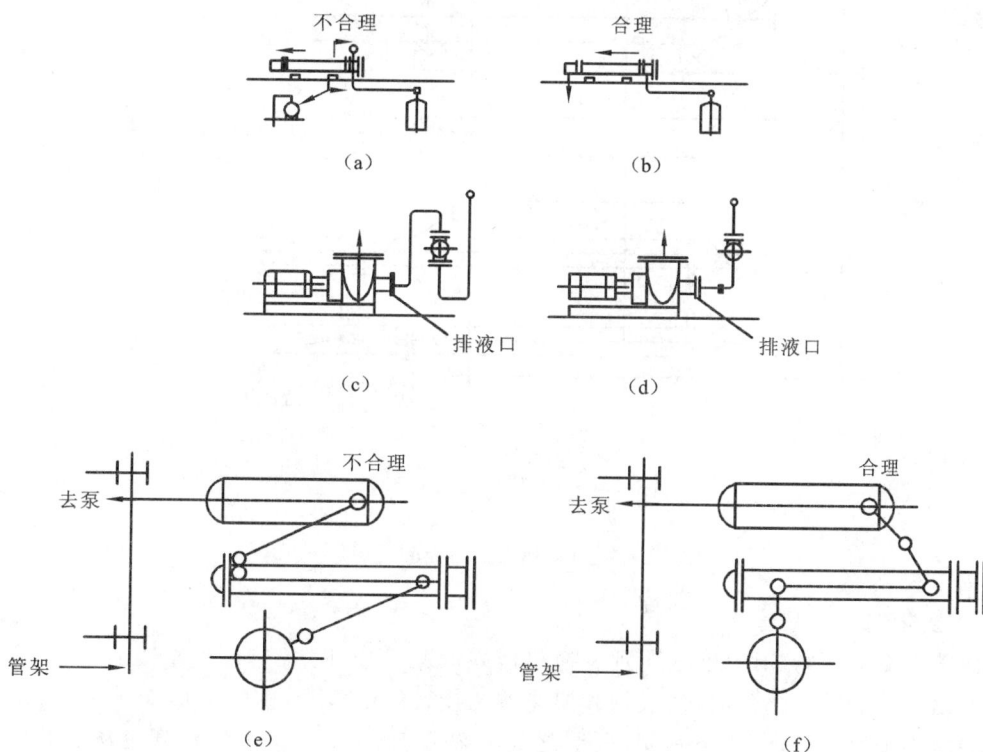

图 8.11　换热器的管口布置

图 8.11 中(b)图和(a)图比较,简化了塔到冷凝器的大口径管道,节约了两个弯头和相应管道;(d) 图和(c)图比较,消除了泵吸入管道上的气袋,节约了四个弯头、一个排液阀和一个放空阀,缩短了管路,同时也大大改善了泵吸入条件;(f) 图和(e)图比较,缩短了管道,使流体流动方向更为合理。

2）换热器的配管

① 换热器的平面配管

换热器平面配管要满足工艺和操作的要求。管箱正对道路,顶盖对着管廊,如图8.12所示。配管应使换热器内气相空间无积液,液相空间无气阻。管道和阀门的布置,不能妨碍设备的法兰和阀门自身法兰的拆卸,换热器两端和法兰周围的安装和维修空间不能有任何障碍物。管道要尽量短,使操作、维修更方便。换热器与邻近设备之间可用管路直接架空相连,当换热器管道架空布置时,其管道标高的确定要同管廊或其他相邻管道相互协调,进出管廊的换热器连接管的支承点标高应尽量一致。阀门、自动调节阀及仪表应沿操作通道,靠近换热器布置,并能立在通道上操作。

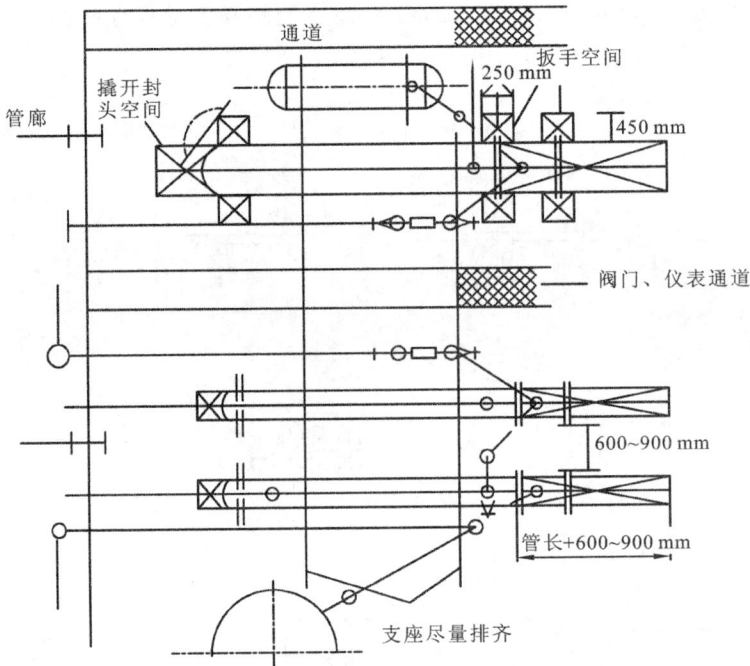

图 8.12　换热器的平面配管图

② 换热器立面配管

换热器立面配管如图8.13所示。换热器立面配管应注意,与管廊连接的管道、管廊下泵的出口管、高度比管廊低的设备和换热器的接管的标高,均应比管廊低 0.5～0.8 m。若一层排不下时,可置于再下一层,两层之间相隔 0.5～0.8 m。蒸汽支管应从总管上方引出,以防止凝液进入。换热器应有合适的支架,不能让管道重量都压在换热器的接口上。仪表应布置在便于观测和维修的地方。

3. 容器

（1）容器底部排出管道沿墙敷设离墙距离可以小些,以节省占地面积,设备间距要求大些,以便操作人员能进入切换阀门。

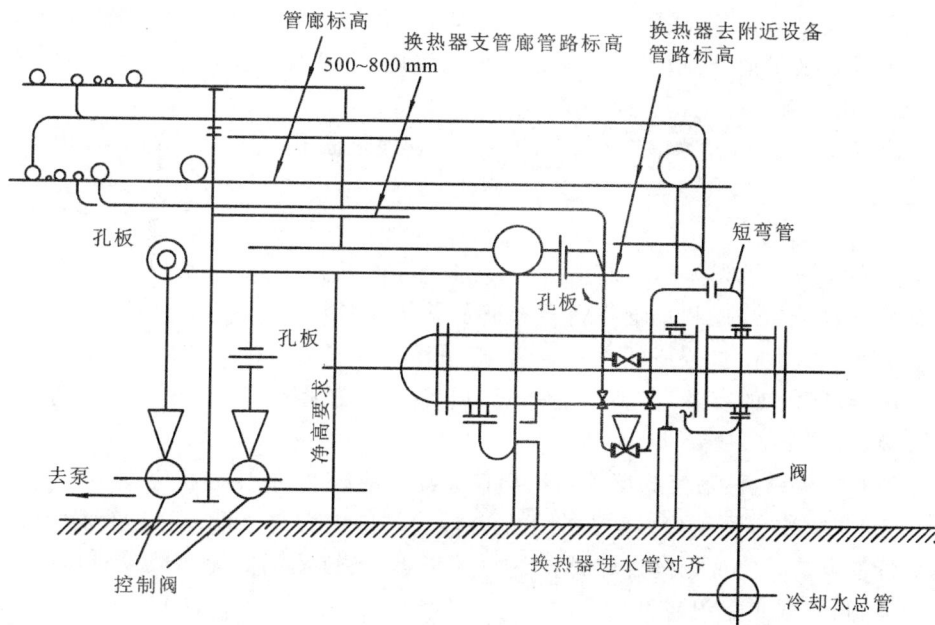

图 8.13　换热器的立面配管图

（2）排出管在设备前引出。设备间距离及设备离墙距离均可以小些,排出管通过阀门后一般应立即引至地下,使管道走地沟或楼面下。

（3）排出管在设备底中心引出,适用于设备底离地面较高,有足够距离可以安装和操作阀门,这样敷设高度短,占地面积小,布置紧凑,但限于设备直径不宜过大,否则开启阀门不方便。

（4）进入容器的管道为对称安装,适用于需设置操作平台、开关阀门的设备。

（5）进入容器的管道敷设在设备前部,适用于能站在地(楼)面上操作阀门的设备。

（6）卧式槽的进出料口位置应分别在两端,一般进料在顶部、出料在底部。

4. 泵

（1）泵体不宜承受进出口管道和阀门的重量,故进泵前和出泵后的管道必须设支架,尽可能做到泵移走时不设临时支架。

（2）吸入管道应尽可能短,少拐弯,并避免突然缩小管径。

（3）吸入管道的直径不应小于吸入口直径。当泵的吸入口为水平方向时,吸入管道上应配置偏心异径管,管顶取平,以免形成气袋。当吸入口为垂直方向时,可配置同心异径管。

（4）泵的排出管上均设止回阀,防止泵停时物料倒冲。止回阀应设在切断阀之前,停车后将切断阀关闭,以免止回阀阀板长期受压损坏。

（5）悬臂式离心泵的吸入口配管应给予拆修叶轮的方便。

（6）往复泵、漩涡泵、齿轮泵一般在排出管上(切断阀前)设安全阀(齿轮泵一般随带安全阀),防止因超压发生事故。安全阀排出管与吸入管连通。

（7）蒸汽往复泵的排汽管应少拐弯,不设阀门,在可能积聚冷凝水的部位设排放管,放空量大的还要装设消声器,乏气应排至户外适宜地点,进汽管应在进汽阀前设冷凝水排放管,防止水击汽缸。

（8）蒸汽往复泵,计量泵、非金属泵的吸入口须设过滤器,避免杂物进入泵内。

5. 压缩机

（1）离心式压缩机壳体有两种基本形式:垂直剖分型用于高压;水平剖分型用于低压或中压。垂直剖分型压缩机前面不得有管道及其他障碍物,水平剖分型压缩机上部不得有管道和其他障碍物。如果必须设置管道,应采用法兰连接,以便拆卸。

（2）进出口管道的布置,在满足热补偿和允许应力的条件下,应尽量减少弯头数量,以减少压降。

（3）离心式压缩机、轴流式压缩机进出口管嘴一般朝下,有压缩机壳体中心支撑。机器运行中,自机器中分面至出口法兰向下的热胀量均应由管道上设置的补偿器吸收。

（4）管道设计时应首先按自然补偿的方式考虑,当自然补偿无法减少对压缩机管嘴的受力时,方可在管道上设置补偿器。

（5）厂房内设置的上进、上出的离心式或轴流式压缩机时,在其进出口管道上必须设置可拆卸短节,以便吊车可以通过,压缩机得以解体检修。

（6）轴流式、离心式压缩机进出口均应设置切断阀。

（7）轴流式、离心式压缩机出口管道应设置止回阀,以防压缩机切换或事故停机时物流倒回机体内。本工艺采用离心式压缩机水平剖分型,不设置补偿器,上部需设置管道,采用法兰连接。

实践范例

管道布置实践范例穿插于设计全过程中。

【习　题】

1. 管道布置设计的内容有什么?
2. 管道布置设计应符合的标准有哪些?
3. 管道布置原则是什么?
4. 请画出塔的平面配管图和塔的立面配管图。
5. 换热器的配管要求是什么?

单元九　公用工程设计

教学目的

　　通过设计一座制取对二甲苯(PX)分厂的公用工程设计,使学生掌握上述问题处理的过程、步骤和方法。

教学目标

[能力目标]

　　能够较为准确地进行公用工程设计。

　　能够熟练地查阅各种资料,并加以汇总、筛选、分析。

[知识目标]

　　学习并初步掌握公用工程设计的过程、方法与步骤。

　　学习并初步掌握供电、通信、土建、给水排水、采暖通风及空气调节、消防工程设计。

[素质目标]

　　能够利用各种形式进行信息的获取。

　　设计过程中与团队成员的讨论、合作。

　　经济意识、环保意识、安全意识。

必备知识

模块 1　供 电 工 程

1. 设计依据

化工企业的供电应按照以下标准。

《供配电系统设计规范》(GB 50052—2009)。

《35 kV～110 kV 变电站设计规范》(GB 50059—2011)。

《3～110 kV 高压配电装置设计规范》(GB 50060—2008)。

《电力装置的继电保护和自动装置设计规范》(GB/T 50062—2008)。

《通用用电设备配电设计规范》(GB 50055—2011)。

《工业企业照明设计标准》(GB 50034—2004)。

《低压配电设计规范》(GB 50054—2011)。

《石油化工静电接地设计规范》(SH 3097—2000)。

《化工企业腐蚀环境电力设计技术规定》(HG/T 20666—1999)。

《石油化工企业供电系统设计规范》(SH/T 3060—2013)。

《石油化工企业生产装置电力设计技术规范》(SH 3038—2000)。

《石油化工电气设备抗震鉴定标准》(SH/T 3071—2013)。

工艺人员应依照上述规定进行设计并提供供电设计条件。图 9.1 为电力工程摄影图。

图 9.1　电力工程摄影图

2. 工厂电力负荷的划分

化工生产中常使用易燃、易爆物料,多数为连续化生产,中途不允许突然停电。为此,根据化工生产工艺特点及物料危险程度不同,对供电的可靠性有不同的要求。按照电力设计规范,将电力负荷分成三级,按照用电要求从高到低分为一级、二级、三级。有特殊供电要求的负荷量应划入装置或企业的最高负荷等级。

1) 一级负荷

一级负荷指当企业正常工作电源突然中断时,企业的连续生产被打乱,使重大设备损坏,恢复供电后需长时间才能恢复生产,使重大产品报废,重要原料生产的产品大量报废,使重点企业造成重大经济损失的负荷。一级负荷要求最高,一级负荷应由两个电源供电;

采用架空线路时,不宜供杆敷设(图9.2)。

图9.2　企业电力负荷的发展

2) 二级负荷

二级负荷是指当企业正常工作电源突然中断时,企业的连续生产过程被打乱,使主要设备损坏,恢复供电后需长时间才能恢复生产,产品大量报废、大量减产,使重点企业造成较大经济损失的负荷。

通常大中型化工企业就是这种二级负荷的重点企业。二级负荷宜由双回电源线路供电,当负荷较小且获得双回电源困难很大时,也可采用单回电源线路供电。有条件时,宜再从外部引入一回小容量电源。

3) 三级负荷

三级负荷是指所有不属于一级和二级负荷的其他负荷。三级负荷可由单回电源线路供电。

4) 有特殊供电要求的负荷

当企业正常工作电源因故障突然中断或因火灾而人为切断正常工作电源时,为保证安全停产,避免发生爆炸及火灾蔓延、中毒及人员伤亡等事故,或一旦发生这类事故时,能及时处理事故,防止事故扩大,为抢救及撤离人员,而必须保证供电的负荷。

有特殊供电要求的负荷必须由应急电源系统供电。有特殊供电要求的直流负荷均由蓄电池装置供电。有特殊供电要求的交流负荷凡用快速启动的柴油发电机组能满足要求者,均以其供电;当其在时间上不能满足某些有特殊要求的负荷要求时,则需增设静止型交流不中断电源装置。严禁应急电源与正常工作电源并列运行,为此需设置有效的联锁;严禁将没有特殊供电要求的负荷接入应急电源系统。

3. 供电方案的基本要求

(1) 供电主结线力求简单可靠,运行安全,操作灵活和维修方便。

(2) 经济合理,节约电能,力求减少投资(包括基建投资及贴费),降低运行费用(包括基本电费及电度电费），节约用地。

（3）满足近期（5～10 年）发展规划的要求。

（4）合理选用技术先进、运行可靠的电工产品。

（5）满足企业建设进度要求。

一般宜提出两个供电方案，进行技术经济比较，择优推荐选择。

4. 供电方案设计阶段的主要工作内容

供电方案应根据企业的性质、规模，企业对供电可靠性的要求，企业供电电压等级、当地电力网的情况，当地的自然条件以及企业的总图布置，企业近期的发展规划等因素综合考虑确定（图 9.3）。

（1）参加厂址选择。

（2）调查地区电力网情况及其向本企业供电的条件。

（3）全厂负荷分级及负荷计算。

（4）当企业有富余热能可供综合利用

图 9.3 开关站为企业送电

时，需同有关专业研究是否设置自备电站及其具体方案，包括发电规模、机组选型、电气主结线等。

（5）与当地电业部门磋商电源供电方案，在争取上级电力主管部门的批文后，协助业主与当地电力部门签订供电协议或意向书：包括供电回路数，供电电压等级及供电质量，与电力系统的通信方案，企业继电保护装置与电力系统的衔接以及电度计费设备的设置地点。

（6）确定全厂的供电主接线方案、总变电所及自备电站位置和企业供电配电的进出线走廊。

（7）绘制几个可供选择的供电方案单线图。

（8）对供电方案进行技术经济比较。

（9）编制设计文件。

5. 防爆和防火

参照《建筑设计防火规范》和《化工企业安全卫生设计规范 HG 20571—2014》中的规定，在工艺装置的防火防爆方面应遵守以下规定。

（1）在各个反应器等可能泄漏甲醇、甲基叔丁基醚等易燃易爆、有毒有害化学品的设备处，应安装可燃气体报警装置和有毒气体浓度检测仪，并保持良好的通风换气条件。

（2）反应器等因反应物料爆聚、分解造成超温、超压，可能引起火灾、爆炸危险的设备，应设自动和手动紧急泄压排放处理槽等设施。在各个工艺过程中，应严格控制物料配比、加料速度，并且投料必须正确计量。严格按操作工艺操作，严禁违规操作。操作应严格控制升温速度及升温上限。保证循环冷却水的可靠运行，防止意外超温。

（3）加强设备和管线的定期检修，防止物料的跑、冒、滴、漏，禁止随意排放废弃物。

为防止易燃气体、蒸气和可燃性粉尘与空气构成爆炸性混合物,应使设备密闭,对法兰的连接处等薄弱点加强检修,防止物料的泄漏。

（4）采用双电源系统,对重要的用电负荷如反应器循环冷却水系统、自控系统等设置UPS,以确保安全生产。应尽量减少工艺流程中火灾、爆炸、中毒性危险物料的存量。

（5）整个生产过程应合理地采用机械化、自动化和计算机技术,实现遥控或隔离操作;应设计可靠的监测仪器、仪表,并设计必要的自动报警和自动联锁系统。危险的部位应根据需要设置常规检测系统和异常检测系统的双重检测体系。

6. 防雷和接地

雷电是一种自然的放电现象,雷电流是一种强度极大,作用时间极短的瞬变过程。雷电击中建筑物时,通常会产生电效应、热效应和机械力,在瞬间释放出的巨大能量,具有极大的破坏力,会把被击中金属熔化,使物体水分受热膨胀,产生强大的机械力,或者分解成氢气和氧气,产生爆炸,使建筑物遭到破坏,甚至引起火灾和引发触电。雷击对建筑物、设备、人、畜危害甚大。对于化工企业来说,化工装置是存在易燃易爆介质的危险场所,其操作压力高、装置规模大,更增加了其危险程度,化工企业的防雷显得特别重要。因此,设计防雷与接地措施就成为一个工业企业建设中较为重要的环节。

厂区内各建筑物和构筑物根据《建筑物防雷设计规范》(GB 50057—2010)设置防雷保护系统,防雷保护系统由避雷网(带)、引下线、测试卡和接地极等组成。

工业建筑物和构筑物的防雷等级按其重要性、使用性质、发生雷电事故的可能性和后果,防雷要求可分为三类。根据不同车间的环境特点,分别采用以下不同的防雷措施。

1）建筑物的防雷与接地

厂区的普通建筑物包括行政楼、化验室、控制室、食堂、消防站等。对于这类建筑物的防雷设计有其特殊的规定,应严格根据国建《建筑物防雷设计规范》(GB 50057—2010)进行防雷设计(图 9.4)。

图 9.4　建筑防雷接地

建筑物的防雷装置有三部分:接闪器、引下线和接地装置。建筑物在防雷设计中,应充分利用建筑物的装置,将幕墙竖向龙骨、横向龙骨和建筑物防雷网接通,练成一个防雷整体,把玻璃幕墙获得的巨大雷电能量,通过建筑物的接地系统,迅速地输送到地下,保护建筑物免遭雷电破坏的作用。

同时,对于建筑物中有计算机、电子信息设备的建筑,特别是对于控制室、变电所等,要对雷击电磁脉冲进行设防。具体的可以对该类建筑物进行电磁屏蔽,即将建筑物的墙和屋内的钢筋、金属的门窗等进行等电位连接,并与建筑物的防直雷击装置相连接,使建筑物形成一个"笼式"避雷网,对于防直雷击装置的雷电流及雷电云所形成的电磁干扰,可起到良好的屏蔽效果。

为防止电磁感应产生火花,第一级和第二级建筑物内平行敷设的长金属物,如管道、构架、电缆外皮等,其净距小于 100 mm 时,应每隔 30 m 用金属线跨接,交叉净距小于 100 mm 时,其交叉处也应跨接。

当管道连接处,如弯头、阀门、法兰盘等不能保持良好的金属接触时(过渡电阻>0.03 Ω),在连接处应用金属线跨接。用丝扣紧密连接(不少于 5 根螺栓)接头和法兰盘,在非腐蚀环境下可不跨接。

2) 厂区户外装置的防雷

厂区户外装置主要有泵、储罐、换热器、塔器等,这些设备通过管线连接。它们之中易受雷害的是高塔、料仓、高层构架、放空管及布置在框架顶层的设备。对户外装置的防雷就要使这些设备、管线或构架免受雷害。具体做法如下所述。

① 露天储罐装设的有爆炸危险的金属封闭气罐和工艺装置的防雷

对高层金属构架、壁厚大于 4 mm 的金属密闭容器(包括塔、储罐、储槽、换热器、料仓)及管道直接接地,接地点不应少于两处,两接地点距离不大于 30 m,若大于 30 m 增加接地点,冲击接地电阻不应大于 30 Ω,其放散管和呼吸阀宜在管口或其附近装设避雷针,高出管顶不应小于 3 m,管口上方 1 m 应在保护范围内。这种做法就是让构架、容器、管道等本身承担接闪器和引下线的作用,与接地装置组合成一个完整的防雷装置。壁厚大于 4 mm 的金属设备和管道,当雷电对其直击后,不会对其造成损伤。

② 露天储罐的防雷

某些储罐属于带有呼吸阀的易燃液体储罐,罐顶钢板厚不小于 4 mm 时,可在罐顶直接安装避雷针,但与呼吸阀的水平距离不得小于 3 m。保护范围高出呼吸阀不得小于 2 m,冲击电阻不大于 10 Ω。

③ 排放爆炸危险气体、蒸气或粉尘的放散管的接闪处理

首先应考虑装阻火器,装有阻火器的放散管,不用装接闪器,只要把该管与接地装置连接,就可避免雷害,因其排出的危险介质遭雷击引燃后,阻火器会使引燃的火焰熄灭,对装置不构成危害。若因故不能装设阻火器,则要装避雷针或架空避雷网作接闪器,使放散管排出的危险介质不能因雷击而引燃。

④ 输送管道的防雷

防雷户外输送易爆气体和可燃液体的管道,可在管道的始端终端、分支处、转处及直线部分每隔 100 m 处作接地,每处接地电阻不应大于 30 Ω。

上述管道与有爆炸危险厂房平行敷设而间距小于 10 m,在接近厂房的一段,其两端及每隔 30~40 m 处作接地,每处接地电阻不大于 20 Ω;平行敷设间距小于 100 mm 的管道,每隔 20~30 m 用金属线跨接;较差距离小于 100 mm 处亦应作跨接。

当上述管道连接点(弯头、阀门、法兰盘等)不能保持良好的电气接触时,应采用金属线跨接。接地引下线可利用金属支架,若是活支架,在管道与支持物之间必须增加跨接线;若是非金属支架,必须另作引下线。

3)厂区变电所的防雷

在化工企业中,化工装置变电所是电力装置的组成部分。雷电对电力装置引起过电压是电力装置过电压的一种,故对变电所的防雷纳入过电压保护统一设防。因现在电力装置应用电子信息元件越来越多,所以还要特别注意对雷击电磁脉冲的设防。

4)接 地 系 统

为保证人身、设备和建构筑物的安全和正常运行,应将电气设备的某些部分接地,以防止因静电的产生,而影响生产的正常进行。电气接地系统包括:工作接地系统、设备保护接地系统、静电接地系统、仪表接地系统和防雷接地系统。

由于供电系统的中性点直接接地,所以全厂采用 TN-C-S 接地保护系统,每个建筑单位的电源进户均需进行重复接地,接地装置与防雷系统共用。防爆车间所有电气设备正常不带点的金属外壳均设置专用接地线作接地保护。

该接地系统由直径 20 mm 的接地极和 70 mm 的接地电缆组成的接地网互相连接而构成,其接地电阻不大于 4 Ω。

按照《石油化工静电接地设计规范》(SH 3097—2000)的要求,防爆车间和场所的金属管架、设备外壳、钢平台等均作等电位连接,与接地装置、建筑物内钢筋连为一体。

5)防静电与接地保护

在正常情况下,各种用电器的外壳金属壳体是不带电的,如果用电设备绝缘体损坏,会使金属导体壳带电,若没有接地装置,会造成人员的伤亡,甚至酿成火灾爆炸。因此需要对各金属设备进行防静电接地保护。电气系统工作接地、电气设备保护接地和工艺设备管道的静电接地共用接地系统。

下列设备需进行工作接地:发电机、变压器、静电电容器组的中性点;电流互感器、电压互感器的二次线圈;避雷针、避雷带、避雷线、避雷网及保护间隙等;三线制直流回路的中性线(宜直接接地)。

由于供电系统的中性点直接接地,所以全厂采用 TN-C-S 接地保护系统,每一建筑单位的电源进户处均进行重复接地,接地装置与防雷系统共用。防爆车间内所有电气设备正常不带电的金属外壳均设置专用接地线作接地保护。

该接地系统由直径 20 mm 的接地极和 70 mm 的接地电缆(绿色/黄色)组成的接地网互相连接而构成,其接地电阻不大于 4 Ω。按照《石油化工静电接地设计规范》(SH 3097—2000)的要求,防爆车间和场所的金属管架、设备外壳、钢平台等均作等电位连接,与接地装置、建筑物内钢筋连为一体。

模块 2　通信工程

1. 设计原则

(1) 网络信息安全的木桶原则。

(2) 网络信息安全的整体性原则。

(3) 安全性评价与平衡原则。

(4) 标准化与一致性原则。

(5) 技术与管理相结合原则。

(6) 统筹规划,分步实施原则。

(7) 等级性原则。

(8) 动态发展原则。

(9) 易操作性原则。

2. 通信系统方案

1) 行政管理电话系统

(1) 主要设备选型、容量、规格、性能、用途:具体设备规格由当地电信局指导确定。

(2) 实装用户数:仍需进一步分析。

(3) 站址及房间布置:在办公楼设立电信系统管理办公室,综合管理全厂电信设备。

(4) 中继方式,中继线容量,由何处引来及交接点:从当地电信局直接引入,具体方式由电信部门确定。

(5) 供电及接地系统:供电由电信局提供,接地线路按照电信标准铺设。

2) 生产调度程控电话系统

为了使生产调度人员及时地了解生产情况,迅速地进行指挥、调节生产及监督生产过程,设置生产调度电话。通过调度电话,生产调度值班人员可以迅速地直接向其所属单位或生产岗位下达任务通知,听取汇报,解决生产上的有关问题。

(1) 生产设几级调度,主要设备选型、容量、规格、性能、用途:生产设车间和操作班两级调度,主要设备参考当地电信局指导意见。

(2) 安装用户数:仍需进一步分析。

(3) 站址及房间布置:在控制中心设立生产调度指挥中心,与办公管理通信系统综合管理生产。

(4) 中继方式,中继线容量,由何处引来及交接点:从当地电信局直接引入,具体方式由电信部门确定。

(5) 供电及接地系统:供电由电信局提供,接地线路按照电信标准铺设。

3) 火灾报警系统

(1) 火灾报警方式、自动报警、手动报警或其他方式报警:感应报警,自动报警设备与手动报警设备联用,本厂报警系统与 119 报警系统联用。

（2）设备选型、容量、规格及用途:具体设备由消防部门协助指导安装。

（3）防爆等级及安装环境:生产区和储运区采用ⅡA级防爆设置,办公区域采用Ⅲ级防爆设置。安装报警通信采取本质安全电路设备,该电路必须保证正常工作状态下以及系统中存在两起故障时,电路元件不发生燃爆。

（4）配线方式:本质安全电路以及隔爆型电路联用。

（5）消防电气联锁控制的说明:采用机电连锁,利用接触器辅助触点、继电器触点、复合按钮等在各种控制环节线路之间相互锁住对方电路。

4）综合布线系统

主要指标为以下几点。

（1）系统方案指标:网络结构形式、系统容量、应用性质、传输功率等。

（2）传输距离及传输媒介的选用。

（3）系统宽带的要求。

（4）对工作区、水平子系统、管理区、干线子系统、设备间的要求。

（5）供电方式及接地系统。

5）全厂电信网络

（1）设计内容:上述各类通信方式的综合布置规划。

（2）配线制式:由电信部门指导确定。

（3）主干线路容量及利用率:由电信部门指导确定。

（4）室内外线路铺设方式:由电信部门指导确定。

（5）线路传输衰耗以及工业电视信号馈送线路超出距离时有关的补偿问题。

模块3 土建工程

土建设计包括全厂所有的建筑物、构筑物(框架、平台、设备基础、爬梯等)设计(图9.5)。在化工厂的土建设计中,结构功能比式样重要得多,建筑形式与需要的结构功能相比应是次要的。结构功能要适用于工艺要求,如设备安装要求,扩建要求和安全要求等。建筑物结构应按承载能力极限状态和正常使用极限状态进行设计。应根据工作条件分别满足防振、防火、防爆、防腐等要求。建筑物结构布置、选型和构造处理等应考虑工艺生产和安装、检修的要求。结构方案应具有受力明确、传力简捷及较好的整体性。结构设计宜按统一模数进行,在同一工程中选

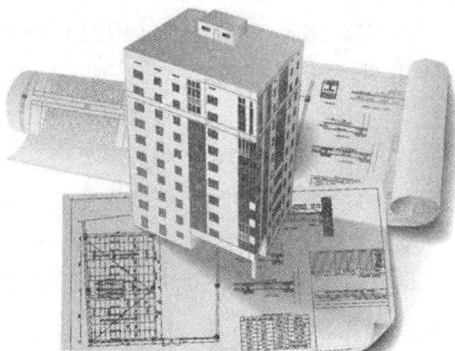

图 9.5 土建工程设计

用构件力求统一,减少类型。对行之有效的新技术、新结构、新材料,应积极推广采用,并

合理利用地方材料和工业废料。目前,构件预制化、施工机械化和工业建筑模数已设计标准化提供必要的条件。

1. 土建设计的确定因素

建筑物选型应根据下列条件综合分析确定。

(1)生产特点,例如易燃、易爆、腐蚀、毒害、振动、高温、低温、粉尘、潮湿、管线穿墙多等。

(2)工程地质条件、气象条件、抗震设防烈度。

(3)房屋的跨度、高度、柱距、有无吊车及吊车吨位。

(4)确定各生产厂房楼面、办公室、走道、平台、皮带栈桥、栏杆的荷载标准值,荷载的分类及楼面、屋面荷载均应符合现行国家标准《建筑结构荷载规范》(GB 50009—2012)的规定。地震作用尚应符合现行国家标准《建筑抗震设计规范》(GB 50011—2010)的规定。设置于楼面上的动力设备(如离心机、破碎机、振动筛、挤压机、反应器、蒸发器、纺丝机、大型通风机等)宜采取隔振措施。各类动力设备的动力荷载参数可由制造厂提供。

(5)施工技术条件、材料供应情况。

(6)技术经济指标。

2. 土建设计的设计要求

(1)主要生产厂房(如生产装置的压缩机、过滤机、成型机等厂房,全厂系统的动力站、锅炉房、空压站、空分站等,包装及成品仓库)、《抗震设防类别》(SH 3049—1993)中的乙类建筑及腐蚀性严重的厂房宜优先采用钢筋混凝土结构。

(2)对高大的和有特殊要求的建筑物,当采用钢筋混凝土结构不合理或不经济时,可采用钢结构。

(3)有高温的厂房,可采用钢结构或钢筋混凝土结构。当采用钢结构时,如果构件表面长期受辐射热达 100 ℃ 以上或在短时间内可能受到火焰作用时,则必须采用有效的隔热、降温措施。

(4)当采用钢筋混凝土结构时,如果构件表面温度超过 60 ℃,必须考虑受热影响,采取隔热措施。

(5)对无防爆要求,跨度不大于 2.0 m、柱距不大于 4.0 m、柱高不大于 7.0 m 的封闭式单层厂房,可采用砖混结构。

(6)多层建筑物符合下列条件之一时宜选用砖混结构。

① 除顶层以外,各层主梁跨度不大于 6.6 m,开间不大于 4.0 m,楼面荷载不大于 4 kN/m²,承重横墙较密的五层和五层以下或承重横墙较疏的四层以下的实验楼、办公楼、生产辅助建筑等。

② 除顶层以外,各层主梁跨度不大于 9.0 m,开间不大于 4.0 m,楼面荷载不大于 4 kN/m²,承重横墙较密的四层和四层以下的实验楼、办公楼、生产辅助建筑等。

③ 除顶层以外,各层主梁跨度不大于 7.5 m,楼面荷载不大于 10 kN/m²,楼层总高度

不大于 15.0 m 四层和四层以下的厂房和实验楼。

④ 腐蚀性不严重的非主要厂房。

建筑物承重结构的选型,应符合现行《建筑抗震设计规范》(GB 50011—2010)中的有关规定。

模块 4　给水排水工程

1. 概述

给排水系统设计是针对一个工厂的生产生活用水以及工艺废水系统的给、排要求,依据国家有关部门的生产和环境控制的相关法律和规范,综合考虑厂区布局和生产生活用水要求(图 9.6)。

图 9.6　给水排水管道

2. 给排水系统设计依据

《室外给水设计规范》(GB 50013—2006)。

《室外排水设计规范》(GB 50014—2006)。

《建筑给水排水设计规范》(GB 50015—2003)。

《建筑中水设计规范》(GB 50336—2002)。

《自动喷水灭火系统设计规范》(GB 50084—2001)。

《建筑给水排水及采暖工程施工质量验收规范》(GB 50242—2002)。

《给水排水工程管道结构设计规范》(GB 50332—2002)。

《建筑给水排水制图标准》(GB/T 50106—2010)。

《污水综合排放标准》(GB 8978—1996)。

《工业循环冷却水处理设计规范》(GB 50050—2007)。

3. 给排水系统设计原则

给水方案以节约用水为原则,合理利用水资源。生产冷却水全部使用循环水,其他用水使用回用的二次水,以尽量减少新鲜水。排水系统的划分以清污分流为原则,生产污水和初期雨水均需进行生化处理。设计还需满足以下原则。

(1) 坚持"节流优先,治污为本,提高用水效率"的工业节水方针。采取节水措施,加强水资源的利用。

(2) 排水做到清污分流,分质排放(污污分流)。

(3) 管道合理布置,确保装置安全、稳定、长周期运行。

(4) 符合国家法律法规的给水排水工程,达到防治水污染,改善和保护环境,提高人民生活水平和保障安全的要求。

(5) 根据当地的总体规划,结合地形特点和水文条件、水体状况、气候状况和原有的给排水设施等综合考虑,全面论证,选择经济合理、安全可靠,适合当地实际情况的给排水设计方案。

（6）做好污水的再生利用，污泥合理处理，设计节能环保的给排水系统。

模块 5　采暖通风和空气调节

1. 概述

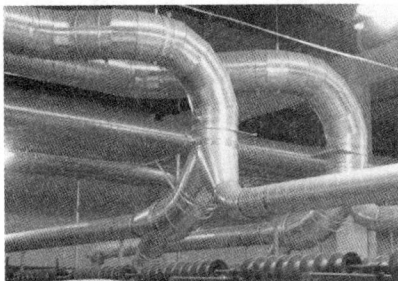

图 9.7　采暖通风和空气调节管道

采暖通风及空气调节是基本建设领域中一个不可缺少的组成部分。它对改善生活和劳动条件、合理利用能源，保护环境，保证产品质量，都有着十分重要的意义。要使室内在冬季和夏季乃至全年，都能按既定要求保持一定的温度、相对湿度、空气流速及清洁度，采暖通风和空气调节是一个至关重要环节（图 9.7）。

为排除厂房内余热、余湿、有害气体以及蒸气等，维持工室内空气的温度、湿度和卫生要求，以合理利用能源、保证良好的工作环境和产品质量，对全厂范围进行设计，包括生产装置区、辅助生产区、生活管理区、成品仓库及储罐区等，设计范围及要求如下：按照各车间生产的实际情况，结合相关设计规范设计各车间通风设施；按照各房间空气调节的设计参数，提出对空调的要求；相关空调的设计、安装由空调提供方依据相关行业标准及设计规范进行设计。

1）设计目标

设计要达到四个基本目标：保证有足够的室内风速和气流量；房间内要有合理的气流通路，即气流应当经过需要换气和降温的地方；要保证有良好的气流质量，即进入厂房的应该是低温洁净的空气；地处南方，应保证夏季室内温度合理，注意室内降温，特别是储存仓库温度不能过高。

2）设计标准

《工业建筑供暖通风与空气调节设计规范》（GB 50019—2015）。

《通风与空调工程施工质量验收规范》（GB 50234—2002）。

《供暖通风与空气调节术语标准》（GB 50155—2015）。

《建筑设计防火标准》（GB 50016—2014）。

《环境空气质量标准》（GB 3095—2012）。

3）设计范围

设计范围为厂区内生产装置、储罐区、配电站、消防站、机修楼、中控室、行政楼等各建筑物的采暖、通风、空调的初步设计。在生产车间内部设置了事故通风系统，当车间内一氧化碳浓度达到 20 mg/m³ 或氢气的体积浓度达到 4% 时，自动启动事故通风系统。精馏泵房也设置了通风系统，排除气体的聚积。

按照各房间空气调节的设计参数，提出对空调的要求；相关空调的设计、安装由空调提供方依据相关行业标准及设计规范进行设计。

按照各车间生产的实际情况,结合相关设计规范设计各车间通风设施。

2. 采暖

采暖就是在较低的环境温度下,提供热量以调节生产车间或活动室的温度,达到生产工艺和卫生标准要求,使生产能正常进行并保障工作人员的健康。

1)温度

生产及辅助建筑采暖室内温度,应根据建筑物性质、生产特点及要求劳动强度等因素确定。

2)热介质

采暖的热介质选择应根据厂区供热条件及安全、卫生要求,经综合技术经济比较确定。宜首先采用热水、蒸汽或其他热介质,条件允许时热介质的制备,可考虑被利用余热。工业上采暖系统按蒸汽压力分为低压和高压两种,界限是 0.07 MPa,通常采用 0.05～0.07 MPa 的低压蒸汽采暖系统。

3)采暖方式

（1）散热器采暖（图 9.8）。散热器采暖的热介质温度应根据建筑物性质、生产特点及安全卫生要求等因素确定。

（2）辐射采暖。适宜于生产厂房局部工作地点的采暖。工厂辐射采暖的热介质一般蒸汽压力不宜低于 0.2 MPa;热水平均温度宜高于 110 ℃;辐射板不应布置在热敏感的设备附近。

（3）热风采暖。是将空气加热至一定的温度（70 ℃）送入车间,除采暖外还兼有通风作用。当散热器采暖不能满足安全、卫生要求

图 9.8 散热器采暖

时,生产车间需要设计机械排风。冬季需补风时,利用循环空气采暖;技术经济合理时,可采用热风采暖。

（4）采暖管道。热水和蒸汽采暖管道,一般采用明装。有燃烧和爆炸危险的生产车间,采暖管道不应设在地沟内,如必须设置在地沟内,地沟应填砂。采暖管道不得与输送可燃气体、腐蚀性气体或闪点低于或等于 120 ℃ 的可燃液体管道在同一管沟内敷设。采暖管道不应穿过放散与之接触能引起燃烧或爆炸危险物质的房间。如必须穿过,采暖管道应采用不燃烧材料保温。采暖管道的伸缩,应尽量利用系统的弯曲管段补偿,当不能满足要求时,应设置伸缩器。

3. 通风

1)通风要求

通风时,其设备布置有以下几个要求。

（1）空气中含有易燃或爆炸危险物质的厂房、库房，其送、排风系统采用防爆型的通风设备，并设有除静电的接地装置。

（2）排除有爆炸或燃烧危险的气体、蒸气的排风管不暗设，直接通到室外的安全处；排除含有比空气轻的可燃气体与空气的混合物时，其排风水平管全长应顺气流方向的向上坡度敷设。

（3）通风、空气调节系统的送、回风管通过贵重设备，如合成塔或火灾危险性大的厂房隔墙和楼板处应设防火阀。

（4）通风、空气调节系统的风管采用不燃烧材料制作；风管和设备的保温材料、消声材料及其黏结剂，应采用非燃烧材料或难燃烧材料。

2）通风系统的设计

通风系统主要分为三部分：一是办公及辅助生产区域的通风系统，二是成品存储仓库及原料储罐的通风系统，三是生产车间的通风。三部分的主要作用各有不同。

（1）办公及辅助生产区域的通风系统主要是防止室内的有毒气体浓度过高造成对人体的危害，因此必须达到一个较高的空气洁净程度，参考国家规定的车间空气中有害物质最高容许浓度，我们取最高允许浓度的 50%，作为通风标准。

（2）成品存储仓库及原料储罐的通风系统主要是为了防止厂区内易燃易爆气体浓度过高，引起燃烧爆炸。另一方面，该区域的通风设计也有助于降低该区域的温度，防止温度过高。

（3）生产车间的通风一方面是为了防止有毒有害物质的浓度过高，对车间工人的健康产生危害，另一方面是为了防止易燃易爆的物质的浓度过高，进而引起火灾或者爆炸。图 9.9 为厂房通风机。

图 9.9　厂房通风机

4. 空气调节

对于生产及辅助建筑物，当采用一般采暖通风技术措施达不到室内温度、湿度及洁净度要求时,应设计空气调节。

空气调节用冷源应根据工厂具体条件,经技术经济比较确定。空调冷负荷较大,且用户比较集中的可设计集中制冷站供冷;空调冷负荷不大,且工艺生产装置中具有适合空调要求的冷介质时,可由工艺制冷系统供冷;空调冷负荷不大,且用户分散或使用时间和要求不同时,宜采用整体式空调机组。

产生有害物质的房间,应设单独的系统;室温内、湿度允许波动范围小的,空气洁净度要求高的房间,宜设单独的系统;对不允许采用循环风的空调系统,应尽量减少通风量,经技术经济比较合理时,可采用能量回收装置,回收排风中的能量。

模块6　消防工程

1. 概述

火灾、爆炸是化工安全生产的大敌,一旦发生,极易造成重大的人身财产损失。实际化工生产过程中,必须坚持贯彻"以防为主,以消为辅"的消防工作方针,分析生产过程中的危害因素,制定相应的消防措施,从而实现对危险物质和火源的管理和控制,消除危险因素,将火灾和爆炸危险控制在最小范围内;发生火灾事故后,能在第一时间做出消防警报和消防扑救,作业人员能迅速撤离险区,安全疏散,防止造成更大的伤害。图9.10为消防工程照片。

图 9.10　消防工程

2. 设计依据

《工程建设标准强制性条文》(石油和化工建设工程部分)。

《建筑设计防火规范》(GB 50016—2014)。

《石油化工企业设计防火规范》(GB 50160—2008)。

《自动喷水灭火系统设计规范》(GB 50084—2001)(2005 版))。

《气体灭火系统设计规范》(GB 50370—2005)。

《水喷雾灭火系统技术规范》(GB 50219—2014)。

《建筑物防雷设计规范》(GB 50057—2010)。

《工业企业总平面设计规范》(GB 50187—2012)。

《爆炸危险环境电力装置设计规范》(GB 50058—2014)。

《建筑灭火器配置设计规范》(GB 50140—2005)。

《防止静电事故通用导则》(GB 12158—2006)。

《安全标志及其使用导则》(GB 2894—2008)。

《安全色》(GB 2893—2008)。

《火灾自动报警系统设计规范》(GB 50116—2013)。

3. 燃烧爆炸的原因

图 9.11　燃烧爆炸

（1）物料泄漏：由于设备、管道设计、制造、安装缺陷、腐蚀、自然灾害或者由于人为操作失误等发生泄漏，遇火源可发生火灾事故，若气体物料或者液体物料挥发与空气形成爆炸性混合物，遇到热源或明火，将发生爆炸事故（图 9.11）。

（2）点火源：火星飞溅、违章动火、带入火种、物质过热引发、点火吸烟、他处火灾蔓延等明火；电气火花、线路老化引燃绝缘层、短路电弧、静电、雷击等电气火花与火源；机械摩擦、蒸气管线、焊接熔渣等高温物质；泄漏的物质遇禁忌物，产生高温等化学原因都是潜在的点火源。

（3）工艺操作造成失误等。

4. 消防安全措施

1）基础消防措施

在焊缝口、管道接口等易泄漏的区域设置可燃气体监测报警装置。选用防爆型电气设备、仪表、开关等；采用可靠的避雷防雷保护及防静电接地措施；空调管道的材质采用不燃型玻璃钢；设备管线保温材料也选用不燃烧型。建筑物，其建筑构造、耐火等级、厂（库）房之间的防火间距、各建筑的安全疏散均按照《建筑设计防火规范》(GB 50016—2014)的有关规定设计，工程的建构筑物的耐火等级不小于二级。

2）厂区消防布置

考虑到厂区的规模和成本因素，以及园区内的设施配备，厂区内单独设置消防站，且配备有消防用储水池和一定量的消火栓。各主次道路宽度均大于 3.5 m，能够保证消防车的正常通行。消防通道环形布置，有利于消防施救和安全疏散。

生产区内车间均设有高压水消防系统，各层设有自动灭火装置。在生产装置四周布成环状专用高压消防管网，管网上设置一定数量的"地上式"消火栓和消防水炮。催化剂仓库保持较好的通风，并设有一定量消火栓。在辅助生产装置区内布置低压消防系统，管网也应布置成环状，并有一定数量的消火栓。产品罐区设置固定泡沫消防装置，罐区采用泡沫灭火。

各装置、各工序、建设物内按规范配置适量的手提式、推车式灭火器，以利于扑灭初起火灾。

3）生产过程的防火防爆

（1）易燃易爆管线、设备在投料前用氮气吹扫，以排除系统中空气防止形成爆炸性混合物。

（2）防止"泡沫滴漏"，定期对容器设备、管线密闭性检查，定期测试作业区内的化学品浓度。

（3）对化验分析室的可燃易燃及相互接触引起燃烧、爆炸的物质采取严格的管理措施。

5. 消防系统

1）高压消防给水系统

沿装置的道路设置室外消火栓，消火栓中心间距为45～60 m，其位置的设置可保证所有地面上的设备至少可由两个消火栓用75 m长的消防水龙来灭火。建筑物内设置室内消火栓。工艺装置区室内外消火栓均采用水/雾两用水枪。在工艺装置区内的框架、重要设备，设置固定式冷却水喷淋系统。图9.12为高压消防给水设备。

图9.14 高压消防给水设备

2）泡沫灭火系统

某些原料是有毒化工产品，为甲级易燃液体，在火灾发生时用水扑救无效，需用干粉灭火剂、抗溶性泡沫或CO_2灭火。为此在储罐区除设置室外消火栓、高压水枪、消防管网外，还配备了移动式空气泡沫装置。同时，罐区周围设有防火堤和环行消防通道。为了防止火灾逆流窜入装置，在设备和装置的放空管道上，还加设了阻火器，以保证装置运行安全。泡沫原液采用抗溶性泡沫液。拟采用平衡压力式比例混合系统，混合比为3%。

3）干粉灭火系统

采用全淹没式干粉灭火系统，主要由干粉储罐（干粉储存容器）、容器阀（总阀）、选择阀（球阀）、管网、喷头、载气储瓶、瓶头阀、减压阀、管道等部分组成。载气为干粉驱动气体，可以用惰性气体，如氮气、氩气、氦气等，也可以用二氧化碳气，目前应用较多的是氮气和二氧化碳气。平时，载气储存于载气储瓶中，灭火时，打开瓶头阀，经减压阀减压到干粉输送压力，通过管道送入干粉储罐。

4）其他灭火系统

建筑灭火器配置依据现行国家标准《建筑灭火器配置设计规范》（GB 50140—2005）的有关规定设置、执行。

实践范例

（一）供电工程

1）设计范围

本设计范围包括 29 万吨 PX 合成项目的总电气设计,包括变配电所、厂区内供电外线和道路照明以及各化工生产装置和辅助生产装置的供配电、防雷、防静电、接地、照明的电气设计。

2）本厂各级负荷说明

本项目工艺装置生产过程连续性强,自动化水平高,且生产过程中的大部分物料为易燃易爆物质,突然中断供电可能造成爆炸及火灾,危及人身和设备安全,造成重大或较大经济损失,所以工艺生产装置用电设备大部分为二级用电负荷,部分为三级用电负荷。一级用电负荷主要包括应急照明、关键仪表负荷、开关柜的控制电源、消防负荷及部分重要的工艺负荷。行政区域部分为二级用电负荷,大部分为三级用电负荷。

3）供配电系统的组成

工厂供配电系统由总降压变电所、高压配电线路、车间变电所、低压配电线路及用电设备组成。

4）供电电源

工厂厂址定在南京市扬子石化炼化厂化学工业园区,厂区供电系统电力主要来源于工业园区内供电系统,厂区内自备变电站提供适合电源。根据总供电容量的要求,由园区内变电所提供 110 kV 的额定电压,使用架空线输送入厂。电源进线为双回路内桥结线方式,以保障工厂供电可靠。考虑到供电突然中断的危险,厂内设置有静止型 UPS 保安电源系统,以保障工厂供电的连续性。UPS 在电源切换过程中一般在 5 ms 以下,频率稳定度在 2% 以内,谐波失真度不大于 5%。

5）变电所和配电间

根据南京市的气候条件和厂区内的作业环境,变压器采用半户内布置方式。半户内布置方式是指除主变压器外的全部配电装置集中布置在一幢主厂房不同楼层的电气布置方式。主变压器户外布置不仅便于安装和维护,而且利于散热和消防。此外,由于半户内布置方式将主变压器安装在户外,取消变压器室,既减少土建工程量,缩短建设周期,又降低了对通风散热、消防灭火系统的资金投入,从而降低了变电所的造价,变电所本体投资可降低 8%～16%。

① 高压供电系统设计

工作电源采用 110 kV,用架空线路引入,厂内总降压变电所中装设一台主变压器,变压器高压侧装设断路器,备用电源为 10 kV,接在总降压变电所内的 10 kV 母线的一个分段上。

② 总降压变电所设计

根据上面确定的供电方案,可决定总降压变电所采用电气主结线,主要设计方案如下。总降压变电所设一台 5 000 kVA35/10 kV 的降压变压器,变压器与 35 kV 架空线路接成线路变压器组。在变压器高压侧设 SF6 断路器。这便于变电所的控制、运行和维修。总降压变电所的 10 kV 侧采用分段接线。主变压器低压侧经 SF6 断路器接在 10kV 母线的一个分段上,而 10 kV 备用线路也经少油断路器接在另一分段上。各车间的一级负荷都由两段母线供电,以保证供电可靠性。根据规定,备用电源只有在主电源停止运行及主变压器故障或检修时才能投入,因此备用电源进线开关在正常时是断开的,而 10 kV 母线的分段断路器在正常时则是闭合的。在 10 kV 母线侧,工作电源与备用电源之间设有备用电源自动投入装置(BZT),当工作电源因故障而断开时,备用电源会立即投入。当主电源发生故障时,变电所的操作电源来自备用电源断路器前所用的变压器。

③ 继电保护的选择与整定

总降压变电所需设置以下继电保护装置。

主变压器保护。

瓦斯保护:防御变压器铁壳内部短路和油面降低;轻瓦斯动作于信号,重瓦斯动作于跳闸。

电流速断保护:防御变压器线圈和引出线的多相短路,动作于跳闸。

过电流保护:防御外部相间短路并作为瓦斯保护及电流速断保护的后备保护,保护动作于跳闸。

过负荷保护:防御变压器本身的对称过负荷及外部短路引起的过载,按具体条件装设。

备用电源进线保护。

变电所 10 kV 母线保护。

10 kV 馈电线保护。

备用电源自动投入装置和绝缘监察装置。

当正常供电的工作电源,由于电源本身或供电线路发生故障时,依靠备用电源自动投入装置自动投入备用电源,代替工作电源,以提高供电的可靠性。

④ 车间变电所设计

根据厂区平面布置图提供的车间分布情况及各车间负荷的性质及大小,本厂拟设置一个车间变电站。按照每台变压器的容量能担负全部车间负荷的标准来选择数量。

⑤ 厂区高压配电系统设计

为了便于管理,实现集中控制,尽量提高用户用电的可靠性,在本降压变电所配线路不多的条件下,考虑采用放射式配电方式,每个车间变电所由两回电缆路供电,分别接在总降压变电所 10 kV 的两段母线上。因各车间变电所与总降压变电所的距离较近,厂区高压配电网络采用直埋电缆线路。

6)动力和照明

照明网络电压选用 380/220 V 中性电接地系统。设计范围如下:确定照明种类(一般照明或者特殊照明)和照明系统;选择光源和照明器;确定在合适照度下的照明装置安装容量和布置方式;选择电源和配电网络形式;选择导线、配电设备;绘制照明网络布置图。具体的设计方案由电气专业人员负责。

7) 防爆和防火

参照《建筑设计防火规范》和《化工企业安全卫生设计规范》(HG 20571—2014)中的规定。

8) 防雷和接地

厂区内各建筑物和构筑物根据《建筑物防雷设计规范》(GB 50057—2010)设置防雷保护系统,防雷保护系统由避雷网(带)、引下线、测试卡和接地极等组成。

(二)通信工程

本厂工艺路线较长,所用设备较多,厂区面较大,且各车间之间联系较为密切,发生情况时要及时与中控室进行联系,为了加强企业的管理,提高生产效率,增加组织和调度能力,保证工厂生产的快速有效地进行,在工厂内设置通信工程是很有必要的。

通信系统方案设置如下所述。

1) 行政管理电话系统

为了满足本项目内部管理和对外联络的需要,预计在办公区安装40部电话,在项目界区内部设置电话站,厂区内所有电话用户在当地电信局组成虚拟网。

2) 生产调度程控电话系统

本厂采用三级调度,除了总公司(总厂)设有生产总调度电话外,本分厂设有分厂生产调度,在各车间里设有车间调度电话。下级调度在业务上受上级调度的领导,其总机间接有中断线。为了满足装置控制室与装置现场之间的通信、联络及安装调试、巡回检查对通信的需求,在两个生产车间,储运区和控制中心之间分别各设一套呼叫/通话通信系统。该系统由若干个带扬声器放大线路的呼叫/通信站组成,具有群呼、广播找人、三方通话等功能。在紧急情况下可兼作事故及火警广播使用。

3) 火灾报警系统

为了防止火灾,拟在厂内各个区块分别各设置一套火灾自动报警系统。该系统由火灾报警控制器、火灾报警显示盘、火灾探测器、手动报警按钮等组成。当发生火灾时,由火灾探测器或手动报警按钮迅速将火警信号报至火灾报警控制器,以便迅速确认火灾,及时采取措施、组织扑救。

4) 有线电视

为了更好监测各生产区生产实况,计划加入三部有线电视系统,并设立独立的安全警卫监控系统,具体措施与电信部门洽谈后决定。

5) 扩音呼叫/对讲系统

本工程拟在生产、储运和控制区域分别设立1套扩音呼叫系统和10对无线对讲电话机,以满足安装、调试、设备大修时对移动通信的要求。

6）摄像头控制系统

本项目为了方便工人在不去生产现场的情况下及时发现事故地点，特在主要事故可能发生点设置有摄像头，可帮助工人及时发现出事地点，从而做出迅速有效的应急处理。

7）综合布线系统

计划在厂内的控制中心、办公室内采用先进的综合布线方式布线，这种布线方式可支持计算机通信和电话通信，从而实现办公自动化和通信自动化。为了节省投资，在中央控制室和办公室以外传输语言信号时，仍采用传统的布线方式。具体方案统一公开招标决定。

8）全厂电信网络

考虑到控制系统的模拟信号和数字信号在传输过程中的衰减损耗，我们在厂区布置时减少控制中心与检测点的距离，并将采取相应的信号增益补偿措施。电信电路铺设均采用电信电缆桥架或埋地敷设。

（三）土建工程

1）设计概述

在进行土建工程的设计时，充分考虑本厂所在地的环境及生产特点。本厂各生产工段之间联系紧密，生产区和非生产区相对独立，各区域功能明显，方便施工建设。由于本厂建设在南京化工园内，因此可相应减少公用工程、废物处理及生活设施等方面的建设。结合以上特点，可将本厂整体规划分四个区域，区域内分块定位。四个区域分别指生产区、罐区、辅助生产区和行政生活区，区域之间设置绿化带作为分隔界限，并留出合适宽度的道路车辆进出。

① 生产区域规划：生产厂房是主体，远离污染源是原则

生产区包括甲基化反应、苯的分离、甲苯的回收、对二甲苯的精制以及废液处理等生产工段。各工段功能区分明显又紧密联系，严格按照生产工艺要求，合理安排厂房的走向。按主导风向确定生产车间的位置，避免对厂区环境的污染。原料及产品储存区要远离生产车间。

② 非生产区规划满足功能要求，力求经济适用的原则

非生产区主要包括罐区、辅助生产区和行政生活区，其中辅助生产区主要包括机修区、变电站、消防站、控制室、化验室、仓库等，行政生活区主要包括办公楼、食堂、休息室等。非生产区的安排，在满足企业管理功能要求的前提下，应尽量节省投资，合理配置景观。物流通道、人流通道和生产区绿化以草坪为主，非生产区可考虑建花坛，种植灌木和乔木，栽培草本植物。

2）设计特点

化工厂生产的特点是易燃、易爆、腐蚀性介质较多，这就对化工建筑提出了一些特殊的要求，在建筑设计时一定要采取相应的措施，避免或减少事故的发生。本项目拟选厂址位于南京化学工业园区，该地区地基承载力属于二级阶地；地震基本烈度 7 度。本工程设

计范围内的主要建筑物包括：对二甲苯生产车间、对二甲苯精制车间、公用工程站、控制室、机修区、变电站、罐区、仓库、装卸区、停车场、办公楼、食堂等。

3）建筑工程

① 设计标准

本工程设计范围内，各主要辅助生产厂房、动力用厂房、储存设施以及行政管理房和生活卫生设施等各类建筑物的设计原则，严格按照《建筑设计防火规范》(GB 50016—2014)等相关国家法规以及地方法规执行。建筑所用材料，其燃料性能和耐火极限均达到各单位建筑物的要求。

② 建筑设计范围

本工程设计范围内的主要建筑物包括：反应车间、精馏车间、水泵房、罐区、行政大楼、食堂、仓库、消防站、公用工程站、化验室等。

③ 设计方案

a. 建筑材料

本集成工厂建设生产中涉及易燃易爆物质，工艺装置集中、连续，生产是在高温、低压、化学腐蚀等条件下进行，存在着火灾爆炸危险因素。因此，建筑物的建设采用防爆墙，将易发生爆炸的部位进行隔离，一旦发生火灾爆炸可以减少破坏面积，并利用门窗、轻质屋面、轻质墙体泄压减少破坏程度。

b. 结构设计及相应措施

本工程设计中，单层和多层厂房采用现浇钢筋框架结构，厂房下采用现浇注下单独基础，生活辅助用房采用砖混结构，并采用砖柱刚性基础。钢柱采用防火保护层。墙体的要求如下：外墙采用承重墙，用普通砖做厂房维护墙，并在檐口设置一道圈梁屋，顶板采用空心板，楼墙板采用空心板活槽形板。为了便于生产以及安全疏散，本设计采用室外楼梯，楼梯采用防火材料。侧窗采用开平窗，大门采用开平门。屋顶采用坡度为5%的平面顶刚性放水屋顶，有组织排水；对有爆炸危险的厂房，设置轻质屋顶，作为泄压面积。因为本工程生产区中厂房有爆炸危险，因此要对其设置一定的泄压面，并用防火墙体隔开，厂房的梁重等承重构件需采用防火措施。对安置有贵重仪器设备的厂房，其墙体的耐火性能根据实际选择。

c. 有特殊要求的建、构筑物采取的建筑措施

设置防爆墙

将有爆炸危险的生产部位用防爆墙分隔，减少由于爆炸产生的二次破坏，有利于尽快恢复生产。为了进入有爆炸危险的区域可采用防爆门斗。本集成工厂中，泵房、生产车间、控制室、化验室均采用一级防火材料。在建筑里安置避雷针，防止雷电引起的爆炸事故。

设置泄压

有爆炸危险的厂房，应设置轻质屋盖泄压、门窗泄压及轻质外墙泄压。彩钢板复合的墙板和屋面板重量轻，但一定长度内应断开搭接，才能达到泄压目的。布置泄压面，应尽可能靠近爆炸部位；侧面泄压应尽量避开室外设备、人员集中场所、主要道路。其泄压比值应达到《建筑设计防火规范》的要求。本集成工厂中，采用轻质屋盖作为泄压设施，保持

顶棚平整,避免产生死角,保持厂房上部空间通风良好。

不发火地面

由于可燃气体比空气密度大,散发时会沉积在地面,当达到爆炸浓度时,碰撞、摩擦、静电产生的火花会引起火灾爆炸危险,应采用不发火的地面。不发火无机材料地面,采用不发火水泥砂浆、细石混凝土、水磨石等无机材料制造。骨料可选用不含金属的石灰石、白云石等不发火材料,施工前配料制成试块,进行试验,确认为不发火后才能正式使用。在使用不发火混凝土制作地面时,应采用摩擦碰撞不发火材料做分格条。采用的不产生火花的有机面层,是彩色耐磨不发火涂料,施工周期短,易清洁,美观大方,是目前经常采用的做法。本集成工厂中,泵房、生产车间地面采用绝缘材料作为整体材料紧密填实,并采取防静电措施,所有动设备均使用防爆静电机作为驱动机,保证安全。另外,本设计范围内多采用钢筋框架结构,对钢筋混凝土屋面板、梁、柱基础内的钢筋,宜采用接闪器,引下线和接地装置。

设置防爆门斗

设置防爆门斗是解决交通和防爆有力措施,第一道门宜采用防爆门,才能达到防爆的效果。防爆门均采用特殊钢材制作,门铰链等连接转动部件为防止门与门框碰撞产生火花,应采用青铜轴和垫圈或其他摩擦碰撞不发火材料制作。门扇周边贴橡胶板,防止碰撞产生火花。防爆门斗内要有一定的容积,保证当门打开瞬时进入门斗的可燃气体浓度降低,两门布置应在不同方位上,间距 200 ft(1 ft$=3.048\times10^{-1}$ m)以上。防爆门斗也是爆炸危险部位的安全出口,其位置应满足安全疏散距离的要求。

4)厂区布置小结

厂区布置情况见表9.1。

表 9.1 厂区布置小结表

序号	名称	数量	单位
1	厂区占地面积	36 000	m²
2	建筑占地面积	12 535.1	m²
3	道路及广场占地面积	8 839.4	m²
4	建筑系数	0.348 2	—
5	绿化系数	0.358 3	—

(四)给水排水

1)给排水设计范围

本项目对全厂范围内进行供水、排水系统设计,包括生产区、生产辅助区、行政生活区等。其中需要注意以下几点。

(1)室内给水管道与室外生活给水管道交接点为距建筑外墙1.0 m处。

(2)室内生活污水管道与室外污水总管交接点为距建筑外墙3.0 m处。

（3）给水管道采用 UMPC 管件，螺纹连接，暗装敷设。

（4）排水管道采用硬聚氯乙烯 UPVC 管道及配套的管件，承插链接。

2）给排水系统设计

① 给水系统设计

a. 生水系统

结合厂区所处南京化学工业园区的实际地理位置和气候水文情况，生水系统设计如下所述。

饮用水水源主要采用园区自来水，供水压力 $\geqslant 0.25$ MPa；工艺用水由总厂自园区统一输送，供水压力 $\geqslant 0.5$ MPa。

采水系统规划中，采用园区工业供水管道，从城市给水管道上接两根 DN150mm 的引入管。建筑红线内，分别经三座水表井（一座为办公用水水表，两座为工厂用水水表）后，与园区管网相连接。

b. 生活用水系统

本厂区内生活用水只限于饮用、洗眼器、安全淋浴、洗手池和厕所，避免与厂区内其他任何水系统相接。同时在工厂内自设净化设备，将引入的城市自来水进行二次净化处理，以达到厂区有关卫生标准的要求，其中主要是对水中的酸碱度和无机离子进行处理。生活用水系统的入口设置带旁路的水流量计以及就地压力指示计（每支路各一支）。生活用水按照 68.88 m^3/d 计算，则生活用水消耗量为 $68.88 \times 365 = 25\ 141.2\ m^3/a$。

c. 工艺用水系统

园区实行统一供水、供气、供热，以便对废气统一处理。所需工艺用水直接由化学工业园区统一分配供应，无需单独设立。由于工艺流程相对简单，水中杂质对物流的变质影响不大，所以工艺用水的标准不需要太高，满足一般工艺用水标准即可。园区内废水排放至本厂污水中转站后送入总厂污水处理站，故不需要另外讨论厂内污水处理。

d. 冷却水系统

本厂区中需要较多量的冷却用水，对冷却用水的水质并无特殊要求，因而主要采用园区公用工程提供的常温冷却用水，不需要采用冷冻盐水。其中冷却水供应规格如下所示。

冷却水在工艺装置边界的供水要求压力 $\geqslant 0.42$ MPa，而进冷却装置的水压可适当降低要求。

夏季时，要求冷却水供应温度高出当年夏季空气湿球温度 5 ℃以上。

在布置冷却水管时，本厂主要采用地上铺设，并且考虑管道的防冻，一般在换热器的出入口切断阀前设置旁通，并在切断阀内侧设放净阀。供水干管的端部也设置旁通循环阀。

e. 消防用水系统

消防用水是正常用水之外的紧急用水，其管网采用低压制消防系统时，可以和普通生产用水或生活用水系统相连接；若采用高压制消防时，需设置单独的消防水系统。消防紧急用水量比生产和生活用水量的总和大。本厂采用高压制消防系统。厂内按同时发生火灾一级考虑，消防最大用水量为 $Q = 150$ L/s，火灾延续时间为 3 h，罐区为 4 h。消防采用稳高压消防给水系统。消防储备水体积 $V = 2\ 320\ m^3$。

工厂设置独立消防给水管网，管网按环状布置，设"地上式"室外消火栓，消火栓间距不大于 60 m。建筑物内设置室内消火栓。工艺装置区室内消火栓均采用水/雾两用水枪。工艺装置区设固定式消防水炮保护(采用水/雾两用枪),并在部分工艺装置设消防竖管。在工艺装置区、粗产品中间罐区、成品罐内、罐装区设半固定式泡沫灭火系统,设"地上式"泡沫消火栓。

f.杂用水系统

杂用水主要用于厂区地面的冲洗、设备内体的清洗、碳钢设备和管线的水压试验,其中对于厂区内含有不锈钢的设备和管线,本设计中严格限制水中的含氯量。杂用水系统设计不采用单独长期管线,而采取灵活的水车运输方式,并结合喷水洒水装置。其用量与具体生产周期的时间有关,初步估计平均日用水量 5 t,年用水量 1 825 t。

② 排水系统

a.生活污水系统

生活污水是指园区内生活用水所产生的常规污水和废水,主要来源于卫生间等,经管道汇集后排至室外检查井。厨房排水经室内汇集通过格栅后排至室外隔油池。生活污水取最大用水量的 80%～95% 估算,从而进行管道的铺设。本厂中均通过专用管道送至厂区水处理基地,然后排入厂区排水主干沟进入园区污水处理厂。

b.生产废水系统

生产废水由总厂处理,约为 67 544 m³/a。

c.冷却水排放

工艺中冷却水通过换热器出口再汇总至冷却水排放管,其中控制冷却水出口一般不高于 35 ℃,最高不高于 50 ℃,以免造成严重的结垢和对环境造成破坏。分厂冷却水出口温度并不高,也未引入较多的污垢,可以送至总厂,进行二次冷却水利用和循环水多级利用,最后送回园区冷却水回流系统集中处理。

d.雨水排放系统

雨水量可按照下式估算:

$$W = R \times G \times F$$

其中,G——暴雨强度,L/(s·m²);

　　F——厂区面积,m²;

　　R——径流系数,经验系数取 0.5～0.6。

针对本园区的实际地理和水文情况,考虑到可能有台风发生,所以计算暴雨强度时取特大暴雨(日降水量超过 200 mm)标准进行计算。

暴雨强度为:五分钟最大降雨量为 10.1 mm,则 $G = 0.033\ 67$ L/(s·m²);

厂区面积为:36 000 m²;

径流系数取为:0.5;

则雨水量为 $W = 606.06$ L/s;

排水设计量为雨水量的 125%,即 757.58 L/s,也即 2 727.29 m³/h。

雨水排放系统设计要求如下:室外的道路旁适当位置设置平箅式雨水口收集道路、人行道及屋面雨水;本工程范围内的雨水管设一根排出管,排入园区雨水管道;雨水管采用承插式钢筋混凝土管,橡胶圈接口,并设混凝土基础;雨水口、雨水检查井均采用砖砌筑。

3）给排水小结

本工程实施后，新增生产给水、生活给水、循环水可以依托现有供给设施；新增生产污水可以依托现有污水处理设施。

（五）采暖通风和空气调节

1）采暖方案

采暖按设施的布置情况主要分集中采暖和局部采暖两大类。化工厂大多采用集中采暖。

① 按我国规定，凡日平均温度≤5 ℃的天数历年平均在90天以上的地区应该集中采暖。按《工业企业设计卫生标准》（GBZ 1—2010），冬季生产厂房工作地点的空气温度应符合表9.2中的规定。

表9.2　冬季生产厂房工作地点的空气温度表

分类	空气温度/℃	
	轻作业	中作业
每人占用面积＜50 m² 时	≥15	≥12
每人占用面积 50～100 m² 时	≥10	≥7
每人占用面积＞100 m² 时	局部采暖	—

在工作时间内，如生产厂房的室温必须保持0 ℃以上时，一般按5 ℃考虑值班采暖；当生产对室温有特殊要求时，应按生产要求而定。

② 采暖介质可分为热水、蒸汽、热风三种。生活区的采暖热媒，目前采用热水。本厂采暖热媒为热水，常用温度为95 ℃，宜采用单管系统。热水由电厂的凉水塔提供。

③ 设置全面采暖的建筑物时，围护结构的热阻应根据技术经济比较结果确定，并应保证室内空气中水分在周围结构内表面不发生接露现象。

④ 厂区供暖时间为每年的12月1日至3月1日。

2）制冷方案

每年6月到10月天气比较炎热，需要通过中央空调对行政大楼、控制室、食堂等进行制冷，控制室内温度在24～27 ℃，保持人体最适温度，有利于提高工人的生产积极性，保证生产的顺利进行。

① 建筑布置和热工要求

空调房间应尽量集中布置。室内温湿度基数和使用要求相近的空调房间宜相邻布置。

转角房间不宜在两面外墙上都设置窗户，以减少传热和渗透。

空调房间应尽量避免设在顶层，如必需设在顶层时，应设置顶棚或屋盖。

保温层应做在顶棚上；并与顶棚之间应有良好的自然通风。

空调房间不宜与高温高湿或产生大量粉尘、腐蚀性气体的房间相邻。

② 仓库制冷系统

仓库热源主要来自维护结构传热、屋面机构散热,特别是较大面积的采光带所传递的室外阳光直接照射的太阳辐射热以及照明散热、人员散热等。夏季时,南京市温度较高,室内未安装空调的地方,气温有时高达40℃以上,屋顶温度更高达50℃以上,如此高温,产品和原料储存都面临极大危险,必须对仓储装置设计制冷系统。但如果对这样一个高大空间进行全面空调安装,显然是非常浪费能源的。根据厂房高度和对产品的存放,为了有效地节约能源,将该厂房分成上层与中层和下层两个空间考虑,上层采用无动力轴流风机自然排风,排除屋顶热量,中层和下层采用远程射流式机组,冷空气从高度的喷口喷出直接送到产品存放区。

③ 办公及辅助生产区域制冷系统

办公及辅助生产区域使用空调制冷,采用以电为驱动能源的制冷方式。使用离心式或螺杆式冷水机组,靠冷却塔将热量排入空气中。整个办公及辅助生产区域采用综合制冷,共同使用一个集中制冷站,制冷站设在地下制冷机房,冷却塔设在屋顶,并不占用额外土地。

3) 通风方案

本项目有余热、余温、有害气体或蒸气等排出的车间和房间,必须采取通风,以使工作环境的空气达到并保持适宜的温度、湿度以及卫生的要求。通风按使用方法分为自然通风和机械通风两类。为了更好地节约成本,应尽可能地利用自然通风;在不能达到卫生标准下,采用机械通风。

4) 空气调节方案

① 设计概述

控制室、化验室等处有精密仪器的房间,为保证仪表、精密仪器的可靠运行,室内需恒温恒湿,因此上述房间设置空调。现场休息室比较分散,故考虑设置空调。

② 设计方案

控制室、车间分析用色谱仪室需恒温恒湿,故设置冷暖两制式空调进行空气调节,现场巡回工休息室设冷暖两制式空调,用于夏季供冷风,冬季供热风,保持室内在适宜的温度。

(六) 消防

1) 设计范围

拟建项目厂区消防给水系统、各装置室内、室外给水消防系统、气体灭火系统、室内灭火器配置等。

2) 工艺及物料危险性分析

① 主要危险品防护

生产过程中涉及的化学品为:甲醇、甲苯、对二甲苯、氢气等。主要危险化学品性质见表9.3。

表 9.3 危险品一览表

物质名称	分子量	熔点/℃	沸点/℃	闪点/℃	自燃点/℃	爆炸极限 V/%	火灾危险类别
甲醇	32.040	−97.8	64.5	12.2	464	6.7～36.0	甲类
甲苯	92.140	−95.0	110.6	4.0	535	1.2～ 7.0	甲类
对二甲苯	106.167	13.3	138.5	30.0	500	1.1～ 5.3	甲类
氢气	2.016	−259.2	−252.8	—	400	4.1～74.1	甲类
苯	78.140	5.5	80.1	−11.0	560	1.2～ 8.0	甲类

② 危险性物质及存在的装置工序

危险性物质及存在的装置工序情况如表 9.4 所示。

表 9.4 危险性物质及存在的装置工序

序号	物质名称	火灾分类	职业毒性分级	存在的场所或部位
1	甲醇	甲类	中度	原料罐区、反应器
2	甲苯	甲类	重度	原料罐区、反应器、脱甲苯塔
3	对二甲苯	甲类	重度	反应器、脱甲苯塔、产品储罐
4	氢气	甲类	无	原料罐区、反应器

③ 有毒有害、易燃易爆物质的燃爆性及毒性

本项目中危险物的情况见表 9.5。

表 9.5 危险物一览表

序号	名称	毒性级别	燃性	职业性接触毒物危害程度分级
1	甲醇	剧毒	极易燃	中度
2	甲苯	中毒	极易燃	重度
4	对二甲苯	低毒	易燃	重度
5	氢气	无毒	极易燃	无

3) 事故发生可能及火灾危险性分析

本项目生产单元中:反应器的危险度为"Ⅱ级",中度危险;冷却器和各类塔的危险度为"Ⅲ级",低度危险。储存单元中氢气储罐的危险度为"Ⅱ级";甲醇、甲苯储罐的危险度为"Ⅲ级"。本项目公用工程单元中属于"比较危险"的有 6 项,即供配电作业,供热作业,供气作业,设备维护作业,低压电气设备维护、操作、保养(含带电作业)和厂内车辆运输作业;属于"稍有危险"的有 2 项,即给排水作业,设备、管道检修作业。

4) 消防安全措施

① 基础消防措施

本工程建筑物的耐火等级不小于二级。生产车间为露天式建筑,可保证通风,传热。

② 厂区消防布置

本厂区区域的布局是根据南京市化学工业园区的地形及风向等因素设计的,考虑到厂区的规模和成本因素,以及园区内的设施配备,厂区内单独设置消防站,且配备有消防用储水池和一定量的消火栓。各主次道路宽度均大于 3.5 m,能够保证消防车的正常通行。消防通道环形布置,有利于消防施救和安全疏散。

火灾危险性较大的是异丁烯储藏车间,与周围的车间距离均大于 6 m,符合《建筑设计防火规范》有关敞开式车间安全防火间距的有关要求。车间内工艺装置,与产品储罐保持 25 m 的防火间距。储罐区以防火堤进行隔离布置,顶部设有放空阀和阻火器。储罐区内部设有避雷针,外部设置防火堤及环状消防道路。

5)消防系统

本工程消防系统中,消防水泵的出口压力为 900 kPa,并使消防水管内的压力维持在 560~700 kPa 内,保障最远的消火栓处的水压不低于 550 kPa。为使消防水管内维持一定的压力,本工程由生产循环用水主管中引出一个接消防水管的支管,并在支管上设置切断阀和止回阀。当管系内的压力降到 500 kPa 时,消防水泵自动启动;当所有电动消防水泵都启动后,若水压仍不能升高,则启动内燃机,以增加水压。在工艺生产装置区设置独立消防给水管网,消防水管成环网状分布,并设足够的切断阀。切断阀常开,以维持消防水管内压力;止回阀用于防止消防干管上的水倒流回循环水管线。在本工程设计范围内,当灭火装置设置在室内时,采用二氧化碳等气体灭火系统。

【 习 题 】

1. 简述工厂电力负荷的划分方法。
2. 简述供电方案的基本要求。
3. 简述供电方案设计阶段的主要工作内容。
4. 通信工程的设计原则是什么?
5. 土建设计的设计要求是什么?
6. 给排水系统设计原则是什么?
7. 消防安全措施有哪些?

单元十　环境保护与劳动安全

教学目的

通过设计一座制取对二甲苯(PX)分厂的环境保护与劳动安全,使学生掌握上述问题处理的过程、步骤和方法。

教学目标

[能力目标]

能够制定化工设计的环境保护措施与劳动安全规则。

能够熟练地查阅各种资料,并加以汇总、筛选、分析。

[知识目标]

学习并初步掌握环境保护措施及污染治理方法。

学习并初步掌握劳动安全与职业卫生。

[素质目标]

能够利用各种形式进行信息的获取。

设计过程中与团队成员的讨论、合作。

经济意识、环保意识、安全意识。

必备知识

模块 1　环境保护标准及措施

1. 环境质量标准

《环境空气质量标准》(GB 3095—2012)。

《工业企业设计卫生标准》(GBZ 1—2010)。

《地表水环境质量标准》(GB 3838—2002),长江大厂江段执行Ⅱ类水质标准,马汉河执行Ⅳ类水质标准。

《声环境质量标准》(GB 3096—2008)。

《地下水质量标准》(GB/T 14848—1993)。

《生活饮用水卫生标准》(GB 5749—2006)。

《土壤环境质量标准》(GB 15618—1995)。

2. 污染物排放标准

《大气污染物综合排放标准》(GB 16297—1996)。图 10.1 为达到排放标准的污染物。

《工业炉窑大气污染物排放标准》(GB 9078—1996)。

《恶臭污染物排放标准》(GB 14554—1993)。

《化学工业主要水污染物排放标准》(DB 32/939—2006)。

《工业企业厂界环境噪声排放标准》(GB 12348—2008),厂界执行 3 类标准;交通干线两侧执行 4 类标准。

图 10.1 工厂排放的烟雾及微尘

3. 设计执行的标准、规范

《工业企业设计卫生标准》(GBZ 1—2010)。

《石油化工噪声控制设计规范》(SH/T 3146—2004)。

《石油化工企业环境保护设计规范》(SH 3024—1995)。

《石油化工厂区绿化设计规范》(SH 3008—2000)。

《危险废物储存污染控制标准》(GB 18597—2001)。

《一般工业固体废物储存、处置场污染控制标准》(GB 18599—2001)。

《国家危险废物名录》(环境保护部令第 1 号)。

4．环境保护措施

一个化工生产装置从设计时开始，就意味着有一个污染人们生存环境的实体即将诞生，那么在设计同时即考虑如何尽可能减少和控制生产过程所产生的污染物，并且设计对这些污染物加以工程治理的手段，使之减少或完全消除，则是完全必要的。我国对化学工程项目严格执行环保"三同时"政策，即对化学工程项目的环境保护与治理的工业措施及设备同工程中其他专业做到同时设计，同时加工安装，同时试车运行。

环境保护措施按照项目建议书、可行性研究报告，并结合工艺专业提出的"三废"排放条件，根据环境影响报告书（表）及其批文编写环境设计的编制依据。按照国家（部门）环保设计标准规范，根据建设项目具体情况及厂址区域位置决定"三废"排放应达到的等级，决定经过治理后当地（厂边界或车间工作场所）应达到的环境质量等级，阐明本工程主要污染源及排放污染物的详细情况，并根据这些条件采取相应的环保措施。

模块 2　环境污染及其治理

化学工业所涉及的原料、材料、中间产品及最终产品大多数是易燃、易爆、有毒、有臭味、有酸碱性的物质，在它们的储存、运输、使用及生产过程中都会造成环境污染。在化学工业领域，千变万化的物种及各种方式的生产路线、途径，使得化工生产中排放的污染物也是多种多样的。很多化工企业，包括基础化工、石油化工、造纸、林产化工等行业，每年消耗大量的矿藏和森林，而在这些地球上储量有限的矿藏和生长缓慢的树林被消耗的同时，还向空气、水体和土壤源源不断地排放大量的气、液、固态废弃物，这些化工、采掘、采伐行业的生产活动都会对人类赖以生存的生态系统内的物质循环和能量流动产生重要影响。人类如果无视环境利益，以牺牲环境质量来换取化工生产的经济效益，任意索取自然资源，不加控制地向大自然排放废气、废液、废渣，必然会导致生态环境的恶化。然而恶化了生态环境，通常在短期内难以恢复，同时，一定还会给人类以相应的惩罚。因此人类应及时治理环境（图 10.2）。

图 10.2　环境治理

1. 废气处理

国际标准化组织(ISO)对空气污染定义为:"通常指由于人类活动和自然过程引起某些物质进入大气中,呈现出足够的浓度,达到足够的时间,并因此而危害了人体健康、舒适感或环境"。因此,化工生产排出的废气应回收或综合利用,如不能回收或综合利用时,应采取措施使其符合排放标准。在选择废气治理方法时应避免产生二次污染。

化工厂的主要大气污染源有:加热炉和锅炉排放的燃烧气体;生产装置产生的不凝性气体;反应的副产气体;轻质油品,挥发性化学药剂和溶剂在储运过程中的排放,化工厂物料往返输送所产生的跑、冒、滴、漏都构成了化工厂的大气污染。一些常见空气污染物对人体健康的影响,如表 10.1 所示。

表 10.1　常见空气污染物对人体健康的影响表

污染物	形态	进入人体方式	对人体的危害
二氧化硫	刺激性气体	吸入	在较高浓度下,喉头感觉异常,出现咳嗽、声哑、胸痛、呼吸困难,造成支气管炎、哮喘、肺气肿、甚至死亡
氨	刺激臭气体	吸入	高浓度可引起肺充血、肺气肿;皮肤沾染可引起化学烧伤
氯化氢	刺激臭气体	吸入	对皮肤、黏膜有刺激作用,可引起呼吸道炎症
氰化氢	有特殊气味	吸入	极毒,吸入中毒表现为头痛、恶心、呕吐;严重时呼吸困难,甚至停止呼吸
苯	有芳香味液体	吸入蒸汽	慢性中毒出现头痛、失眠以及血液系统病变;高浓度时可引起急性中毒,严重时失去知觉,停止呼吸

废气处理的基本方法有:除尘法(将粉尘从气体中分离出来),冷凝法(利用不同物质在同一温度下有不同的饱和蒸气压,将混合气体冷凝,使其中某种污染物凝结成液体,从而由混合气体中分离出来),吸收法(用适当的液体吸收剂处理混合物,以除去其中的一种组分),直接燃烧法(有机化合物的高温燃烧,使废气转化成二氧化碳和水)。

2. 废水处理

化工厂的废水系统应根据水量、水温、污染物的性质和含量,以及废水和污染物被回收利用或处理的方法等合理划分,做到清污分流,采用循环利用或重复利用。在废水处理工艺上要进行多方案比较以确定一个技术先进,经济合理的方案。

另外,一个产品的"三废"排放和它的生产工艺有直接的关系,先进的生产工艺可以不产生或少产生废弃物及其他不良影响,反之就会使大量的原料变为废弃物构成对环境的危害。所以改革工艺、提高产品得率、降低原料消耗、减少排污量是解决废水处理问题的根本途径。

废水处理的一些基本方法有:隔油法(其原理是在重力作用下,使废水中所含的油及其他悬浮杂质根据不同的相对密度自行分离,且回收油品),气浮法(用于分离相对密度接近水的悬浮物质,在废水中投加絮凝剂,使细小的油珠及其他微小颗粒凝聚成疏水的絮状物,在废水中尽可能多的注入微细气泡,使气泡与废水充分接触,形成良好的气泡和絮状物的结合体,成功地与水分离),沉淀法(使水中的固体物质在重力的作用下下沉,从而与水分离的方法),好氧生物处理(在充氧条件下,通过微生物吸附和氧化分解作用,使废水中的有机污染物降解或去除,从而使废水得到净化),厌氧生物处理(其经历两个阶段,酸发酵阶段和甲烷发酵阶段,最终将污染物转化成二氧化碳和甲烷)。

图 10.3　化工废渣的不当处理

3. 废渣处理

化工生产过程中,会有很多固体废物产生,其种类繁多,成分复杂,有些具有易燃、有毒、易反应、有反射性等特点,应妥善处理以避免造成对大气、水体、土壤的污染。处理的基本方法有填埋法、焚烧法等。在选择废渣处理方法时应注意不能造成二次污染。图 10.3 为化工废渣的随意堆放造成的环境污染。

模块 3　劳动安全与职业卫生

一直以来,生产都是人类生存所必需的。随着科学技术的发展,人们的生产越来越生活化,而人们也越加认识生命的价值,从而更加重视生命安全。但即便如此,仍有大量事故发生。其实,很多的事故,如果我们当时能多注意一些,事故就不会发生。

安全是人类最重要、最基本的需求,是人民生命与健康的基本保证,一切生活、生产活动都源于生命存在。如果失去了生命,生存也就无从谈起,生活也失去了意义。安全是民生之本、和谐之基。安全生产始终是各项工作的重中之重。在化工生产过程中安全更应该被重视。

1. 设计采用的主要标准、规范

《石油化工企业职业安全卫生设计规范》(SH 3047—1993)。

《石油化工企业设计防火规范》(GB 50160—2008)。

《爆炸危险环境电力装置设计规范》(GB 50058—2014)。

《火灾自动报警系统设计规范》(GB 50116—2013)。

《石油化工企业可燃气体和有毒气体检测报警设计规范》(GB 50493—2009)。

《工业企业设计卫生标准》(GBZ 1—2010)。

《防止静电事故通用导则》(GB 12158—2006)。

《石油化工静电接地设计规范》(SH 3097—2000)。

《石油化工噪声控制设计规范》(SH/T 3146—2004)。

《工作场所有害因素职业接触限值 第 1 部分:化学有害因素》(GBZ 2.1—2007)。

《工作场所有害因素职业接触限值 第 2 部分:物理因素》(GBZ 2.2—2007)。

《职业性接触毒物危害程度分级》(GBZ 230—2010)。

《固定式钢梯及平台安全要求 第 1 部分:钢直梯;第 2 部分:钢斜梯;第 3 部分:工业

防护栏杆及钢平台》(GB 4053.1～3—2009)。

《石油化工钢制压力容器》(SH/T 3074—2007)。

《构筑物抗震设计规范》(GB 50191—2012)。

《工作场所职业病危害警示标识》(GBZ 158—2003)。

《安全色》(GB 2893—2008)。

《安全标志及其使用导则》(GB 2894—2008)。

《水体污染防控紧急措施设计导则》中国石化建标(2006)43 号。

《生产设备安全卫生设计总则》(GB 5083—1999)。

《个体防护装备选用规范》(GB 11651—2008)。

《中华人民共和国安全生产法》(2014 年)。

《危险化学品安全管理条例》(2011 年)国务院令第 591 号。

《建设项目(工程)劳动安全卫生监察规定》劳动部令[1996]第 3 号。

《建筑设计防火规范》(GB 50016—2014)。

《建筑物防雷设计规范》(GB 50057—2010)。

《石油化工企业卫生防护距离》(SH 3093—1999)。

2. 劳动安全卫生危害因素及后果分析

1) 自然危害因素及后果分析

通过分析项目所在地自然条件可知,自然危害因素有:雷电、地震、腐蚀及洪水等。

雷电:雷击是一种自然灾害,具有很大的破坏力,雷击可能造成建筑物和设备损坏,造成大规模停电,引起火灾和爆炸,还可能危及人身安全。

地震:地震可能因对设备、管线、储罐、塔等造成破坏,由此带来燃烧、爆炸事故和有毒介质泄漏事故并引起火灾、爆炸、中毒等次生灾害。

腐蚀、洪水:空气湿度,对金属设备、管道及钢结构均有一定的腐蚀性,设备管线一旦腐蚀开裂油品泄漏,可能引发火灾、爆炸事故。汛期可能引发洪、涝灾害,对项目造成不利影响。

高温、低温:可能造成室外工作人员冻伤及中暑。

2) 生产性危害因素及后果分析

① 易燃易爆物质火灾、爆炸

易燃易爆或可燃可爆的化学物质,闪点或爆炸下限相对都很低,极易与空气形成爆炸性混合物。在生产过程中,都在一定温度、压力下进行,一旦发生泄漏,喷出的物料与空气混合,就很可能发生火灾、爆炸。在真空操作时,设备、管路密封不好,或开停车时空气进入,也很可能发生火灾、爆炸(图 10.4)。

② 检修过程中造成的火灾、爆炸

图 10.4　爆炸现场救火

在反应器、储罐、管道等的检修过程中,如容器吹扫不彻底或留有残液,在进行焊接作业时极易引发火灾爆炸事故。在通常情况下,结合项目情况,易燃易爆危险化学品在储存、运输过程中喷溅、渗漏,甚至自然挥发和尾气排放等造成火灾、爆炸事故的点火源有下述几种。

明火:违章动火、汽车尾火、外来火种等。

电气火花:设备超负荷运行、电缆绝缘损坏、电缆材质或安装施工不良等也会发生火灾爆炸;电气线路、元件会因接触不良、电接地不良、短路等产生火花。

静电火花:氢气、甲苯等有机物料管道输送产生静电,突然放电易产生火花,若此时发生易燃易爆物料的泄漏,则有发生火灾和爆炸的危险。

雷击及杂散电放电易产生火花,从而导致火灾爆炸事故。

3. 劳动安全卫生一般防护措施

(1)采用先进、成熟、可靠的工艺技术和设备,严防"跑、冒、滴、漏",实现全过程无泄漏生产。

(2)总平面布置根据功能区分布置,各功能区、装置之间设环形通道,并与厂外道路相连,满足消防和安全疏散的要求;根据工艺流程、生产特点和火灾危险性合理布置,并做好场地排放雨水设施。

(3)为防止有毒气体的积聚,并使其迅速稀释和扩散,尽量采用半露天建筑结构。

(4)装置内有发生坠落危险的操作岗位按规范设置扶梯、平台、栏杆等安全措施。

(5)生产现场有可能接触有毒物料的地点设置安全淋浴洗眼器。

(6)对传动设备安装防护设施或安全罩。

(7)操作温度大于60℃的设备及管道采取隔热措施,进行人身防烫保护。

(8)对于风机、泵等噪声较大的设备,在设计和订货时选用噪声级达到国家标准的设备,以减少噪声对环境和人身的危害。对在噪声较大的环境工作的工人应采取个人防护措施(耳塞、耳罩等)和减少接触噪声时间,以减少人员危害。

(9)场内设置卫生间、淋浴室等必需的劳动、生活卫生设施,满足职工劳卫和生活需要。

(10)操作人员配备符合安全规定的劳动保护用品如防酸碱工作服、防酸碱工作手套、防护镜、防毒面具(图10.7)。

图10.7　劳动防护用具

（11）工厂及车间配置正压呼吸机、全密闭防化服、过滤式防毒面具等必要的应急处理防护用具及处理泄漏的工具、用品，以备应急处理时使用。

（12）化验分析室有有害气体产生，设通风柜、排风罩及防腐离心通风机排放。

（13）凡容易发生事故及危害生命安全的场所以及需要提醒人员注意的地点，均按标准设置各种安全标识；凡需要迅速发现并引起注意以防发生事故的场所、部位均按要求涂安全色。

实践范例

（一）环境保护

1）环境保护措施

① 废气污染防治措施

大气污染防治措施：本装置加热炉以脱硫后的干气（H_2S 含量 $< 20\ \mu l/L$）为燃料，从而减少了燃烧烟气中 SO_2 的排放量。装置开停工或操作不正常时安全阀排放的含烃气体，均密闭排入火炬系统。生产加工过程均在密闭系统中进行，减轻了生产过程中的烃类无组织排放量。

② 废水污染防治措施

扬子石化公司按"清污分流、分质处理"的原则，已建成三个排水系统：生产污水、生活污水、雨水及清净废水。

a.排污系统

生产污水系统（11#）：芳烃厂厂区生产污水系统主要收集和输送各生产装置、罐区的含油污水、含油雨水，经该厂区污水预处理设施去油后，再重力流输送至 YPC 净一污水处理场。

生活污水系统（9#）：主要收集和输送各生产装置区、公用工程及辅助设施区的生活污水，并输送至扬子石化公司净一污水处理场处理达标后排入长江。

雨水及清净废水系统（10#）：主要收集和输送各生产装置区、公用工程及辅助设施区的雨水及清净废水，依靠管道重力流输送并就近排入长江。前期污染雨水与后期清净雨水设有切换设施。

b.污水处理

本装置的含油污水全部进芳烃厂现有两座污水预处理装置处理。扬子石化芳烃厂现有两座污水预处理装置为 2600# 和 460# 。2600# 的最大处理能力 210 m^3/h，目前实际运行量 180 m^3/h；460# 的最大处理能力 75 m^3/h，目前实际运行量 60 m^3/h。出水指标：油 $\leqslant$ 80 mg/L，硫化物 $\leqslant$ 40 mg/L，COD $\leqslant$ 600 mg/L，$NH_3-N \leqslant$ 50 mg/L。

扬子石化现有两个污水生化处理场，即第一污水处理场（YPC 净一污水处理场）及第二污水处理场。炼油厂和芳烃厂一级处理后污水重力流排至 YPC 净一污水处理场进行二级生化处理。运行以来，各污染物均能达到排放标准。

③ 固体废物污染防治措施

本装置排放的废催化剂、废瓷砂等为危险废物，外委有资质的单位处理。扬子石化公司目前建有化学堆场 1 个,堆存容积为 1.07×10^4 m³,主要堆存废催化剂、废吸附剂、废白土、废填料等化学废渣,已堆放容量 4 000 m³,富余容量 6 700 m³。

④ 噪声治理措施

设计中对大于 85dB(A) 的噪声源,拟采取以下治理措施:机泵选用噪声较低的 YB 系列低噪声防爆电机;空冷器选用低转速、低噪声风机;各放空口均设消声器以降低噪声;合理选用调节阀,管道设计、安装合理,避免因压降过大而产生高噪声;对高噪声区设置警示标志,进入该区域的操作人员将佩戴听力保护器材。

本项目的噪声源主要有生产装置的机械设备(包括泵、压缩机),低压蒸气和工艺气体的放空噪声,其源强声级在 90~100 dB(A) 之间。所以只要加强设备的消声减震措施和强化厂房的隔音效果就基本可消除生产过程中的噪声影响。

⑤ 事故水污染防控措施

目前,扬子石化公司在物流部码头车间建成 20 000 m³ 事故池,原排水经收集全部后,先排至新建事故池,根据事故池液位间歇排放,排放前进行分析。正常时部分回用作物流部油品车间消防水池补水,其余排至 1♯ 排江水管线;异常时通过物流部码头车间压舱水管线,排至水厂净一污水处理装置处理。本项目的事故水污染防控系统依托现有设施。

⑥ 绿化

本工程的绿化,根据生产特征和具体条件,在道路两旁、建筑物四周、利用办公区空地,种植抗污染花草和树木,尽量减少厂区内露土面积,空地铺植草坪或铺砌方砖。绿化可以美化环境,净化空气,衰减噪声,已成环境保护的一项有效措施。在厂区设置绿化带,对建筑物周围重点绿化,绿化带主要规划在装置区道路两旁,并尽可能地利用零散空地进行绿化。

2) 环境管理与环境监测

① 环境管理

目前扬子石化公司设有 HSE 部,全面负责公司的安全、健康和环保工作。公司主要的分厂都设置了安全环保科,各车间(装置)设环保员,负责各级环境管理和事故应急处理,全公司形成了较完善的环境保护管理体系。本项目依托扬子石化公司现有环境保护管理体系,建议在本装置(车间)设置专(兼)职环保员,负责装置(车间)内环境管理和事故应急处理。

② 环境监测

扬子石化公司已设置有环保监测机构,环保监测实施二级监测,即公司 HSE 部环保监测站及质量管理和检验中心,并建立了公司——分厂二级监测网。监测站主要负责公司对环境有直接影响的"三废"排放的监测以及环境大气、水环境和厂界噪声的监测;质检中心负责各生产厂和污染源的排放监测。本装置环境监测任务仍由现有环保监测机构承担。建议将各类污染源及污染物纳入现有监测体系。

3) 环境保护投资估算

本项目环境保护设施主要包括加热炉烟囱、排水管线及设施等。本工程的环境保护设施投资主要包括:"三废"治理设施、噪声治理费用、绿化及监测仪器及环境风险措施投资等。

4)环境影响分析

通过对污染源及污染物排放量分析,可以推出污染物产生的数量。通过采取有效的防治和处理措施,可以使各项污染源及污染物的排放达到国家及地方标准规定的要求。项目环境影响应以环境影响报告书的结论为准。

5)预期达到的效果

项目产生的废气通入燃气总管燃烧。因为废气中的物质仅含有C,H,O元素,所以燃烧不会对空气产生污染。项目废水经处理达标后排放,完全可以满足园区污水处理厂的接管要求。项目产生的危险固废根据成分优先考虑综合利用,而后采用相关措施进行操作,能够做到厂界达标。

(二) 劳动安全与职业卫生

本项目存在的主要危险有害因素有:高温烫伤、低温冻伤、粉尘危害、电气伤害、噪声危害、粉尘危害、高处坠落、机械伤害、物体打击、车辆伤害、淹溺等。

1)劳动安全卫生危害因素的防范与治理方案

本装置在扬子石化预留场地内建设,在依托扬子石化现有设备的基础上进行甲苯甲醇烷基化装置的建设,因此,本次设计充分依托原有装置内的安全卫生设施。

① 管理上的防范措施

公司设有安全环保管理机构,负责建立健全安全管理体制,实现全厂安全的科学化管理,并负责项目的日常安全生产管理工作。

② 设计采用的主要安全防范措施

总图及平面布置:平面布置执行《石油化工企业设计防火规范》。装置内部的设备之间、设备与建筑物之间留有相应的防火距离。

工艺本质安全:设计从原料加工过程到产品储存、运输,可燃及有毒物料始终密闭在各类设备和管道中,各个连接处采用可靠的密封措施。非正常排放的可燃气体密闭排至火炬系统。工艺装置过程控制采用DCS系统,可能导致失控的关键设备及工艺过程的控制参数设置了超限报警。为确保装置、重要的工艺设备、大型机组及生产人员的安全,装置内还设有独立于DCS的紧急泄压、联锁保护等安全仪表系统(SIS),确保在误操作和非正常工况下,实现关键设备或全装置紧急停车。

设备:压力容器、压力管道的设计及制造严格执行《压力容器设计标准》《工业金属管道设计规范》及其他有关的工业标准规范。为防止压力设备由于超压发生事故,在适当的位置安装泄压设施。

电气、仪表防爆:爆炸危险区域划分执行《爆炸危险环境电力装置设计规范》,爆炸危险区域内的各类电气设备均选用相应防爆等级的设备,所用仪表按所处区域的防爆等级选用。

防雷、防静电接地:按规范设防雷击、防静电接地系统。正常不带电的金属外壳及爆炸危险区域内的工艺金属设备均可靠接地。本次新增及更换的设备均需接地,其接地支线连接于装置区内,原有接地网,总的接地电阻不得大于 4 Ω。

构筑物防火:装置内钢构架、管桥的立柱、塔类及立式容器的裙座按规范要求,设置无机厚涂型耐火层。

消防及火灾报警设施。消防设施:本次消防站依托现有配置;火灾报警:工艺装置已设置火灾自动报警系统,并与全厂消防站连接。

防毒:根据相关规范,对可能泄漏和聚集苯等有毒气体的场合增设气检测报警,信号接入 DCS 的独立卡件。同时,装置内配备空气呼吸器、防毒面具等个人防护用品,在设备检修和泄漏事故处理时,工作人员正确佩戴防毒用品,并按安全规定进行操作,以便进行紧急控制操作、救护及安全撤离。

防高温烫伤:在生产中可能引起操作人员烫伤的高温设备及管道的表面敷设保温及隔热防烫层;高温介质的采样口设置采样冷却器。

防高空坠落:需要操作人员进行高空检维修作业的设备或场所,设置平台、梯子、扶手、栏杆等防护设施以防止发生坠落事故,在易滑倒的通道、地面采取防滑措施。梯子、平台和栏杆的设计,执行《固定式钢梯及平台安全要求》标准。

噪声控制:设计中各类噪声控制执行《石油化工噪声控制设计规范》,采用减振、隔声、消声等减(降)噪声措施,如机泵选用低噪声电机,空冷器选用低噪声电机及风机,气(汽)体放空口安装消声器,操作人员进入高噪声现场巡检时,佩戴个人噪声防护用具,使装置内作业场所的噪声水平满足规范要求。

采光与照明:装置区设置生产照明、事故照明及检修照明。

卫生设施:本装置的卫生设计执行《工业企业设计卫生标准》,以满足职工卫生要求。

气防设施:本装置气防救护依托公司消防站。现有装置个人防护用品配备有工衣裤、工鞋、安全帽、手套、防护眼镜,班组配备有公用的防毒面具、空气呼吸器、长管呼吸器。

安全疏散、安全标志及安全色:构架、平台均设置不少于两个通向地面的通道,生产场所与作业地点的紧急通道和紧急出口设置明显的标识和指示箭头,以确保操作人员安全疏散。在容易发生事故的场所和设备处设置安全警示牌,对需要迅速发现并引起注意的场所及部位涂安全色,迅速发现并引起注意以防发生事故。安全色及安全标志的设计执行《安全色》和《安全标志及其使用导则》。

事故废液收集与处理设施:扬子石化公司制定了《水体环境风险事件应急预案》,并在江边设置有事故池,防止事故水通过清净雨水排入外环境,本项目对事故水的防控依托该体系来完成。

2) 劳动安全卫生管理机构设置及人员配备

扬子石化公司目前成立了由公司经理党委书记任组长,分管经理任副组长,党委副书记、副经理及各职能部门负责人参加的健康、安全和环境(HSE)管理委员会。本项目不新增定员,操作人员及管理人员由公司内部调配解决。为了确保本工程建成后的安全生产,建议建设单位在本装置设置 1 名专职或兼职的安全卫生管理人员,负责装置的安全卫生管理工作,并将其纳入现有的 HSE 管理体系中。

3）劳动安全卫生一般防护措施

参见本单元模块 3 中"劳动安全卫生一般防护措施"。

【习　题】

1. 国际标准化组织(ISO)对空气污染定义是什么？
2. 废气处理的基本方法有哪些？
3. 废水处理的方法有哪些？
4. 废渣处理的方法有哪些？
5. 劳动安全卫生一般防护措施有哪些？
6. 查阅资料，列举某化工厂的环境保护措施。

单元十一　物料衡算与能量衡算

教学目的

通过设计一座制取对二甲苯(PX)分厂的物料衡算和能量衡算,使学生能够掌握物料衡算和能量衡算的过程、步骤和方法。

教学目标

[能力目标]

能够合理地运用物料衡算和能量衡算的方法和技巧。

能够熟练地查阅各种资料,并加以汇总、筛选、分析。

[知识目标]

学习并初步掌握物料衡算和能量衡算的方法和步骤。

学习并初步掌握物料衡算和能量衡算各种参数确定依据与方法。

[素质目标]

能够利用各种形式进行信息的获取。

设计过程中与团队成员的讨论、合作。

经济意识、环保意识、安全意识。

必备知识

模块 1　物 料 衡 算

1. 物料衡算的基本原理

物料衡算是确定化工生产过程中物料比例和物料转变的定量关系的过程,是化工工艺计算中最基本、最重要的内容之一。物料衡算是以质量守恒定律为基础对物料平衡进行计算,在工艺设计中,物料衡算是在工艺流程确定后进行的。其目的在于设计或改造工艺流程和设备,了解和控制生产操作过程,核算生产过程的经济效益,确定原材料消耗定额,确定生产过程的损耗量,对现有的工艺过程进行分析,选择最有效的工艺路线,对设备进行最佳设计以及确定最佳操作条件等。凡引入某一设备的物料成分、质量或体积比等于操作后所得产物的成分、质量或体积加上物料损失。

在化学工程中,设计或改造工艺流程和设备,了解和控制生产操作过程,核算生产过程的经济效益,确定主副产品的产率,确定原材料消耗定额,确定生产过程的损耗量,便于技术人员对现有的工艺过程进行分析,选择最有效的工艺路线,确定设备容量、数量和主要尺寸,对设备进行最佳设计以及确定最佳操作条件等都要进行物料核算。毫不夸张地说,一切化学工程的开发和放大都是以物料衡算为基础的。

1)物料衡算的目的

通常物料衡算有两种情况,一是对已有的生产设备或过程利用实测的数据,计算出另一些不能直接测定的物料量,俗称生产查定,用此计算结果,对生产进行分析,作出判断,提出改进措施。二是设计一种新的设备或过程,由物料衡算求出进出各设备的物料量、组成等,然后结合能量衡算,确定设备的工艺尺寸及整个工艺过程。

通过物料衡算可以确定:原材料消耗定额,判断是否达到设计要求;各设备的输入及输出的物流量,摩尔分率组成及其他组成表示方法,并列表,在此基础上进行设备的选型及设计,并确定"三废"排放位置、数量及组成,有利于进一步提出"三废"治理的方法;作为热量计算的依据;根据计算结果绘出物流图,可进行管路设计及材质选择,仪表及自控设计等。

2)物料衡算的依据

设计任务书中确定的技术方案、产品生产能力、年工作时及操作方法。

建设单位或研究单位所提供的要求、设计参数及实验室试验或中试等数据,主要有:化学单元过程的主要化学反应方程式、反应物配比、转化率、选择性、总收率、催化剂状态及加入配比量、催化剂是否回收利用、安全性能(爆炸上下限)等;原料及产品的分离方式、各步的回收率,采用物料分离剂时,加入分离剂的配比;特殊化学品的物性,如沸点、熔点、饱和蒸气压、闪点等。

3)物料衡算基准

在物料、能量衡算过程中,恰当的选择计算基准可以使计算机简化,同时也可以缩小计算误差。在一般的化工工艺计算中,根据过程特点选择的基准大致有如下几种。

① 时间基准

对于连续生产,以一段时间间隔,如 1 s,1 h,1 d 等的投料量或生产产品量作为计算基准。这种基准可直接联系到生产规模和设备设计计算,如年产 300 kt 乙烯装置,年操作时间为 8 000 h,每小时的平均产量为 37.5 t。对间歇生产,一般可以一釜或一批料的生产周期作为基准。

② 质量基准

当系统介质为液、固相时,选择一定质量的原料或产品为计算基准是合适的。如以煤、石油、矿石为原料的化工过程采用一定量的原料,如 1 kg,1 000 kg 等作基准。如果所用原料活产品系单一化合物,或者由已知组成百分数和组分分子量的多组分组成,那么用物质的量作为基准更为方便。

③ 体积基准

对气体物料进行衡算时选用体积基准。这时应将实际情况下的体积换算为标准状态下的体积,即体积标准,用 m³ 表示。这样不仅排除了因温度、压力变化带来的影响,而且可直接换算为摩尔。气体混合物中组分的体积分率同其摩尔分率在数值上是相同的。

④ 干湿基准

生产中的物料,不论是气态、液态和固态,均含有一定量的水分,因而在选用基准时就有算不算水分在内的问题。不计算水分在内的称为干基,否则为湿基。例如,如空气组成通常取含氧 21%,含氮 79%(体积),这是以干基计算的;如果把水分(水蒸气)计算在内,氧气、氮气的百分含量就变了。

2. 物料衡算的基本概念

1) 物料衡算式

物料衡算是依据质量守恒定律,利用某进出化工过程中某些已知物料的流量和组成,通过建立有关物料的平衡式和约束式,求出其他未知物料的流量和组成的过程。

系统中物料衡算的一般表达式为

$$系统中的积累=输入-输出+生成-消耗$$

其中,生成或消耗项是由化学反应而生成或消耗的量;积累项可以是正值,也可以是负值。当系统中积累项不为零时称为非稳定状态过程;积累项为零时,称为稳定状态过程。

稳定状态时,可以转化为

$$输入=输出-生成+消耗$$

对无化学反应的稳态过程,又可表示为

$$输入=输出$$

物料衡算包括质量衡算、组分衡算和元素衡算。对稳态过程中的无化学反应过程与有化学反应过程,物料衡算式适用情况见表 11.1。

表 11.1 稳态过程中物料衡算式的适用情况

类别	物料衡算形式	无化学反应	有化学反应
总衡算式	总质量衡算式	适用	适用
	总物质的量衡算式	适用	不适用
组分衡算式	组分质量衡算式	适用	不适用
	组分物质的量衡算式	适用	不适用
元素原子衡算式	元素原子质量衡算式	适用	适用
	元素原子物质的量衡算式	适用	适用

由表 11.1 可知,无化学反应时,物料衡算既可以用总的衡算式,也可以用组分衡算式,采用哪一种形式要根据具体条件确定。在有化学反应的过程中,其物料衡算多数不能

用进、出口物料的总量得出。因为反应前后的分子种类和数量可能发生了变化,进入系统的物料总量(物质的量)不一定等于系统输出的总量。例如:

$$3H_2 + N_2 \Longrightarrow 2NH_3$$

有的过程虽然进、出口物料的总量相当,但其分子种类不同,无法采用组分的平衡进行计算,只能用元素的原子平衡进行计算。例如:

$$CO + H_2O \Longrightarrow CO_2 + H_2$$

2)物料衡算的基本步骤

① 收集数据

进行物料衡算必须在计算前拥有足够的尽量准确的原始数据。这些数据是整个计算的基本依据和基础。原始数据的来源要根据计算性质确定。如果进行设计计算,可依据设定值;如果对生产过程进行测定性计算,要严格依据现场实测数据。当某些数据不能精确测定或无法查到时,可在工程设计计算所允许的范围内借用、推算或假定。

收集现场数据时要注意有无遗漏或矛盾,不仅要合乎实际,而且要经过分析决定取舍,务必使数据准确无误。

所有数据的单位制必须保持统一。

② 画出流程示意图

针对要衡算的过程,画出流程示意图。将所有原始数据标在图的相应部位,未知量也同时标明。如果该过程不太复杂,则整个系统用一个方框和几条进、出物料线表示即可。如果过程有很多流股,则可将每个流股编号。

③ 确定衡算系统和计算方法

根据已知条件和计算要求确定衡算系统,必要时可在流程示意图中用虚线表示系统边界。对化学反应,应按化学计量写出各过程的化学反应方程式。方程式中注明计量关系(表示出主副反应的各个方程式中的计量关系),并注明各反应物料的状态条件和反应转化率、选择性,然后通过化学计量系数关系,计算出生成物的组成和数量。

④ 选择合适的计算基准

计算基准是物料衡算中规定各股物料量的依据。要根据问题的性质及采用的计算方法,选择合适的计算基准。如有特殊情况或要求,需在计算过程中变换基准,但必须做出说明。但是不管什么基准,最终都要满足题目的要求,并在流程示意图上说明所选的基准值。

⑤ 列出物料衡算式,用数学方法求解

对组成较复杂的一些物料,可以先列出输入—输出物料表,表中用代数符号表示未知量,这样有助于列物料衡算式,最后将求得的数据补入表中。

⑥ 将计算结果列成输入—输出物料表

当进行工艺设计时,物料衡算结果除将其列成物料衡算表外,必要时还需画出物料衡算图。对表或图中标出的所有数据进行审核。

⑦ 结论

将物料衡算的结果加以整理,列成物料衡算表,表中列出输入、输出的物料名称及数量和占总物料量的百分数。必要时衡算结果需要在流程图上表示,即物料流程图。对计算结果必须进行验算。验算方法如下：一是用另一种方法或选用另一个基准解同一个问题，所得结果应和原来结果一致；二是用已知的数据验证所列方程或关系式的正确性。

3. 物料衡算方法

物料衡算是研究某一个体系内进、出物料质量及组成的变化。根据质量守恒定律，对某一个体系内质量流动及变化的情况用数学式描述物料平衡关系则为物料平衡方程。其基本表达式为

$$\sum F_0 = \sum D + \sum A + \sum B$$

其中，F_0—— 输入体系的物料质量；

D—— 离开体系的物料质量；

A—— 体系内积累的物料质量；

B—— 过程损失的物料质量。

积累量可以是正值，也可以是负值，当系统中积累量不为零时称为非稳定状态过程；积累量为零时，称为稳定状态过程。对于连续稳定的操作状态，体系内积累的物料质量 $A = 0$，上式可变为

$$\sum F_0 = \sum D + \sum B$$

1）无反应过程的物料衡算

在系统中，物料没有发生化学反应的过程，称为无反应过程，这类过程通常又称为化工单元操作，如流体输送、粉碎、换热、混合、分离（吸收、精馏、萃取、结晶、过滤、干燥）等。

2）有反应的物料衡算

化学反应过程物料衡算的方法有：直接计算法；利用反应速率进行物料衡算；元素平衡；以化学平衡进行计算；以结点进行计算；利用联系组分进行计算。

3）带循环和旁路过程的物料衡算

通常可采用两种解法。

试差法。估计循环流量，并继续计算至循环回流的那一点。将估计值与计算值进行比较，并重新假定一个估计值，一直计算到估计值和计算值之差在一定的误差范围内。

代数解法。在循环存在时，列出物料平衡方程式，并求解。一般方程式中以循环流量作为未知数，应用联立方程的方法进行求解。

模块 2　能量衡算

1. 基本原理

在化工生产中，有些过程需消耗巨大的能量，如蒸发、干燥、蒸馏等；而另一些过程则可释放大量能量，如燃烧、放热化学反应过程等。为了使生产保持在适宜的工艺条件下进行，必须掌握物料带入或带出体系的能量，控制能量的供给速率和放热速率。为此，需要

对各生产体系进行能量衡算。能量衡算对于生产工艺条件的确定、设备的设计是不可缺少的一种化工基本计算。

化工生产的能量消耗很大，能量消耗费用是化工产品的主要成本之一。衡量化工产品能量消耗水平的指标是能耗，即制造单位质量（或单位体积）产品的能量消耗费用。能耗也是衡量化工生产技术水平的主要指标之一。而能量衡算可为提高能量的利用率，降低能耗提供主要依据。通过能量衡算，可确定整个工艺系统的能耗是否符合设计合同的要求。

2. 能量衡算的任务

对于新设计的生产车间，能量衡算的主要目的是确定设备的热负荷。根据设备的热负荷的大小、所处理物料的性质及工艺要求再选择传热面的形式、计算传热面积、确定设备的主要工艺尺寸。确定传热所需要的加热剂或冷却剂的用量及伴有热效应的温升情况。

对于已投产的生产车间，进行能量衡算是为了更加合理地利用能量，以最大限度降低单位产品的能耗。

在化工设计、化工生产中，通过能量衡算可以解决以下问题。

（1）确定物料输送机械（泵、压缩机等）和其他操作机械（搅拌、过滤、粉碎等）所需要的功率，以便于确定输送设备的大小、尺寸和型号。

（2）确定各单元操作过程（蒸发、蒸馏、冷凝、冷却等）所需要的热量或冷量，及其传递速率；计算换热设备的工艺尺寸；确定加热剂或冷却剂的消耗量，为其他专业如供汽、供冷、供水专业提供设计条件。

（3）化学反应常伴有热效应，导致体系的温度上升或下降，为此需确定为保持一定反应温度所需的移出或加入的热传递速率，为反应器的设计及选型提供依据。

（4）为充分利用余热，提高能量利用率，降低能耗提供重要依据，使过程的总能耗降低到最低程度。

（5）最终确定总需求能量和能量的费用，并用来确定这个过程在经济上的可行性。

3. 能量衡算的方法

物流焓的基准状态包括物流的基准压强、基准温度、基准相状态，能量衡算的文字表达式为

$$输入系统的能量＝输出系统的能量＋系统积累的能量$$

对于连续生产，系统积累的能量为0，所以有

$$Q + W = \sum H_{out} - \sum H_{in}$$

其中，Q——设备的热负荷；

W——输入系统的机械能；

$\sum H_{in}$——进入系统的物料的焓；

$\sum H_{out}$——离开系统的物料的焓。

1) 能量衡算的基本方程式

根据热力学第一定律，能量衡算方程式的一般形式为

$$\Delta E = Q + W$$

其中，ΔE——体系总能量变化；

　　　Q——体系从环境中吸收的能量；

　　　W——环境对体系所做的功。

在热量衡算中，如果无轴功条件下，进入系统加热量与离开系统的热量应平衡，即在实际中对传热设备的热量衡算可表示为

$$\sum Q_{进} = \sum Q_{出}$$

$$Q_1 + Q_2 + Q_3 = Q_4 + Q_5 + Q_6$$

其中，Q_1——所处理的物料带到设备中去的热量(kJ)；

　　　Q_2——由加热剂(或冷却剂)传给设备的热量或加热与冷却物料所需的热量(kJ)；符号规定，输入(加热)为"+"，输出(冷却)为"−"；

　　　Q_3——过程的热效应(kJ)；符号规定，放热为"+"，吸热为"−"，应注意 $Q = -\Delta H$；

　　　Q_4——反应产物由设备中带出的热量(kJ)；

　　　Q_5——消耗在加热设备各个部件上的热量(kJ)；

　　　Q_6——设备向四周散失的热量(kJ)。

2) 热量计算中各种热量的说明

计算基准，可取任何温度，对有反应的过程，一般取 25 ℃ 作为计算基准。

物料的显热可用焓值或比热容进行计算，在化工计算中常用比定压热容 c_p，由于比热容是温度的函数，常用幂次方程式表示，因此计算式可表示为

$$Q = n\int_{T_1}^{T_2} c_p dT$$

其中：n——物料量(mol)；

　　　c_p——物料比定压热容[kJ/(mol·℃)]，$c_p = a + bT + cT^2 + dT^3 + eT^4$；

　　　T——温度(℃)，T_2 为物料温度，T_1 为基准温度。

关于 Q_2 热负荷的计算，Q_2 等于正值为需要加热，Q_2 等于负值为需要冷却。对于间歇操作，各段时间操作情况不一样，则应分段做热量平衡，求出不同时间的 Q_2，然后得到最大需要量。

Q_3 为过程的热效应，包括过程的状态热(相变化产生的热)和化学反应热。相变化一般可由手册查阅，对无法查阅的汽化热可由特鲁顿法则估算，反应热有生成热和燃烧热计算。

设备加热所需的热量 Q_5 在稳定操作过程中不出现，在间歇操作的升温降温阶段也有设备的升温降温热产生，可由下式计算：

$$Q_5 = \sum GC_P(t_2 - t_1)$$

其中，G——设备各部件质量(kg)；

C_P—— 各部件热熔[kJ/(kg・℃)];

t_2—— 设计各部件加热后温度(℃);

t_1—— 设备各部件加热前温度(℃)。

设备加热前的温度 t_2 可取为室温,加热终了时的温度取加热剂一侧(高温)与被处理物料一侧温度的算术平均值。

设备向四周散失的热量 Q_6 可由下式算得

$$Q_6 = \sum F\alpha_T(t_w - t)\tau \times 10^{-3}$$

其中,F—— 设备散热表面积(m²);

α_T—— 散热表面向四周介质的联合给热系数[W/(m²・℃)];

t_w—— 散热表面的温度(有隔热层时应为绝热层外表)(℃);

t—— 周围介质温度(℃);

τ—— 散热持续的时间(s)。

4. 加热剂与冷却剂

由于化工生产中的主要能量计算都是热量计算,所以加热过程的能源选择主要为热源的选择,冷却或移走热量过程主要为冷源的选择(图 11.1)。常用热源有热水、蒸汽(低压、高压、过热),导热油、道生(联苯与二苯醚的混合物)液体、道生蒸汽、烟道气、电、熔盐等。冷源有冷冻盐水、液氨等。

1) 加热剂的选择要求

(1) 在较低压力下可达到较高温度。

图 11.1 加热剂与冷却剂的选用

(2) 化学稳定性高。

(3) 没有腐蚀作用。

(4) 热容量大。

(5) 冷凝热大。

(6) 无火灾或爆炸危险性。

(7) 无毒性。

(8) 价廉。

(9) 温度易于调节。

对于一种加热剂同时要满足这些要求是不可能的,往往会产生矛盾,这时应根据具体情况进行分析,选取合适的加热剂。

2) 加热剂与冷却剂

常用加热剂与冷却剂及其性能如表 11.2 所示,以此可选择工艺过程所需的加热剂与冷却剂。

表 11.2　常用加热剂和冷却剂性能

序号	加热剂 冷却剂	使用温度 范围/℃	给热系数 /[W/(m²·℃)]	优缺点及 使用场合
1	热水	40～100	50～1 400	对于热敏性的物料用热水加热较为保险,但传热情况不及蒸汽,且本身易冷却,不易调节
2	饱和蒸汽	100～180	300～3 200	冷凝潜热大,热利用率高,温度易于控制调节,如用中压或高压蒸汽,使用温度还可提高
3	过热蒸汽	180～300	—	可用于需要较高温度的场合,但传热效果比蒸汽低得多,且不易调节,较少使用
4	导热油	180～250	58～175	不需加压即可得到较高温度,使用方便,加热均匀
5	道生液	180～250	110～450	为 C_6H_5-C_6H_5 26.5% 与 C_6H_5-O-C_6H_5 73.5% 的混合物,加
6	道生蒸汽	250～350	340～680	热均匀,温度范围广,易于调节,蒸汽冷凝潜热大,热效率较高,需道生炉及循环装置
7	烟道气	500～1 000	12～50	可用煤、煤气或燃油燃烧得到,可得到较高温度,特别适用于直接加热空气的场合
8	电加热	500	—	设备简单、干净、加热快,温度高,易于调节。但成本高,适用于用量不太大、要求高的场合
9	熔盐	400～540	—	$NaNO_2$ 40%,KNO_3 53% 及 $NaNO$ 7% 的混合物。可用于需高温的工业生产。但本身熔点高,管道和换热器都需蒸汽保温。传热系数大,蒸汽压低,稳定
10	冷却水	20～30	—	是最普遍的冷却剂,使用设备简单,控制方便,廉价
11	冰	0～30	—	大多用于染料工业中直接放于反应锅内调节反应,稳定效果较好,但会使反应液冲淡,并使反应锅体积增大
12	冷冻盐水	-15～30	—	使用方便,冷却效果好,但需冷冻系统,投资大,一般用于冷却水无法达到的低温冷却

3) 加热剂与冷却剂的用量计算

热量衡算的结果,可以确定输入或移走的热量,从而求出加热剂与冷却剂的消耗量。并可以求出传热面积的大小。热量衡算可以确定传入设备或从设备中移走的热量 Q_2,在不同情况下对 Q_2 的计算说明如下。

直接蒸汽加热时的蒸汽用量:

$$G=Q_2/(\Delta H-C_p t_k)$$

其中,G——蒸汽消耗量(kg);

Q_2——由加热剂传给设备或物料加热所需的热量(kJ);

ΔH——蒸汽热焓量(kJ/kg);

t_k——被加热液体的最终温度(℃);

C_p——被加热液体的比热容[kJ/(kg·℃)]。

为简化起见,通常蒸汽加热时的蒸汽用量计算仅考虑蒸汽放出的冷凝热。

间接蒸汽加热时蒸汽的用量：

$$G = \frac{Q_2}{\Delta H - c_\mathrm{p} t_\mathrm{n}}$$

其中，G——蒸汽消耗量(kg)；

　　Q_2——由加热剂传给设备或物料的热量(kJ)；

　　ΔH——蒸汽热焓量(kJ/kg)；

　　c_p——被加热液体的比热容[kJ/(kg·℃)]；

　　t_n——冷凝水的最终温度(℃)。

燃料消耗量：

$$M = \frac{Q_2}{\eta_\mathrm{T} Q_\mathrm{P}}$$

其中，M——燃料消耗量(kg)；

　　Q_2——由加热剂传给设备或物料所需的热量(kJ)；

　　η_T——炉子热效率；

　　Q_P——燃料的热值(kJ/kg)。

冷却剂消耗量：

$$W = \frac{Q_2}{C_\mathrm{p}(t_\mathrm{K} - t_\mathrm{H})}$$

其中，W——冷却剂消耗量(kg)；

　　Q_2——由加热剂传给设备或物料所需的热量(kJ)；

　　C_P——冷却剂的比热容[kJ/(kg·℃)]；

　　t_K——放出的冷却剂的平均温度(℃)；

　　t_H——冷却剂的最初温度(℃)。

电能消耗：

$$E = \frac{Q_2}{860\eta}$$

其中，E——电能消耗(kW·h)；

　　Q_2——由加热剂传给设备或物料所需的热量(kJ)；

　　η——电热装置的电工效率，一般取 0.85～0.95。

4) 热量衡算结果整理

通过热量计算，以及加热剂、冷却剂等的用量计算，再结合设备计算与设备操作时间安排(在间歇操作中此项显得特别重要)等工作，即可求出生成某产品的整个装置的动力消耗及每吨产品的动力消耗定额，由此可得动力消耗的每小时最大用量，每昼夜用量和年消耗量，并列表将计算结果汇总。

5. 热量衡算中的几个问题

1) 有效平均温差

有效平均温差是传热的平均推动力。它是换热器计算中的一个重要参数，应注意有效平均温差不一定等于对数平均温差,只是在一个特定的条件下才等于对数平均温差。

列管式换热器两换热介质纯逆流流向时,有效平均温差等于对数平均温差。如图 11.2(a)所示。

列管式换热器两换热介质纯并流流向时,有效平均温差等于对数平均温差。如图 11.2(b)所示。

其他流向,如图 11.3 所示的二管程换热器,有效平均温差为

$$\Delta t_{m,有效} = k \ \Delta t_m = k \times \frac{(T_1 - t_1) - (T_2 - t_2)}{\ln\left(\frac{(T_1 - t_1)}{(T_2 - t_2)}\right)}$$

其中,k 为校正系数,校正系数<1,应尽量控制在 0.8 以上。

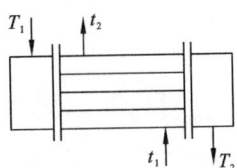

(a)

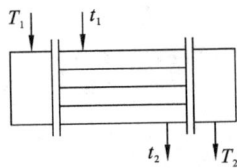

(b)

图 11.2　单壳程换热器流体流向

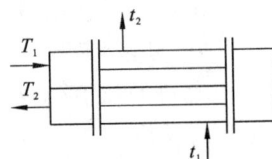

图 11.3　二管程流程换热器

2) 壁温的确定

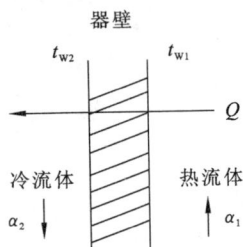

图 11.4　壁温示意图

在换热设备的设计计算时,壁温的确定是很重要的,在计算总的传热系数和计算散热时需要确定壁温,在高温设备中计算壁温有助于选用较适宜的材料。有时传热壁(管子)和器壁(壳体)温差较大时需考虑安装膨胀节。壁温示意见图 11.4。

热流体侧壁温:

$$t_{W1} = t_1 - \frac{K(t_1 - t_2)}{\alpha_1}$$

冷流体侧壁温:

$$t_{W2} = t_2 - \frac{K(t_1 - t_2)}{\alpha_2}$$

其中,K——总传热系数[W/(m² · ℃)];

α_1——热流体到器壁的给热系数[W/(m² · ℃)];

α_2——冷流体到器壁的给热系数[W/(m² · ℃)];

t_1——热流体温度(℃);

t_2——冷流体温度(℃)。

器壁平均温度:

$$t_W = \frac{t_{W1} - t_{W2}}{2}$$

一般金属薄壁,$t_W = t_{W1} - t_{W2}$

当 $\alpha_1 = \alpha_2$ 时，$t_w = \dfrac{t_1 + t_2}{2}$，

$\alpha_1 \gg \alpha_2$ 时，$t_w = t_1$，$K \approx \alpha_2$；

$\alpha_1 \ll \alpha_2$ 时，$t_w = t_2$，$K \approx \alpha_1$。

故壁温接近于 α 值较大侧流体的温度。粗估壁温为

$$t_w = \frac{\alpha_1 t_1 - \alpha_2 t_2}{\alpha_1 + \alpha_2}$$

实践范例

（一）物料衡算

1）各个工段物料衡算

为了验证本工艺流程中物料守恒，下面对 Aspen Plus 模拟文件的各个工段进行物料衡算。

① 反应工段物料衡算

由 Aspen Plus 软件模拟得出的反应工段物料衡算如图 11.5 所示。

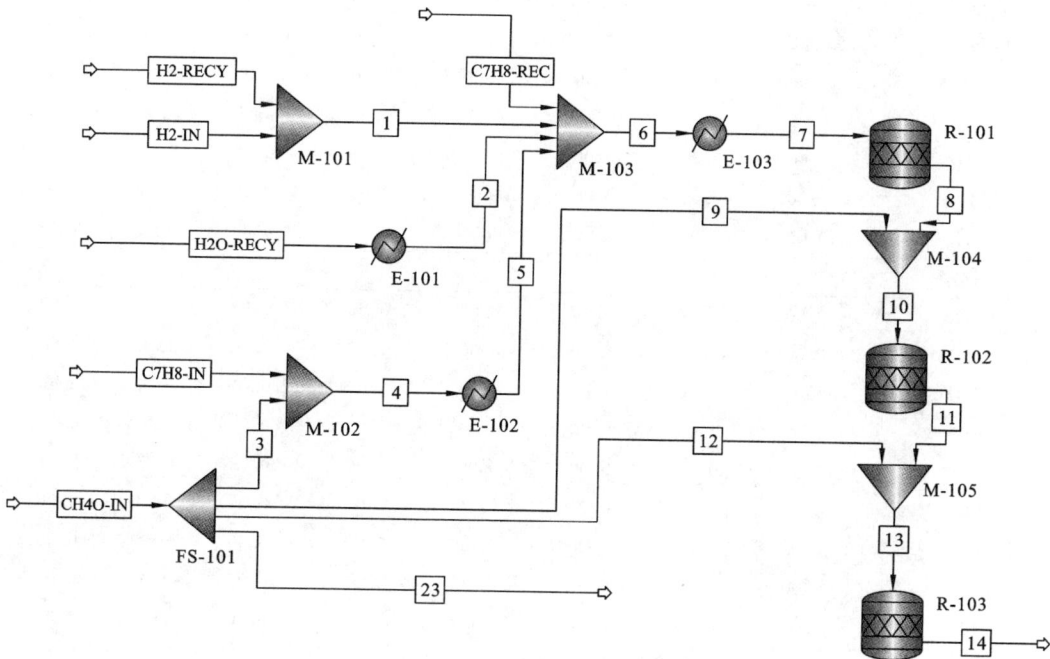

图 11.5　反应工段物料衡算图

反应工段进出物料衡算如表 11.3 所示。

表 11.3　反应工段进出物料衡算表

	入口物流						出口物流	
	H₂-RECY	H₂-IN	H₂O-RECY	C₇H₈-IN	CH₄O-IN	C₇H₈-REC	23.00	14.00
温度/℃	25.00	25.00	25.00	25.00	25.00	110.59	25.00	467.16
压力/bar	3.00	1.01	3.00	1.01	1.01	1.01	1.01	3.00
气相分率	1.00	1.00	0.00	0.00	0.00	1.00	0.00	1.00
容积流量/(m³/hr)	11 161.00	3.25	11 117.61	368.78	467.51	901.85	1.15	24 065.34
摩尔流量/(kmol/hr)	22 583.55	6.55	200 287.48	33 980.00	14 980.14	79 741.30	36.93	351 542.07
质量流量/(kg/hr)	92 328.25	79.57	201.51	39.30	18.89	27 481.69	0.05	493 372.48
焓值/(Gcal/hr)	0.01	0.00	−764.05	1.05	−27.02	9.69	−0.07	−557.45
质量流量/(kg/hr)								
C₇H₈	86.20	0.00	0.01	33 980.00	0.00	78 419.92	0.	78 516.51
CH₄O	0.00	0.00	1.34	0.00	14 980.14	0.00	36.93	1.92
H₂O	0.00	0.00	200 286.13	0.00	0.00	822.33	0.00	209 509.75
H₂	22 497.35	6.55	0.00	0.00	0.00	0.00	0.00	22 497.38
PX	0.00	0.00	0.00	0.00	0.00	375.79	0.00	37 618.81
MX	0.00	0.00	0.00	0.00	0.00	1.27	0.00	168.65
OX	0.00	0.00	0.00	0.00	0.00	0.96	0.00	758.85
C₆H₆	0.00	0.00	0.01	0.00	0.00	121.04	0.00	463.99
C₉H₁₂-5	0.00	0.00	0.00	0.00	0.00	0.00	0.00	431.56
C₉H₁₂-8	0.00	0.00	0.00	0.00	0.00	0.00	0.00	141.86
CH₄	0.00	0.00	0.00	0.00	0.00	0.00	0.00	48.35
C₂H₄	0.00	0.00	0.00	0.00	0.00	0.00	0.00	1 167.40
C₃H₆	0.00	0.00	0.00	0.00	0.00	0.00	0.00	201.55
C₅H₁₀	0.00	0.00	0.00	0.00	0.00	0.00	0.00	5.89
C₃H₈	0.00	0.00	0.00	0.00	0.00	0.00	0.00	9.60
质量分率								
C₇H₈	0.00	0.00	0.00	1.00	0.00	0.98	0.00	0.22
CH₄O	0.00	0.00	0.00	0.00	1.00	0.00	1.00	0.00
H₂O	0.00	0.00	1.00	0.00	0.00	0.01	0.00	0.60
H₂	1.00	1.00	0.00	0.00	0.00	0.00	0.00	0.06
PX	0.00	0.00	0.00	0.00	0.00	0.00	0.00	0.11
MX	0.00	0.00	0.00	0.00	0.00	0.00	0.00	0.00
OX	0.00	0.00	0.00	0.00	0.00	0.00	0.00	0.00
C₆H₆	0.00	0.00	0.00	0.00	0.00	0.00	0.00	0.00
C₉H₁₂-5	0.00	0.00	0.00	0.00	0.00	0.00	0.00	0.00
C₉H₁₂-8	0.00	0.00	0.00	0.00	0.00	0.00	0.00	0.00
CH₄	0.00	0.00	0.00	0.00	0.00	0.00	0.00	0.00
C₂H₄	0.00	0.00	0.00	0.00	0.00	0.00	0.00	0.00
C₃H₆	0.00	0.00	0.00	0.00	0.00	0.00	0.00	0.00

续表

	入口物流					出口物流		
	H_2-RECY	H_2-IN	H_2O-RECY	C_7H_8-IN	CH_4O-IN	C_7H_8-REC	23.00	14.00
C_5H_{10}	0.00	0.00	0.00	0.00	0.00	0.00	0.00	0.00
C_3H_8	0.00	0.00	0.00	0.00	0.00	0.00	0.00	0.00
摩尔流量/(kmol/hr)								
C_7H_8	0.94	0.00	0.00	368.78	0.00	851.09	0.00	852.14
CH_4O	0.00	0.00	0.04	0.00	467.51	0.00	1.15	0.06
H_2O	0.00	0.00	11 117.57	0.00	0.00	45.65	0.00	11 629.56
H_2	11 160.06	3.25	0.00	0.00	0.00	0.00	0.00	11 160.08
PX	0.00	0.00	0.00	0.00	0.00	3.54	0.00	354.33
MX	0.00	0.00	0.00	0.00	0.00	0.01	0.00	1.59
OX	0.00	0.00	0.00	0.00	0.00	0.01	0.00	7.15
C_6H_6	0.00	0.00	0.00	0.00	0.00	1.55	0.00	5.94
C_9H_{12}-5	0.00	0.00	0.00	0.00	0.00	0.00	0.00	3.59
C_9H_{12}-8	0.00	0.00	0.00	0.00	0.00	0.00	0.00	1.18
CH_4	0.00	0.00	0.00	0.00	0.00	0.00	0.00	3.01
C_2H_4	0.00	0.00	0.00	0.00	0.00	0.00	0.00	41.61
C_3H_6	0.00	0.00	0.00	0.00	0.00	0.00	0.00	4.79
C_5H_{10}	0.00	0.00	0.00	0.00	0.00	0.00	0.00	0.08
C_3H_8	0.00	0.00	0.00	0.00	0.00	0.00	0.00	0.22
摩尔流率								
C_7H_8	0.00	0.00	0.00	1.00	0.00	0.94	0.00	0.04
CH_4O	0.00	0.00	0.00	0.00	1.00	0.00	1.00	0.00
H_2O	0.00	0.00	1.00	0.00	0.00	0.05	0.00	0.48
H_2	1.00	1.00	0.00	0.00	0.00	0.00	0.00	0.46
PX	0.00	0.00	0.00	0.00	0.00	0.00	0.00	0.01
MX	0.00	0.00	0.00	0.00	0.00	0.00	0.00	0.00
OX	0.00	0.00	0.00	0.00	0.00	0.00	0.00	0.00
C_6H_6	0.00	0.00	0.00	0.00	0.00	0.00	0.00	0.00
C_9H_{12}-5	0.00	0.00	0.00	0.00	0.00	0.00	0.00	0.00
C_9H_{12}-8	0.00	0.00	0.00	0.00	0.00	0.00	0.00	0.00
CH_4	0.00	0.00	0.00	0.00	0.00	0.00	0.00	0.00
C_2H_4	0.00	0.00	0.00	0.00	0.00	0.00	0.00	0.00
C_3H_6	0.00	0.00	0.00	0.00	0.00	0.00	0.00	0.00
C_5H_{10}	0.00	0.00	0.00	0.00	0.00	0.00	0.00	0.00
C_3H_8	0.00	0.00	0.00	0.00	0.00	0.00	0.00	0.00

经过核算可知,此工段物料守恒。

② 分离工段物料衡算

由 Aspen Plus 软件模拟得出的预分离工段物料衡算如图 11.6 所示。

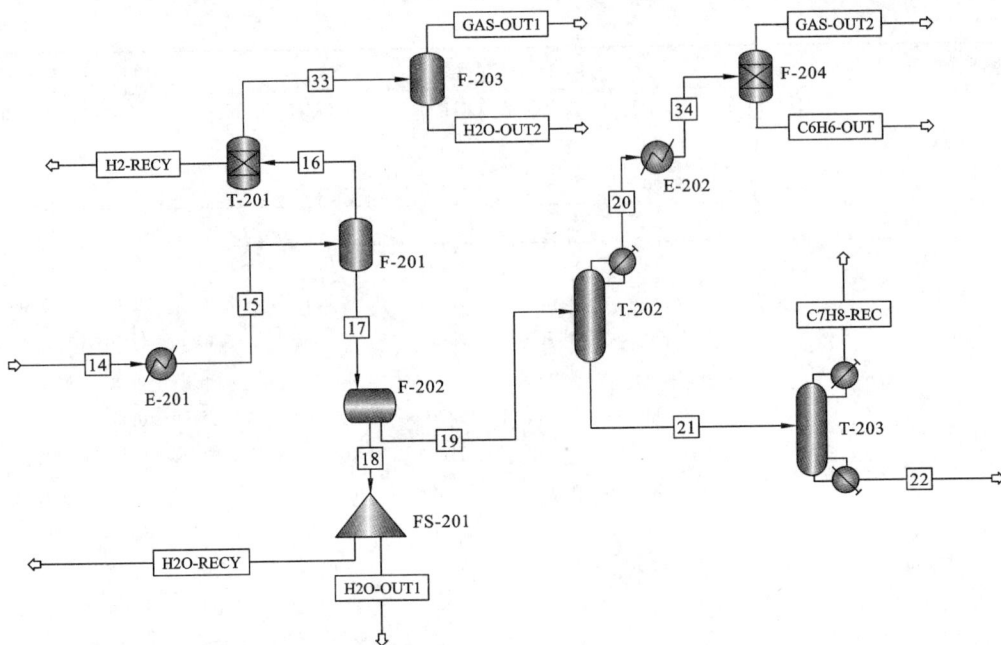

图 11.6　预分离工段进出物料衡算图

进出物料衡算表略,经过核算可知,此工段物料守恒。

③ PX 精制工段物料衡算

由 Aspen Plus 软件模拟得出的 PX 精制工段物料衡算如图 11.7 所示。

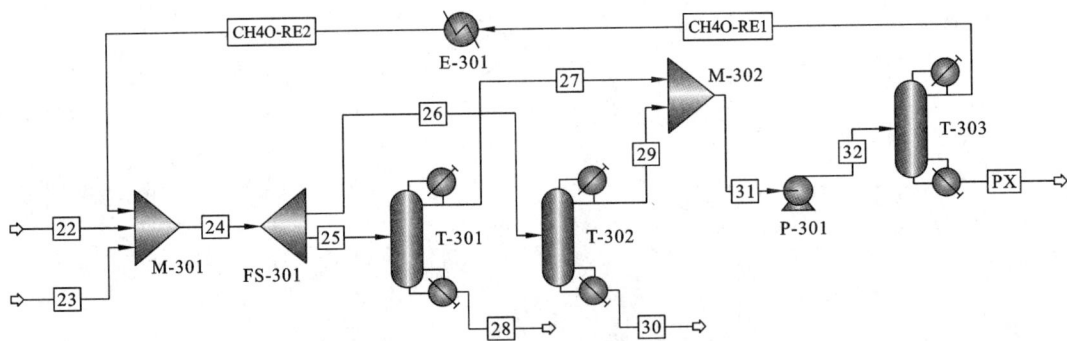

图 11.7　PX 精制工段物料衡算图

进出物料衡算表略,经过核算可知,此工段物料守恒。

④ 流程总物料衡算

综上所述可知,本工艺物料守恒。

(二) 能量衡算

1) 各个工段能量衡算

为了验证整个工艺流程中能量守恒,下面对 Aspen Plus 模拟文件的各个工段进行能量衡算。

① 反应工段能量衡算

由 Aspen Plus 软件模拟得出的反应工段能量衡算如图 11.8 所示。

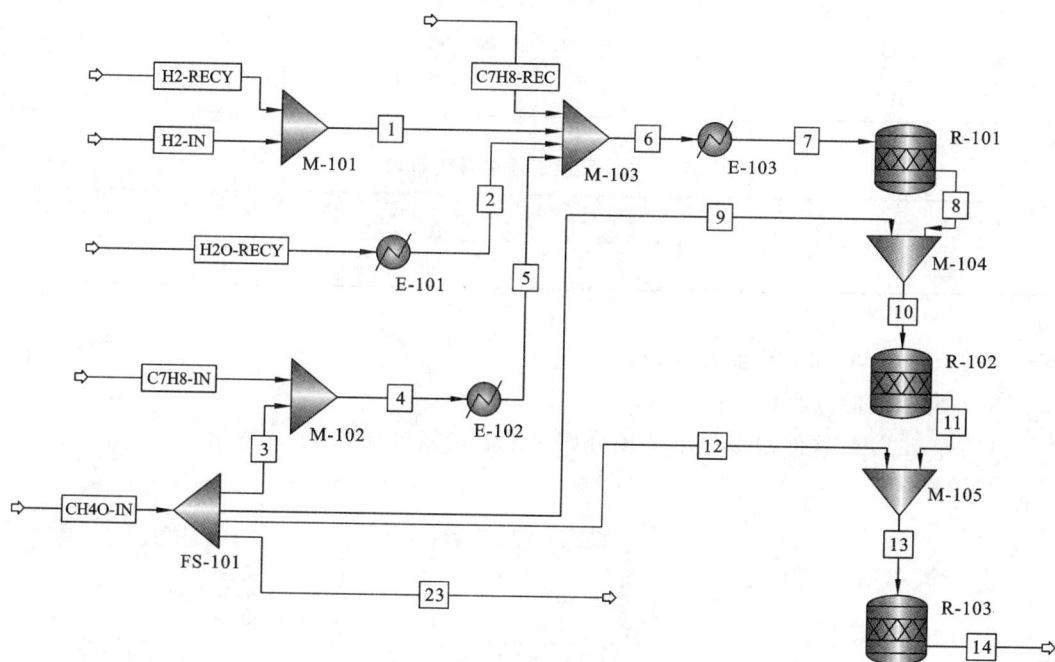

图 11.8　反应工段能量衡算图

反应工段能量衡算如表 11.4～表 11.6 所示。

表 11.4　反应工段进出物流焓值汇总表

	入口物流						出口物流	
	H₂-RECY	H₂-IN	H₂O-RECY	C₇H₈-IN	CH₄O-IN	C₇H₈-REC	23.00	14.00
温度/℃	25.00	25.00	25.00	25.00	25.00	110.59	25.00	467.16
压力/bar	3.00	1.01	3.00	1.01	1.01	1.01	1.01	3.00
气相分率	1.00	1.00	0.00	0.00	0.00	1.00	0.00	1.00
摩尔流量/(kmol/hr)	11 161.00	3.25	11 117.61	368.78	467.51	901.85	1.15	24 065.34
质量流量/(kg/hr)	22 583.55	6.55	200 287.48	33 980.00	14 980.14	79 741.30	36.93	35 1542.07
容积流量/(m³/hr)	92 328.25	79.57	201.51	39.30	18.89	27 481.69	0.05	493 372.48
焓值/(Gcal/hr)	0.01	0.00	−764.05	1.05	−27.02	9.69	−0.07	−557.45
ΣH_in	−762.99							
ΣH_out	−547.82							

表 11.5　反应工段设备热负荷汇总表

来源	说明	热负荷/(Gcal/hr)
E-101	循环水汽化器	128.49
E-102	甲苯甲醇汽化器	5.97
E-103	反应物料加热炉	88.34
总计		222.80

表 11.6　反应工段能量衡算表

Q	ΣH_{in}	ΣH_{out}	ERROR
222.80	−780.32	−557.52	2.29×10^{-4}

经过核算可知,此工段能量守恒。

② 分离工段能量衡算

由 Aspen Plus 软件模拟得出的预分离工段能量衡算如图 11.9 所示。

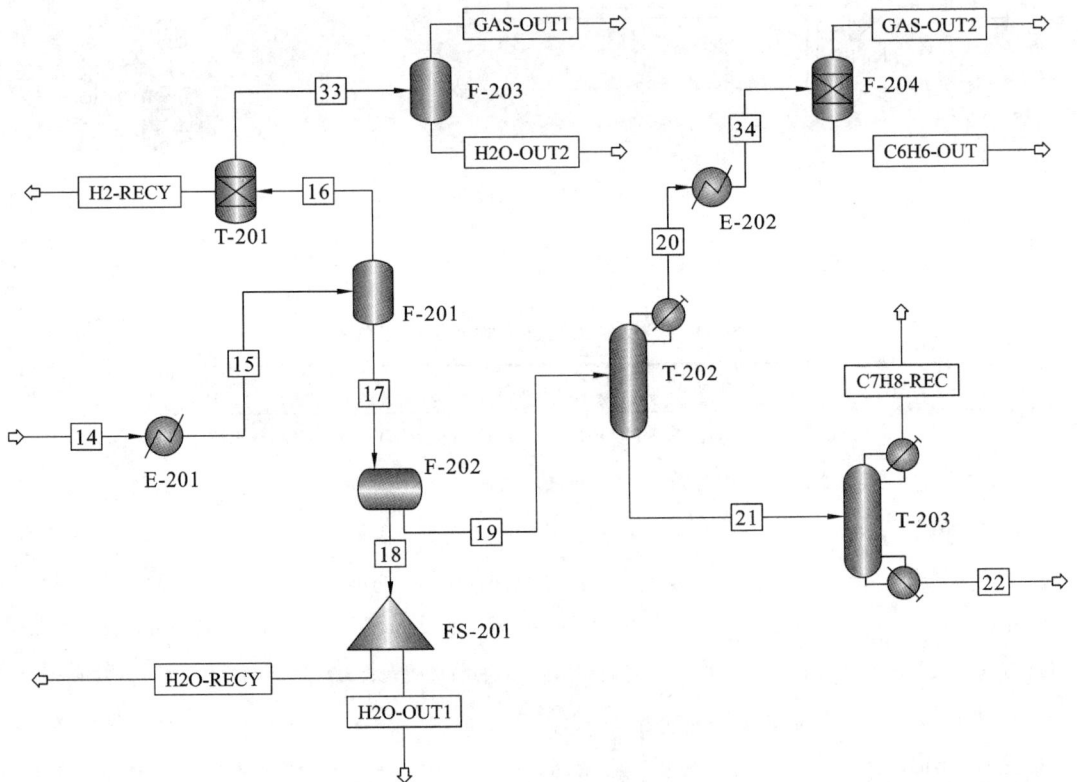

图 11.9　预分离工段能量衡算图

进出物流焓值、设备热负荷汇总表、能量衡算表略,经过核算可知,此工段能量守恒。

③ PX 精制工段能量衡算

由 Aspen Plus 软件模拟得出的 PX 精制工段能量衡算如图 11.10 所示。

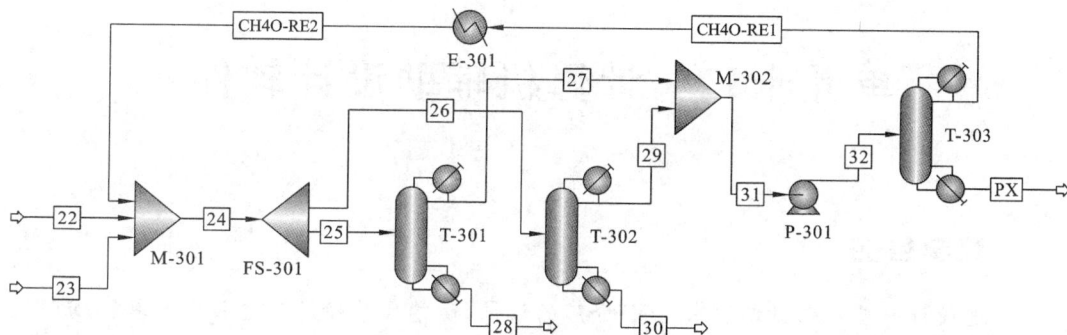

图 11.10　精制工段能量衡算图

进出物流焓值、设备热负荷汇总表、能量衡算表略,经过核算可知,此工段能量守恒。

2) 流程总能量衡算

综上所述可知,本工艺能量守恒。

【习　题】

1. 物料衡算的目的是什么?
2. 物料衡算的依据是什么?
3. 物料衡算有哪几个基准?
4. 简述物料衡算的基本步骤。
5. 物料平衡方程的基本表达式是什么?
6. 进行能量衡算的意义是什么?
7. 加热剂的选择要求有哪些?
8. 如何确定壁温?

单元十二　计算机辅助设计软件

教学目的

通过设计一座制取对二甲苯(PX)分厂的设计,使学生掌握设计过程中计算机辅助软件的使用。

教学目标

[能力目标]

能够熟练使用相关计算机辅助软件进行化工设计。

[知识目标]

学习并掌握相关计算机辅助软件

[素质目标]

能够利用各种形式进行信息的获取。

设计过程中与团队成员的讨论、合作。

经济意识、环保意识、安全意识。

必备知识

模块1　化工流程模拟软件

1. 化工流程模拟软件用途

化工流程模拟软件是化工过程合成、分析和优化最有用的工具,依靠流程模拟软件才可能得到技术先进合理、生产成本最低的化工装置设计。一个化工过程设计人员只有经过流程模拟的训练,才能对工程有更深刻的判断能力。

流程模拟的优越性有以下几点。

进行工艺过程的能量和质量平衡计算。

预测物料的流率、组出和性质。

预测操作条件、设备尺寸。

缩短装置设计时间,允许设计者快速地测试各种装置的配置方案。

帮助改进当前工艺。

在给定的限制内优化工艺条件。

辅助确定一个工艺的约束部位(消除瓶颈)。

回答"如果…那会怎样"问题。

具体地说,流程模拟软件有如下几种用途。

1) 合成流程

有经验的设计人员常用探试规则合成初始流程,根据不同的探试规则常能生成几个不同的流程方案,最终判断流程的优劣需要对几个方案全流程的物料、能量以及单元设备进行计算才能得出结论。没有流程模拟软件,要在一定时间内完成如此繁杂的工作是非常困难的,只能根据设计人员的主观判断或少量方案的比较结果作出决策,多数情况下不能得到最优的流程。

2) 工艺参数优化

通过精确模拟装置操作,可预测操作参数、流程或设备改变对装置性能产生的影响,优化装置生产条件,如用流程模拟软件才能快速而全面地进行精馏塔参数优化、灵敏度分析或直接优化。也可对现有生产装置的运行情况进行严格的计算,根据计算结果提出可靠的调整方案,优化装置操作。现在很多装置都采用 DCS(数据控制系统)控制,通过流程模拟软件和 DCS 的接口,可以把实际装置运行的数据采集进来,进行在线的和离线的调优。

3) 设计单元操作

流程模拟软件可以认为是一个具有各种单元设备的实验装置,能得到一定物流输入和过程条件下的输出。例如,可以用闪蒸模块来研究泵的进口是否会抽空,减压阀或调节阀后液体是否会汽化,为保持所需的相态所应有的温度和压力等;也可利用精馏模块来研究进料组成变化对塔顶、塔底产品组成的影响和应怎样调节工艺参数,为设计和操作分析提供定量的信息。

4) 参数灵敏度分析

设计所采用的数学模型参数和物性数据等有可能不够精确,在实际生产过程中操作条件有可能受到外界干扰而偏离设计值,因此一个可靠的、易控制的设计应研究这些不确定因素对过程的影响,以及采用什么措施才能保证操作平稳,满足产品的数量和质量指标,这就必须进行参数灵敏度分析。而流程模拟软件是进行参数灵敏度分析最有效和最精确的工具。

5) 参数拟合

高水平的流程模拟软件的数据库都有很强的参数拟合功能,即输入实验或生产数据,制定函数形式,模拟流程软件就能对函数中的各种系数进行回归计算。

6) 过程开发及模拟放大

运用现有的资料,按照化学工程的理论和方法,将一个新研究的工艺或产品形成工业化生产规模、属于过程开发的任务,化工流程模拟软件用于放大有很多优点:迅速、准确、放大倍数高、节省资金。实验室规模放大到工业化规模,常具有冒险性,按照常规,需要经过中试,即第一次放大,再经过第二次放大到工业规模。已有运用流程模拟软件一步放大到工业规模的实例。放大设计是一个极为复杂的系统工程,工作量很大,只有运用计算机才可能做大量严格的模拟计算。因流程模拟软件的迅速和准确不仅可节省时间,也可节约大量资金和操作费用,提高产品产量和质量、降低消耗。

7) 总体规划和方案分析

总体规划和方案分析是工程设计的前期工作,包括厂区内外的综合规划、放大规划、过程设计基础的确定、过程评价及经济效益分析、过程优化、环境评价等。方案分析指化工过程的规划、研究和开发及技术的可靠性等。

总之,应用流程模拟软件,在过程开发阶段,可以评价和筛选各种生产路线和方案,减少甚至取消中试的工作量,节省过程开发的时间和费用;在过程设计阶段,可以有效地优化流程结构和工艺参数,提高设计成品的质量;在生产过程中,是工程技术人员进行科学管理的有力工具。流程模拟系统还可对经济效益、过程优化、环境评价进行全面的分析和精确评估,并可对化工过程的规划、研究和开发技术可靠性作出分析。

2. ASPEN PLUS

ASPEN(advanced system for process engineering)PLUS 是目前最为流行的大型通用稳态模拟系统之一,是美国 ASPEN TECH 公司推出的当今先进的化工流程模拟软件。ASPEN PLUS 把一个工艺过程视作一个集成化的系统,而不是单元操作过程的堆积,可分析部分流程的变化对全局乃至经济效益的影响。它广泛应用于化工过程的研究开发、设计、生产过程的控制、优化及技术改造等方面,在模拟大型化工系统和电站系统中,该软件系统流程设计的优势得到了充分的验证。近年来,ASPEN PLUS(图 12.1)被越来越多的国内用户所接受,正在流程模拟领域发挥巨大作用。

图 12.1　ASPEN PLUS

1) ASPEN PLUS 主要特点

ASPEN PLUS 是进行稳态过程的质量和能量衡算、设备尺寸计算、优化、灵敏度分析和经济评价的大型化工流程软件。它为用户提供了一套完整的单元操作模型,用于模拟各种操作过程,从单个操作单元到整个工艺流程的模拟。

ASPEN PLUS 主要特点如下所述。

数据输入方便、直观,所需数据均以填表方式输入,内装在线专家系统自动导引,帮助用户逐步完成数据的输入工作。

配有最新、完备的物性模型,具有物性数据回归、自选物性及数据库管理等功能。ASPEN PLUS 自身拥有 ASPEN CD(ASPEN TECH 公司自己开发的数据库)和 DIPPR(美国化工协会物性数据设计院设计的数据库)两个通用数据库,有多个专用的数据库,如电解质、固体、燃料产品等。这些数据库结合拥有的一些专用状态方程和专用单元操作模块,使得 ASPEN PLUS 软件可用于固体加工、电解质等特殊领域。ASPEN PLUS 提供了几十种用于计算传递物性和热力学性质的模型方法,灵活的数据回归系统(DRS),设有物性常数估算系统(PCES),能够通过输入分子结构和易测性质来估算短缺的物性参数,当模拟流程中含有缺少实验数据的新化学产品时,PCES 特别有用。ASPEN PLUS 是唯一获准与具有世界上最完备气液平衡和液液平衡数据的 DECHEMA 数据库接口的软件。

备有全面、广泛的化工单元操作模型,能方便地构成各种化工生产流程。ASPEN PLUS 提供了混合器/分流器、分离器、换热器、塔、反应器、压力变送设备、控制器、固体、用户模型及泄压等五十多种单元操作模型,系统支持用户自定义模型作为子程序。通过这些模型与模块的组合,能模拟用户所需要的数据。常用的 ASPEN PLUS 化工单元模块见表 12.1。

表 12.1　ASPEN PLUS 的化工单元模块名称

单元设备		模块名称	单元设备		模块名称
换热器	加热(冷却)器	Heater	反应器	化学计量反应器	Rstoic
	两股物流换热器	HeatX		收率反应器	Ryield
	多股物流换热器	MHeatX		平衡反应器	Requil
闪蒸	双出口闪蒸	Flash2		最小自由能反应器	Rgibbs
	三出口闪蒸	Flash3		连续搅拌釜反应器	RCSTR
多级平衡计算	简捷蒸馏设计	DSTWU		活塞流反应器	Rplug
	简捷蒸馏核算	Distl		间歇反应器	Rbatch
	严格蒸馏	RadFrac	其他	混合器	Mixer
	复杂塔的严格蒸馏	Multifrac		分流器	Fsplit
	严格液-液萃取器	Extract		多出口组分分离器	Sep
	石油的简捷蒸馏	SCFrac		泵/液压透平	Pump
	石油的严格蒸馏	PetroFrac		压缩机/透平	Compr
	严格的间歇蒸馏	BatchFrac		多级压缩机/透平	MCompr

应用范围广泛,可模拟分析各类工业过程,如化工、石油化工、生物化工、合成材料、冶金等行业。

提供了一些重要的模拟分析工具,如流程优化、灵敏度分析、设计规定及工况研究等。ASPEN PLUS 提供了灵敏度分析和工况分析模块。利用灵敏度分析模块,用户可以设置某一变量作为灵敏度分析变量,通过改变此变量的数值模拟操作结果的变化情况。该软件采用工况分析模块,用户可以对同一流程几种操作工况进行运行分析。

具有技术经济估算系统、可进行设备投资费用、操作费用及工程利润的估算。

具有与 Excel、VB 及其他 ASPEN 软件的通信接口。

2) ASPEN PLUS 主要功能及运行方法

ASPEN PLUS 提供了操作方便、灵活的用户界面(图 12.2)——Model Manager,以交互式图形界面(GUI)来定义问题、控制计算和灵活地检查结果。用 Data Browser(数据浏览器)可以直接选择不同的运行类型来实现 ASPEN PLUS 的主要功能。ASPEN PLUS 的重要功能有固体处理、严格的电解质模拟、石油化工设计制造处理、数据回归、数据拟合、优化、用户子程序。ASPEN PLUS 流程模拟软件主要功能及运行方法如下所述。

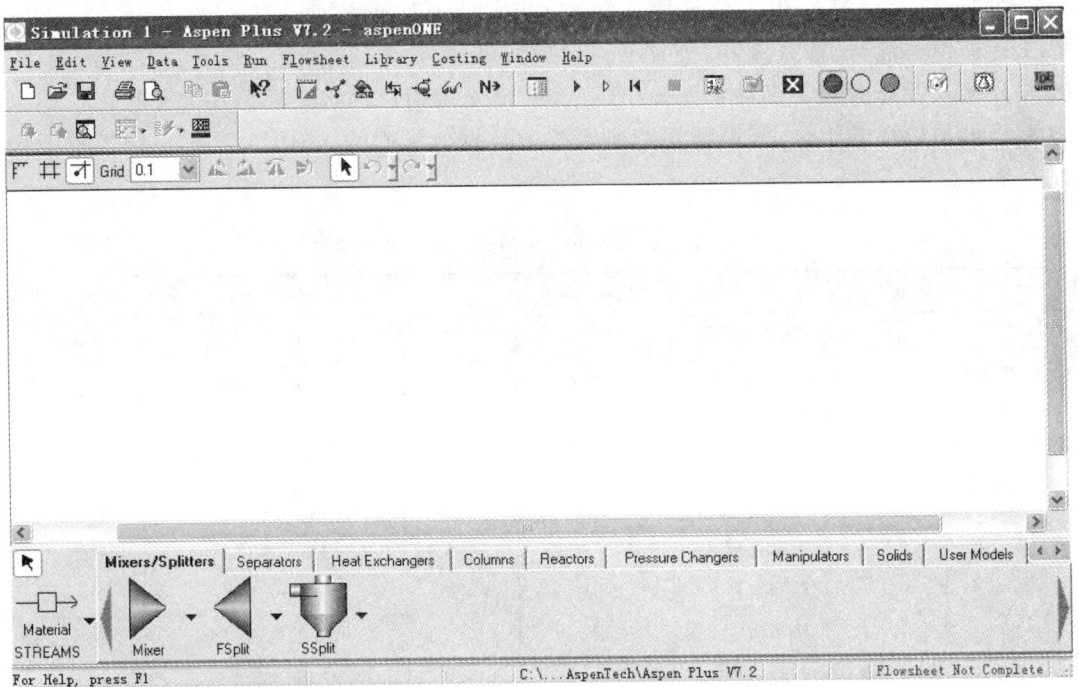

图 12.2　ASPEN PLUS 界面

① 基本流程模拟

Flowsheet 是 ASPEN PLUS 最常用的运行类型,可以使用基本的工程关系式,如质量和能量平衡、相态和化学平衡以及反应动力学预测一个工艺过程。在 ASPEN PLUS 运行环境中,只要给出合理的热力学数据、实际的操作条件和严格的平衡模型,就能够模拟实际装置现象,帮助设计更好方案和优化现有装置和流程,提高工程利润。基本流程模拟主要运行方法如下。

定义流程。ASPEN PLUS 中用单元操作模块来表示实际装置的各个设备,主要包括:混合器、分离器、换热器、蒸馏塔和反应器等。选择相应合理的模型对于整个模拟流程是至关重要的,应按照所模拟反应器特点加以选择。具体定义步骤为:选择单元操作模块,将其放置到流程窗口中;用物流、热流和功流连接模块;最后检查流程的完整性。

规定全局计算信息。包括模拟的说明、运行类别、平衡要求、全局温度和压力限制、物流类及子物流、度量单位选择以及最终报告形式等。

规定组分。定义模拟流程所涉及的所有物质,这些物质包括常规组分(指气体和液体组分或溶液中的固体电解质盐)、常规惰性固体(这类组分有相对分子质量,对相平衡、盐析或溶解无影响,可以参与由 GIBBS 单元操作模型模拟的化学平衡)和非常规固体(此类组分是不均匀物质,且没有相对分子质量,最典型例子是煤炭)等。

选择物性方法。所有单元操作模型都需要性质计算,可能需要计算热力学性质或传递性质或非常规组分的焓。选择正确的方法,不仅可以达到模拟目的,而且可以提高模拟结果的精确度。可在全局中使用的一种物性方法称为全局物性方法,可在不同的流程段中使用的不同物性方法称为局部物性方法。物性方法由计算路径(即路线)和物性方程(即模型)来定义,它决定如何计算物性。在大多数情况下,内置的物性方法足以满足绝大多数应用,不需要对物性做任何修改就能适用于具体的模拟。如果需要对物性方法做高级修改,则必须搞清楚物性方法、模型和路线这几个重要的概念。

规定物流。规定物流是对已知状态的模块间的物流,设定温度、压力和流量等参数。如果已知物流粒子尺寸分布及流程中存在非常规组分,则需要在这里进行额外设置。

单元操作模型的参数设置。对模块所在的物理环境进行设置,具体包括连接物流相态、温度、压力及传热等。

运行模拟程序,生成报告。

② 灵敏度分析

灵敏度分析功能在 Data Browser 页面下的 Sensitivity Form 表单中设定,其目的是测定某个变量对目标值的影响程度。分别定义分析变量和操纵变量,设定操纵变量的变化范围,即可执行灵敏度分析。这一功能可以直观地发现哪一个变量对目标值起着关键性的作用。

③ 设计规定

在灵敏度分析的基础上,当确定了一个关键因素,并且希望它对系统的影响达到一个所希望的精确值时,就可通过设计规定来实现。因而除了要设置分析变量和操纵变量外,还要设定出一个明确的希望值。ASPEN PLUS 让以前繁琐的实验求证过程变得简单。设定设计规定后,必须迭代求解回路,此外带有再循环回路的模块本身也需要循环求解。对于带有设计规定的流程,需按以下三个步骤来模拟。

选择撕裂流股。一股撕裂流股就是由循环确定的组分流、总摩尔流、压力和焓的循环流股,它可以是一个回路中的任意一股流股。

定义收敛模块使撕裂流股、设计规定收敛。由收敛模块决定如何对撕裂流股或设计规定控制的变量在循环过程中进行更新。

确定一个包括所有单元操作和收敛模块在内的计算次序。如果既没有规定撕裂流股,也没有规定收敛模块顺序,ASPEN PLUS 会自动确定。

④ 物性分析

在运行流程之前,物性分析功能帮助确定各组分的相态及物性是否同所选择的物性方法相适应。如果对某种物质的物理属性不是很清楚,可借助 ASPEN PLUS 强大的物性数据库来获得。物性分析有三种使用方式。

单独运行,即将运行类型设置为 Property Analysis。

在流程图中运行。

在数据回归中运行。可使用 Tool 菜单下的 Analysis 命令来交互进行物性分析,也可在 Data Browser 的 Analysis 文件夹中使用窗口手动生成。

物性分析(图 12.3)的内容包括:纯组分物性、二元系统物性、三元共沸曲线图以及流程模型中的物流物性等。

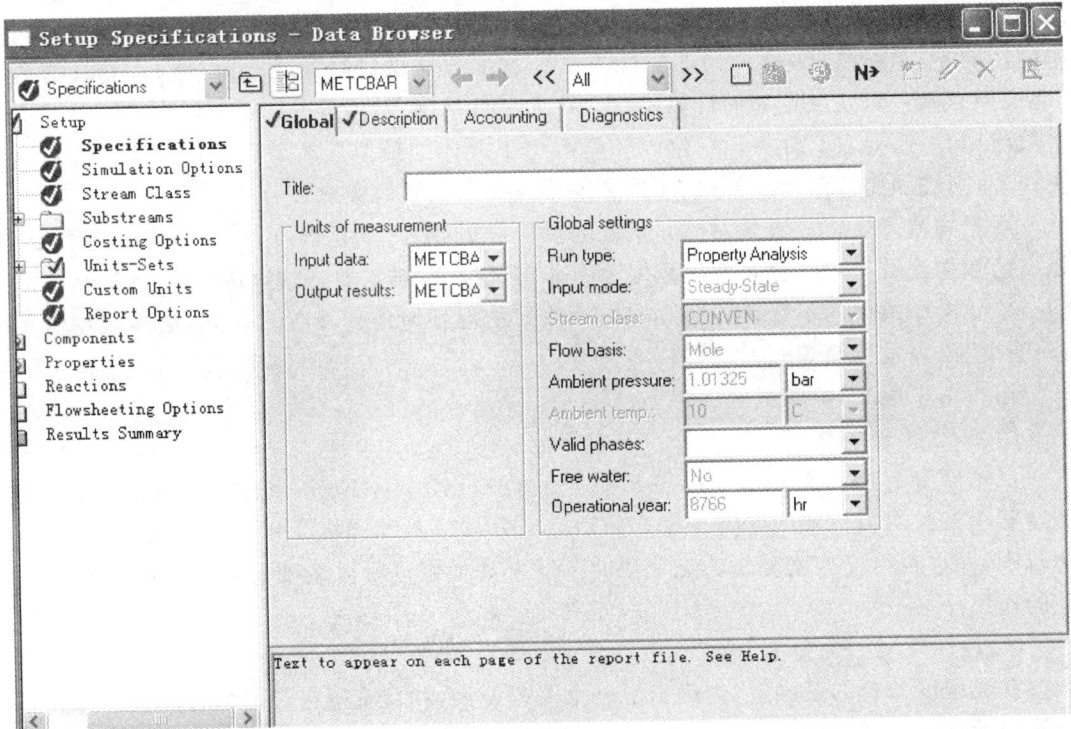

图 12.3 物性分析界面

⑤ 物性估计

如果所需的物性参数不在 ASPEN PLUS 数据库中,可以直接输入,用物性估计进行估算,或用数据回归从实验数据中获取。与物性分析一样,物性估计也有三种运行方式,其中单独使用时只需将运行类型设置为 Property Estimation 即可。估计物性所必需的参数有:标准沸点温度、相对分子质量和分子结构。另外,由于估计选项设定的不同,还可能要对纯组分的常量参数、受温度影响的参数、二元参数以及 UNIFAC 参数进行规定。

⑥ 物性数据回归

使用物性数据回归功能,可用实验数据来确定 ASPEN PLUS 模拟计算所需的物性模拟参数。将物性模型参数与纯组分或多组分系统测量数据相匹配,进行拟合。可输入的实验物性数据有:气液平衡数据、液液平衡数据、密度值、热容值、活度系数值等。数据回归系统会根据所选择的物性或数据类型,指定一个合理的标准偏差缺省值。如不满意该标准偏差,可自行设定,提高准确度。回归的结果保存在 Data Browser 页的 Regression 文件夹的 Result 中。如果回归参数的标准偏差是零或均方根残差很大,说明回归数据之后,在流程中使用回归数据时,在 Component Data 表页中选择将回归结果和估算结果复制到物性表的复选框即可。

⑦ FORTRAN 模块

ASPEN PLUS 可以编写外部用户 FORTRAN 子程序,在编译这些子程序后,模拟运行时会动态地链接它们。建立一个 FORTRAN 模块,首先应定义流程变量,然后输入 FORTRAN 语句,最后指定执行的时间,可以是在某个模块前或后,也可以在整个流程的开始处和末尾,这由用户自行定义。

3. 其他化工流程模拟软件

1) PRO/Ⅱ

PRO/Ⅱ是美国 SimSci-Esscor 公司开发的化工流程模拟软件,是一个历史最久的通用性化工稳态流程模拟软件。SimSci 公司在烃加工行业的先进技术一直被公认为业界最高标准。1967 年 SimSci 公司开发了世界上第一个蒸馏模拟器 P05,1973 年推出流程图模拟器,1979 年又推出基于 PC 机的流程模拟软件 Process(即 PRO/Ⅱ的前身),自此,PRO/Ⅱ得到长足的发展,客户遍布全球各地。PRO/Ⅱ软件 20 世纪 80 年代进入中国,已在北京炼油设计院(BDI)、中国石化北京工程公司(BPEC)等数十家单位使用,发挥出良好的效益。

PRO/Ⅱ拥有完善的物性数据库、强大的热力学物性计算系统,以及 40 多种单元操作模块。它可以用于流程的稳态模拟、物性计算、设备设计、费用估算/经济评价、环保评测以及其他计算。PRO/Ⅱ流程模拟程序广泛地应用于化学过程的严格的质量和能量平衡,从油气分离到反应精馏,PRO/Ⅱ提供了最广泛的、最有效、最易于使用的模拟工具,广泛用于油气加工、炼油、化学、化工、工程和建筑、聚合物、精细化工和制药等行业。PRO/Ⅱ的推广使用,可达到优化生产装置、降低生产成本和操作费用、节能降耗等目的,能产生巨大的经济效益。

SimSci 的计算模型已成为国际标准,国外不少企业已将 PRO/Ⅱ和 ASPEN PLUS 定为企业标准。产品的 Provision 图形用户界面(GUI),提供了一个完全交互的基于 Windows 的环境,无论是对于建立简单的,还是复杂的模型,它都是理想的环境。Provision 图形界面是建立和修改流程模拟和复杂模型的理想工具,用户可以很方便地建立某个装置甚至是整个工厂的模型,并允许以多种形式浏览数据和生成报表。PRO/Ⅱ有标准的 ODBC 通道,可同换热器计算软件或其他大型计算软件相连,还可与 Word、Excel、数据库相连,计算结果可在多种方式下输出。

在实用性上,PRO/Ⅱ要比其他同类软件更具优势,主要是该软件的开发思路就是针对炼油化工行业,SIMSCI 的计算模型已成为国际标准,公司拥有一批技术专家从事售后支持,可以解答用户所遇到的疑难问题。我国原使用 ASPEN 软件的单位,如 BPEC、

BDI、中国寰球工程公司等认为 PRO/Ⅱ数据库中有不少经验数据(因而 PRO/Ⅱ被称为经验派),使其更具有工程实用性。一些化工院和石化院正准备购买 PRO/Ⅱ软件。

2) CHEMCAD

CHEMCAD 是美国 Chemstations 公司开发的产品,始于 1984 年,是另外一个从 PC 机发展起来的流程模拟软件,一直以操作简单、界面友好而著称。CHEMCAD 具有图形用户界面,友好的图形人机对话界面使初学者很容易上手。通过 Windows 交互操作功能可使 CHEMCAD 和其他应用程序交互作用。使用者可以迅速而容易地在 CHEMCAD 和其他应用程序之间传送模拟数据,可以把过程模拟的效益大大扩展到工程工作的其他阶段(图 12.4)。

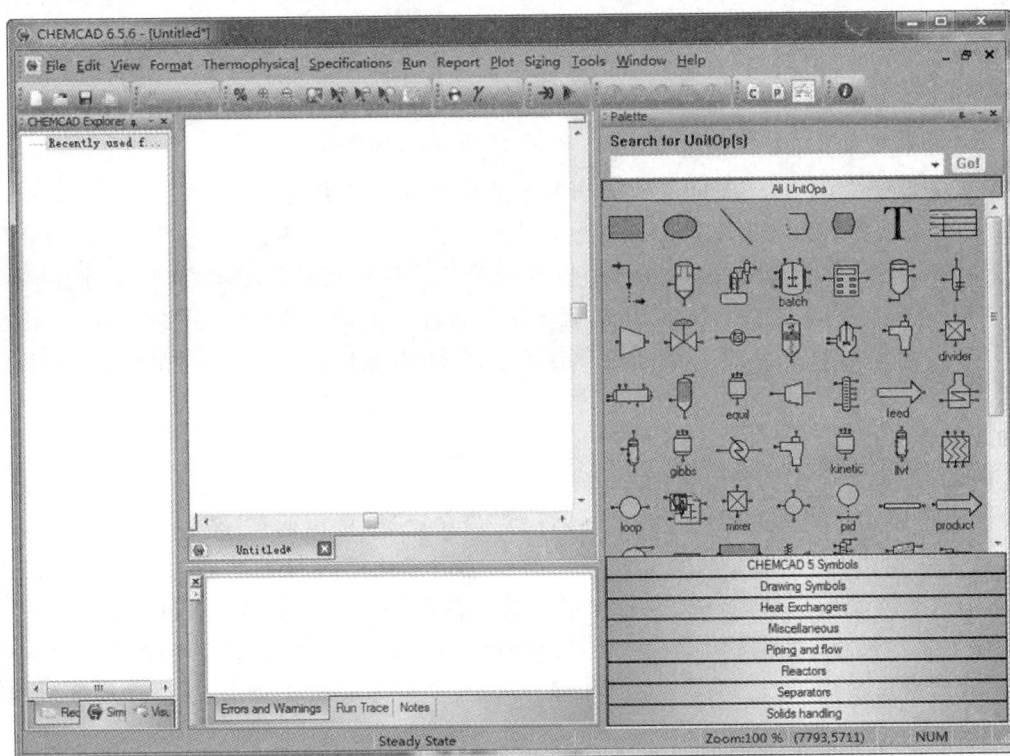

图 12.4　CHEMCAD 界面

CHEMCAD 是一个可广泛应用于化学和石油工业、炼油、油气加工等领域中的工艺过程的计算机模拟应用软件,是工程技术人员用来对连续、半连续或间歇操作单元进行物料平衡和能量平衡核算的有力工具。通过 CHEMCAD 可以在计算机上建立与现场装置吻合的数据模型,并通过运算模拟装置的稳态或动态运行,为工艺开发、工程设计以及优化操作提供理论指导。CHEMCAD 现有 50 多个通用单元操作模型,用户还可以根据需要建立自己的模型,并对其进行仿真分析。CHEMCAD 可以将单元操作组织起来,形成整个车间或全厂的流程图,进而完成整个流程的模拟计算,及时生成工艺流程图(PFD),支持动态模拟,并具有强大的计算分析功能。

CHEMCAD 提供了各具功能的模块,各模块共同拥有软件的基本功能,图形接口一致且容易使用,并且提供 AICHE 的 DIPPR 纯物质物性数据库、完整的热力学计算方法及参数、数据拟合功能、各式设备选型、在线相关工具等功能。根据单元操作的特性分为以下模块:CC-STEADY STATE——化工稳态过程仿真模块;CC-DYNAMICA——化工动态过程仿真模块;CC-THERM——换热器设计及选型模块;CC-BATCH——间歇蒸馏模块;CC-RECON——现场资料拟合模块;CC-SAFETY NET——紧急排放系统及管网计算模块。

CHEMCAD 的热力学和传递性质包提供了大量的最新的热平衡和相平衡的计算方法,对过程系统提供了计算 K 值、焓、熵、密度、黏度、热导率和表面张力的多种选择。CHEMCAD 还提供了热力学专家系统帮助用户选择合适的 K 值和焓值计算方法。CHEMCAD 的数据回归系统可使用实验数据求取物性参数,用子纯组分性质回归、二元交换作用参数回归、电解质回归、反应速率常数回归等。数据回归系统能够通过输入易测性质(如沸点)来估算缺少的物性参数,可估算活度系数模型中的二元参数。当模拟流程中含有缺少实验数据的新化学品时,这种特性特别有用。

CHEMCAD 提供了大量的操作单元供用户选择,使用这些操作单元,基本能够满足一般化工厂的需要。其中针对反应器和分离塔,提供了多种计算方法。用户可将每个单元操作自行组织起来,形成整个车间或全厂的流程图进而完成整个模拟计算。其自动计算功能具备先进的交互特性,允许用户不定义物流的流率来确定物流的组成。CHEMCAD 还为用户形成工艺流程图(PFD)提供了集成工具。对指定流程,可以建立多个 PFD,如果以某种方式改变了流程,此改变情况会自动影响到所有相关的 PFD,如果重新进行了计算,新结果也会自动传送到所有相关的 PFD。

CHEMCAD 集成了对蒸馏塔、管线、换热器、压力容器、孔板和调节阀进行设计和核算的功能模块,包括专门进行空气冷却器和管壳式换热器设计和核算的 CC-Therm 模块。这些模块共享流程模拟中的数据,使得用户完成工艺计算后,可以方便地进行各种主要设备的核算和设计。CHEMCAD 还提供了设备价格估算功能,用户可以对设备的价格进行初步估算。

CHEMCAD 中还集成了大量动态操作单元模块,如动态蒸馏模拟 CC-DCOLUMN、动态反应器模拟 CC-ReACS、间歇蒸馏模拟 CC-Batch、聚合反应器动态模拟 CC-Polymer,这些模块共享 CHEMCAD 的数据库、热力学模型、公用工程和设备核算模块。在动态模拟过程中,用户可以随时调整温度、压力等各种工艺变量:观察它们对产品的影响和变化规律,还可以随时停下来,转回静态。CHEMCAD 提供了 PID 控制器、传递函数发生器、数控开关、变量计算表等进行动态模拟的控制单元,利用它们可以完成对流程中任何指定变量的控制。

3) HYSYS

HYSYS 流程模拟软件原是加拿大 Hyprotech 公司产品,是 Hyprotech 公司在其稳态模拟软件 HYSIM 的基础上开发出的动态模拟仿真软件,主要用于化工及机械方面的专业流程模拟,它允许设计者通过概念上的设计在计算机上实现生产装置的模型化,进而简化制作过程来完成项目工作。HYSYS 在油气加工处理领域因其具有较高的精度和较强的功能而在国际范围内得到了广泛的应用(图 12.5)。

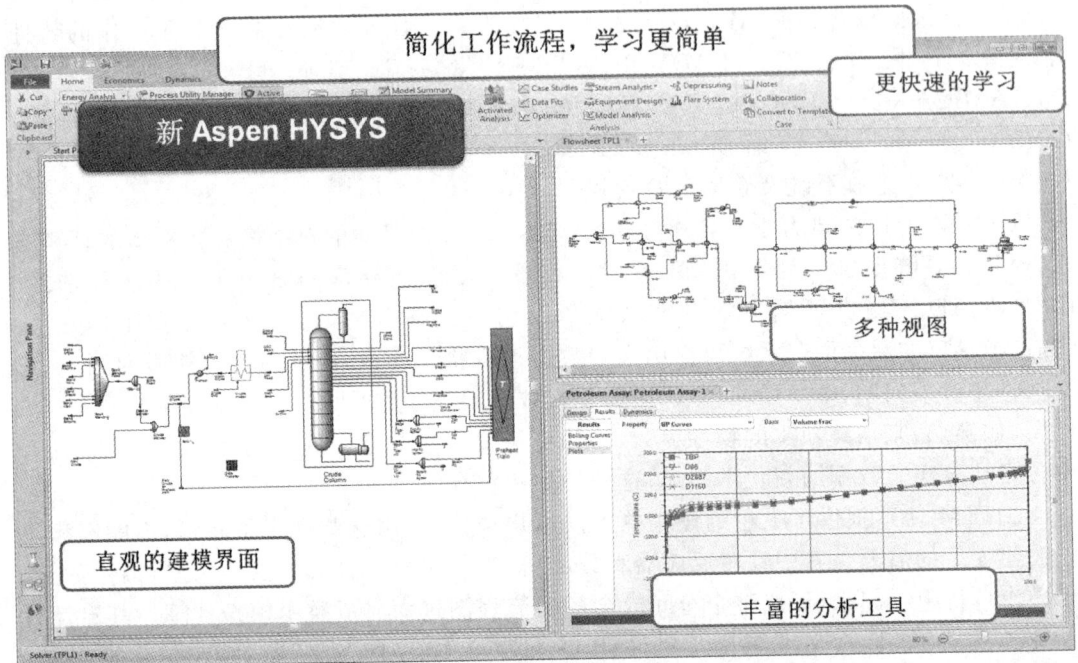

图 12.5　HYSYS 界面

加拿大 Hyprotech 公司创建于 1976 年,是世界著名油气加工模拟软件工程公司,是最早开拓石油、化工方面的工业模拟、仿真技术的跨国公司,其技术广泛应用于石油开采、储运、天然气加工、石油化工、精细化工、制药、炼制等领域,它在世界范围内石油化工模拟、仿真技术领域占主导地位,率先开发出微机版动态模拟系统 HYSYS 1.0。动态模拟系统 HYSYS 的推广及应用给石油化工设计领域、生产领域、研究领域带来一场深刻的革命,成为石油化工领域划时代的里程碑。Hyprotech 已有 17 000 多家用户,遍布 80 多个国家,其注册用户数目超过世界上任何一家过程模拟软件公司。目前世界各大主要石油化工公司都在使用 Hyprotech 的产品,包括世界上名列前茅的前 15 家石油和天然气公司,前 15 家石油炼制公司中的 14 家和前 15 家化学制品公司中的 13 家。

2002 年美国 ASPEN TECH 公司将 Hyprotech 公司收购,HYSYS 成为 ASPEN TECH 公司旗下产品,2004 年美国 Honeywell 公司从 ASPEN TECH 公司买下 HYSYS 软件的产权。HYSYS2004 为 ASPEN ONE 的一部分,与同类软件相比具有非常好的操作界面,方便易学,软件智能化程度高。

HYSYS 软件分稳态和动态两大部分,其稳态部分主要用于油田地面工程建设设计和石油石化炼油工程设计计算分析,动态部分可用于指挥原油生产和储运系统的运行。

我国 HYSYS 用户已超过 50 家,所有油田设计系统全部采用该软件进行工艺设计,在中石油和中石化系统应用也非常广泛,如中国海洋总公司、壳牌中国分公司(Shell)、辽阳石油化纤公司、大庆石化设计院、扬子石化公司、抚顺石化设计院等。

4）DESIGN Ⅱ

DESIGN Ⅱ是由 Winsim Inc. 公司在 Windows 环境下开发的第一款过程模拟软件。DESIGN Ⅱ是强大的流程模拟计算工程，它可以为大量的管线和单元操作做热量平衡和物料平衡。DESIGN Ⅱ的简便而精确的模块，使工艺工程师把注意力集中在工程上而不是计算机操作上。与传统的流程模拟相比，DESIGN Ⅱ for Windows 非常直观，同时也易与 Windows 的其他应用程序相连，为有 Windows 经验的用户提供了非常友好的界面。只要轻点鼠标就可以画流程，在流程上双击就能出现设备和物流的对话框。流程一旦完成，DESIGN Ⅱ for Windows 将在计算模拟结果之前确认输入数据，并将物料和设备的数据输送到 Microsoft Excel，也可以将计算结果显示成文本文件。软件包括了 879 种纯组分的数据库，也包括了 38 种已知特性的世界原油数据。ChemTran 可以提供所有流程模拟所需的物性并与 DESIGN Ⅱ for Windows 进行整合，对于非理想性的化工系统和轻烃系统中一些必须计算的不常用的性质来说，这是最好的方法。DESIGN Ⅱ for Windows 的管线模型能严格计算所有的传热及与管网相连的标高以及管线系统中有关凝液移动的活塞流分析。因此在轻烃及天然气的管道注入等流程模拟中有重要应用。

5）ECSS 工程化学模拟系统

ECSS 主要功能包括：过程模拟、设计规定、灵敏度分析、过程优化、工况分析、设备设计与核算。另外，还可以对管路、限流孔板、分布器、喷射器等常用的化工设备进行设计。近年来，该软件在 ECSS 基础上开发了 ECSS-DOPS 数据驱动的化工过程模拟系统、ECSS-HENS 换热网络综合系统、ECSS-SPSS 分离过程综合系统、ECSS-APSS 合成氨流程模拟系统、ECSS-URPS 尿素流程模拟系统等。

模块 2 化工装置及系统设计软件

1. 换热器设计软件

换热器是化工生产最常用的设备，换热器设计及模拟优化计算已形成了一些商用软件包。但占据市场的主要是 HTRI 和 HTFS 两个软件。一般流程模拟软件都会与这两个软件有接口，有的还可以直接将换热器的计算结合到流程计算中。由于传热的复杂性，这两家软件提供商都有实验装置，可以考察各种情况下的传热效果，然后对软件进行修正，在大部分情况下，计算结果和现场情况是吻合的。

1）HIRI

HIRI(heat transfer research, Inc.)是一个于 1962 年创建的国际性协会，致力于工业规模的传热设备研究，开发基于试验研究数据的专业模拟计算工具软件，提供完善的产品、技术服务和培训。HTRI 目前在全球用户达 600 多个，HIRI 帮助其会员设计高效、可靠及低成本的换热器。HIRI Xchanger Suite 是换热器设计及核算集成的图形化用户环境，其中 Xphe 能够设计、核算、模拟板框式换热器；Xist 能够计算所有的管壳式换热器；Xace 能够设计、核算、模拟空冷器及省煤器管束的性能，还可以模拟分机停运时的空冷器性能;Xjpe 是计算单管夹套(双管)换热器的模型;Xtlo 是管壳式换热器的管子排布软件;Xvib 是对换热器管束的单管中由于物流流动导致的振动进行分析的软件;Xfh 能够模拟火力加热炉的工作情况。图 12.6 为 HIRI 的界面。

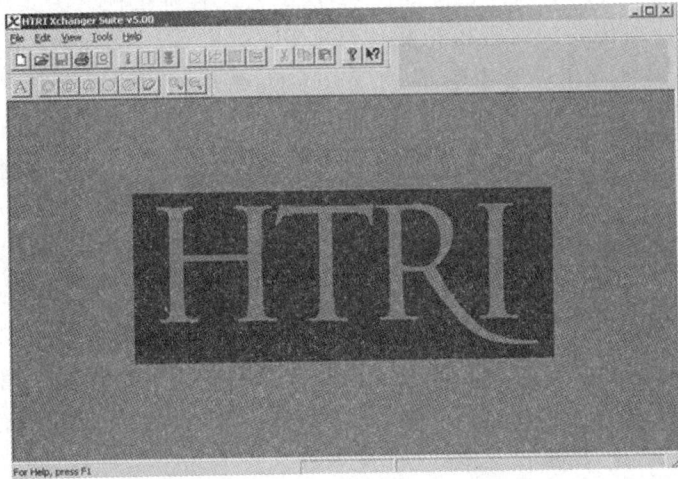

图 12.6　HIRI 界面

2) HTFS

　　HTFS 系列软件创建于 1967 年,是英国原子能委员会 AEA 研究所开发的计算传热及流体力学软件。1997 年,AEA 公司和加拿大 Hyprotech 公司合并后,HTFS 软件遂由 Hyprotech 接管,并将这个软件与 HYSYS 的物性计算系统结合,使得 HTFS 具有强大的物性计算功能。2002 年,Hyprotech 公司与 ASPEN TECH 公司合并,HTFS 即成为 ASPEN TECH 的先进工程套件 AES 中的构成部分。通过热力学专家和过程建模人员的合作,集合了 ASPEN TECH 和 Hyprotech 的技术精华,新一代的 ASPEN HTFS,减少了设计循环周期(更少的重复劳动),提供了更多的、全面的过程优化机会。将 HYSYS 与 ASPEN PLUS 集成,使得 ASPEN HTFS 与 ASPEN TECH 功能强大的物性计算系统连接,使其可选用各种状态方程、活度系数法或 ASPEN PLUS 和 HYSYS 流程模拟软件所有的方法。图 12.7 为 HTFS 的界面。

　　① HTFS 组成部分

　　HTFS 由以下几部分组成:HTFS. TASC——管壳式管热器软件;HTFS. ACOL——错流换热器(空冷器)模拟计算软件;HTFS. MUSE——板翅式换热器软件;HTFS. FIHR——加热炉(直接火加热换热器)计算程序;HTFS. APLE——板式换热器软件;HTFS. FRAN 和 HTFS. PIPE 软件。这里仅介绍 HTFS. TASC 软件的基本功能,其他部分请参考相关手册或专著。

　　② HTFS. TASC 软件功能

　　计算模式。

　　设计:对于给定的工艺条件进行换热面积或成本优化设计,计算换热器的各种参数。

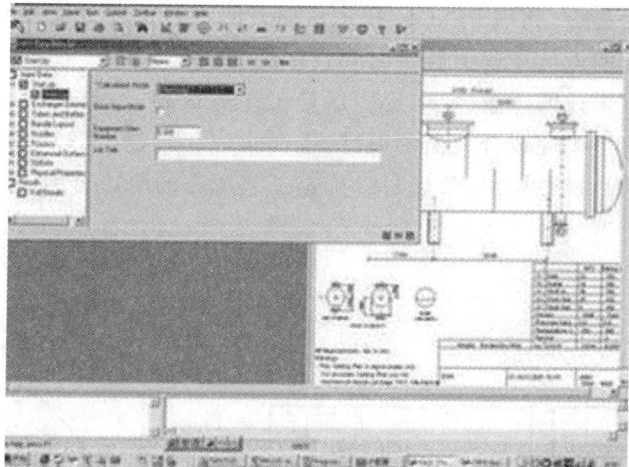

图 12.7　HTFS 界面

核算：指定流体的进、出口条件，核算换热器是否能够提供足够的负荷，并计算换热器的实际换热面积与所需换热面积之比。

模拟：对于给定的换热器，当工艺介质进口确定后，模拟其出口状态及计算换热器的操作性能。

热虹吸换热器模拟：模拟热虹吸换热器的操作性能，计算循环量和管路压降。

换热器类型。

所有 TEMA（TubalarEexchanger Manufacture Association，美国管式热交换器制造协会）标准换热器。单换热器或换热器组（最多串联 12 台，并联无限制），换热器可以水平或垂直放置。管壳可以是光管、低翅片、径向翅片及螺旋带翅片等。非 TEMA 式换热器，如双管换热器、多管束双壳式换热器、热虹吸换热器等。

对于通过壳程的气、液或两相流体，检查由流体引起振动的可能性。该方法可预测流体弹性稳定性、共振、流体冲击等，还可以预测热虹吸换热器的流动稳定器。

排管布置优化。

可处理光管、低翅片管、轴向翅片管，内含低翅片管数据库。

折流板形式有单缺口、双缺口、缺口无管折流板，以及杆式折流板。

输出结果包括以下部分：优化设计的详细结果，包括总重、各种方案的比较表；TEMA 规格的设计报告，可与微软的文字处理软件相连；换热器平面尺寸图；管、壳程的各种详细数据；各种可能引起振动的原因及详细描述；可以预测可能发生的不稳定流动（热虹吸式换热器）。

成本核算、管束排列优化及换热器管束排列图。

2. 换热流程与 PINCH

对于一个生产装置，运行成本是一个很重要的考核参数，这包括公用工程的消耗。换热流程设计的主要目的是尽可能地利用装置内部的热量，减少公用工程的消耗，在一次设备投资和运行费用之间寻找平衡点。PINCH 技术是换热流程设计的基础和手段。以物料平衡、热量平衡为起点,利用 PINCH 技术从能量回收的角度对核心的工艺过程提出修正,可以在换热流程的设计中确保能量回收目标的实现。

图 12.8 是流程设计的洋葱模型,反应器是工艺的核心,一旦确定了反应的进出物流和循环物流,就可接下去完成分离器的设计,进而可以确定这个过程的物料平衡、热量平衡量,再接下来是设计换热网络,最后可以确定工艺所需的冷热公用工程量。

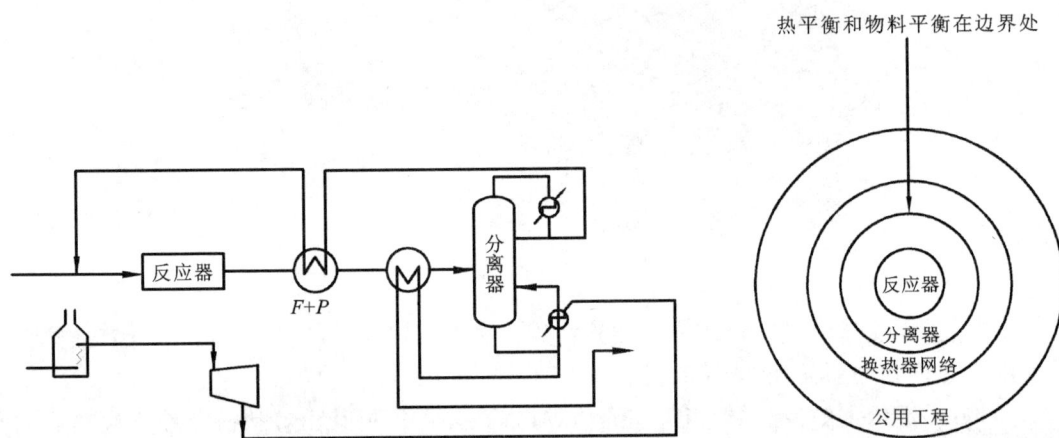

图 12.8　流程设计的洋葱模型

在换热网络的设计方面,SUPERTARGET、ASPEN PINCH、SIMSCI HEXTRAN 和 HX-NET 四个软件都采用了 PINCH 技术,它们都与一个或多个流程模拟软件有接口,可以导入流程计算的结果。用户能从全局浏览检查和监视换热网络性能,或检查每个换热器的各自性能。

1) ASPEN PINCH

ASPEN PINCH(图 12.9)是一个基于过程综合与集成的夹点技术计算软件。它应用工厂现场操作数据或者 ASPEN PLUS 模拟计算的数据为输入,设计能耗最小、操作成本最低的化工厂和炼油厂流程。它的典型作用有:老厂节能改造的过程集成方案设计;老厂扩大生产能力的“脱瓶颈”分析;能量回收系统(如换热器网络)的设计分析;公用工程系统合理布局和优化操作(包括加热炉、蒸气透平、燃气透平、制冷系统等模型在内)。采用这种夹点技术进行流程设计,一般对老厂改造可以节能 20% 左右,投资回收期为一年左右;对新厂设计可节省操作成本 30% 左右,同时降低投资 10%～20%。

2) SIMSCI HEXTRAN

SimSci 公司开发的 HEXTRAN 是一个全面的、帮助工艺工程师分析和设计各种类型传热系统的模拟工具,从夹点分析的概念设计到换热器和换热网络的设计与核算,涉及的传热设计范畴十分广泛。现使用的 SimSciHexTran v9.1 整合了 PRO/Ⅱ 的热力学模型和组分库用于严格计算工艺物流,并生成准确的热力学性质和传递性质。

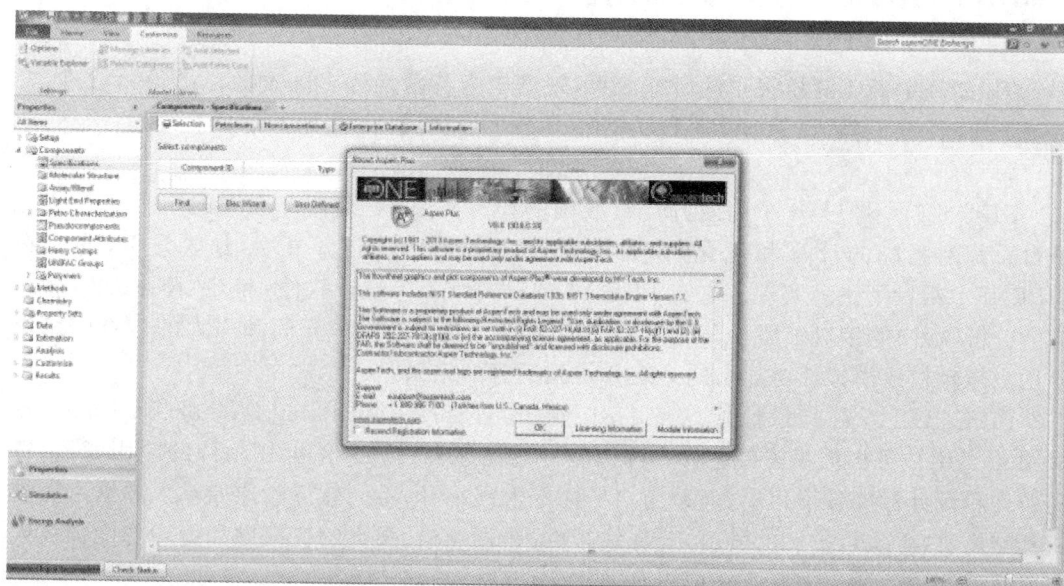

图 12.9　ASPEN PINCH 界面

3）HX-NET

HX-NET 软件主要用于换热器管网设计和优化，可在完整、交互式的环境中提供重要的工程建议。由于 HX-NET 具有强大的、综合性的工艺模拟器简单易用的能量分析功能，使得工艺工程师能够迅速地在现有工艺流程中找到提高能量效率的潜在点。该软件主要功能有：数据提取向导技术，可以自动从流程模拟器中提取温度、热焓、流量等相关数据；目标技术，可以为给定的工艺流程找到最大的能量效率操作；自动改进技术，可以自动找出实现最大能量效率操作的最好方法，使设备能够得到控制。

3. 塔内件水力学计算软件

在塔板和填料的水力学计算方面，由于专利的原因，没有通用软件，一般设计院和厂家都会用自己设计的软件来进行这方面的计算。FRI（fractionation research，Inc.）是始建于 1952 年的一个非营利机构，它只为会员服务，会员包括了世界上最大的炼油和石化公司。主要研究烃系统在从高度真空到 27 atm 范围内的分离情况。它提供的软件可以计算筛板塔盘、浮阀塔盘、散堆填料、规整填料等。

SULPAK 是苏尔寿公司的填料计算软件，主要针对苏尔寿公司的规整填料选型，可以计算规整填料和散堆填料。另外，HYSYS 也增加了浮阀、填料、筛板等各种塔板计算内容，使得塔的热力学和水力学计算同时解决。

4. 管网计算软件

在化工装置中，公用工程，如冷却水、蒸汽的管网是非常复杂庞大的，如果设计选择的管径不合适，就可能影响到装置的正常运行。PIPENET 是在管网设计方面占领先地位的软件。我国开发的 PNStar 是非常优秀的中文管网流体力学计算软件。

1）PIPENET

PIPENET 源于剑桥大学的研究成果，现已成为英国及许多国家的标准设计软件，广泛服务于石油、天然气、造船、化工以及电力工业等领域，在世界各地拥有超过 1 500 个用户。

PIPENET 不但是一个高效、简洁、准确的计算工具，更是一个强大的工程设计优化平台。管网系统的计算和优化、设备的选型以及事故工况下的水力学分析，均可在 PIPENET 帮助下迅速实现。它与 PDS/PDMS（三维工厂设计软件）和 CAESARⅡ（管道应力分析软件）的接口扩展了其应用范围和功能。友好的用户界面和强大的计算引擎使得用户能轻松地模拟任何复杂的系统并得到满意的结果。

PIPENET 系列产品包括 Standard Module，Spray/Sprinkler Module 和 Transient Module。用户可根据其需要选择不同的软件或优惠套装。虽然上述软件的应用背景、适用条件和设计标准各不相同，但是用户界面却大同小异，不同软件的原始输入数据可实现相互转换，内置及可扩展的资料库、在线帮助、错误预检、强大的快捷键和编辑功能都极大地方便了客户的使用。

PIPENET Standard Module 拥有广泛的工业用途，可解决稳态工况下流体的水力学计算问题，其中包括流体分布和阻力的计算、管道（或风道）和设备（泵、阀门、孔板等）的选型和优化、异常工况（管道堵、漏和破裂）的模拟等。

PIPENET Spray/Sprinkler Module 是专门针对消防系统开发设计而开发的专业软件，可选用的消防规范包括 NFPA 和 FOC。它可满足如石油、化工、钻井平台、电站及船只等对消防系统的严格、特殊的设计要求。

PIPENET Transient Module 可模拟由于设备启停、阀门操作等因素造成的管网内流场瞬息变化，计算系统压力和流量的波动，预知水击或气锤，验证系统对动态工况的响应性，甚至可检验控制系统在瞬态情况下是否会控制失效，最终达到快速、准确、高效、安全的建设目标。

2）PNStar

PNStar 是我国西安维维计算机有限责任公司开发的管网之星，能够计算管道、枝状管网的流量、压力分布，图形界面上任意构造管网分支。适应不可压缩流体（水、溶液等）、可压缩流体（水蒸气、天然气等）、物系、阻力模型的选择十分方便，特别适合于计算水管网和天然气管网。PNStar 集图形操作、自动计算、实时响应、所见即所得、报表输出、管网示意图输出、Excel 和 AutoCAD 文件接口于一体，使传统的管网计算从概念到功能发生了革命性变革。

PNStar 的操作是基于图形的，用户直接在屏幕上定义管网图，在管网图上输入数据，管网的复杂程度不限。计算在数据输入的同时自动进行，详细结果同时显示出来。笔记本式的屏幕多页实时显示计算结果。

5. CFD 软件

前面涉及的换热计算是基于设备规模进行的，所得结果实质上是宏观的平均值，对于抓住换热过程的主要问题是有益的,但无法从中了解设备内部各位置的温度、浓度、压力、速度等物理量的分布情况,然而这些参数对于换热器设计是非常重要的。通过计算流体力学(computational fluid dynamics,CFD)可获得设备内部各工艺操作参数分布(图12.10)。

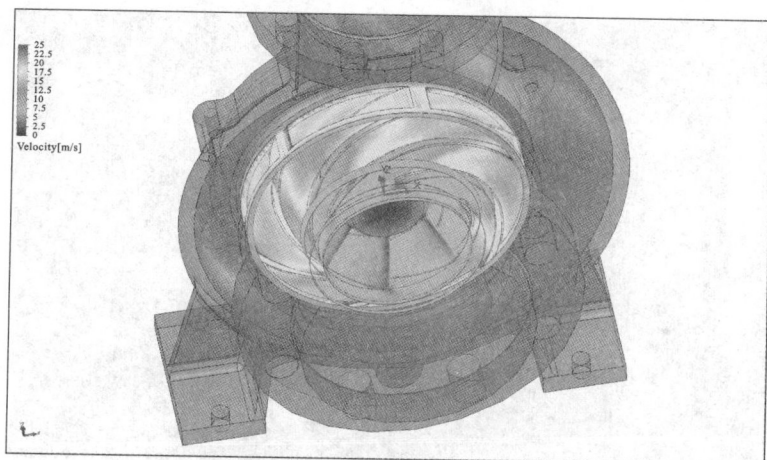

图 12.10　CFD 效果图

CFD 是综合数学、计算机科学、工程学和物理学等多种技术构成流体流动的模型,再通过计算机模拟获得某种流体在特定条件下的有关信息。CFD 是研究各种流体现象,设计、操作和研究各种流动系统和流动过程的有力工具。现在 CFD 技术已经广泛地应用于工业生产和设计。CFD 计算相对于实验研究,具有成本低、速度快、资料完备、可以模拟真实及理想条件等优点。作为研究流体流动的新方法,CFD 在化工领域得到了越来越广泛的应用,涉及流化床、搅拌、转盘萃取塔、填料塔、燃料喷嘴气体动力学、化学反应工程、干燥等多个方面。然而,因 CFD 技术严格的理论背景和流体力学问题的复杂多变性,使得 CFD 研究成果与实际应用的结合成为极大难题。

随着各种 CFD 商用软件的问世,计算程序编写问题迎刃而解。市场占有率较高的软件有 PHONENICS、CFX、STAR—CD、FLUENT 等。这些软件的显著特点是:功能较全面、适用性强;具有较易用的前后处理功能和与其他 CAD 及 CFD 软件的接口能力;具有完备的容错机制和操作界面,稳定性高;可在多种计算机、多种操作系统,包括并行环境下运行。

目前,除了通用的 CFD 软件,还有一些专门的 CFD 软件,如 FLUENT 公司开发的专门针对搅拌槽进行模拟的软件 MixSim,美国 Simerics 公司针对各类泵的水力学模拟计算开发的 PUMPLINX 软件。

1) FLUENT 软件

FLUENT 的软件设计基于 CFD 软件群的思想,从用户需求角度出发,针对各种复杂流动的物理现象,采用不同的离散格式和数值方法,在特定的领域内使计算速度、稳定性和精度等方面达到最佳组合,从而高效率地解决各个领域的复杂流动计算问题。基于上述思想,FLUENT 开发了适用于各个领域的流动模拟软件,这些软件能够模拟流体流动、传热传质、化学反应和其他复杂的物理现象,软件之间采用了统一的网格生成技术及共同的图形界面,而各种软件之间的区别仅在于应用的工业背景不同,因此大大方便了用户。图 12.11 为 FLUENT 模拟液相流动的界面。

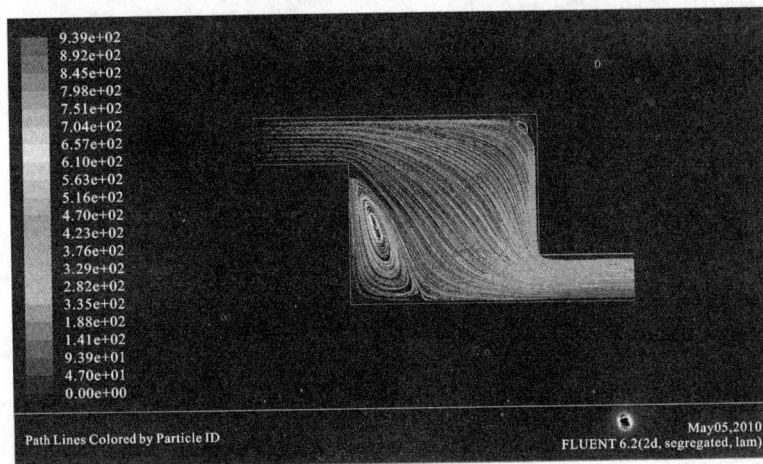

图 12.11　FLUENT 模拟液相流动

FLUENT 将不同领域的计算软件组合起来,用来模拟从不可压缩到高度可压缩范围内的复杂流动。由于采用了多种求解方法和多重网格加速收敛技术,因而 FLUENT 能达到最佳的收敛速度和求解精度。灵活的非结构化网格和基于解的自适应网格技术及成熟的物理模型,使 FLUENT 在湍流、传热与相变、化学反应与燃烧、多相流、旋转机械等方面有广泛应用。

2) PUMPLINX

PUMPLINX 是美国 Simerics 公司专门针对各类泵的水力学模拟计算开发的 CFD 软件,可以为工程师设计泵类提供快速可靠的结果。PUMPLINX 的核心部分是一个功能强大的 CFD 求解器,能够求解可压缩及不可压缩流体流动、传热传质和湍流等物理现象。

PUMPLINX 提供多种泵的专用模块用于泵的网格生成、参数设定、非定常计算中网格移动变形、后处理中数据自动采集等多项专用功能。图 12.12 为三维分析图。

PUMPLINX 特性:全自动的直角笛卡尔网格生成器,方便直接从 CAD 文件生成空间计算网格;各种泵的专门计算模板帮助快速建模;包含有效的空化模型,使得到的体积流

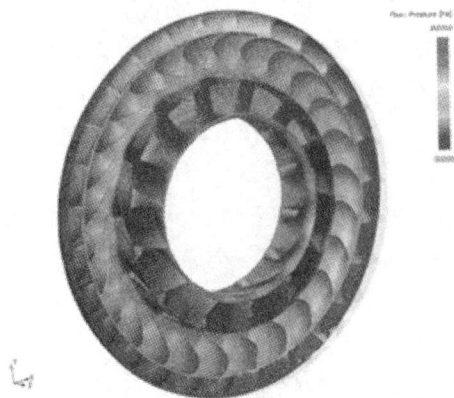

图 12.12　三维分析

量等数据与实验完美符合。目前，PUMPLINX 提供离心泵、新月形内啮合齿轮泵、外齿轮泵、摆线内齿轮泵、轴流柱塞泵和滑片泵等专用模块。

模块 3　化工装置布置设计软件

1. 设备布置设计软件

目前国内外已经开发多种三维装置设计软件，如 PLANTWISE，PDS，Smart Plant 3D，VANTAGE PDMS，BENTLEY AutoPLANT 等。全球按照装机量排名前三位的三维工厂设计软件分别是 PDS(美国 Intergraph 公司)，PDMS(英国剑桥公司)和 AutoPLANT(美国 Bentley 公司)。

1) PDS/Smart Plant 3D

PDS(plant design system)是目前工厂设计市场上占有份额最大的软件，由 intergraphppm(能源、石化、造船)部门开发维护。Plant Design System(PDS)是一个全面的、智能的计算机辅助设计和工程设计(CAD/CAE)应用软件，主要应用于化工和能源工业。许多国际知名的工程公司都选择 PDS 作为主要的设计系统和项目合作的依据。在全世界范围内，各公司将 PDS 应用于从改造小型工厂到修建耗资几十亿美元的海上石油钻井平台项目。

PDS 创建和维护一个精确的数据库，提供大量有价值的信息，用于调整规则、简化操作与维护和下游改造项目。PDS 由完整的 2D 和 3D 模块组块，集成的特性允许协同设计(多个专业在一个项目下同时工作)，减少错误，提高生产效率。

① PDS 主要功能

Process Flow Diagram(PFD)，创建智能的工艺流程图。

Piping & Instrumentation Diagram (P&ID)，允许从工艺流程模拟和分析软件包中调取分析数据到项目数据库，用以组合流程标签数据和创建智能的带仪表回路的工艺流程图。

Instrumentation，为物理回路设计仪表和产生仪表回路图(ILDs)，产生包括索引和 ISA 数据表的报告、管理仪表数据。

Piping，根据一个庞大的在线数据库，放置管道和管件。

Equipment Modeling，提供创建设备模型的工具，可以用基本 3D 元素组合设备模型，也可以从数据库中自动创建复合设备模型。

Structure Modeling，可创建钢结构，楼板和墙等模型，产生图纸。

HVAC Modeling，提供交互式 3D 工具用于布置和创建暖通管道和管件模型。

Electrical Raceway，提供交互式 3D 工具用于设计、布置和创建电缆托盘、电缆管道和地下电缆管道模型。

Interference Checking，检查 3D 模型中部件之间的物理碰撞和指定的软碰撞，例如不足的安全空间或维护空间。

Drawing Extraction，从 3D 模型中抽取平面、剖面图，自动标注属性和尺寸。

② PDS 主要特点

系统是交互式的,界面灵活,操作方便,易学易懂,可设计并建立包括结构构件、设备元件、管道的三维模型;且模型中所建的元素均有属性,可以迅速准确更改设计内容,使设计人员选择最佳方案;可以从任何角度观看模型,提供一切视图并可消除隐藏线;能够对这个工厂软模型进行碰撞检查,找出设计中存在的问题;可以进行材料汇总并编制材料表(包括分区材料表和总材料表)。

③ 应用 PDS 优化配管设计管理

PDS 可以有效地取代以往配管设计所用的工具,适用于配管设计的各个阶段。

应用于基础设计阶段。PDS 可以协助配管专业提供设备布置图,完成基础设计版的配管研究图,运用 3D 模型对设备及模型布置进行初步规划。

应用于详细设计阶段。在详细设计阶段,配管专业担负着项目的主要任务,因此PDS 的优势也得到更好的发挥。

应用于施工阶段。直观的 3D 模型可以清楚地向施工单位交底,指导施工的进行。

对设计过程进行控制。工程设计应为管理与控制要求而服务。一方面,设计活动的检测工序要更加细化、量化,便于项目管理与控制其过程;另一方面,又需要在工程设计初期就应考虑到后续采购施工管理的要求。现代项目管理模式实现的核心基础是数据库。PDS 的 3D 模型其实就是一个大型的数据库,从 PDS 的数据库中得到这些准确的"资料"就可以更加合理地控制项目的进度和费用。

对设计文件的质量保证。PDS 提供了碰撞检查、连接性检查、数据库完整性检查、材料等级检查和参考资料检查 5 中检查工具,可以依据规范,有效地减少和避免设计错误。同类项目的主体数据库相同,数据库可移植参考使用;3D 模型用于粗轮廓的检查,再用从PDS 得到的图纸和报告进一步校核,保证质量,便于简化操作、合理控制。

④ SmartPlant 3D

SmartPlant 3D 是 intergraph 推出的新一代工厂设计软件。SmartPlant 3D 作为intergraphSmartPlant 软件家族的一员,是近二十年来出现的最先进的工厂设计软件系统,这套由 intergraph 工厂设计和信息管理软件公司推出的新一代、面向数据、规则驱动的软件,主要是为了简化工程设计过程,同时更加有效地使用并重复使用现有数据。SmartPlant 3D 主要提供一个完整的工厂设计软件系统和在整个工厂生命周期中对工厂进行维护两方面的功能(图 12.13)。

SmartPlant 3D 是一个前瞻的软件,它打破了传统的设计技术带给工厂设计过程的局限。它的目标不仅局限于如何帮助用户完成工厂设计,增加生产力,同时缩短项目周期。通过将 PDS 模型参考到 SmartPlant 3D 环境中,SmartPlant 3D 可以立即被用来进行工厂翻修项目。SmartPlant 3D 可将 PDS 规范及相关的管件信息等专有数据移植到新系统中,intergraph 还可以帮助有需要的用户将完整的 PDS 项目移植到新的系统中。

2) VANTAGE PDMS

VANTAGE PDMS(piping design manager system)是世界上优秀的三维设计系统之一,是一体化、多专业集成布置、设计的数据库平台,在以解决工厂设计最难点——管道详细设计为核心的同时,解决设备、结构、建筑、暖通、电缆桥架、支吊架、平台扶梯等各专业

图 12.13　SmartPlant 3D 效果图

详细设计,并充分联动,协同设计。

VANTAGE PDMS 为了工程的需要还提供了与许多应用软件的接口端,如为了压力管道计算而设置的应力计算软件 CAESAR Ⅱ 接口、结构计算软件 PKPM 接口。VANTAGE PDMS 在进行管道设计同时,还可以进行支吊架设计、设备建模、钢结构框架、楼梯平台、暖通设计、电气电缆桥架设计,这些都可在同一平台上进行多专业协同工作。

VANTAGE PDMS 除了能够生成模型,还能够将模型自动转变成工程需要的管道平面布置图、ISO 单管轴测图、断面布置图、任意剖面图、自动或手动标注、材料统计。PDMS 所提供的平面图还可转换到 AutoCAD 环境中进行修改。

VANTAGE PDMS 的最大优势在于能够集成化设计,利用专业模型进行专业内部、专业之间碰撞检查,这对设计质量的提高起到了显著的作用。装置涉及的配管、土建、工艺、给排水、电控、仪表及暖通等多个专业共同协作,全面使用 VANTAGE PDMS 三维实体建模,充分发挥三维软件的优势,利用其基本的实时检查、实时发现设计碰撞的功能,在设计过程中发现问题、解决问题,有效地减少施工过程中的"错、漏、碰、缺"。

VANTAGE PDMS 三维工厂设计管理系统的功能强大,且灵活方便,实际应用中能够较大幅度地提高设计工作效率,也使无差错设计和无碰撞施工成为可能。它以数据为核心的图形数据一体化技术的全新概念代表了全球三维工厂设计的主流和发展方向。

3) AutoPLANT

AutoPLANT 软件是美国 Rebis 公司开发的大型化工设计软件,它是在 AutoCAD 平台上第一个也是唯一成功的三维工厂设计软件,号称是工业标准软件。AutoPLANT 包括三维模型、二维配管、工艺流程、电器仪表及控制、钢结构等设计。该软件采用建立真实三维工厂模型方法,设计功能智能型较强,设计过程大大简化,可自动生成平、竖、剖面图,以及单管图和材料统计表等各种设计资料;采用标准 AutoCAD 文件结构、菜单和画图技

巧。采用最新的程序开发框架,其功能已逼近工作站级三维工厂设计软件。在国际上
AutoPLANT 已被公认为权威的三维工厂设计软件之一,代表了微机平台的三维工厂设
计软件的世界最高水平(图 12.14)。

图 12.14　AutoPLANT 制作产品

2. 管道应力计算软件

1) CAESAR Ⅱ

CAESAR Ⅱ 管道应力分析软件是美国 COADE 公司于 1984 年研发的。CAESAR Ⅱ
可进行动态和静态分析,提供完备的国际上通用的管道设计规范,使用方便快捷。

该软件在我国化工、石化等行业中得到了广泛应用,是进行管道应力分析的首选软
件。尤其在管道静态应力分析和设备管口载荷校核两部分应用较多。

2) AutoPIPE

AutoPIPE 是专为工业管道系统设计所开发的、基于 Windows 操作平台的工程分析
软件,包括静态和动态条件下管道应力的计算、法兰分析、管道支吊架设计和设备管嘴荷
载分析等功能。AutoPIPE 已经公认为商业使用最广泛的软件之一。该软件严格的品质
保证了在实践中对那些来自很多基于工作站的大型软件的审计考验,因而 AutoPIPE 成
为了为数不多的基于管道设计并且通过了美国核规范严格认证的单机软件之一(图
12.15)。

由于极限的管道荷载通常受管道支吊架、法兰或设备等因素影响,因此 AutoPIPE 集
成了 ASME,BS,API,NEMA,ANSI,ASCE,AISC,UBC,WRC 和 BS5500 等组织制定的
标准来分析和设计管道系统的应力、变形位移、反力和弯矩,并可将结果传输到其他系统
进行法兰荷载、设备荷载及管嘴局部应力的分析,从而进行整个系统的分析。AutoPIPE
分为标准版和加强版两个版本,而且最新版还在加强版上增加了基于日本 KHK 二级标
准的功能作为可选模块。

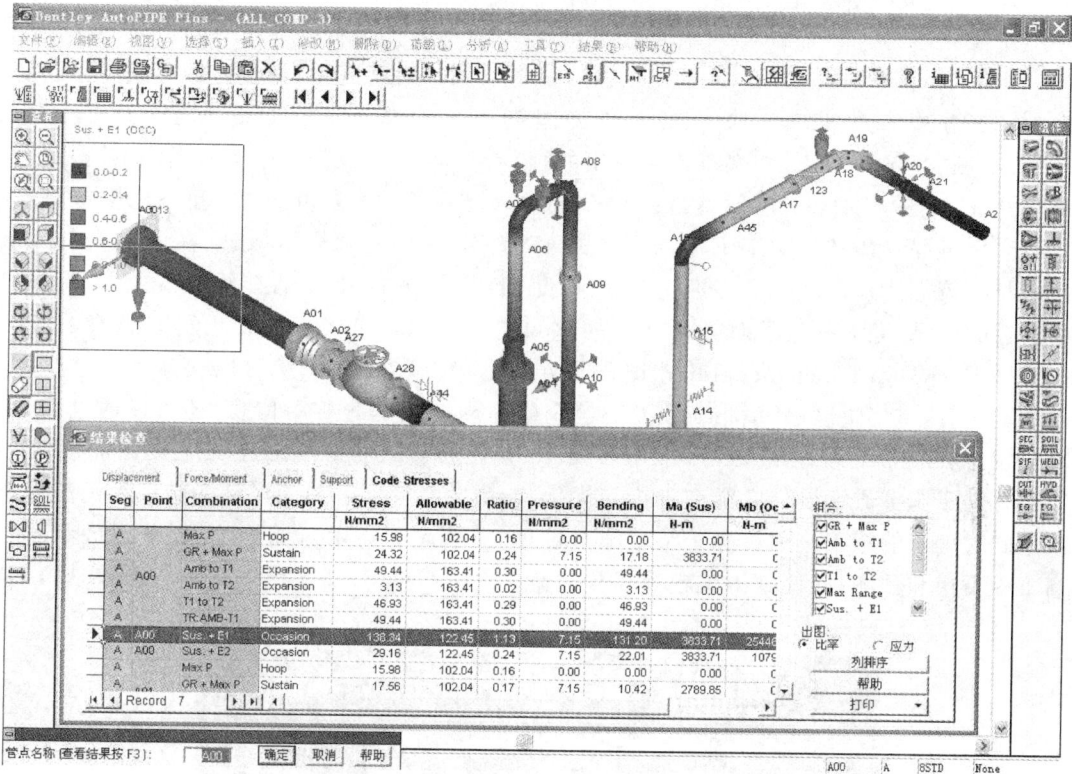

图 12.15　AutoPIPE 界面

3) TRIFLEX

TRIFLEX 软件是美国 AAA－PSI 公司于 1971 年推出的,是世界著名的管道应力分析软件,广泛用于化工、石油、石化、电力、核能、冶金、钢铁、纺织、机械等行业。该软件能够静态和动态分析管道应力和挠度,根据用户选定的大量国家和国际标准进行应力选择、计算和对比。

3. 4D 模型技术

1) 4D 施工

4D 模型技术应用于建筑施工领域,是以建筑物的 3D 模型为基础,以施工进度计划为时间因素,将工程进展形象地展现出来,形成动态的建造过程模拟。4D 模型不仅仅是一种可视的媒介,使用户可以看到建筑物施工过程的图形模拟,而且能对整个计划过程进行自动优化和控制。

随着建筑工程项目规模不断扩大、形式日益复杂,如何在项目建设过程中合理制定施工计划、精确掌握施工进程、优化使用施工资源以及科学地进行场地布置,以缩短工期、降低成本、提高质量,已成为投资者和施工管理人员的共识。传统计划方法中表达工作进度计划的横道图、各种资源计划的直方图已经无法满足应用的需求,而 4D 模型技术的提出和研究为实现建筑施工动态模拟和跟踪管理提供了可能。

2）4D 模型

所谓 4D 模型（图 12.16）是在 3D 模型基础上，附加时间因素，将模型的形成过程以动态的 3D 方式表现出来。这一理论是美国斯坦福大学 CIFE（Center for Integrated Facility Engineering）于 1996 年首先提出的，随后又推出了 CIFE－4D－CAD 系统，该系统将建筑物结构构件的 3D 模型与已有横道图计划的各种工作相连接，动态地模拟建筑物的变化过程。1998 年，CIFE 发布了新的 4D 应用系统 4D-Annotator。在该系统中，4D 技术与决策支持系统进行了有机的结合，借助 4D 显示功能，管理者能够直观地发现场地中潜在的问题，大大提高了对施工状况的感知能力。2003 年 CIFE 又开发了新的 4D 产品模型 PMRD（product model and fourth dimension）系统，该系统可以快速生成建筑物的成本预算、施工进度、环境报告以及建筑全生命周期成本分析等信息，还可以通过虚拟现实技术实现产品模型的 3D 可视化以及 4D 施工过程模拟。在施工方案设计前期，4D 技术有助于施工方案设计的详细分析和优化，能协助制订出合理而经济的施工组织流程，由于此时确定的施工流程贯穿于整个施工过程，显然此项技术对缩短工期、节省成本、提高工程质量和预测、处理施工难题等非常有益。

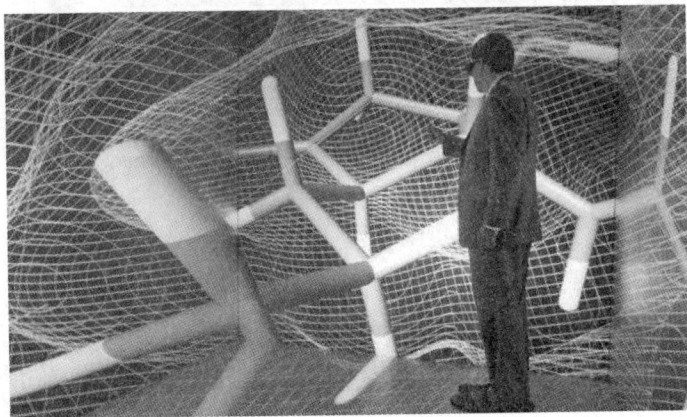

图 12.16　4D 模型

4D 模型技术是计算机应用领域的新发展，虽然其研究尚处于起步阶段，但 4D 模型技术在土木工程的招标/投标、设计、施工、维护以及实验研究各方面所具有的巨大潜力已经在国际上引起了极大的关注，成为计算机应用领域的又一研究热点。4D 模型的研究在国际上已经得到了广泛的重视，是未来工程设计和管理所必需的辅助工具。

模块 4　化工设计 AutoCAD

1. AutoCAD 基础知识

1）AutoCAD 简介

AutoCAD 于 1982 年 11 月发行，是国际上使用最广泛的计算机绘图软件，市场占有率位居世界第一。AutoCAD 软件不仅能够使二维图形的绘制简便易行,而且还可以通过三维实体模型实现设计与制造的一体化。用户可以使用它来创建、浏览、管理、打印、输出、共享及准确复用富含信息的设计图形。由于具有完善的图形绘制功能和强大的图形编辑功能,AutoCAD 广泛应用于化工、机械、造船、纺织、轻工、建筑等多个领域(图 12.17)。

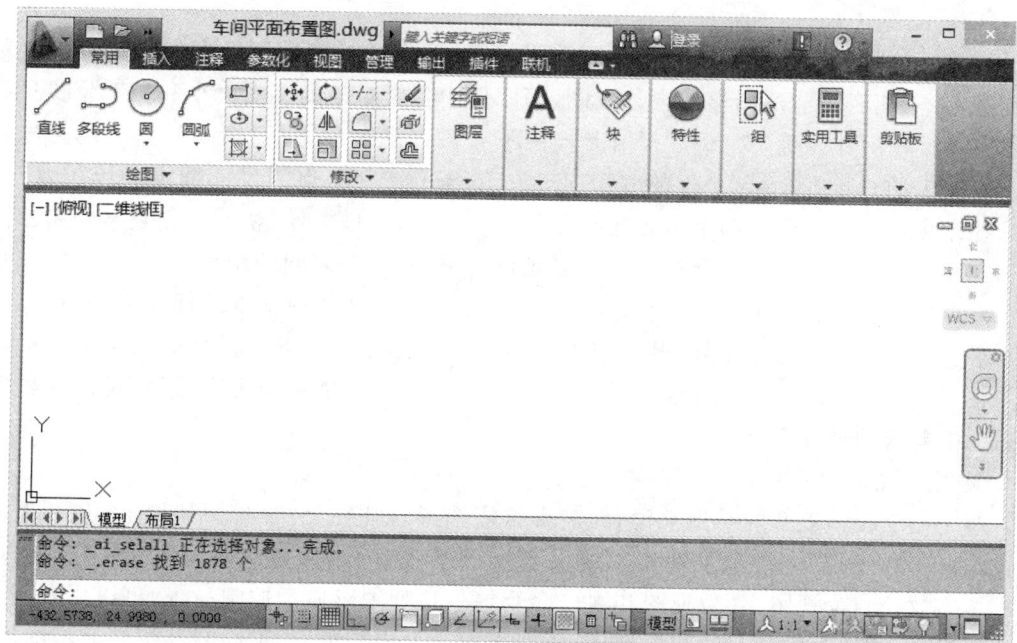

图 12.17　AutoCAD 界面

AutoCAD 软件具有如下特点:具有完善的图形绘制功能;具有强大的图形编辑功能;可以采用多种方式进行二次开发或用户定制;以进行多种图形格式的转换,具有较强的数据交换能力;支持多种硬件设备;支持多种操作平台;具有通用性、易用性适用于各类用户。

AutoCAD 具有良好的用户界面,通过交互菜单或命令行方式便可以进行各种操作。AutoCAD 是目前国内外最广泛使用的计算机辅助绘图和设计软件包,是工程技术人员应该掌握的强有力的绘图工具。

2)AutoCAD 的基本功能

AutoCAD 的基本功能有以下几项。精确的绘图功能,包括二维、三维图形;完善的绘图编辑功能,包括移动、复制等;较强的图形和数据交换能力:剪贴板、对象链接与嵌入、文件的导入导出等;开放的体系结构,易于二次开发。

① 绘制图形

AutoCAD 最基本的功能就是绘制图形。它提供了许多绘图工具和绘图命令,用这些绘图工具和绘图命令,可以绘制直线、构造线、多段线、圆、矩形、多边形、椭圆等基本图形;可以将一些平面图形通过拉伸、设置标高和厚度转化为三维图形;可以绘制三维曲面、三维网络、旋转曲面等图形,以及圆柱、球体、长方体等基本实体。此外,用它还可以绘制出各种平面图形和复杂的三维图形。

此外,在工程设计中经常会见到轴测图,它同三维图形很相似,但实际上是二维图形。轴测图采用的是一种二维绘图技术,通过模拟三维对象沿特定视点来产生三维平行投影效果。轴测图的绘制方法并不等同于平面图形的绘制方法。使用 AutoCAD,可以非常方便地绘制轴测图。

② 标注尺寸

尺寸标注是绘图设计工作中的一项重要内容,因为绘制图形的根本目的是反映对象的形状,并不能表达清楚图形的设计意图,而图形中各个对象的真实大小和相互位置只有经过尺寸标注后才能确定。标注尺寸是向图形中添加测量尺寸的过程,是整个绘图过程中不可缺少的一步。AutoCAD 的"标注"菜单包含了一套完整的尺寸标准和编辑命令,用这些命令可以在各个方向上为各类对象创建标注,也可以方便、快速地创建符合制图国家标准和行业标准的标注。标注显示了对象的测量值、对象之间的距离、角度或特征及自指定原点的距离。在 AutoCAD 中提供了线性、半径和角度 3 种基本的标注类型,可以进行水平、垂直、对齐、旋转、坐标、基线或连续等标注。标注对象可以是平面图形或三维图形。在图形设计中,AutoCAD 包含了一套完整的尺寸标注命令和实用程序,可以轻松完成图纸中要求的尺寸标注。

③ 控制图形显示

对于一个较为复杂的图形来说,在观察整幅图形时往往无法对其局部细节进行查看和操作,而当在屏幕上显示一个细部时又看不到其他部分,为解决这类问题,AutoCAD 提供了缩放、平移、视图、鸟瞰视图和视口命令等一系列图形显示控制命令,可以用来任意的放大、缩小或移动屏幕上的图形显示,或者同时从不同的角度、不同的部位来显示图形。AutoCAD 还提供了重画和重新生成命令来刷新屏幕、重新生成图形。

在绘图和编辑过程中,屏幕上常常留下对象的拾取标记,这些临时标记并不是图形中的对象,有时会使当前图形画面显得混乱,这是就可以使用 AutoCAD 的重画与重生成图形功能清除这些临时标记。在 AutoCAD 中,可以通过缩放视图来观察图形对象。缩放视图可以增加或减少图形对象的屏幕显示尺寸,但对象的真实尺寸保持不变。通过改变显示区域和图形对象的大小更准确、更详细地绘图。使用平移视图命令,可以重新定位图形,以便看清图形的其他部分。此时不会改变图形中对象的位置或比例,只改变视图。用户可以在一张工程图纸上创建多个视图。当要观看,修改图纸上的某一部分视图时,将该视图恢复出来即可。选择"视图"菜单下"鸟瞰视图"命令,打开鸟瞰视图,可以使用其中的矩形框来设置图形观察范围。在绘图时,为了方便编辑,常常需要将图形的局部进行放大,以显示细节。当需要观察图形的整体效果时,仅使用单一的绘图视口已无法满足需要了。此时,可使用 AutoCAD 的平铺视口功能,将绘图窗口划分为若干视口。

④ 绘图实用工具

绘图实用工具可方便地设置绘图图层、线型、线宽、颜色和尺寸标注样式、文字标注样式,也可以对所标注的文字进行拼写检查。通过不同形式的绘图辅助工具设置绘图方式,可以提高绘图效率与准确性。使用特性窗口可编辑所选对象的特性。使用校准文件功能,可为图层、文字样式、线型等命令对象定义标准的设置,以保证同一单位、部门、行业和合作伙伴之间在所绘图形中对这些命名对象设置的一致性。使用图层转换器可把当前图形图层的名称和特性转换成已有图形或标准文件对图层的设置,即对不符合本部门图层设置的要求的图形进行快速转换。

⑤ 渲染图形

在绘图过程中,为了使实体对象看起来更加清晰,可以消除图形中的隐藏线,但要创建更加逼真的模型图像,就需要对三维实体对象进行渲染处理,增加色泽感。在AutoCAD中运用几何图形、光源和材质,可以将模型渲染为具有真实感的图像。如要制作建筑和机械工程图样的效果图时,可通过渲染使模型表面显示出明暗色彩和光照效果,以形成更加逼真的效果。

⑥ 打印图纸

图形绘好后需要打印到图纸上,或者把图形信息传送到其他应用程序或软件进行处理。可以通过页面设置来控制打印信息。打印样式设置可在文件菜单中的打印样式管理器中进行。AutoCAD已经提供了几种打印样式,基本能满足用户要求。此外,图形打印输出设置的一个有效工具是布局,利用AutoCAD的布局功能,用户可以很方便地配置多种打印输出方式。

有关AutoCAD绘图常用命令不在此详细介绍,读者可以去查阅有关AutoCAD教材或资料。

2. AutoCAD 绘制工艺流程图

AutoCAD绘制工艺流程图见图12.18。

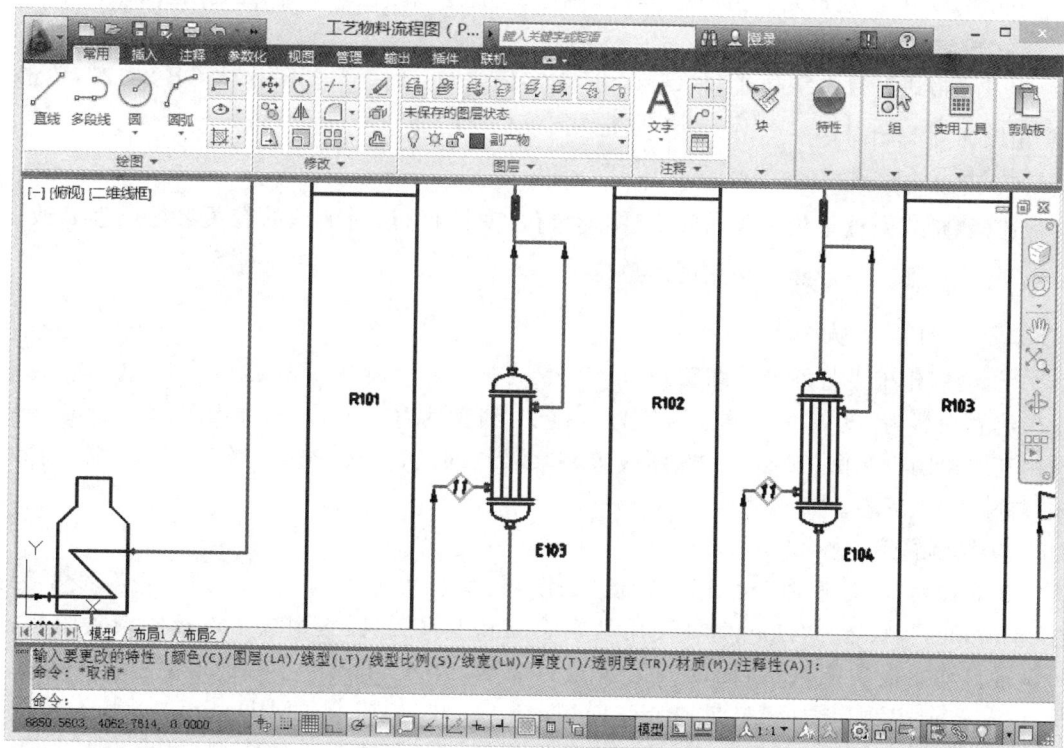

图 12.18　AutoCAD绘制工艺流程图

1）设置绘图环境

① 创建文件

启动 AutoCAD，自动生成一个新图形文件。如果 AutoCAD 在运行中，可选择【文件】→【新建】命令，新建一个图形文件，将该新文件以"流程图"为名称保存。

② 设置绘图界限

在世界坐标系统下，用"Limits"命令设定绘图界限，或下拉菜单选择【格式】→【图形界限】。设置图纸尺寸，以毫米为单位。在按照上述任意方法设置图形界限时，命令行都会出现提示，可按回车或空格键接受其默认值。随后 AutoCAD 提示用户设置绘图界限右上角点的位置，可以接受其默认值或输入新值，以确定绘图界限的右上角位置。是否接受默认值要根据所绘图形的大小来定，如要绘制较大图形时应将右上角点的坐标设置大一些。

③ 线型设置

选择【格式】→【线型】命令，在弹出的"线型管理器"对话框中，如需要其他线型，单击 加载 按钮，弹出"加载或重载线型"子对话框，加载何种线型要根据所绘图形的需要而定，线型选定后，单击 确定 按钮。在本例中选择随层，不用加载其他线型。

④ 图层设置

选择【格式】→【图层】命令，使用图层控制菜单（Layer），确定图层信息。在弹出的"图层特性管理器"对话框中，图层数量的设置要根据图形的复杂程度而定，以便于绘图和修改。在 AutoCAD 中，图层控制包括创建和删除图层、设置绘图颜色和线型、控制图层状态等。

⑤ 设置文字样式

选择【格式】→【文字样式】命令，弹出"文字样式"对话框。选择"楷体 GB 2312"，单击 应用 按钮并关闭对话框。

⑥ 设置图形单位

选择【格式】→【单位】命令，弹出"图形单位"对话框，该对话框的有关参数已经修改。单击 确定 按钮。一般建议采用国际单位。

2）绘制工艺流程图

① 绘制化工设备外形轮廓图例

建立命名为"设备"的图层，颜色为"白色"，线型为"Continuous"，状态为"Open"，并使用基本绘图（线、圆、方形、椭圆、弧线等）和编辑（间断、延长、拉伸、移动、放大、缩小、复制、删除等）工具栏。

② 绘制管道

建立命名为"主管道"及"辅助管道"的图层，颜色可分别为"红色"、"黄色"，线型为"Continuous"，状态为"Open"，并使用基本绘图和编辑工具栏，用线条连接各设备图例。可设置自动捕捉功能，使绘制的线条位置更准确，打开"Tools"下拉菜单，点击"Object Snap Settings"项，选择端点捕捉（ENDpoint）、中点捕捉（MIDpoint）、圆心捕捉（CENter）、交点捕捉（INTsection）等 11 种捕捉功能。若需要其他线型，可单击"Object

Properties"工具栏中的"Linetype"选择所需线型。管线的绘制，主要用直线命令。运用捕捉功能在筒体或封头上选择适当的点，绘制直线。

③ 绘制阀门、管件、仪表自控制点图例

建立命名为"管件"及"仪表"的图层，颜色可分别为"白色"、"绿色"，线型为"Continuous"，状态为"Open"，并使用基本绘图和编辑工具栏，按流程图规范要求，绘制阀门、管件及仪表控制点图例，并捕入有关管道。当将阀门、管件和仪表控制图例捕入有关管道时，管道与之重叠的部分用编辑工具栏中的"Trim"命令，将管道线段剪断。

④ 绘制物流流向箭头

可以在"管件"或"仪表"图层上绘制箭头，用"Polyline"命令绘制一段与箭头长短相同的线段，将该线段两端的线宽设置不同，一端设为 0.00 mm，另一端可设为 0.06～1.20 mm。可把此"箭头"做成图块。把做好的箭头捕入到有关管道中。

⑤ 标注、填写标题栏

标注设备名称、位号及仪表自控制点参量代号和功能代号，填写标题栏。建立命名为"文字"的图层，颜色分别为"白色"。用单行文本标注（DText）命令，选择文字的字体、大小（一般为 3 mm 高度的仿宋体）、横排、竖排、起始点位置。

⑥ 图形文件生成

在绘制流程图时，灵活应用图层状态，可生成不同类型的流程图。如需要生成带控制点的流程图时，只要打开所有图层，令其状态为"Open"即可；当关闭"管件"和"仪表"图层，令其状态为"Close"，并增加物流表时，即生成物料流程图；关闭"辅助管道""管件"和"仪表"图层，可得一般工艺流程图。

⑦ 打印图纸

流程图绘制完成后，用"Plot"命令，设置打印机型号、打印区域、图纸大小，根据绘图颜色设置画笔粗细（红色为 0.9 mm，黄色为 0.6 mm，其他为 0.3 mm），预览、调整绘图内容在图纸中央或合适位置。

2. AutoCAD 绘制设备布置图

AutoCAD 绘制设备布置图见图 12.19 所示。

1）设置绘图环境

创建文件、设置绘图界限、线型设置和图层设置等方法与绘制工艺流程图类似。

2）绘制设备布置图

① 绘制方位标

在图形区域右上角画一个与总图的设计北向一致的方向标，颜色为"黄色"，利用"倒角""捕捉""修剪"等命令，并在"Arrowheads"选项区中的"Arrow Size"中进行尺寸线箭头大小的调节，绘制出方向标。

② 绘制设备平面图

建立名为"中心线"及"定位轴线"的图层，颜色为红色，线型为"Center"，状态为"Open"，进行绘制；建立名为"设备"的图层，颜色为白色，线型为"Continuous"，状态为

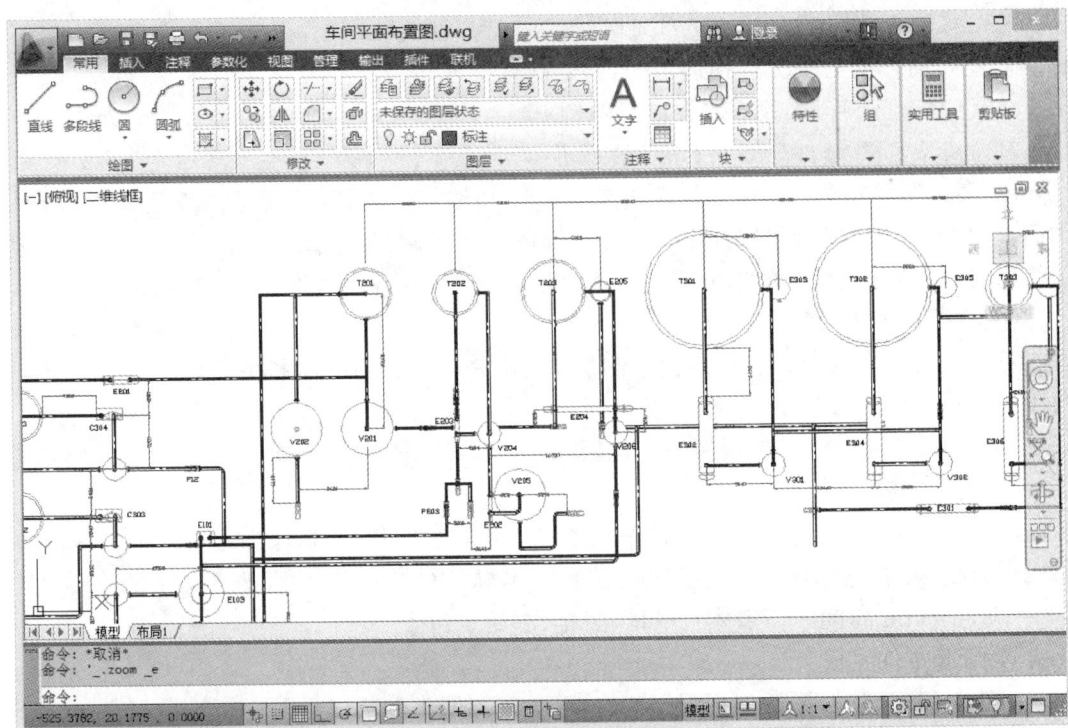

图 12.19　设备布置图

"Open",并使用基本绘图和编辑工具栏绘制建筑物的定位轴线和各设备的中心线,并对定位轴线进行编号;按照一定比例绘制各设备外形轮廓线;绘制带箭头的尺寸标注线。

3)图形文件生成

填写标题栏,生成设备平面布置图。

实践范例

Aspen Plus 流程模拟及优化

确定了工艺流程之后,利用 Aspen Plus V7.3 进行全流程的模拟优化,模拟包括反应工段、PX 预分离工段、PX 精制工段。模拟最终达到了如下目的:在模拟过程中,最终确定了各关键工艺参数,对系统进行了初步调优;结合模拟过程,对本项目工艺参数的可行性进行了验证;以模拟数据为基础,进一步完成各单元设备的物料与能量衡算,为设备设计提供了基础。

1)反应工段模拟

反应工段最终的模拟流程图如图 12.20 所示。

常温常压的新鲜氢气(H_2-IN)与循环回来的氢气(H_2-RECY)经过混合器 M-101,

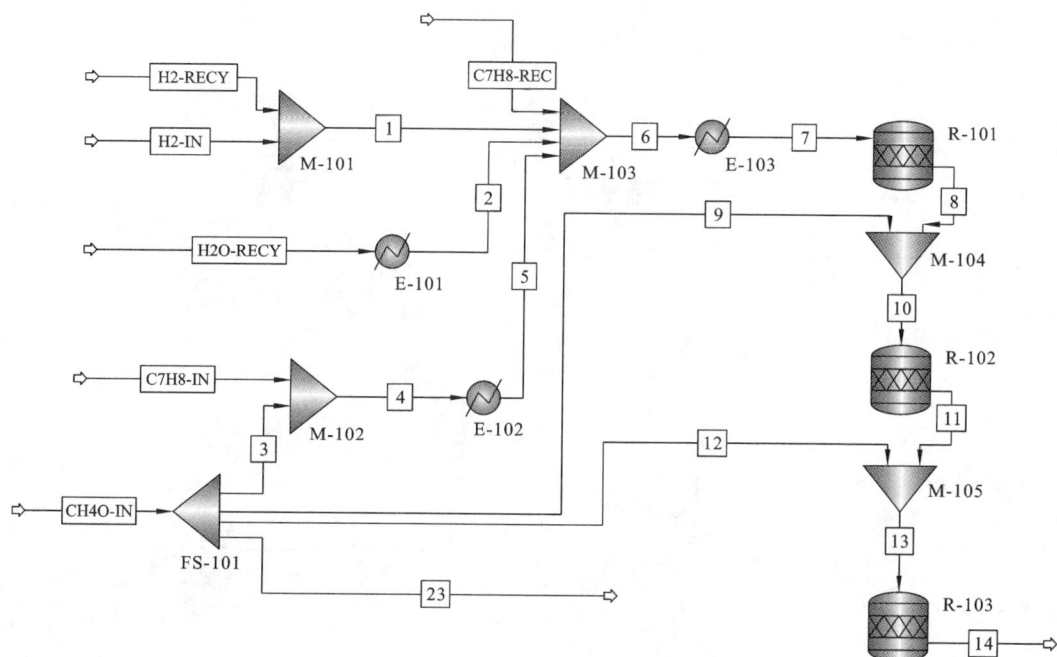

图 12.20　反应工段模拟流程图

去往进料混合器 M-202;循环回来的水(H_2O-RCEY)经过换热器 E-101 汽化,去往进料混合器 M-202;常温常压进料的甲苯甲醇先通过混合器 M-102,之后经过换热器 E-102汽化,去往进料混合器 M-202;常温常压进料的甲醇经过分流器 FS-101 分成四股,其中三股进入反应器,一股去往催促精馏塔;循环回来的甲苯与其他三股反应物料通过混合器 M-102,之后经过加热炉,达到 460 ℃,3bar 的反应条件进入反应器 R-101;从反应器 R-101 出来的产物与补加的新鲜甲醇混合后进入反应器 R-102,从反应器 R-102 出来的产物与新鲜的甲醇混合进入反应器 R-103;从反应器 R-103 出来的产物进入下一工段。

经过模拟从反应器 R-103 出来的物流状态及组成如表 12.2 所示。

表 12.2　R-103 出口产物表

温度/℃		压力/bar		质量流量/(kg/h)	
467.2		3		351 542.067	
组成/质量分率					
甲苯	0.223	间二甲苯	4.80×10^{-4}	甲烷	1.38×10^{-4}
甲醇	5.00×10^{-6}	邻二甲苯	0.002	乙烯	0.003
水	0.596	苯	0.001	丙烯	5.73×10^{-4}
氢气	0.064	甲基乙苯	0.001	戊烯	1.70×10^{-5}
对二甲苯	0.107	三甲苯	4.04×10^{-4}	丙烷	2.70×10^{-5}

2）PX 预分离工段模拟及优化

预分离工段最终的模拟流程图如图 12.21 所示。

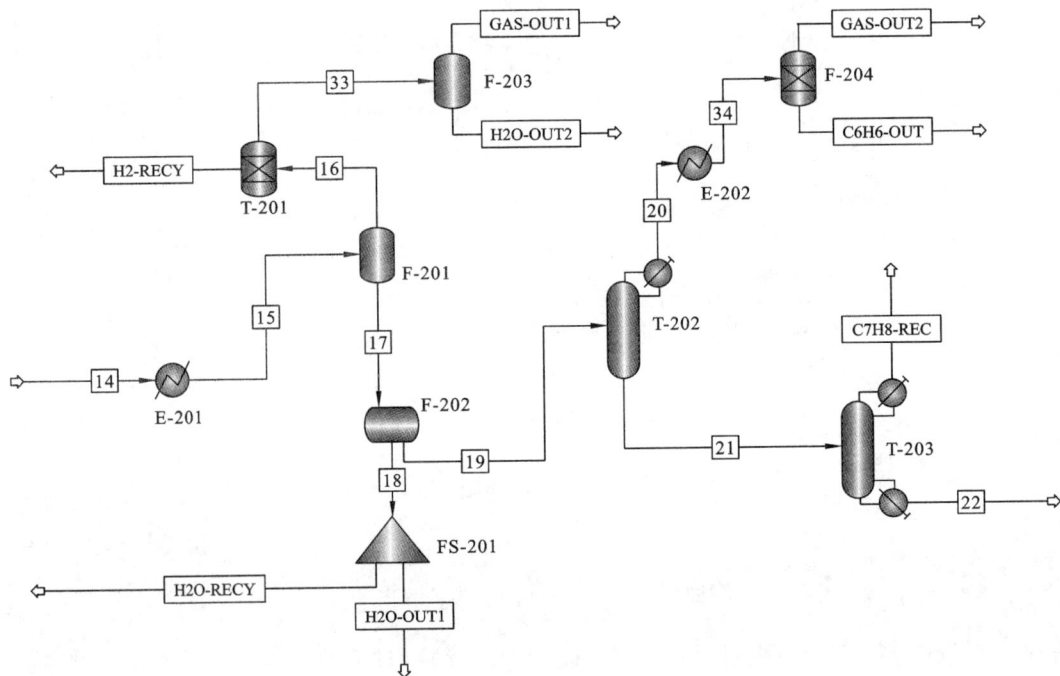

图 12.21　PX 预分离工段流程图

来自反应器 R-103 的出口物流,经过冷却器 E-201 冷却到 25 ℃,之后通过气液分相器 F-201,在 25 ℃,3 bar 的条件下进行气液分相,分离出氢气及轻烃;分相器顶部得到的粗氢通过变压吸附塔 T-201,回收氢气,循环利用;从变压吸附出来的轻烃通过气液分相器 F-203,在 25 ℃,1 atm 的条件下进行气液分相,得到粗乙烯产品,质量流率为 1 449.912 kg/h,乙烯质量分数为 80.5％,丙烯质量分数为 13.9％;从气液分相器 F-201 底部出来的物流主要为水和有机物,经过液液分相器 F-202,在 25 ℃,3 bar 的条件下进行液液分相,分离得到水相和油相,水循环利用;来自液液分相器 F-202 的油相,依次经过脱苯塔、甲苯回收塔,脱除苯,回收甲苯;脱苯塔塔顶得到的粗苯经过冷凝器 E-202 冷却到 25 ℃,之后经过气液分相器 F-204,得到粗苯产品,质量流率 345.247 kg/h,苯的质量分数 96.9％,得到的少量轻烃气体去燃气总管。

① 脱苯塔（T-202）的优化

该塔是采用精馏的原理脱除低含量的苯,考虑到低含量物质的脱除对塔底物质要求不高,所以该塔设计为只有冷凝器,没有再沸器的精馏塔。我们需要考察塔板数、进料板位置以及回流比等对塔顶苯质量分数、塔顶冷凝器负荷的影响,以确定这些参数的最优值。

a.最优塔板数的确定

取塔顶压力为 1.2 bar,摩尔回流比为 50,塔顶馏出物流率为 4.49 kmol/h,进料板位置为 12,改变板数,经模拟结果如图 12.22 所示。

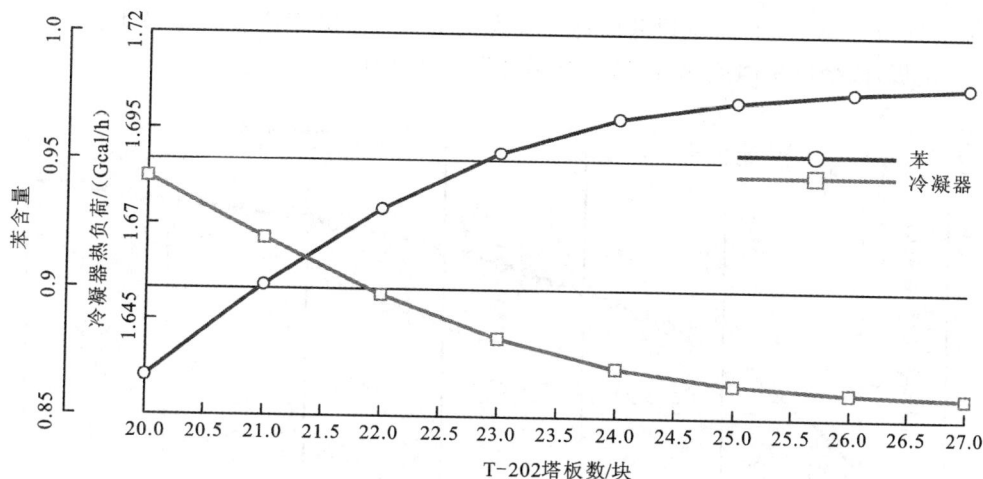

图 12.22　塔板数的影响图

　　理论板数增多,塔顶馏出物苯质量含量逐渐增大,冷凝器负荷逐渐减小,当理论塔板数达到 26 块左右时,两者变化趋于平缓,考虑到继续增加理论板数,将增加塔设备投资费用,而塔顶产品质量不再显著提高,冷凝器负荷也不再明显降低,取该塔的理论板数为 27。

　　b. 最优进料板位置的确定

　　取塔顶压力为 1.2 bar,摩尔回流比为 50,塔顶馏出物流率为 4.49 kmol/h,理论板数为 27 块,改变进料板位置,经模拟结果如图 12.23 所示。

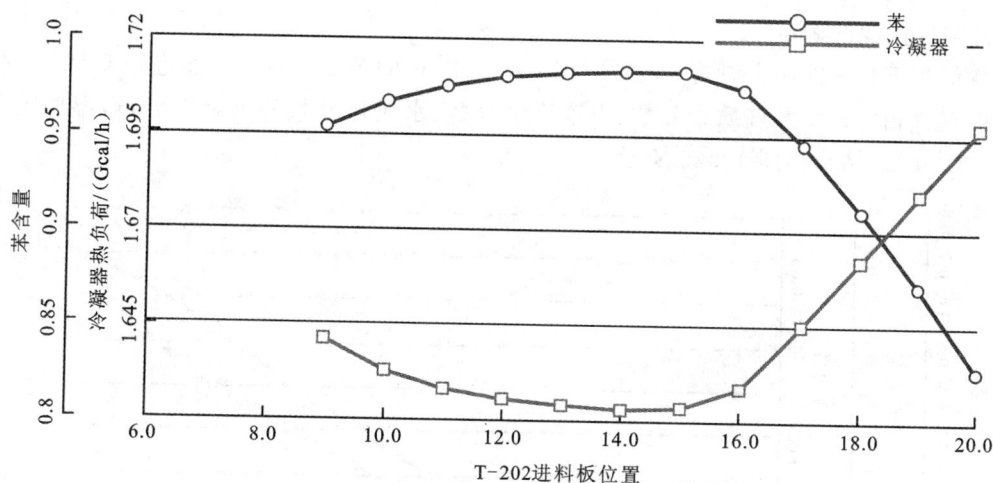

图 12.23　进料板位置影响图

　　由图 12.23 可知,随着进料板位置的降低,塔顶馏出物中苯含量先略有上升,之后逐渐下降;冷凝器负荷先略有下降,之后逐渐上升;当进料板在 12 块板上时,苯含量和冷凝器负荷都是比较合适的值。从分离效果和能耗方面考虑,最终确定该塔进料位置在 12 块板上。

c.最优回流比的确定

取塔顶压力为 1.2 bar,塔顶馏出物流率为 4.49 kmol/h,理论板数为 27 块,进料板位置为 12 块板,改变摩尔回流比,经模拟结果如图 12.24 所示。

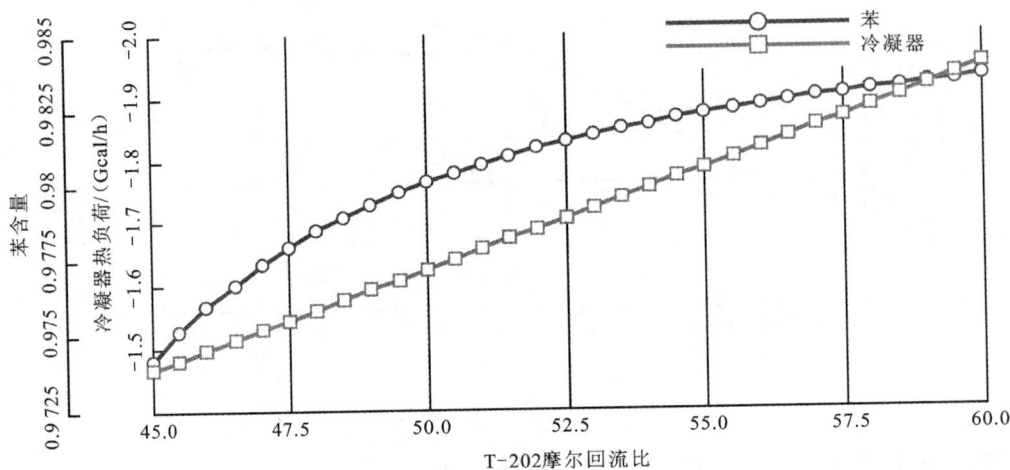

图 12.24　回流比影响图

从图 12.24 可知,随着回流比的增大,塔顶馏出物苯质量含量缓慢增加,冷凝器热负荷逐渐增加,从能耗方面考虑,最终确定该塔的摩尔回流比为 50。

② 气液分相器(F-201)的优化

气液分相器(F-201)的主要目的是分离出氢气和少量轻烃等。为了使二者较彻底地分离出来,需要找到最优的操作温度和压力。

a.最优温度的确定

我们将 F-201 的压力设为 3 bar,应用 Aspen Plus 的 Sensitivity 功能进行 F-201 的操作温度对气相出口中氢气质量分数、甲苯质量分数、水质量分数的灵敏度分析,温度范围取 10~100 ℃,结果如图 12.25 所示。

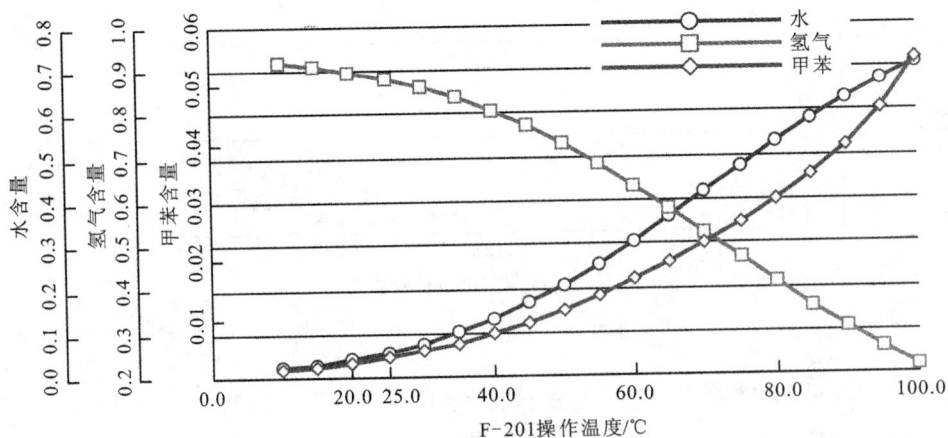

图 12.25　操作温度影响图

由图 12.25 可知,随着温度的降低,气相物流中氢气含量逐渐增大,到 25 ℃ 之下增加趋缓慢;同时随着温度的降低,水和甲苯含量逐渐减小,到 25 ℃ 以下减小趋于缓慢。由模拟结果可知,为了尽量多回收氢气,温度越低越好,但是考虑到温度越低冷公用工程消耗越大,最终取该气液分相器的操作温度为 25 ℃。

  b.最优压力的确定

将 F-201 的温度定为 25 ℃,应用 Aspen Plus 的 Sensitivity 功能进行 F-201 的操作压力对气相出口中氢气质量分数、甲苯质量分数、水质量分数的灵敏度分析,压力范围取 2～10 bar,结果如图 12.26 所示。

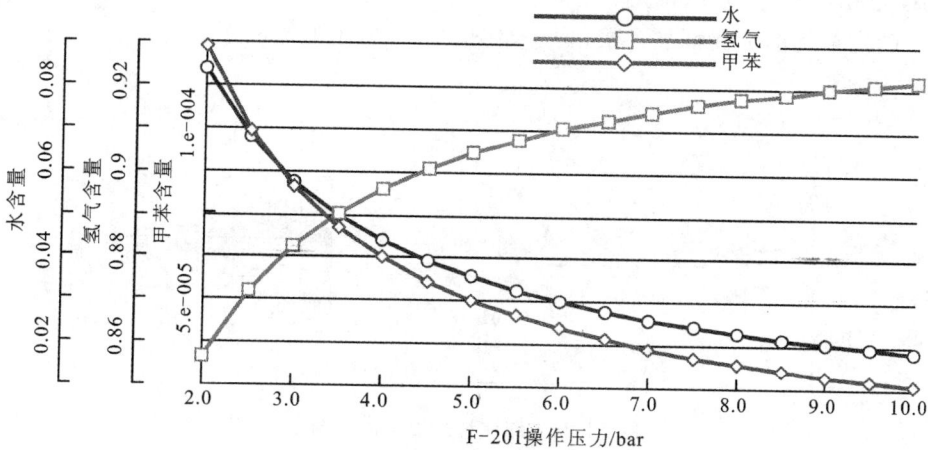

图 12.26 操作压力影响图

由图 12.26 可知,随着压力的增大气相物流中氢气含量逐渐增大,水及甲苯含量逐渐减小,为了更多地回收氢气及减少甲苯损失,操作压力越大越好,但增加压力,将增加能耗,也将增加对设备的要求,同时考虑到压力为 3 bar 时,气相物流中氢气质量含量已经达到 88.27%,氢气回收率已较高,甲苯损失率已较小,综合考虑,最终确定该气液分相器的操作压力为 3 bar。

3)PX 精制工段模拟及优化

PX 精制工段最终的模拟流程图如图 12.27 所示。

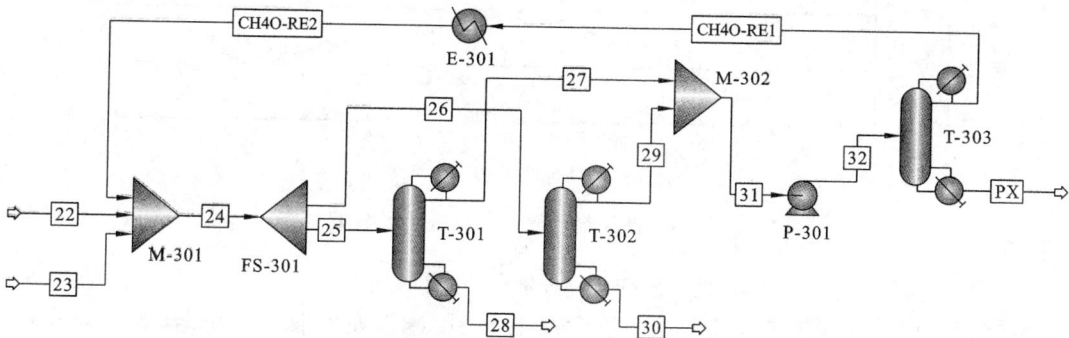

图 12.27 PX 精制工段流程图

来自甲苯回收塔塔底馏出物、新鲜甲醇及循环回来的甲醇经过混合器 M-301 混合后,通过分流器 FS-301 分成等同的两股物流,分别进入催促精馏塔 T-301、T-302,塔底得到优质混二甲苯,塔顶得到对二甲苯及甲醇混合物;催促精馏塔塔顶馏出物经过混合、加压,进入甲醇回收塔,塔顶馏出甲醇循环利用,塔底得到对二甲苯产品。

① 催促精馏塔(T-301)的优化

该塔采用催促精馏的原理精制对二甲苯,其优化需要考察催促剂甲醇的加入量、塔板数、进料板位置以及回流比等操作参数对塔顶对二甲苯的质量流率、塔顶冷凝器负荷以及塔底再沸器的影响,以确定这些参数的最优值。

a.最优催促剂加入量的确定

为了确定最优的催促剂加入量,构建如图 12.28 所示的流程图。

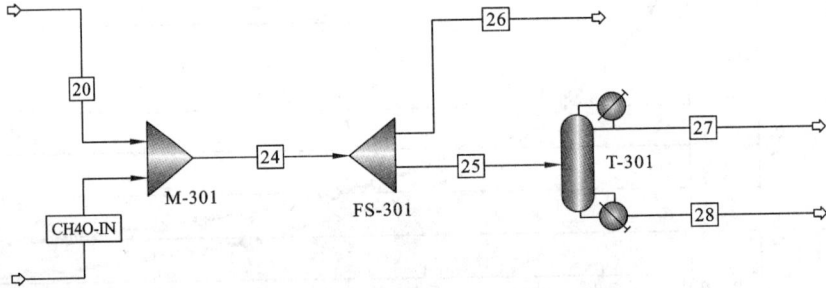

图 12.28 催促精馏模拟流程图

取催促精馏塔的摩尔回流比为 4.39,塔顶采出与进料比为 0.988 4,理论板数为 168,进料板位置 37,改变甲醇进料量,模拟结果如图 12.29 和图 12.30 所示。

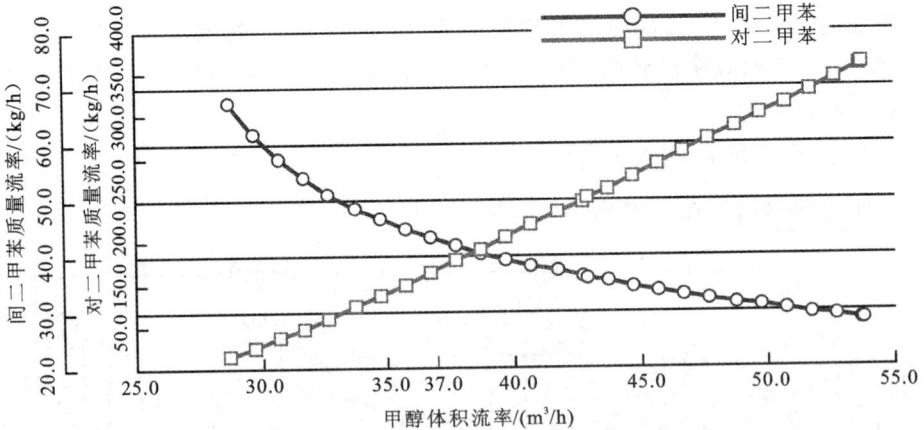

图 12.29 催促剂甲醇体积流量的影响 1

由图 12.27 知,随着甲醇加入量的增大,催促精馏塔塔顶间二甲苯质量流率逐渐减小,塔底对二甲苯质量流率逐渐增大,为了脱除间二甲苯以及回收对二甲苯,甲醇体积流量存在一个最优值,从图知甲醇体积流率在 40~45 m³/h 比较合适。从图 12.30 知,该塔

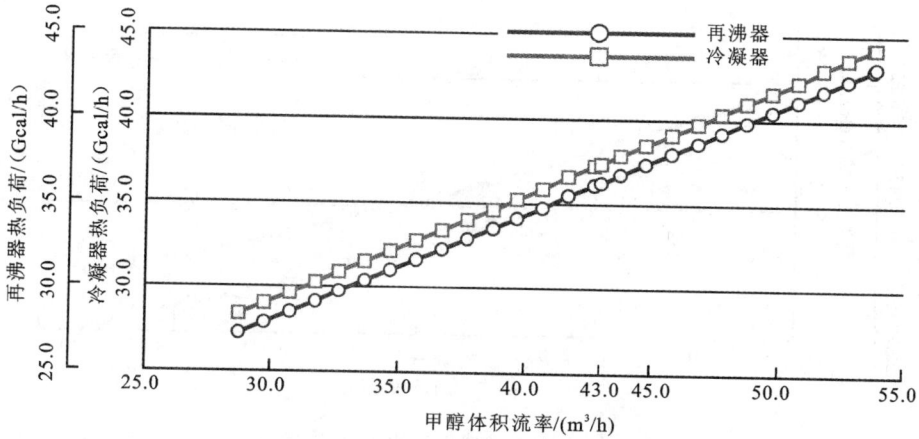

图 12.30 催促剂甲醇体积流量的影响 2

的能耗和甲醇体积流率是正相关的。综合考虑分离效果节约和能耗,最终确定甲醇的体积流率为 43 m³/h,与塔顶 C8 体积流量维持 1:1 的关系。

b.最优塔板数的确定

取甲醇的体积流量为 43 m³/h,催促精馏塔的摩尔回流比为 4.39,塔顶采出与进料比为 0.988 4,进料板位置 37,改变理论板数,模拟结果如图 12.31 和图 12.32 所示。

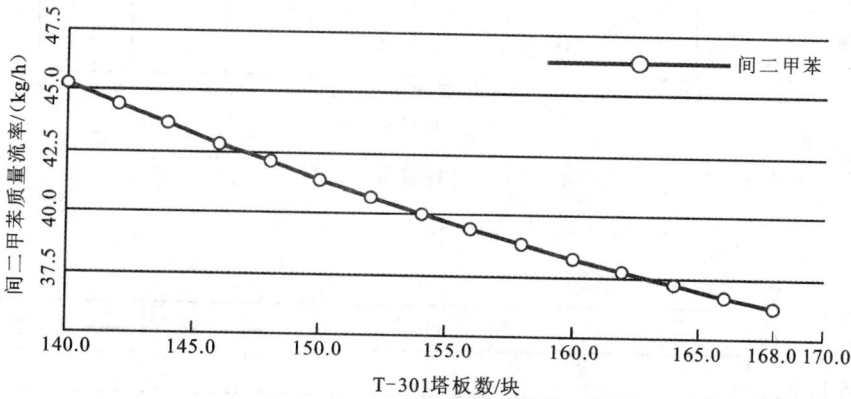

图 12.31 理论板数的影响 1

由图 12.31 知,催促精馏塔塔顶间二甲苯质量流量随着理论板数的增大而减小;由图 12.32 知,冷凝器、再沸器的热负荷随着板数的增加而减小;从而可知理论板数增多,对分离效果及减小能耗都有帮助,最终确定理论板数为 168。

c.最优进料板位置的确定

取甲醇的体积流率为 43 m³/h,催促精馏塔的摩尔回流比为 4.39,塔顶采出与进料比为 0.988 4,理论板数 168,改变进料板位置,模拟结果如图 12.33 和图 12.34 所示。

由图 12.33 知,随着进料板位置的下移,塔顶间二甲苯的质量流率先减小后增加,在

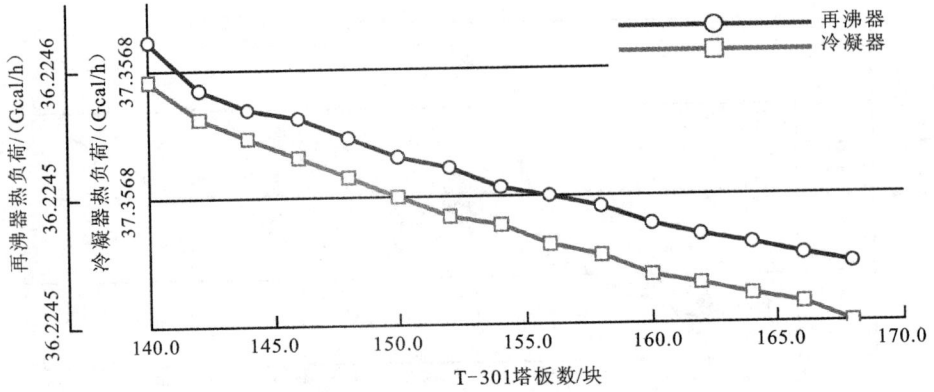

图 12.32　理论板数的影响 2

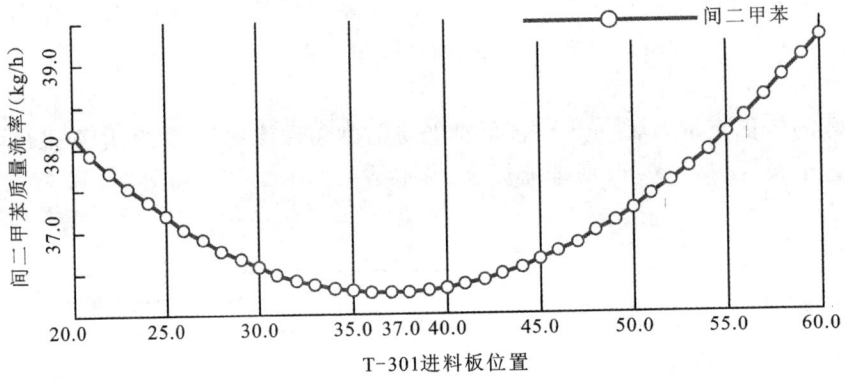

图 12.33　进料板位置影响 1

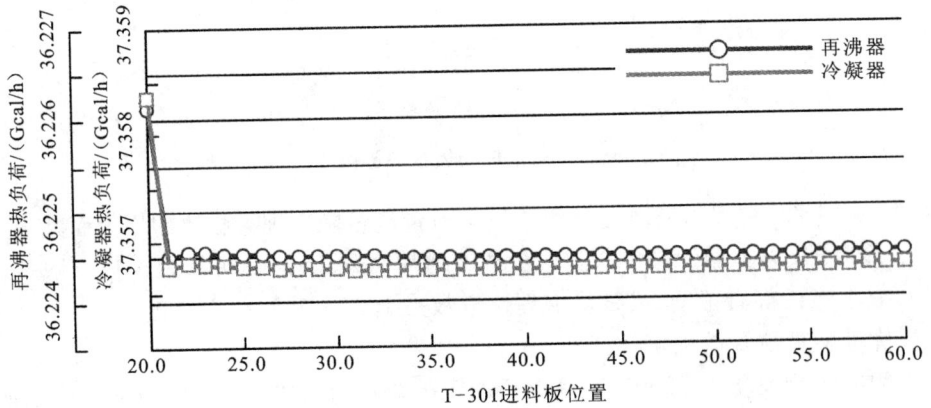

图 12.34　进料板位置影响 2

37块板进料时,塔顶间二甲苯的质量流率达最小值。而由图 12.34 可知,随着进料板位置的下移,冷凝器及再沸器热负荷先急剧减小,当进料板在 25 块以下后,基本不再明显变化。综合分析,最优的进料位置选在 37 块板上。

　　d.最优回流比的确定

　　取甲醇的体积流率为 43 m³/h,催促精馏塔塔顶采出与进料比为 0.988 4,理论板数 168,进料板位置为 37,改变回流比,模拟结果如图 12.35 和图 12.36 所示。

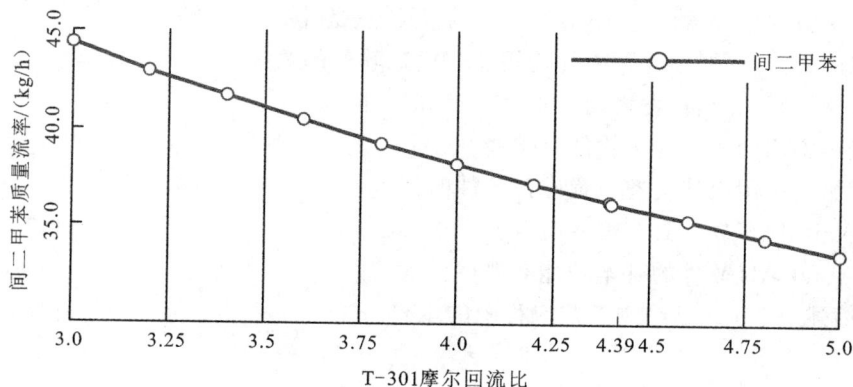

图 12.35　回流比的影响 1

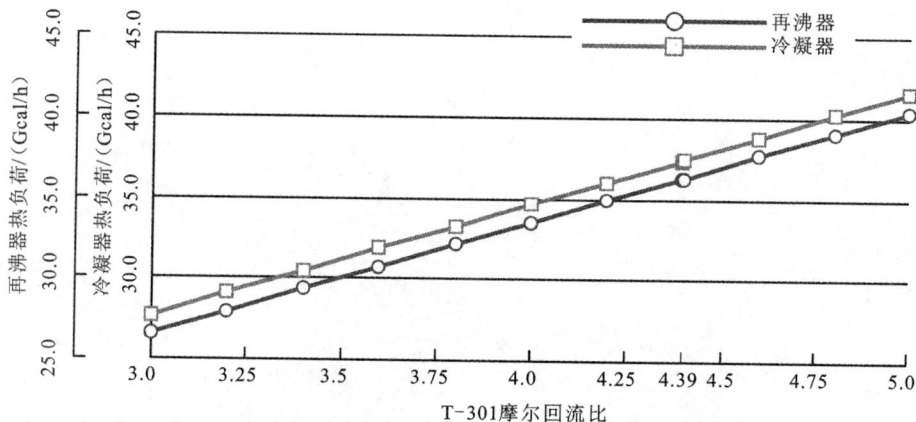

图 12.36　回流比的影响 2

　　由图 12.35 知,增大回流比,塔顶间二甲苯质量流量逐渐减小,说明增大回流比有利于提高分离效果,但如图 12.36 所示,加大回流比则能耗增大。分析可知,达到最低分离要求所需的最小回流比为 4.39,综合考虑分离效果和分离能耗,确定催促精馏塔的摩尔回流比为 4.39。

【习 题】

1. 化工流程模拟软件有哪几种用途?
2. 介绍化工流程模拟软件 ASPEN PLUS 的主要特点。
3. 简述化工流程模拟软件 ASPEN PLUS 的主要功能及运行方法。
4. 化工流程模拟软件 PRO/Ⅱ 的主要特点是什么?
5. 化工流程模拟软件 CHEMCAD 的主要特点是什么?
6. 查阅资料,简要描述国内外使用流程模拟软件的情况。
7. 查阅资料,介绍一种塔内件水力学计算软件。
8. 我国常用的管网计算软件有哪些?
9. 列举 2 种国内外设备布置设计软件的特点。
10. AutoCAD 软件具有哪些特点?
11. AutoCAD 软件的基本功能有哪些?
12. 简述 AutoCAD 绘制工艺流程图的步骤。

单元十三　设计文件的编制

模块1　初步设计阶段设计文件的编制

初步设计的设计文件应包括两部分内容:一是设计说明书;二是设计说明书的附图、附表,它根据设计的范围、规模大小和相关部门要求的不同而有所不同。对于一个车间,其初步设计说明书的内容如下。

1．说明书

化工厂初步设计文件按设计专业分别编制，包括总论、技术经济、总图运输、化工工艺及系统、布置与配管、厂区外管、分析、设备、自控控制及仪表、供配电、土建、环保等。化工工艺及系统专业初步设计文件按装置分别编制，包括设计说明书和说明书的附表、附图。

1）设计依据

文件，如计划任务书以及其他批文等。

技术资料，如中试试验报告、调研报告等。

2）设计指导思想及设计原则

指导思想，为设计所遵循的具体方针政策和指导原则。

设计原则，包括各专业的设计原则，如工艺流程选择、设备选型、材质选用和自控水平等原则。

3）车间（装置）概况及特点

说明车间（装置）设计规格、生产方法、流程特点及技术先进可靠性和经济合理性。如工艺流程的改进、新工艺、新技术的采用、降低能耗、节约能源及综合利用等措施与效果，车间（装置）布置原则。

4）车间（装置）组成和生产制度

车间组成。

生产制度：包括年操作日、连续或间歇生产情况、生产班数等。

5）原材料及产品（包括中间产品）的主要技术规格

原材料及产品主要技术规格见表13.1和表13.2所示。

表13.1　原材料技术规格表

序号	名称	规格	分析方法	国家标准	备注

表13.2　产品技术规格表

序号	名称	规格	分析方法	国家标准	备注

6）车间（装置）危险性物料主要物性（表13.3）

表13.3　危险性物料主要物性表

序号	名称	相对分子质量	熔点/℃	沸点/℃	闪点/℃	燃点/℃	在空气中爆炸极限/%（V）		国家卫生标准	备注
							上限	下限		

危险性物料系指决定装置区域或厂房防爆、防火等级以及操作环境中有害物质的浓

度超过国家卫生标准,而需采取隔离、置换(空气)等措施的主要物料。

7)生产流程简述

按生产工序叙述物料所流经工艺设备的顺序和去向,写出主反应和副反应的反应方程式,主要操作控制指标,如温度、压力、流量、物料配比等。如系间歇操作需说明操作周期,一次加料量及各阶段的控制指标。说明产品及原料的储存、运输方式,及其有关的安全措施和注意事项。

8)工艺计算

① 物料计算

物料计算的基础数据。

物料计算的结果,以物料平衡图表示,单位以小时(连续操作)或每批投料(间歇操作)计。所用单位在一个项目内统一。

② 主要设备的选择与计算

对车间(装置)有决定性影响的设备,如反应设备、传质设备和主要机泵的型式、能力、备用情况要加以说明,同时论证其技术可靠性和经济合理性,并推荐制造厂。各主要设备应做必要的工艺计算,对机泵等定型设备要填写技术特性表,并将全部设备设计的结果填入"设备一览表"内,并推荐制造厂。

计算的基础数据包括物料及热量计算数据。

设备的工艺计算。按流程编号为序进行编写。内容包括:操作条件、数据、公式、计算结果、对计算结果论述、设计最终选取。

9)原材料,动力(水、电、汽、气)消耗定额及消耗量

原材料消耗定额及消耗量表,见表13.4。

表 13.4　原材料消耗定额及消耗量表

序号	名称	规格	单位	消耗定额①	消耗量		备注
					每小时	每年	

注:①消耗定额以每吨××产品计。

动力(水、电、汽、气)消耗定额及消耗量表,见表13.5。

表 13.5　动力消耗定额及消耗量表

序号	名称	规格	使用情况	单位	消耗定额①	消耗量		备注
						正常	最	

注:①消耗定额以每吨××产品计。

主要节能措施,论述能源选择和利用的合理性,低位余热,反应热能利用情况、采用节能的新工艺、新技术、新材料、新设备情况,及其节能效益。

10）定员表（表 13.6）

表 13.6 定员表

序号	名称	每班定员		管理人员	操作班次	轮休人员	合计	备注
		生产工人	辅助工人					

11）车间（装置）生产控制分析表（表 13.7）

表 13.7 车间生产控制分析表

序号	取样地点	分析项目	分析方法	控制指标	分析次数	备注

12）三废排量及有害物质含量表（表 13.8）

表 13.8 三废排量及有害物质含量表

序号	废物名称	温度/℃	压力/MPa	排出点	排放量			组成及含量	国家排放标准	处理意见	备注
					单位	正常	最大				

13）仪表和自动控制

这一部分由自控专业按初步设计的要求进行编写,主要说明自控特点和控制水平确定的原则、环境特征及仪表选型、动力供应及存在的问题。

控制方案说明,应具体表示在工艺流程图上。

控制测量仪器设备汇总表。

14）安全技术、防火、防爆及工业卫生

技术保安措施。

消防。

通风设计说明及设备材料汇总表。

15）车间布置

对生产车间布置进行说明,包括生产部分、辅助生产部分和生活部分的区域部分,防毒、防爆的考虑等。

16）公用工程

供电:设计说明,包括电力、照明、避雷和弱电等;设备、材料汇总表。

供排水:供水;排水包括清洁下水、生产污水、生活污水和蒸汽冷凝水和雨水等;消防用水。

蒸汽用量及规格。

冷冻与空压。

17）车间维修

任务、工种与定员。

主要设备一览表。

18）土建

设计说明。

车间(装置)建筑物、构筑物表。

建筑平面、立面、剖面图。

19）概算

按概算编制的规定编制出车间的总概算书,并编入说明书的最后部分。具体从略。

20）技术经济

投资。

产品成本:计算数据,包括各种原材料、中间产品的单价和公用工程单价依据、折旧费、工资、维修费和管理费用依据;成本计算见表 13.9。

表 13.9 成本的估算表

序号	名称	单位	消耗定额	单价	成本	备注
一	原材料费					
	苯					
	氢气					
	合计					
二	动力费					
	水					
	电					
	合计					
三	工资					定员××人
	合计					
四	车间经费					
	1.折旧费					按固定资产×1%计
	2.修理费					按固定资产×2%计
	3.管理费					按固定资产×3%计
	合计					
五	副产品及其他回收费					
	合计					
六	产品车间(装置)成本					
七	企业管理费					
八	工厂成本					

注:中间产品成本估算至表中(一～六项),最终产品成本估算至表中(一～八项)。

21）技术风险备忘录

说明造成技术风险的原因和存在的技术问题，说明所采用技术或专利可能导致对设计性能保证指标、原材料及公用工程消耗指标产生不利影响的情况，预计其后果。

22）存在问题及建议

说明设计中存在的主要问题，提出解决的办法和建议以及需要提请上级部门审批的重大技术方案问题。

2. 初步设计阶段的图纸和表格

1）表格

① 设备一览表

按流程顺序、分工序填写，设备位号编制应与"施工图统一规定"相一致。设备一览表见表 13.10。

表 13.10　设备一览表（初步设计）

××设计院	工程名称		设备一览表	编制		编号		
	设计项目			校核		第　页　共　页		
				审核				
序号	位号	设备名称及规格	图号或标准号	单位	数量	材料	质量/kg		技术特性表编号	备注
							单	总		
修改标记	△	△	△	△	△					
姓名										
日期										

② 材料表

工艺"材料表"系指配管材料表，其格式和内容见表 13.11。

表 13.11 材料表

××设计院			工程名称			设计项目	
编制						编号	
校核			材料表				
审核						第 页	共 页
序号	名称及规格	型号或标准号	材料	单位		数量	备注

材料表填写分为三种情况,见表 13.12。

表 13.12 材料表

	类别	材料表	要求	概算
1	复用设计	出	分清细目,按类填写	按项细算
2	一般设计	估出	按类组分,仅供参考	按项粗算
3	新设计	不出	—	按设备费用的××%计算

注:新设计一般指开发性设计,中试或中试放大设计。

2) 图纸

① 工艺流程图

流程图图例符号与说明:设备位号、管线代号、自控符号、管道等级代号的编制规定与说明(管道代号初步设计可只写物料,主项及管道直径×壁厚)。

工艺流程图:表示出全部设备。主要设备应画出其结构特征,注出设备位号及其特征参数,如塔板数、热负荷、工艺要求的位差及重要的操作控制指标。

画出主要物料管线,并逐根标注"介质代号-公称直径-管道等级代号"。公用系统管道只画进、出口接管,不画排放系统及开停工管路,但应画出主管上的旁路及催化剂升温,还原管路等。表示出全部检测控制仪表,及分析取样点,但不表示出就地安装的温度计和压力表。

数据表:流程图和数据表可以合并,也可以分别单独绘制。

② 公用系统流程图及平衡图①

进出车间(装置)界区的流量、压力和温度。

车间(装置)内各设备的用量,进出口温度和压力。

③ 布置图

车间(装置)平面布置图。内容包括:画出车间(装置)界区的范围、方位、尺寸和坐标;

---

① 当公用物料种类或用户较少时,也可不出公用系统平衡图,而将其物料表示在工艺流程图上。

画出车间(装置)界区内各构筑物的位置和特征;画出俯视图上主要的露天设备(不注位号和定位尺寸)和管廊架。

设备布置图(1:100):画出有关的构筑物,标出轴线与尺寸;画出全部设备,并注明位号和定位尺寸(不表示安装方位);各主要设备均应有剖视图。

④ 图号及编排

各种图、表进行统一编排。编号的一般原则是:工程代号—设计阶段代号—主项代号—专业代号—专业内分类号—同类图纸序号。

模块 2　施工图设计文件的编制

施工图设计是在初步设计经过审批后进行的,在施工图设计阶段所完成的设计文件主要是施工图纸。它是工程施工、安装的依据。施工图设计阶段的主要任务是:根据初步设计审批的意见,解决初步设计中待定的问题,并据此进行施工单位的施工组织设计、编制施工预算及解决如何进行施工等问题。施工图设计就是要进一步完善初步设计阶段的工艺流程图设计、设备布置图设计,并进一步完成管道布置图设计、管架设计及设备、管道的保温、防腐设计等。施工图设计使整个工程设计更加具体化,在这期间,工艺设计人员不但要完成本专业的设计任务,还要和其他专业密切配合,及时向有关专业提供设计条件和提出设计要求,使其他专业也能和工艺专业同步开展设计。

1. 工艺设计说明书的内容

工艺施工图设计说明书包括工艺修改说明;工艺施工图设计文件说明;设计标准、规定及施工验收说明;设备及管道安装说明;开车试车说明等。

1) 设计依据

说明施工图设计的任务来源和设计要求,包括施工图设计的委托书、任务书、合同、协议书等,初步设计的审批文件和修改文件以及其他有关设计依据。

2) 设计范围

装置组成说明,对合作设计要说明负责设计的范围。

3) 工艺修改说明

说明对初步设计的修改变动、变更依据、具体增减项目情况。

变更依据。如审批部门对初步设计的批复文件,设计条件变更等文件资料。

增减项目情况。如设计审查及审批部门决定修改的项目;设计条件变革引起设计修改项目。

4) 工艺施工图设计文件说明

① 施工图设计图纸说明

管路安装图上未表示的需要安装的法兰、活接头、盲板等,可根据现场安装需要予以说明。

管道图上有未绘制的小管径管道时说明安装要求。

有待设备到货后,补做详细施工图。

因设计资料不全或定型产品样本安装尺寸不全,需要设备到现场后核实安装尺寸,才能做设备基础设计部分。

②施工图设计采用的通用图说明

管道支架图、绝热结构图及管件图等,说明所选用的标准图号。当本设计单位无法提供通用图时,应写明建设单位外购。

定型装置如压缩机组、空气干燥器组等,工艺施工图不做详细设计的部分,说明按制造厂提供的装置图施工。

5)设计标准、规定及施工验收说明

说明设计中采用的技术标准,规范及规定,并列出标准的全称和代号,包括国家标准、部颁标准及设计单位有关规定。

结合工程施工安装要求,说明在施工安装及竣工验收时应遵循的施工及验收规范,并列出规范全称及代号。

6)设备安装说明

工程中所采用技术标准及范围,特殊材料成分性能以及处理检验要求。

设备安装要求:大型设备安装方案;设备安装次序和土建施工关系;预留安装的设备位置;衬里和有色金属设备安装时应注意的事项;需要做静电接地的设备;机泵设备的特殊要求,如振动、密封要求等。

设备的试压,试漏和清洗的要求。

对设备的防腐脱脂、除污的要求和设备外壁的防锈、涂色要求。

设备安装需进一步落实的问题:资料不全或不落实;设备管口方位不落实,有待设备到现场及测定管口后,才能决定是否修改设计;调拨设备,设备上接口法兰标准,有待到货后落实。

管道安装说明和要求:管道安装说明和要求;需作静电接地的管道和要求;各种焊接要求,不锈钢、异种钢、有色金属,非金属焊接、焊条牌号、焊接工艺、焊缝质量要求及检验办法等;标准和非标准弯头的使用范围以及各种公称压力下各种弯头的弯曲半径;非金属、有色金属管道安装要求;管道试压和试漏清洗要求;管道的防腐、涂色、脱脂、除污的要求。

设备与管道隔热施工说明。

施工时应注意的安全问题和应采取的安全措施。

试车说明。主要说明试车生产具备的条件和步骤。

2. 施工图设计阶段的图纸和表格

1)图纸

管道及仪表流程图(PID)(即施工流程图)。应表示出全部工艺设备和物料管道、阀门及管件,进出设备的辅助管道及工艺和自控仪表的图例、符号。

辅助管路系统图。应表示出系统的全部管路。一般在管道及仪表流程图左上方绘制,如果辅助管路系统复杂时,可以单独绘制。

首页图。按规定,在工艺设计施工图中,将设计中所采用的部分规定以图、表的形式绘制成首页图,以便更好地了解和使用各设计文件。内容包括:管道及仪表流程图中采用的图例、符号、设备位号、物料代号和管道编号等;装置及主项的代号和编号;自控专业在工艺过程中所采用的检测和控制系统的图例、符号、代号等;其他有关的说明事项。图幅大小可根据内容而定,但不大于 A1。

分区索引图。

设备布置图。包括平面图与剖视图,其内容应表示出全部工艺设备的安装位置和安装标高。

管道安装布置图。应包括管道布置平面图和剖视图,其内容表示出全部管道、管件和阀件,简单设备轮廓线及建筑物外形。

设备安装图。包括除由土建或设备专业设计的设备支架,操作台等以外的需由装置布置专业进行设计的一些设备安装详图,如塔顶部的档架,保冷设备支座下的垫块等。

管架和非标准管件图。有特殊要求,结构复杂的焊制非标准管件和管架应按设备专业的制图规定绘制结构总图,列出材料表并填写重量,铸件根据需要还应绘制零件图。在现场用型钢焊制的一般管架,只绘制结构总图,标注详细尺寸,可不绘制零件图。材料数量可直接在图上注明。为了便于图纸复印,应尽量只绘一个管架或管件。

设备管口方位图。此图应表示出全部管口、裙座上的人孔、支腿及地脚螺栓孔的方位,并标注管口编号、管口和管径名称。

管段图。表示一段管段在空间位置的图形。

2)表格

设备一览表。包括装置内所有化工工艺设备(机器)和与化工工艺有关的辅助设备(机器)。可按定型和非定型两类编制。设备一览表见表 13.13。

表 13.13 设备一览表(施工设计)

序号	流程及布置图上的位号	设备名称和技术规格	型号或图号	计量单位	数量	材料	净重/kg		隔热及隔声		内壁防腐	管口方位图标号	备注
							单重	总重	型式代号	主要层厚度/mm			

编制			工程名称			
校核		设备一览表(例表)	设计项目			
20 年 审核			专业		第 页	共 页

设备地脚螺栓表。

特殊阀门和管道附件表。

段表及管道特性表。

管架表。

隔热材料表。

防腐材料表。

综合材料表，见表 13.14，主要包括管道材料，支架和金属结构材料，隔热、隔声及防腐材料。

表 13.14　综合材料表

序号	材料名称及规格	标准号或图号	材料（或性能等级）	单位	数量	质量/kg		备注
						单	总	
	编制			设备一览表(例表)		工程名称		
	校核					设计项目		
199　年	审核					专业		第　页　共　页

3）设计文件归档

所有的设计文件、计算书等在施工图完成后，均应整理入库、归档。

实践范例

设计说明书编制实践范例已穿插于各单元中。

【习　题】

1. 简述设计说明书的设计指导思想及设计原则。
2. 绘制初步设计阶段的设备一览表。
3. 工艺设计说明书包括哪些内容？
4. 施工图设计阶段的图纸包括哪些？
5. 绘制设备一览表(施工设计)。

参 考 文 献

陈甘棠. 2007. 化学反应工程. 北京:化学工业出版社.

陈敏,刘晓叙. 2005. AUTOCAD2004 机械设计绘图应用教程. 成都:西南交通大学出版社.

陈敏恒. 2006a. 化工原理:上册. 北京:化学工业出版社.

陈敏恒. 2006b. 化工原理:下册. 北京:化学工业出版社.

陈声宗. 2005. 化工过程开发与技术. 北京:化学工业出版社.

陈声宗. 2012. 化工设计. 北京:化学工业出版社.

董大勤,袁凤隐. 2000. 压力容器与化工设备实用手册. 上册. 北京:化学工业出版社.

董大勤,高炳军,董俊华. 2012. 化工设备机械基础. 北京:化学工业出版社.

方利国,董新法. 2005. 化工制图 AutoCAD 实战教程与开发. 北京:化学工业出版社.

冯霄. 2009. 化工节能原理与技术. 北京:化学工业出版社.

葛婉华,陈鸣德. 1990. 北京:化学工业出版社.

国家医药管理局上海医药设计院. 1986. 化工工艺手册. 下册. 北京:化学工业出版社.

国家医药管理局上海医药设计院. 1989. 化工工艺手册. 上册. 北京:化学工业出版社.

韩静. 2014. 化工制图. 北京:人民卫生出版社.

贺匡国. 2002. 化工容器及设备简明设计手册. 北京:化学工业出版社.

侯文顺. 2005. 化工设计概论. 北京:化学工业出版社.

黄英. 2011. 化工设计. 北京:科学出版社.

江体乾. 1992. 化工工艺手册. 上海:上海科学技术出版社.

邝生鲁. 2002. 化学工程师技术全书. 北京:化学工业出版社.

李国庭. 2008. 化工设计概论. 北京:化学工业出版社.

李平,钱可强,蒋丹. 2011. 化工工程制图. 北京:清华大学出版社.

李绍芬. 2013. 反应工程. 北京:化学工业出版社.

梁志武,陈声宗. 2015. 化工设计. 北京:化学工业出版社.

林大钧,于传浩,杨静. 2007. 化工制图. 北京:高等教育出版社.

刘景良. 2008. 化工安全技术. 北京:化学工业出版社.

刘荣杰. 2010. 化工设计. 北京:中国石化出版社.

娄爱娟,吴志泉,吴叙美. 2002. 化工设计. 上海:华东理工大学出版社.

陆德明. 2000. 石油化工自动控制设计手册. 北京:化学工业出版社.

罗先金. 2007. 化工设计. 北京:中国纺织出版社.

倪进方. 化工设计. 1994. 上海:华东理工大学出版社.

潘国昌,郭庆丰. 1996. 化工设备设计. 北京:清华大学出版社.

齐济. 2012. 化工设计. 大连:大连理工出版社.

苏建民. 1999. 化工技术经济. 北京:化学工业出版社.

谭天恩,窦梅. 2013. 化工原理. 北京:化学工业出版社.

王存文,吴广文.2015.化工设计.北京:化学工业出版社.

王红林,陈砺.2001.化工设计.广州:华南理工大学出版社.

王静康.2006.化工过程设计.北京:化学工业出版社.

王彦斌,苏琼.2005.化工设计.兰州:甘肃科学技术出版社.

王志祥.2008.制药工程学.北京:化学工业出版社.

尾花英朗(日).1981.热交换器设计手册.北京:石油工业出版社.

夏清,陈常贵.2005.化工原理.天津:天津大学出版社.

熊洁羽.2007.化工制图.北京:化学工业出版社.

徐永洲,杨基和.2009.石油化工工程设计基础.北京:中国石化出版社.

杨基和,徐淑玲.2012.化工工程设计概论.北京:中国石化出版社.

杨友麒,项曙光.2006.化工过程模拟与优化.北京:化学工业出版社.

杨有麒,成思危.2003.现代过程系统工程.北京:化学工业出版社.

尹先清.2006.化工设计.北京:石油工业出版社.

俞金寿,孙自强.2007.过程自动化及仪表.北京:化学工业出版社.

玉置明善(日).1991.化工装置工程手册.北京:兵器工业出版社.

张德姜,王怀义,丘平.2014.石油化工装置工艺管道安装设计手册.北京:中国石化出版社.

张德姜.1994.石油化工装置工艺管道安装设计手册.北京:中国石化出版社.

赵云发.2014.化工设计学.银川:宁夏人民出版社.

中国石化集团上海工程有限公司.2009.化工工艺设计手册.北京:化学工业出版社.

朱炳辰.2007.化学反应工程.北京:化学工业出版社.

朱开宏,袁渭康.2002.化学反应工程分析.北京:高等教育出版社.

左识之.1996.精细化工反应器及车间工艺设计.上海:华东理工大学.

卢伊本 W L.1987.化学工程师使用的过程模型化模拟和控制.北京:原子能出版社.

附　　录

附录1　化学工程常用数据及关系图

附表 1.1　常用管道流速

流体名称	流速范围/(m/s)	流体名称	流速范围/(m/s)
饱和蒸汽主管	30～40	水及黏度相似液体 0.10～0.29 MPa(表压)	0.5～2.0
饱和蒸汽支管	20～30	水及黏度相似液体压力小于或等于 0.98 MPa(表压)	0.5～3.0
低压蒸气压力小于 0.98 MPa(绝压)	15～20	水及黏度相似液体压力小于或等于 7.84 MPa(表压)	2.0～3.0
中压蒸气 0.98～3.92 MPa(绝压)	20～40	水及黏度相似液体 19.6～29.4 MPa(表压)	2.0～3.5
高压蒸气 3.92～11.77 MPa(绝压)	40～60	热网循环水、冷却水	0.5～1.0
过热蒸气主管	40～60	压力回水	0.5～2.0
过热蒸气支管	35～60	无压回水	0.5～1.2
一般气体(常压)	10～20	锅炉给水大于或等于 0.78 MPa(表压)	＞3.0
高压乏气	80～100	蒸汽冷凝水	0.5～1.5
氧气 0～0.05 MPa(表压)	5～10	冷凝水自流	0.2～0.5
氧气 0.05～0.59 MPa(表压)	7～8	过热水	2.0
氧气 0.59～0.98 MPa(表压)	4～6	海水、微碱水小于 0.59 MPa(表压)	1.5～2.5
氧气 0.98～1.96 MPa(表压)	4～5	油及黏度大的液体	0.5～2.0
氧气 1.96～2.94 MPa(表压)	3～4	黏度 50 mPa·s 液体(管道 ϕ25 以下)	0.5～0.9
氮气 4.9～9.8 MPa(表压)	2～5	黏度 50 mPa·s 液体(管道 ϕ25～50)	0.7～1.0
氢气	≤8.0	黏度 50 mPa·s 液体(管道 ϕ50～100)	1.0～1.6
压缩空气 0.01～0.20 MPa(表压)	10～15	黏度 100 mPa·s 液体(管道 ϕ25 以下)	0.3～0.6
压缩气体(真空)	5～10	黏度 100 mPa·s 液体(管道 ϕ25～50)	0.5～0.7
压缩空气 0.10～0.20 MPa(表压)	8～12	黏度 100 mPa·s 液体(管道 ϕ50～100)	0.7～1.0
压缩空气 0.10～0.59 MPa(表压)	10～20	黏度 1 000 mPa·s 液体(管道 ϕ25 以下)	0.1～0.2
压缩空气 0.59～0.98 MPa(表压)	10～15	黏度 1 000 mPa·s 液体(管道 ϕ25～50)	0.16～0.25
压缩空气 0.98～1.96 MPa(表压)	8～10	黏度 1 000 mPa·s 液体(管道 ϕ50～100)	0.25～0.35

流体名称	流速范围/ (m/s)	流体名称	流速范围/ (m/s)
压缩空气 1.96～2.94 MPa(表压)	3～6	黏度 1 000 mPa·s 液体(管道 φ100～200)	0.35～0.55
压缩空气 2.94～24.5 MPa(表压)	0.5～3.0	离心泵吸入口	1.0～2.0
煤气	8～10	离心泵排出口	1.5～2.5
半水煤气 0.01～0.15 MPa(表压)	10～15	往复式真空泵吸入口	13～16
烟道气烟道内	3.0～6.0	油封式真空泵吸入口	10～13
烟道气管道内	3.0～4.0	空气压缩机吸入口	<10～15
工业烟囱(自然通风)	2.0～8.0	空气压缩机排出口	15～20
车间通风换气主管	4.5～15	通风机吸入口	10～15
车间通风换气支管	2.0～8.0	通风机排出口	15～20
风管距风机最远处	1.0～4.0	齿轮泵吸入口	<1.0
风管距风机最近处	8～12	齿轮泵排出口	1.0～2.0
废气低压	20～30	往复泵(水类液体)吸入口	0.7～1.0
废气高压	80～100	往复泵(水类液体)排出口	1.0～2.0
化工设备排气管	20～25	旋风分离器入气	15～25
自来水主管 0.29 MPa(表压)	1.5～3.5	旋风分离器出气	4.0～15
自来水支管 0.29 MPa(表压)	1.0～1.5	工业供水 0.78 MPa(表压)	1.5～3.5
易燃易爆液体	<1		

注:摘自《化工工艺设计手册》(2003 版下册),368～373 页。

附表 1.2　部分腐蚀介质和流体的最大流速

介质名称	最大流速/ (m/s)	介质名称	最大流速/ (m/s)
氯气	25.0	乙烯气压力	30
二氧化硫(气体)	20.0	乙烯气 22 MPa<p≤150 MPa	5～6
氨气 0.7 MPa	20.2	乙炔气 p≤110 MPa	3～4
0.7 MPa<p≤2.1 MPa	8.0	乙炔气 p≤250 MPa	4～8
浓硫酸	1.2	乙炔气 p≤2.5 MPa	5
碱浸	1.2	氢气,氧气	≤8
盐水或弱碱	1.8	乙醚,苯,二硫化碳	≤1
酚水	0.9	甲醇,乙醇,汽油	≤3
液氨	1.5	丙酮	≤10
液氯	1.5		

注:摘自《化工工艺设计手册》(2003 版下册),368～373 页。

附表 1.3　列管换热器的总传热系数 *K* 的推荐值

壳侧	管侧	总传热系数 *K* 的范围 /[W/(m² · ℃)]	包括在 *K* 中的 总污垢热阻 /[(m² · ℃)/W]
液体-液体介质			
稀释沥青	水	57～110	0.001 8
乙醇胺(单乙醇胺或二乙醇胺 10%～25%)	水或单乙醇胺或二乙醇胺	800～1 100	0.000 54
软化水	水	1 700～2 800	0.000 18
燃料油	水	85～140	0.001 2
燃料油	油	57～85	0.001 4
汽油	水	340～570	0.000 54
重油	重油	57～230	0.000 70
富氢重整油	富氢重整油	510～880	0.000 35
煤油或瓦斯油	水	140～280	0.000 88
煤油或瓦斯油	油	110～200	0.000 88
煤油或喷气发动机燃油	三氯乙烯	230～280	0.000 26
夹套水	水	1 300～2 700	0.000 35
润滑油(低黏度)	水	140～280	0.000 35
润滑油(高黏度)	水	230～460	0.000 54
润滑油	油	60～110	0.001 1
石脑油	水	280～400	0.000 88
石脑油	油	140～200	0.000 88
有机溶剂	水	280～850	0.000 54
有机溶剂	盐水	200～510	0.000 54
有机溶剂	有机溶剂	110～340	0.000 35
妥尔油衍生物,植物油	水	110～280	0.000 7
水	烧碱溶液 10%～20%	570～1 420	0.000 54
水	水	1 100～1 420	0.000 54
蜡馏出液	水	85～140	0.000 88
蜡馏出液	油	74～130	0.000 88
冷凝蒸气-液体介质			
酒精蒸气	水	570～1 100	0.000 35
沥青(232 ℃)	导热姆蒸气	230～340	0.001 1
导热姆蒸气	妥尔油及其衍生物	340～460	0.000 70

续表

壳侧	管侧	总传热系数 K 的范围 /[W/(m²·℃)]	包括在 K 中的总污垢热阻 /[(m²·℃)/W]
导热姆蒸气	导热姆液	460～680	0.000 26
煤气厂焦油	水蒸气	230～280	0.000 97
高沸点烃类(真空)	水	110～280	0.000 54
低沸点烃类(大气压)	水	460～1 100	0.000 54
烃类蒸气(分凝器)	油	140～230	0.000 700
冷凝蒸气-液体介质			
有机蒸气	水	570～1 100	0.000 54
不凝性气体含量高的有机蒸气(大气压)	水或盐水	110～340	0.000 54
不凝性气体含量低的有机蒸气(真空)	水或盐水	280～680	0.000 54
煤油	水	170～370	0.000 70
煤油	油	110～170	0.000 88
石脑油	水	280～430	0.000 88
石脑油	油	110～170	0.000 88
稳压器的回流蒸气	水	460～680	0.000 54
水蒸气	饮用水	2 300～5 700	0.000 88
水蒸气	6 号燃料油	85～140	0.000 97
水蒸气	2 号燃料油	340～510	0.000 44
二氧化硫	水	850～1 100	0.000 54
妥尔油衍生物,植物油(蒸气)	—	110～280	0.000 70
水	芳香族蒸气共沸物	230～460	0.000 88
气体-液体介质			
空气、氮气等(压缩)	水或压缩	230～460	0.000 88
空气、氮气等(大气压)	水或压缩	57～280	0.000 88
水或压缩	空气、氮气等(压缩)	110～230	0.000 88
水或压缩	空气、氮气等(大气压)	30～110	0.000 88
水	含天然气混合物的氢气	460～710	0.000 54
汽化器			
无水氨	水蒸气冷凝	850～1 700	0.000 26
氯气	水蒸气冷凝	850～1 700	0.000 26
氯气	传热用轻油	230～340	0.000 26
丙烷、丁烷等	水蒸气冷凝	1 100～1 700	0.000 26
水	水蒸气冷凝	1 420～2 300	0.000 26

附表 1.4　空气冷却器的总传热系数 K 的推荐值(以光管为基准)

冷凝	$K/$ [W/(m²·℃)]	液体冷却	$K/$ [W/(m²·℃)]	气体冷却	操作压力/ kPa(表压)	压力降/ kPa	$K/$ [W/(m²·℃)]
氨	625	机器夹套水	710	空气或烟道气	345	0.7~3.5	57
氟利昂-12	400	柴油	140	—	690	13.8	110
汽油	460	氢瓦斯油	370	—	690	34	170
轻碳氢化合物	510	轻石脑油	480	碳氢化合物气体	241	7	200
轻石脑油	430	轻石脑油	400	—	862	21	200
重石脑油	370	重整炉液油	400	—	6 900	34	460
重整反应器废液	400	残油	85	氨反应器流体	—	—	480
低压蒸汽	770	焦油	40	—	—	—	—
塔顶蒸气	370	—	—	—	—	—	—

附录 2　物料代号

1. 工艺物料代号

PA	工艺空气	PL	工艺流体
PG	工艺气体	PLS	液固两相流工艺物料
PGL	气液两相流工艺物料	PS	工艺固体
PGS	气固两相流工艺物料	PW	工艺水

2. 辅助、公用工程物料代号

(1) 空气

AR	空气	IA	仪表空气
CA	压缩空气		

(2) 蒸汽、冷凝水

HS	高压蒸汽(饱和或微过热)	MS	中压蒸汽(饱和或微过热)
HCS	高压过热蒸汽	MUS	中压过热蒸汽
LS	低压蒸汽(饱和或微过热)	SC	蒸汽冷凝水
LUS	低压过热蒸汽	TS	伴热蒸汽

(3) 水

BW	锅炉给水	FW	消防水
CSW	化学污水	HWR	热水回水
CWR	循环冷却水回水	HWS	热水上水
CWS	循环冷却水上水	RW	原水、新鲜水
DNW	脱盐水	SW	软水

续表

DW	饮用水、生活用水	WW	生产废水

（4）燃料

FG	燃料气	FS	固体燃料
FL	液体燃料	NG	天然气

（5）油

D$\overline{\text{O}}$	污油	L$\overline{\text{O}}$	润滑油
F$\overline{\text{O}}$	燃料油	R$\overline{\text{O}}$	原油
G$\overline{\text{O}}$	填料油	S$\overline{\text{O}}$	密封油

（6）制冷剂

AG	气氨	FRL	氟利昂液体
AL	液氨	PRG	气体丙烯或丙烷
ERG	气体乙烯或乙烷	PRL	液体丙烯或丙烷
ERL	液体乙烯或乙烷	RWR	冷冻盐水回水
FRG	氟利昂气体	RWS	冷冻盐水上水

（7）其他

DR	排液、导淋	SL	泥浆
FSL	熔盐	VE	真空排放气
FV	火炬排放气	VT	放空
H	氢	AW	氨水
H$\overline{\text{O}}$	加热油	CG	转化气
IG	惰性气	NG	天然气
N	氮	SG	合成气
O	氧	TG	尾气

附录3　化工设备布置的安全距离

序号	项目	净安全距离/m
1	泵与泵	不小于0.7
2	泵离墙的距离	不小于0.2
3	泵列与泵列（双排泵之间）	不小于2.0
4	计算罐与计算罐	0.4~0.6
5	储槽与储槽（指车间里的一般小容器）	0.4~0.6
6	换热器与换热器（轴线平行）	不小于1.0

续表

序号	项目	净安全距离/m
7	塔与塔	1.0～2.0
8	离心机周围通道	不小于 1.5
9	过滤机周围通道	1.0～1.8
10	反应罐底部离人行通道地面的高度	不小于 1.8～2.0
11	反应罐卸料口至离心机	不小于 1.0～1.2
12	起吊物品与设备最高点	不小于 0.4
13	往复运动机械的运动部件离墙	不小于 1.5
14	回转机械离墙	不小于 0.8～1.0
15	回转机械之间	不小于 0.8～1.2
16	走廊、操作台通行部分的最小净空高度	不小于 2.0～2.5
17	不常通行的地方	不小于 1.9
18	操作台梯子的斜度	不大于 45°(常用);60°(不常用)
19	控制室、开关室与炉子之间	15.0
20	产生可燃性气体的设备与炉子之间	不小于 1.8
21	工艺设备与道路之间	不小于 1.0

附录 4　车间空气中有害物质的最高允许浓度

序号	物质名称	最高允许浓度 /[(mg/m²)]	序号	物质名称	最高允许浓度 /[(mg/m²)]
1	一氧化碳	30	14	丙烯腈(皮)	2
2	一甲胺	5	15	丙烯醛	0.3
3	乙醚	500	16	丙烯醇(皮)	2
4	乙腈	3	17	甲苯	100
5	二甲胺	10	18	甲醛	3
6	二甲苯	100	19	光气	0.5
7	二甲基甲酰胺(皮)	10	20	有机磷化合物	
8	二甲基二氯硅烷	2		内吸磷(EO59)(皮)	0.02
9	二氧化硫	15		对硫磷(E605)(皮)	0.05
10	二氧化硒	0.1		甲拌磷(3911)(皮)	0.01
11	二氧丙醇(皮)	5		马拉硫磷(4049)(皮)	2
12	二硫化碳(皮)	10			
13	二异氰酸甲苯酯	0.2	21	乐戈(乐果)(皮)	1

序号	物质名称	最高允许浓度/[(mg/m²)]	序号	物质名称	最高允许浓度/[(mg/m²)]
22	美曲膦酯(皮)	1	52	丙酮	400
23	敌敌畏(皮)	0.3	53	五氧化二钒(烟)	0.1
24	吡啶	4	54	五氧化二钒(粉尘)	0.5
25	汞及其化合物		55	矾铁合金	1
	金属汞	0.01	56	苛性碱(换算成 NaOH)	0.5
	升汞	0.1	57	铅及其化合物:	
	有机汞化合物(皮)	0.005		铅烟	0.03
26	松节油	300		铅尘	0.05
27	环氧氯丙烷	1		四乙基铅(皮)	0.005
28	环氧乙烷	5		硫化铅	0.5
29	环己酮	50	58	铍及其化合物	0.001
30	环己醇	50	59	钼(可溶性化合物)	4
31	环己烷	100	60	钼(不可溶性化合物)	6
32	苯(皮)	40	61	黄磷	0.05
33	苯及共同系物的一硝基化合物(皮)	5	62	酚(皮)	5
34	苯及共同系物的二及三硝基化合物(皮)	5	63	萘烷、四氯化萘	100
35	苯胺、甲苯胺、二甲苯胺(皮)	5	64	氰化氢及氰氢酸盐(换算成 HCN)(皮)	0.3
36	苯乙烯	40	65	联苯—联苯醚	7
37	氟化氢及氟化物(换算成 F)	1	66	硫化氢	10
38	氨	30	67	硫酸及三氧化硫	2
39	氧化氮	5	68	氯	1
40	丁烯	100	69	氯化氢及盐酸	15
41	丁二烯	100	70	氯苯	50
42	丁醛	10	71	氯化苦	1
43	三乙基氯化锡(皮)	0.01	72	氯代烃:	
44	二氧化二砷及五氧化二砷	0.3		二氯乙烯	25
45	铬酸、铬酸盐、重铬酸盐(换算成 CrO)	0.05		三氯乙烯	30
46	三氯氢硅	3		四氯乙烯(皮)	25
47	己内酰胺	10		氯乙烯	30
48	五氧化二磷	1			
49	五氯酚及其钠盐	0.3	73	醋酸乙酯	300
50	六六六	0.1	74	醋酸丁酯	300
51	丙体六六六	0.05	75	糠醛	10
			76	磷化氰	0.3

附录5　工业废水最高允许排放浓度

表 5.1　工业废水最高允许排放浓度（在车间或设备排出口）

序号	有害物质名称	最高允许排放浓度/(mg/L)
1	汞及其无机化合物	0.05(按 Hg 计)
2	镉及其无机化合物	0.1(按 Cd 计)
3	六价铬化合物	0.5(按 Cr^{+6}计)
4	砷及其无机化合物	0.5(按 As 计)
5	铅及其无机化合物	1.0(按 Pb 计)

表 5.2　工业废水最高允许排放浓度（在工厂排出口）

序号	有害物质或项目名称	最高允许排放浓度/(mg/L)
1	悬浮物(水力排灰、洗煤水、水力冲渣、尾矿水)	500[①]
2	生化需氧量(5 天、20 ℃)	60
3	化学耗氧量(重铬酸钾法)	100[②]
4	硫化物	1
5	挥发性酚	0.5
6	氰化物(以游离氰根计)	0.5
7	有机磷	0.5
8	石油类	10
9	铜及其化合物	1(按 Cu 计)
10	锌及其化合物	5(按 Zn 计)
11	氟的无机化合物	10(按 F 计)
12	硝基苯类	5
13	苯胺类	3

注：① 工业"废水"容许排放的 pH 为 6～9。

② 造纸、制革、脱脂棉允许排放浓度小于 300 mg/L。

工业废水排入城镇排水管道，应取得当地城建部门的同意，并符合下列要求：水温不高于 40 ℃；不阻塞管道；不产生易燃、易爆和有毒气体；对病原体(如伤寒、痢疾，炭疽、结核和肝炎等的病原体)必须严格消毒灭除；不伤害养护工作人员；有害物质最高容许浓度应符合现行的《工业"三废"排放试行标准》的规定。

附录6　工艺设备图例（HG 20519.31—92）

类别 代号	图例

塔　T

填料塔　　板式塔　　喷洒塔

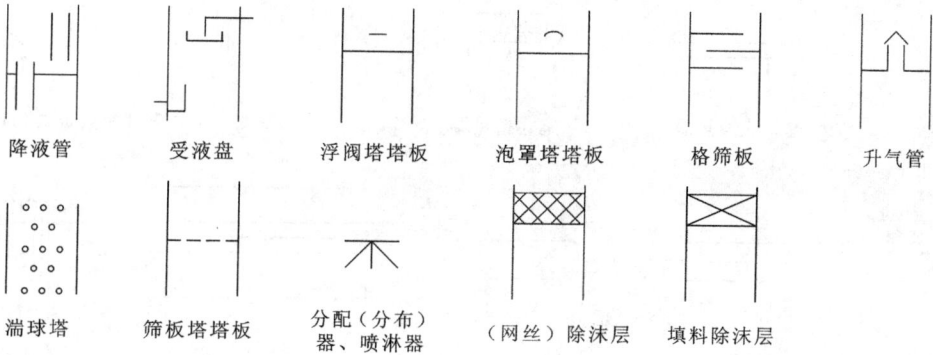

塔内件

降液管　　受液盘　　浮阀塔塔板　　泡罩塔塔板　　格筛板　　升气管

湍球塔　　筛板塔塔板　　分配（分布）器、喷淋器　　（网丝）除沫层　　填料除沫层

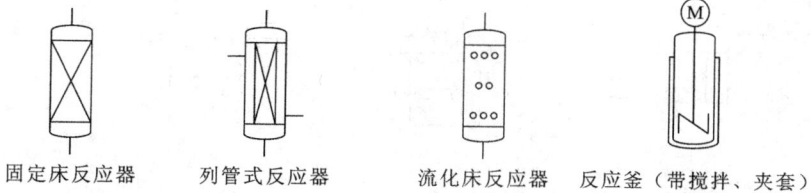

反应器　R

固定床反应器　　列管式反应器　　流化床反应器　　反应釜（带搅拌、夹套）

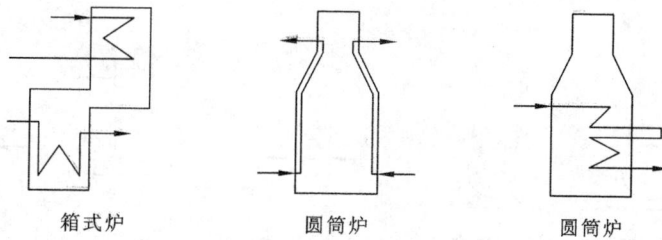

工业炉　F

箱式炉　　圆筒炉　　圆筒炉

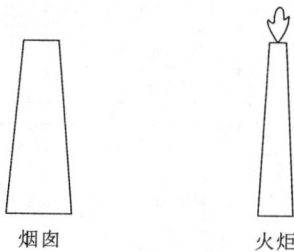

火炬烟囱　S

烟囱　　火炬

类别 代号	图例

换热器　E

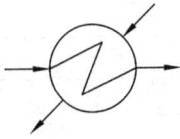

换热器（简图）

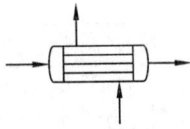

固定管板式
列管换热器

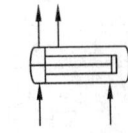

U形管式换热器

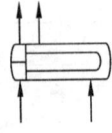

浮头式列管换热器

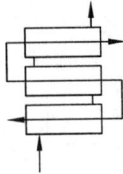

套管式换热器

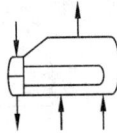

釜式换热器

板式塔

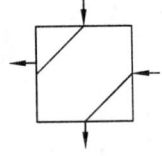

螺旋板式列管换热器

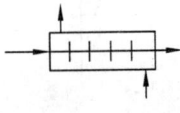

翅片管换热器

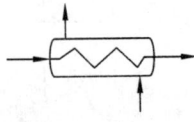

蛇管式（盘管式）换热器

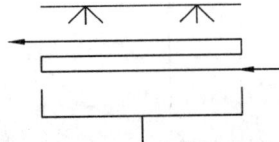

喷淋式冷却器

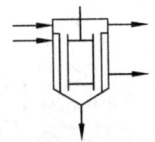

刮板式薄膜蒸发器

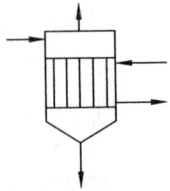

列管式（薄膜）蒸发器

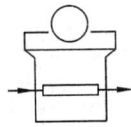

抽风式空冷器

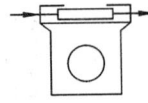

送风式空冷器

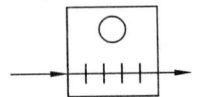

带风扇的翅片管式换热器

泵　P

离心泵　　水环式真空泵　　旋转泵　　齿轮泵

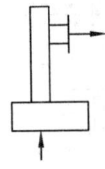

液下泵

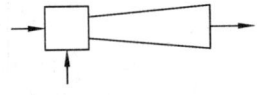

喷射泵

漩涡泵

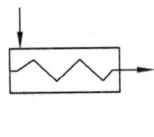

螺杆泵

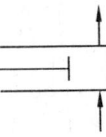

往复泵

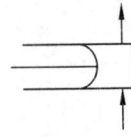

隔膜泵

类别	代号	图例

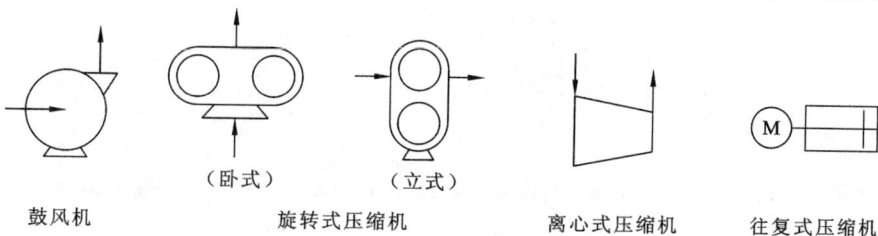

| 压缩机 | C | 鼓风机   旋转式压缩机（卧式）（立式）   离心式压缩机   往复式压缩机 |

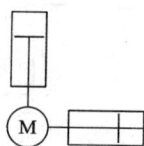 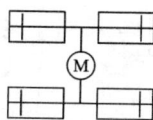

二段往复式压缩机（L形）   四段往复式压缩机

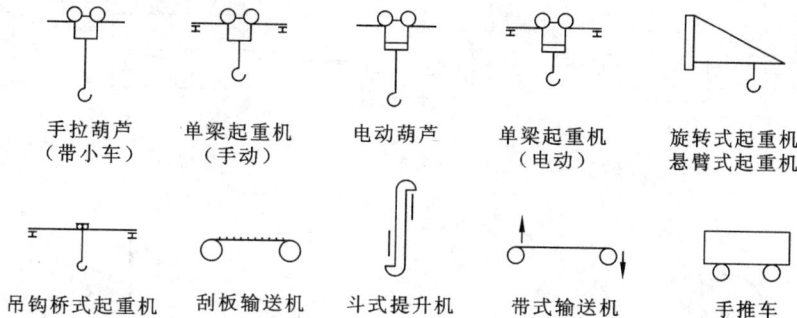

| 起重运输机械 | L | 手拉葫芦（带小车） 单梁起重机（手动） 电动葫芦   单梁起重机（电动） 旋转式起重机 悬臂式起重机 |

吊钩桥式起重机   刮板输送机   斗式提升机   带式输送机   手推车

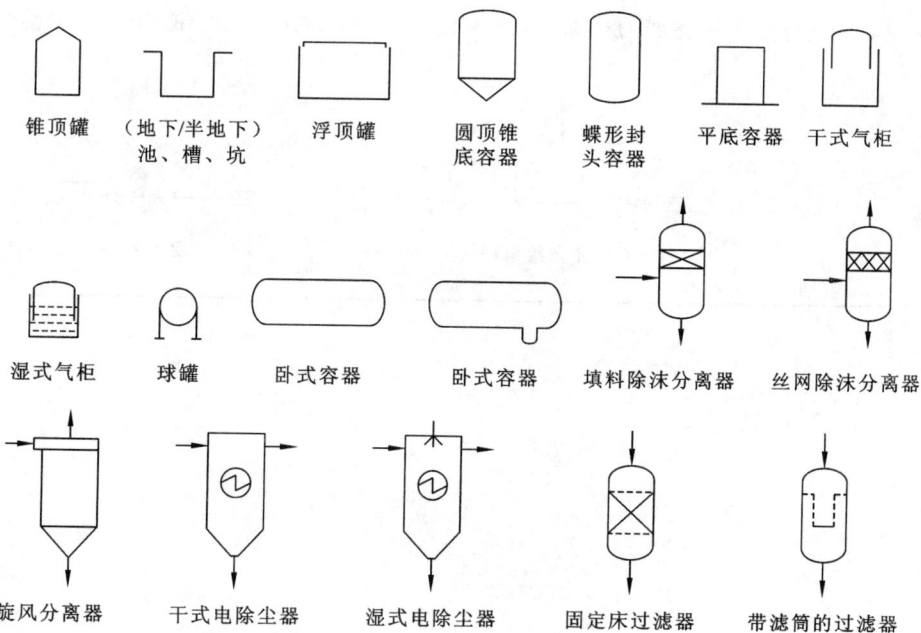

锥顶罐   （地下/半地下）池、槽、坑   浮顶罐   圆顶锥底容器   蝶形封头容器   平底容器   干式气柜

| 容器 | V | 湿式气柜   球罐   卧式容器   卧式容器   填料除沫分离器   丝网除沫分离器 |

旋风分离器   干式电除尘器   湿式电除尘器   固定床过滤器   带滤筒的过滤器

类别	代号	图例

设备、内件附件

防涡流器　　插入管式防涡流器　　防冲板　　加热或冷却部件　　搅拌器

压滤机　　转鼓式（转盘式）过滤机　　有孔壳体离心机　　无孔壳体离心机

其他机械　M

螺杆压力机　　挤压机　　揉合机　　混合机

动力机　M E S D

电动机　　内燃机、燃气机　　汽轮机　　其他动力　　离心式膨胀机　　活塞式膨胀机

称重机械　W

带式定量给料秤　　地上衡